1000MW超超临界火电机组系列培训教材

GUOLU FENCE

锅炉分册

长沙理工大学　华能秦煤瑞金发电有限责任公司　组编

U0261547

中国电力出版社
CHINA ELECTRIC POWER PRESS

内 容 提 要

为确保1000MW火电机组的安全、稳定和经济运行，提高运行、检修和技术管理人员的技术素质和管理水平，适应员工岗位培训工作的需要，华能秦煤瑞金发电有限责任公司和长沙理工大学组织编写了《1000MW超超临界火电机组系列培训教材》。

本书是《1000MW超超临界火电机组系列培训教材》中的《锅炉分册》。全书共十章，详细介绍了1000MW超超临界二次再热锅炉系统与设备的原理、结构特点、特性与运行知识等，内容包括二次再热锅炉的总体介绍、汽水系统、制粉系统、燃烧系统、风烟系统、吹灰系统、SCR脱硝系统，以及锅炉的启动、停运和运行调整等。

本套教材适用于1000MW及其他大型火电机组的岗位培训和继续教育，供从事1000MW及其他大型火电机组设计、安装、调试、运行、检修等工作的工程技术人员和管理人员阅读，也可供高等院校相关专业师生参考。

图书在版编目（CIP）数据

1000MW超超临界火电机组系列培训教材．锅炉分册/长沙理工大学，华能秦煤瑞金发电有限责任公司组编．—北京：中国电力出版社，2023.7（2024.1重印）

ISBN 978-7-5198-7454-4

Ⅰ.①1… Ⅱ.①长…②华… Ⅲ.①火电厂—发电机组—超临界机组—锅炉运行—技术培训—教材 Ⅳ.①TM621.3

中国国家版本馆CIP数据核字（2023）第054956号

出版发行：中国电力出版社
地　　址：北京市东城区北京站西街19号（邮政编码100005）
网　　址：http：//www.cepp.sgcc.com.cn
责任编辑：赵鸣志
责任校对：黄　蓓　郝军燕
装帧设计：赵丽媛
责任印制：吴　迪

印　　刷：三河市万龙印装有限公司
版　　次：2023年7月第一版
印　　次：2024年1月北京第二次印刷
开　　本：787毫米×1092毫米　16开本
印　　张：21.25
字　　数：485千字
印　　数：1001—2000册
定　　价：108.00元

版 权 专 有　　侵 权 必 究

本书如有印装质量问题，我社营销中心负责退换

《1000MW 超超临界火电机组系列培训教材》

编写委员会

主　　任　洪源渤

副 主 任　李海滨　何　胜

委　　员　郭志健　吕海涛　宋　慷　陈　相　孙兆国　石伟栋
钟　勇　张建忠　刘亚坤　林卓驰　范贵平　邱国梁
夏文武　赵　斌　黄　伟　王运民　魏继龙　李　鸿

编写工作组

组　　长　陈小辉

副 组 长　罗建民　朱剑峰

成　　员　胡建军　胡向臻　范存鑫　汪益华　陈建华

锅炉分册编审人员

主　　编　李　立

参编人员　成　珊　卿梦霞　刘　磊　王兴泉　朱致军　林　翔
邓　山　杨行炳　温月荣　赵　臣

审核人员　赵　斌　黄　伟

序

电力行业是国民经济的支柱行业。2006 年，首台单机百万千瓦机组投产发电，标志着中国火力发电正式步入百万千瓦级时代。目前，中国的火力发电技术已经达到世界先进水平，在低碳、节能、环保方面取得了举世瞩目的成就。

习近平总书记在党的二十大报告中指出："深入实施人才强国战略，培养造就大批德才兼备的高素质人才，是国家和民族长远发展大计。"随着科技的进一步发展和电力体制改革的深入推进，大容量、高参数的火力发电机组因其较低的能耗和污染物排放成为行业发展的主流，火电企业迎来了转型发展升级的新时代，既需要高层次的管理和研究人才，更需要专业素质过硬的技能人才。因此，编写一套专业对口、针对性强的火力发电专业技术培训丛书，将有助于火力发电机组生产人员学践结合，有效提升专业技术技能水平，这也是我们编写出版《1000MW 超超临界火电机组系列培训教材》的初衷。

华能秦煤瑞金发电有限责任公司（以下简称瑞金电厂）通过科学论证、缜密规划、辛苦建设，于 2021 年 12 月成功投运了 2 台 1000MW 超超临界高效二次再热燃煤机组，各项性能指标在同类型机组中处于先进行列，成为我国 1000MW 级燃煤机组"清洁、安全、高效、智慧"生产的标杆。尤其重要的是，瑞金电厂发挥"敢为人先、追求卓越"的精神，实现了首台（套）全国产 DCS/DEH/SIS 一体化技术应用的历史性突破，为机组装上了"中国大脑"；并集成应用了 BEST 双机回热带小发电机系统、智慧电厂示范、HT700T 高温新材料、锅炉管内壁渗铝涂层技术、烟气脱硫及废水一体化协同治理、全国产 SIS 系统等"十大创新"技术。瑞金电厂不断探索电力企业教育培训的科学管理模式与人才评价有效方法，形成了以员工职业生涯规划为引领的科学完备的培训体系，培养出了一支高素质、高水平的生产技能人才队伍，为机组的稳定运行提供了保障。

为更好地总结电厂运行与人才培养的经验，瑞金电厂和长沙理工大学通力合作，编写了《1000MW 超超临界火电机组系列培训教材》。本套培训教材的编撰立足电厂实际，注重科学性、针对性和实用性，历时两年，经过反复修改和不断完善，力求在内容上理论联系实际，在表述上做到通俗易懂。本套培训教材包括《锅炉分册》《汽轮机分册》《电气设备分册》《热工控制分册》《电厂化学分册》《燃料分册》《脱硫分册》和《除灰分册》等 8 个分册，以机组设备及系统的组成为基础，着重于提高生产人员对机组设备及系统的运行、维护、故障处理的技术水平，从而达到提高实际操作能力的目的。

我们希望本套培训教材的出版，能有效促进 1000MW 超超临界火力发电机组生产人员技术技能水平的提高，为火电企业生产技能人才队伍的建设提供帮助；更希望其能够作为一个契机和交流的载体，为推动低碳、节能、环保的 1000MW 超超临界火力发电机组在中国更好更快地发展增添一份力量。

2023 年 4 月

前言

当前，加快转变经济发展方式已成为影响我国经济社会领域各个层面的一场深刻变革。在火力发电行业，大容量、高参数、高度自动化的大型火电机组不断增加，1000MW超超临界燃煤机组因其较低的能耗和超低的污染物排放，成为行业发展的主流。为确保1000MW超超临界燃煤机组的安全、可靠、经济及环保运行，机组生产人员的岗位技术技能培训显得十分重要。

2021年12月，国家能源局首台（套）示范项目——华能秦煤瑞金发电有限责任公司二期扩建工程全国产DCS/DEH/SIS一体化智慧火电机组成功投运，实现了我国发电领域“卡脖子”核心技术自主可控的重大突破。为将实践和理论相结合并进一步升华，更好地服务于火电企业生产技术人员培训，华能秦煤瑞金发电有限责任公司和长沙理工大学合作编写了《1000MW超超临界火电机组系列培训教材》。本系列培训教材包括《锅炉分册》《汽轮机分册》《电气设备分册》《热工控制分册》《电厂化学分册》《燃料分册》《脱硫分册》《除灰分册》等8册，今后还将根据火力发电技术的发展，不断充实完善。

本系列培训教材适用于1000MW及其他大型火力发电机组的生产人员和技术管理人员的岗位培训和继续教育，可供从事1000MW及其他大型火力发电机组设计、安装、调试、运行、检修等工作的工程技术人员和管理人员阅读，也可供高等院校相关专业师生参考。

《锅炉分册》共十章，详细介绍了1000MW超超临界二次再热锅炉系统与设备的原理、结构特点、特性与运行知识等，内容包括二次再热锅炉的总体介绍、汽水系统、制粉系统、燃烧系统、烟风系统、吹灰系统、SCR脱硝系统，以及锅炉的启动、停运和运行调整等。

本书由长沙理工大学李立主编，赵斌、黄伟审核。

本书在编写过程中参阅了同类型电厂、设备制造厂、设计院、安装单位等的技术资料、说明书、图纸，在此一并表示感谢。

由于编者水平所限和编写时间紧迫，疏漏之处在所难免，敬请读者批评指正。

编　者
2023年4月

目录

第一章　概　　述

电力工业是国民经济发展的基础工业，电能供应的数量和质量是衡量工业、农业、国防和科技现代化水平的重要标准。发电的能源种类很多，如火力发电、水力发电、核能发电、风力发电、太阳能发电、地热能发电和潮汐发电等。目前，世界上主要有三类发电形式：火力发电、水力发电和核能发电。从总体上讲，火力发电仍然是世界电能生产的主要形式，我国由于能源构成的特点更是如此。

第一节　电　厂　锅　炉

一、锅炉设备与水的汽化过程

锅炉是火力发电厂中最基本的能量转换设备，其作用是使燃料在炉内燃烧放热，并将锅内工质由水加热成具有足够数量和一定质量（汽温、汽压）的过热蒸汽，供汽轮机使用。

锅炉的过热蒸汽通常是水在保持压力近似不变的条件下沸腾气化而产生的，为形象化起见，假设水是在汽缸内进行定压加热，其原理如图 1-1 所示。

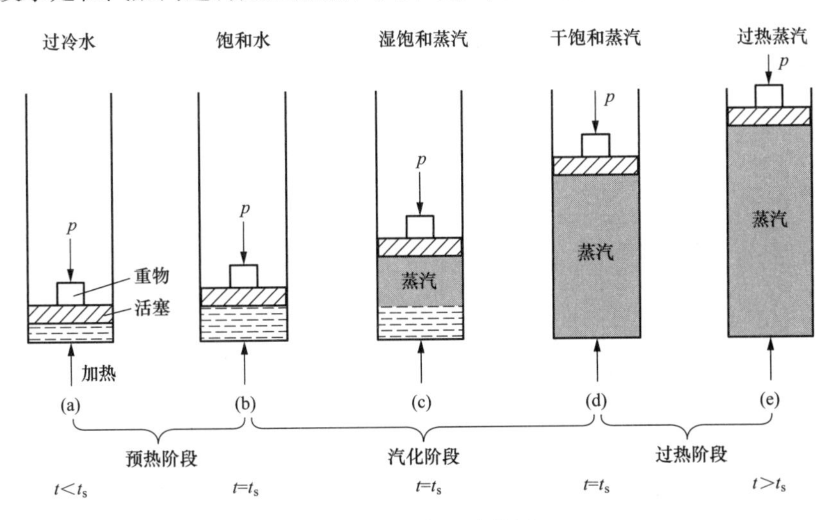

图 1-1　水的定压汽化原理

设汽缸内有 0.01℃的纯水 1kg，通过增减活塞上重物可使水处在指定压力下定压吸热。当水温低于饱和温度时称为过冷水，或称未饱和水，如图 1-1 中（a）所示。对未饱和水加热，水温逐渐升高，水的比体积稍有增大。当水温达到压力 p 对应的饱和温度 t_s

时，水成为饱和水，如图 1-1 中（b）所示。水在定压下从未饱和状态加热到饱和状态称为预热阶段，所需热量称为液态水的预热热。

对达到饱和温度的水继续加热，水开始沸腾汽化。这时，饱和压力不变，饱和温度也不变。这种蒸汽和水的混合物称为湿饱和蒸汽（简称湿蒸汽），如图 1-1 中（c）所示。随着加热过程的继续进行，水逐渐减少，蒸汽逐渐增多，直至水全部变成蒸汽，这时的蒸汽称为干饱和蒸汽（简称饱和蒸汽），如图 1-1 中（d）所示。在由饱和水定压加热为干饱和蒸汽的过程中，工质比体积随蒸汽增多而迅速增大，但汽、液温度不变，所吸收的热量转变为蒸汽分子的内位能增加及比体积增加而对外做出的膨胀功。这一热量即为汽化潜热 r。1kg 饱和蒸汽等压冷凝放出的热量与同温下的汽化潜热相等。

对饱和蒸汽继续定压加热，温度将升高，比体积增大，这时的蒸汽称为过热蒸汽，如图 1-1 中（e）所示。温度超过饱和温度之值称为过热度，过热过程中蒸汽吸收的热量称为过热热。

上述由过冷水定压加热为过热蒸汽的过程在 p-v 及 T-s 图上可用 $1_0 1' 1'' 1$ 表示，如图 1-2 和图 1-3 所示。各个阶段中所吸收的热量可用图 1-3 中过程线下的面积表示。改变压力 p 可得上述类似的汽化过程 $2_0 2' 2'' 2$、$3_0 3' 3'' 3$ 等，如图 1-2 和图 1-3 中各相应线段所示。

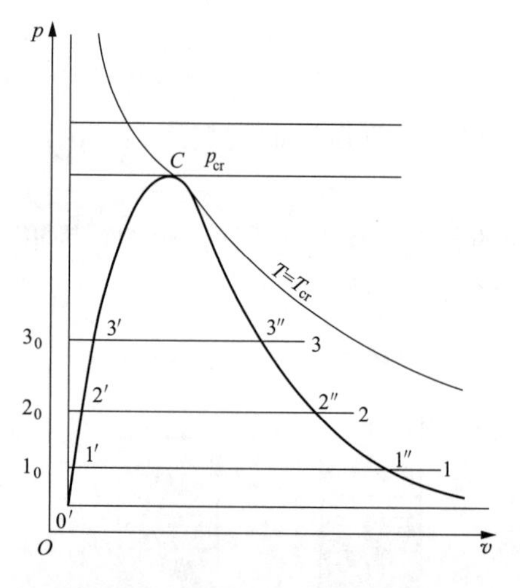

图 1-2　水定压汽化过程的 p-v 图

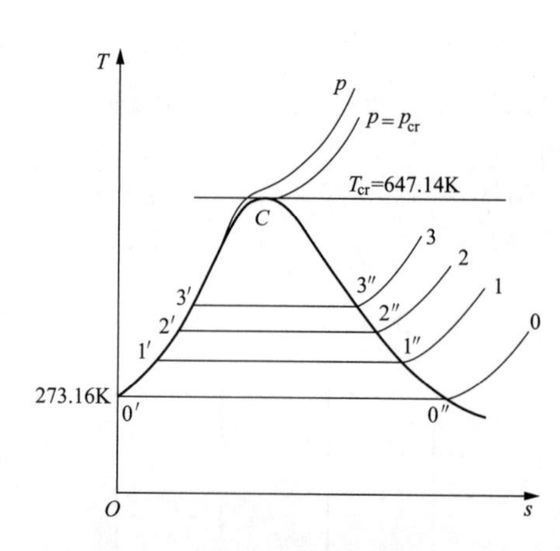

图 1-3　水定压汽化过程的 T-s 图

液态水的比体积随温度升高而明显增大，但随压力的增大变化并不显著，所以在 p-v 图上 0.01℃处各种压力下的水的状态点 1_0、2_0、3_0 等几乎在一条垂直线上，而饱和水的状态点 1′、2′、3′等的比体积因其相应的饱和温度 t_s 的增大而逐渐增大。点 1″、2″、3″等为干饱和蒸汽状态，压力对蒸汽体积的影响比温度大，所以虽然饱和温度随压力增大而升高，但 v' 与 v'' 之间的差值随压力的增大而减少。1′—1″、2′—2″、3′—3″等之间的各状态点均为湿蒸汽，点 1、2、3 等为过热蒸汽状态。当压力升高到 22.064MPa 时，$t_s=373.99$℃，$v'=v''=0.003\ 106\text{m}^3/\text{kg}$，如图 1-2 和图 1-3 中点 C 所示。此时饱和水和饱和蒸汽已不再有区别，该点称为水的临界点，其压力、温度和比体积分别称为临界压力、临界温度和临界比体积，用 p_{cr}、t_{cr} 和 v_{cr} 表示。一般认为，当 $t>t_{cr}$ 时，不论压力多大，也不能使蒸汽液化。

连接不同压力下的饱和水状态点 $1'$、$2'$、$3'$、…的曲线称为饱和水线。连接干饱和蒸汽状态点 $1''$、$2''$、$3''$、…的曲线称为饱和蒸汽线。两曲线汇合于临界点 C，并将 p-v 图分成三个区域：饱和水线左侧为未饱和水（或过冷水），饱和蒸汽线右侧为过热蒸汽，而在两线之间则为水、汽共存的湿饱和蒸汽。湿蒸汽的成分用干度 x 表示，即在 1kg 湿蒸汽中含有 $x$kg 的饱和蒸汽，而余下的 $(1-x)$kg 则为饱和水。

由于水的压缩性很小，压缩后升温极微，所以在 T-s 图（如图 1-3）上的定压加热线与饱和水线很接近，作图时可以近似认为两线重合。水受热膨胀的影响大于压缩的影响，故饱和水线向右方倾斜，温度和压力升高时，v' 和 s' 都增大。对于蒸汽，则受热膨胀的影响小于压缩的影响，故饱和蒸汽线向左上方倾斜，表示 p_s 升高时 v'' 和 s'' 均减小。所以，随饱和压力 p_s 和饱和温度 t_s 的升高，汽化过程的 $(s''-s')$ 逐渐减小，汽化潜热也逐渐减小，到临界点时为零。

因此，水的状态（在 p-v 图和 T-s 图上）可归纳为“一点、两线、三区、五态”，一点指临界点；两线指饱和水线和饱和蒸汽线；三区指过冷水区、湿蒸汽区（简称湿区）和过热蒸汽区（简称过热区）；五态指过冷水、饱和水、湿饱和蒸汽、干饱和蒸汽和过热蒸汽。

需要指出的是，在通常的热力计算中关心的是水及水蒸气的熵、热力学能和焓在过程中的变化量，故可规定一任意起点为零点。根据国际水蒸气会议的规定，选定水的三相点即 273.16 K 的液相水作为基准点，规定在该点状态下的液相水的熵和热力学能为零，即对于 $t_0=t_{tp}=0.01$℃、$p_0=p_{tp}=611.659$Pa 的饱和水：

$$s'_0=0\text{kJ/(kg}\cdot\text{K)},u'_0=0\text{kJ/kg}$$

此时，水的比体积 $v'_0=0.001\ 000\ 21\text{m}^3/\text{kg}$，焓可通过 $h=u+pv$ 来计算，得：

$$h'_0=u'_0+p_0v'_0=0+611.659\text{Pa}\times0.001\ 000\ 21\text{m}^3/\text{kg}=0.6117\text{J/kg}\approx0$$

对于温度为 0.01℃、压力为 P 的过冷水，可以认为它是对三相点液态水压缩得到。忽略水的压缩性，且可认为温度不变，水的比体积不变，所以 $v_0\approx0.001\text{m}^3/\text{kg}$，故在压缩过程中 $w=0$。又因为温度不变，比体积不变，则热力学能也不变，即 $u_0=u'_0=0$。进而 $q=0$，熵也未变 $s_0=s'_0=0$，而 $h_0=u_0+p_0v_0$，当压力不高时，$h_0\approx0$。

二、锅炉设备在火电厂中的作用

现代蒸汽动力发电的基石是朗肯循环（Rankine cycle），它是英国工程学教授朗肯（W. J. M. Rankine）基于水蒸气性质提出的对卡诺循环（Carnot cycle）的修正。蒸汽循环是很重要的，因为它连接了使热量得以连续地转化为功的各个过程。蒸汽动力循环是锅炉提供蒸汽给动力单元，如驱动发电机的汽轮机，汽轮机排出蒸汽进入凝汽器，凝结水从凝汽器被泵回锅炉。因此，该循环也被称为凝汽式循环，正是这种循环概念被用于现代火力发电厂中。

当汽轮机中使用饱和蒸汽时，使汽轮机旋转所需的功将导致蒸汽失去能量，并且一部分蒸汽随着蒸汽压力下降而凝结。汽轮机所能做的功量受限于可以接受的没有过度涡轮叶片侵蚀的水分数量。该蒸汽含水量一般是在 10%～15%之间。

如果蒸汽在开始时过热，则可以获得一个更高的电厂效率，这意味着对于特定的出力而言只需要较少的蒸汽和燃料。过热蒸汽具有高于在相同压力下的干饱和蒸汽温度，因此含有更多的热量（焓）。随着过热的加入，汽轮机将这个额外的能量转化为功而不形成水分，并且这个能量基本上可以全部在汽轮机中得以回收。

如果蒸汽再热并通过汽轮机中、低压缸，循环效率也会提高，并且蒸汽中的水分在通过中、低压缸时也会减少。水分的减少可减少对汽轮机叶片的侵蚀。因为再热器给汽轮机低压部分增加了额外的蒸汽能量，从而提高了电厂的整体效率，所以它经常用于大型电厂。

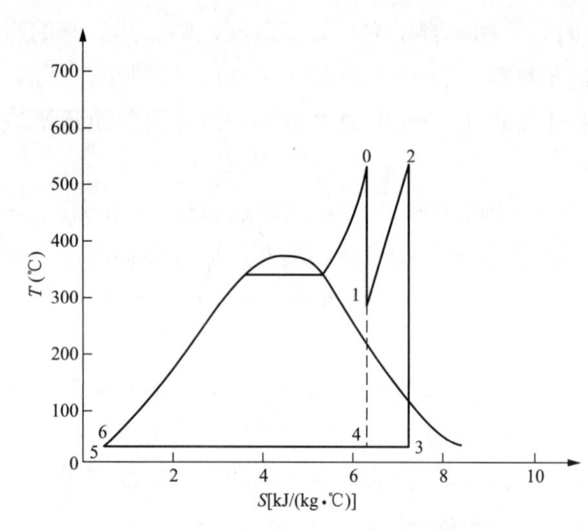

图 1-4 一次再热蒸汽动力循环温熵图

通过给水回热加热，原来的朗肯循环会显著改善。这是通过从汽轮机的各级抽取蒸汽去加热从凝汽器泵回锅炉而完成循环的给水来达成的。

图 1-4 为理想亚临界参数一次再热蒸汽动力循环的温熵图。图中过程 0—1—4—5—6—0 为朗肯循环。过程 0—1—2—3—5—6—0 为一次再热循环，一次再热循环可认为是在朗肯循环基础上附加了循环 1—2—3—4—1。

大型火力发电机组由一台锅炉、一台汽轮机和一台发电机及其相应的辅助系统构成一个单元系统（称为单元机组），中间一次再热单元机组的生产过程可简要地用图 1-5 表示。系统中的汽轮机高压缸、再热器、汽轮机中、低压缸、凝汽器、给水回热系统和锅炉的工作过程顺序对应图 1-4（一次再热循环温熵图）中 0—1、1—2、2—3、3—5、5—6 和 6—0 过程线，形成一个完整的动力循环。

在锅炉中，燃料燃烧放出的热量将锅炉内的水加热、蒸发并过热成为具有一定温度和压力的过热蒸汽，过热蒸汽由管道引入汽轮机，蒸汽在汽轮机内膨胀做功，冲转汽轮机，带动发电机转动并发出电能。在此过程中，蒸汽在锅炉再热器中再热一次。蒸汽在汽轮机内做完功后排入凝汽器，被循环水泵提供的冷却水冷却而凝结成水。凝结水由凝结水泵提升压力后进入低压加热器加热，经除氧器除氧后，由给水泵升压，再经高压加热器进一步加热后送回锅炉。水在加热器和除氧器内加热的热源均来自汽轮机的各级抽汽。上述循环过程重复进行。

由此看出，在火力发电厂中存在着三种形式的能量转换过程：在锅炉中燃料的化学能转化为蒸汽的热能；在汽轮机中蒸汽的热能转化为机械能；在发电机中机械能转化为电能。进行能量转换的主要设备——锅炉、汽轮机、发电机，被称为火力发电厂的三大主机。

火力发电厂是利用煤、石油或天然气等燃料来发电的，这是目前世界上大多数国家包括我国在内生产电能的主要方式。我国电厂锅炉所用燃料主要是煤，现代大型火电厂锅炉

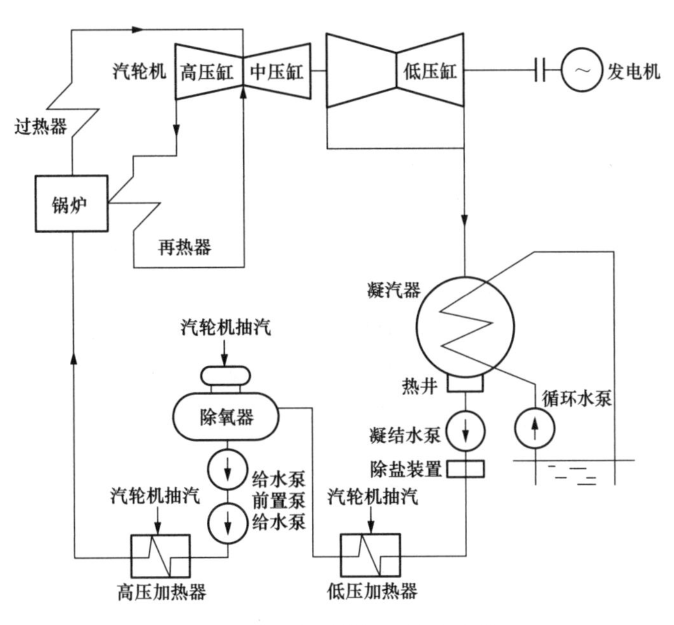

图 1-5 一次再热机组热力系统

一般先将煤磨制成一定细度的煤粉，然后送入锅炉燃烧放热并产生过热蒸汽。燃煤火力发电机组的生产工艺流程如图 1-6 所示。

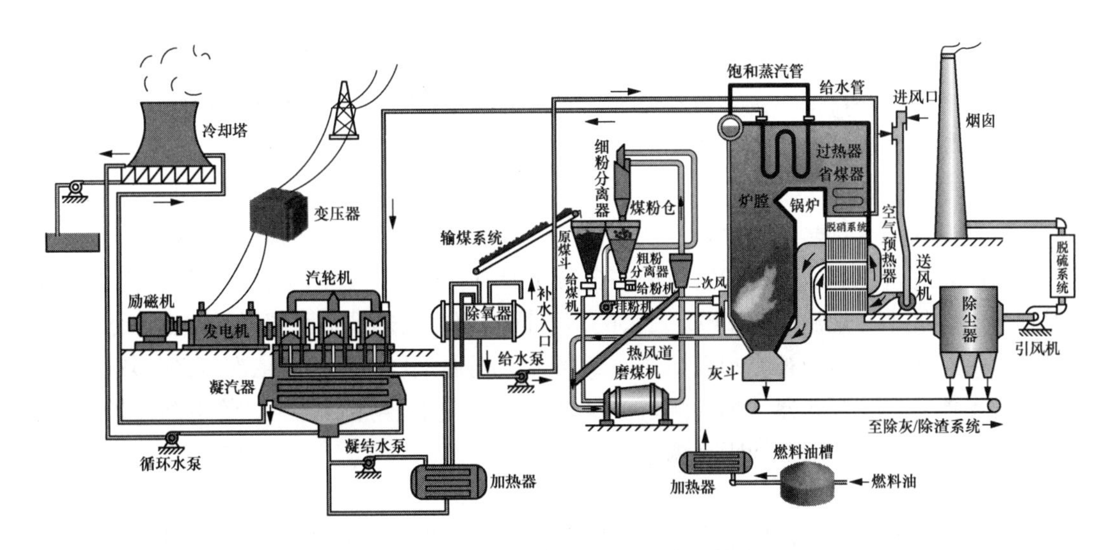

图 1-6 燃煤火力发电机组的生产工艺流程

三、锅炉设备的组成及工作过程

电厂锅炉由锅和炉两个部分组成，即汽水系统（锅）和烟风煤系统（炉），锅炉工作过程如图 1-7 所示。

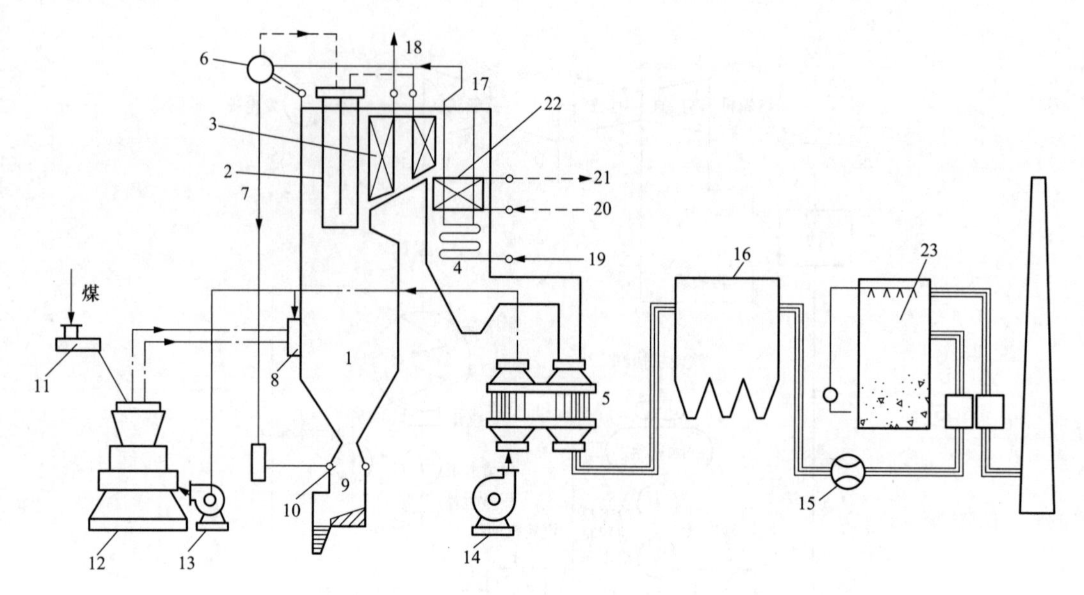

图 1-7 锅炉工作过程示意图

1—水冷壁；2—屏式过热器；3—对流式过热器；4—省煤器；5—空气预热器；6—汽包；7—下降管；8—燃烧器；9—排渣装置；10—水冷壁下集箱；11—给煤机；12—磨煤机；13—排粉机；14—送风机；15—引风机；16—静电除尘器；17—省煤器出口集箱；18—过热蒸汽；19—给水；20、21—再热蒸汽进口集箱；22—再热器；23—脱硫装置

（一）锅炉设备的组成

1. 燃料制备系统（制粉系统）

原煤由原煤仓经过给煤机进入磨煤机，磨煤机将其磨制成一定细度的煤粉，由热一次风输送到燃烧器喷入炉膛着火燃烧。

2. 烟风系统

冷空气送入空气预热器加热，热一次风送入制粉系统，热二次风经由燃烧器引入炉膛，提供煤粉完全燃烧所需要的空气量。煤粉在炉内着火后，与空气混合燃烧产生火焰和高温烟气（燃烧中心烟温高达 1400～1500℃），同时辐射放热被炉膛辐射受热面（水冷壁）吸热冷却，至炉膛出口处被冷却至 1000～1100℃。高温烟气离开炉膛依次流经过热器、再热器、省煤器、空气预热器（烟气侧），并与其受热面进行换热，且经过静电除尘器除尘、脱硫装置脱硫后，由引风机抽吸至烟囱排出。

3. 汽水系统

锅炉的给水来自汽轮机的给水回热加热系统，给水进入省煤器加热，引入锅炉汽包与锅水混合。锅水由下降管进入水冷壁下集箱，再由下集箱将锅水均匀分布给每根水冷壁管（上升管）。锅水在水冷壁管内吸收炉内辐射换热热量，锅水被加热、蒸发汽化形成汽水混合物，汽水混合物进入汽包，经过汽水分离后形成干饱和蒸汽。干饱和蒸汽由汽包上方引入炉顶顶棚过热器及后包墙管过热器，再依次流经低温对流过热器、屏式过热器（辐射式过热器），最后经高温对流过热器加热到额定的蒸汽参数。

为了提高锅炉—汽轮机组的循环热效率，对大容量、超高参数的锅炉要采用蒸汽再热技术，这项任务由再热器完成。

（二）锅炉设备的工作过程

由上述可知，锅炉的工作过程由以下3个同时进行的过程组成。

1. 燃料的燃烧过程

燃料由燃料系统输送到燃烧设备（燃烧器），进入炉膛后着火并与空气混合，燃烧产生火焰和高温烟气。

2. 烟气向工质的传热过程

炉内的火焰和高温烟气与受热面之间通过辐射、对流以及热传导等传热方式，将热量传递给受热面管内的工质（水和蒸汽）。

3. 水的加热与汽化过程

受热面管内的水在一定压力下，吸收管壁的热传导及水的对流放热热量使水加热，以至蒸发汽化、过热。

（三）锅炉的分类

按照不同的分类依据，大型电站锅炉主要根据燃烧方式、水循环方式、锅炉工作压力、燃烧器布置形式、排渣方式和锅炉总体布置形式，可以分为不同的类型。

1. 燃烧方式

按燃烧方式不同，可以分为悬浮燃烧（室燃）、流化床燃烧等。

（1）悬浮燃烧（室燃）。在很大的炉膛空间（燃烧室）内进行燃烧，燃料随空气一起运动，两者间基本没有相对运动。燃烧各个阶段均在悬浮状态下进行，悬浮燃烧的锅炉称室燃炉。对于固体燃料必须将其磨制成一定颗粒度的粉，以保证其与空气充分混合与接触。悬浮燃烧方式的特点是燃料在炉内的停留时间短，一般不超过2s，燃料被烟气完全携带，燃料与空气的接触面积大，燃烧速度快，燃烧效率高，适合于大容量的锅炉。

（2）流化床燃烧。流化燃烧是一种介于层状燃烧和悬浮燃烧之间的一种燃烧方式。具有一定颗粒度的煤粒在炉床上保持一定的煤层厚度，空气以适当的速度从底部通过床层，将煤粒吹起，煤粒悬浮于床层上一定高度范围，上下翻腾。采用流化燃烧方式的锅炉称为流化床锅炉。

2. 水循环方式

工质是指在汽水系统内用来吸热，冷却受热面的工作介质，指水和蒸汽。工质在单相受热面中总是强制流动方式，但在蒸发受热面中可以进行强制流动，也可以进行自然循环。按照工质在锅炉内部不同的流动方式，锅炉可分为自然循环锅炉、控制循环锅炉和直流锅炉。蒸发受热面中工质流动的方式如图1-8所示。

（1）自然循环锅炉。自然循环适用于亚临界压力锅炉。锅炉蒸发受热面（水冷壁）内工质依靠下降管中的水与上升管中汽水混合物之间的密度差进行循环。随着压力的提高，饱和水和饱和汽的密度差逐渐减少，到临界压力时，其密度差将为零，即运动压头随着压力提高逐渐减小直到零。

自然循环锅炉的主要特点是有一个汽包，将省煤器、过热器和蒸发受热面分隔开来，给水的预热、蒸发和蒸汽过热等各个受热面有明显的分界；汽包中装有汽水分离装置，从

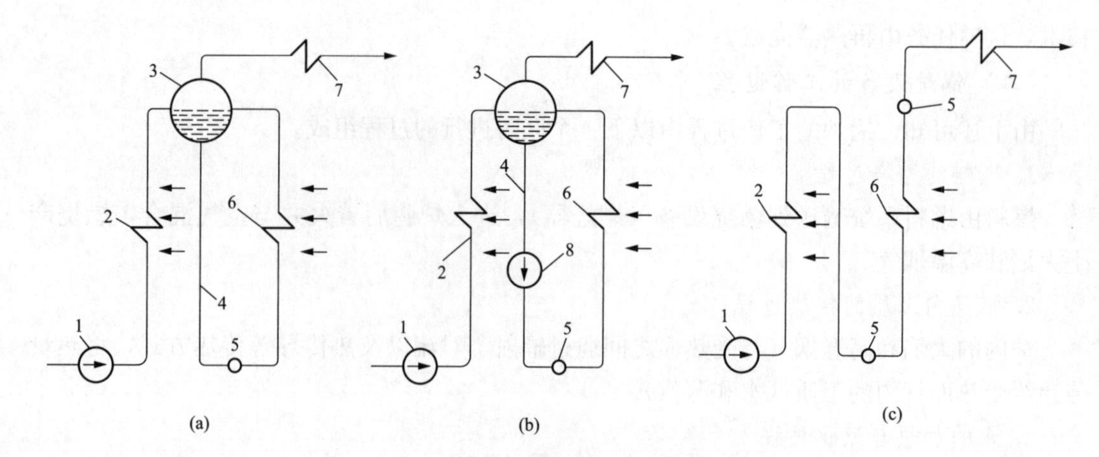

图 1-8 蒸发受热面中工质流动的方式

(a) 自然循环；(b) 控制循环；(c) 直流锅炉

1—给水泵；2—省煤器；3—汽包；4—下降管；5—水冷壁下集箱；6—水冷壁（蒸发管）；7—过热器；8—循环泵

水冷壁进入汽包的汽水混合物在汽包中进行汽水分离，减少饱和蒸汽带水；锅炉的水容量及其相应的蓄热能力较大，因此，当负荷变化时，汽包水位及蒸汽压力的变化速度较慢，对机组调节的要求可以低一些。但由于水容量大，加上汽包壁较厚，因此在锅炉受热或冷却时都不易均匀，使锅炉的启、停速度受到限制；水冷壁管子出口的含汽率相对较低，可以允许稍大的锅水含盐量，而且可以排污，因而对给水品质的要求可以低些；汽包锅炉的金属消耗量较大，成本较高。如图 1-8（a）所示。

（2）控制循环锅炉。控制循环锅炉有汽包，在循环回路下降管系统中设置了循环泵，工质在炉膛受热面内循环流动的动力主要为循环泵的压头。适用于亚临界压力锅炉。

控制循环锅炉是在自然循环锅炉基础上发展起来的，在结构和运行特性方面都与自然循环锅炉有相似之处。其主要差别是：自然循环主要依靠汽水密度差使蒸发受热面内工质自然循环，随着工作压力的提高，水汽密度差减少，自然循环的可靠性降低，但强制循环锅炉，由于主要依靠锅水循环泵使工质在水冷壁中作强迫流动，不受锅炉工作压力的影响，既能增大流动压头，又能控制各个回路中的工质流量，如图 1-8（b）所示。

（3）直流锅炉。直流锅炉没有汽包，给水在给水泵压头的作用下，顺序流过热水段、蒸发段和过热段受热面，一次将给水全部变成过热蒸汽，蒸发区循环倍率 $K=1$。直流锅炉在省煤器、水冷壁和过热器之间没有固定不变的分界点，水在蒸发受热面中全部转变为蒸汽，沿工质整个行程的流动阻力均由给水泵来克服。直流锅炉适用于亚临界及超临界参数。与汽包锅炉相比，直流锅炉具有节省钢材、启停时间短、能适用于各种容量和参数的优点，如图 1-8（c）所示。

在水的参数达到临界点时，水的完全汽化会在一瞬间完成，即在临界点时，在饱和水和饱和蒸汽之间不再有汽、水共存的二相区存在，汽化潜热为 0，饱和水与饱和汽的密度差为 0。当机组参数高于这一临界状态参数时，通常称其为超临界参数机组。由于在临界参数以上饱和水和饱和蒸汽之间不再有汽、水共存的二相区存在，故超临界和超超临界压力锅炉只能采用直流锅炉。

3. 锅炉工作压力

水的临界状态参数为 22.125MPa、374.15℃，大型电站锅炉按锅炉工作压力的高低，可以分为亚临界压力锅炉、超临界压力锅炉和超超临界压力锅炉。

（1）亚临界压力锅炉。出口工质压力为 15.7～19.6MPa 的锅炉，最常用的蒸汽参数为 16.7MPa/538℃/538℃。

（2）超临界压力锅炉。出口工质压力超过临界压力的锅炉，即出口蒸汽压力大于 22.1MPa（水的临界压力）的锅炉。常用的蒸汽参数为 23.5～26.5MPa，538～543℃或 538～566℃。

（3）超超临界压力锅炉。在超临界参数的基础上采用更高的压力和温度，以进一步提高机组的热效率，是提高参数的超临界锅炉（也可称为优化的高效超临界锅炉）。其蒸汽参数一般为压力达到 30～35MPa，过热汽温和再热汽温达到 590～650℃或更高。

4. 燃烧器布置形式

（1）切圆燃烧。直流燃烧器布置在炉膛四角，燃烧器喷口轴线与炉膛中间一个假想切圆相切，四个角上煤粉一次风气流有互相点燃的作用，在炉膛中形成旋转向上流动的气流结构，燃尽条件好。四角切圆燃烧如图 1-9（a）所示。但在大型锅炉中，炉膛出口左右两侧烟速、烟温偏差大，1000MW 锅炉左右两侧烟温偏差可能达到 200℃以上，易引起过热器超温爆管，需要采取其他配合措施，如锅炉整体布置用塔式布置或单炉膛八角双切圆等，如图 1-9（b）所示。

直流燃烧器采用 2 个相对独立的反向切圆燃烧，形成单炉膛八角双切圆布置。采用这种燃烧方式可使炉膛四周水冷壁出口工质温度的偏差值控制在 40℃以下。这种布置中如果有起分隔作用的水冷壁，由于它双面受热，将会导致严重的结焦问题；如果不布置起分隔作用的水冷壁，由于燃烧系统的不平衡和负荷的变化，双火球的位置容易发生浮动，引起不均衡的通风和不均衡的热负荷分布，同时细小煤粉颗粒容易冲刷水冷壁。

（2）前后墙对冲燃烧。对于旋流燃烧器，在炉膛的前后墙布置燃烧器，火炬相互穿插，炉内火焰的混合和充满情况比较好。燃烧区域温度较均匀。随锅炉容量增大，炉膛深度可维持不变，仅宽度相应增加，燃烧器个数相应增加，600MW 与 1000MW 锅炉在结构形式及总体布置上均相似。炉膛左右两侧有均衡的燃烧性能，可以有效地减少炉膛出口左右两侧烟温偏差。边排燃烧器距侧水冷壁距离合适，避免火焰直接刷墙。燃尽风一般采用优化的双气流结构，即在中央部位的气流采用非旋转的气流，它直接穿透进入炉膛中心，补充燃尽所需空气；边上的风口则采用旋转气流，在水冷壁面形成氧化性气氛，可有效防止高温腐蚀和结渣。前后墙对冲燃烧如图 1-10 所示。

（3）W 形火焰燃烧。W 形火焰锅炉的炉膛由较宽的下炉膛（燃烧室）和较窄的上炉膛（燃尽室）组成。向下喷射的燃烧器安装在上下炉膛束腰结合的地方，称为前、后拱，煤粉气流自此向下喷射，着火后穿透到接近下炉膛下部，然后在火焰浮力和引风机抽力作用下，向上转折穿过束腰进入上炉膛燃尽，形成一个 W 形状的火焰。上下炉膛之间有一缩腰，可减少上部炉膛水冷壁对着火燃烧区辐射吸热，并且高温烟气返回到一次风喷口附近，有利于提高着火燃烧区的温度，燃烧区的温度随负荷变化较小，最低不投油稳燃负荷

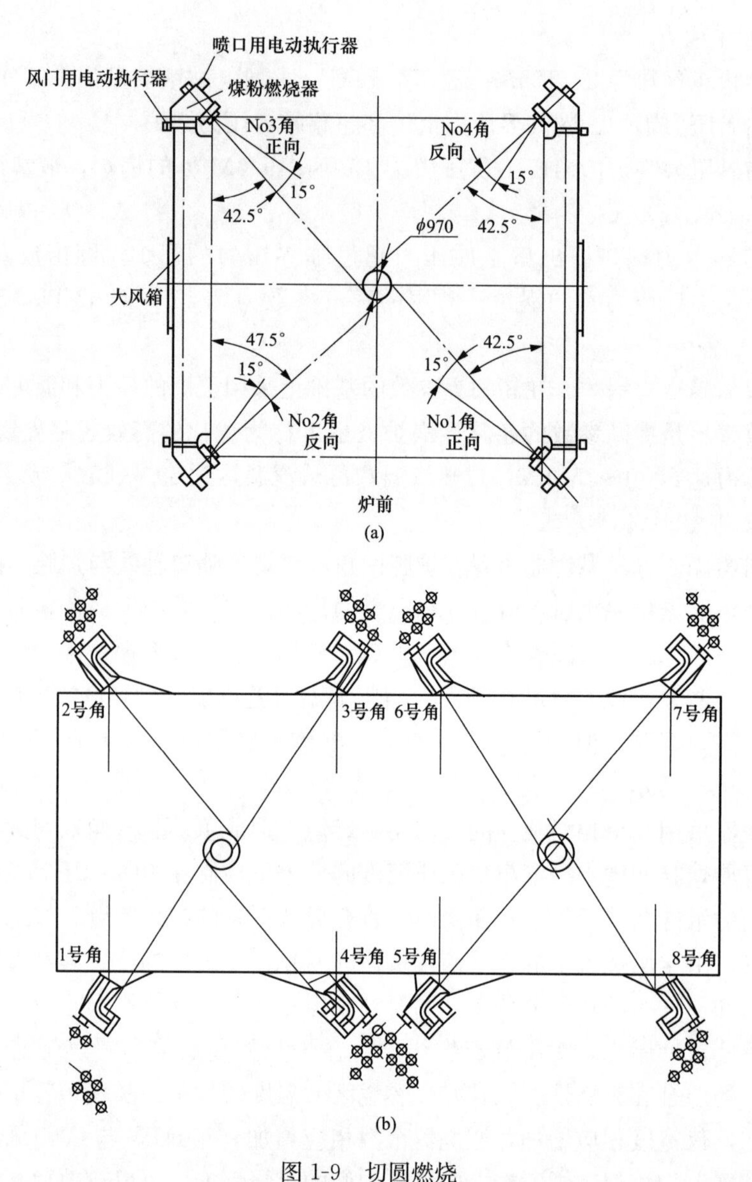

图 1-9 切圆燃烧

(a) 四角切圆燃烧；(b) 单炉膛八角双切圆燃烧

可以达到很低的数值。不易出现气流偏斜和贴墙现象，有利于在炉膛主燃烧区域的水冷壁上敷设较多的卫燃带以提高燃烧温度。只要沿宽度方向均匀投入燃烧器，在炉膛宽度方向上就可基本消除烟温偏差。对于无烟煤这种反应特性极低的煤种（可燃基挥发分低于10%），一般采用W形火焰的燃烧方式，通过提高炉膛的热负荷、延长火焰行程获得满意的燃烧效率。W形火焰锅炉及燃烧示意如图1-11所示。

W形火焰锅炉不足之处在于NO_x排放较高。根据多个电厂W火焰锅炉在额定出力条件下实测的干烟气中NO_x含量数值（换算到O_2=6%状态下）在850～1300mg/m^3（标准状态下），远超过常规煤粉炉的排放标准（标准状态下650mg/m^3）。

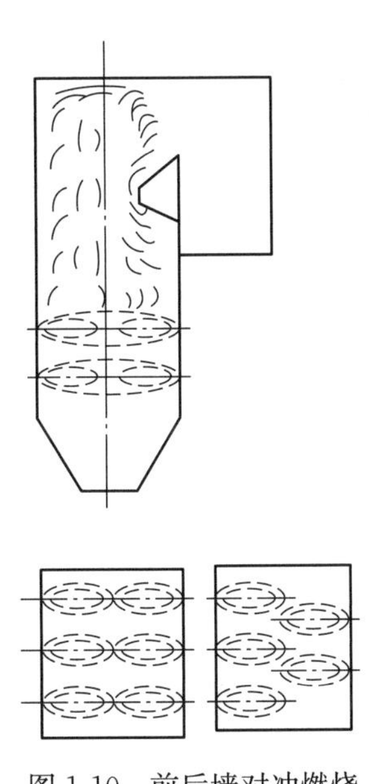

图 1-10 前后墙对冲燃烧

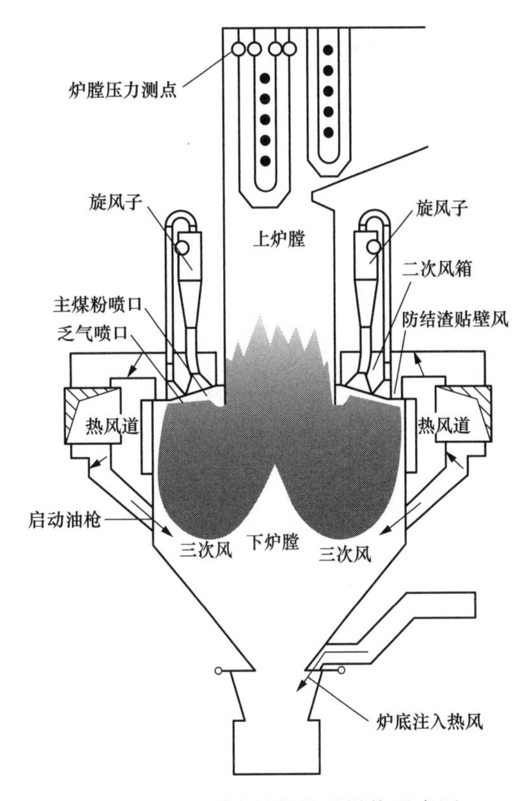

图 1-11 W 形火焰锅炉及燃烧示意图

5. 排渣方式

按炉膛排渣方式的不同，可以分为液态排渣锅炉和固态排渣锅炉。

(1) 液态排渣。燃料燃烧后生成的灰渣呈液态从炉膛底部的渣口流出。飞灰份额较小，可减轻受热面的磨损；燃烧温度高，有利于稳燃；适于灰熔点较低的燃料。但由于采用这种燃烧方式生成的氮氧化物太多，从 20 世纪 70 年代起已较少采用。

(2) 固态排渣。燃料燃烧后生成的灰渣（占燃料灰分的 5%～10%）呈固态由炉膛底部排出，是现在电厂广泛采用的方式。

6. 锅炉总体布置形式

按锅炉总体布置形式，可以分为 π 形布置和塔式布置。

(1) π 形布置。π 形布置的锅炉中，烟气在炉膛出口从垂直向上流动转为水平方向流动，进入水平烟道，再进入尾部垂直烟道，转入垂直向下流动。锅炉高度较低，是一种常用的布置方式。但是对于四角切圆燃烧，炉膛出口烟温偏差大，引起高温过热器和高温再热器热偏差和超温爆管。烟道中靠后墙的受热面因该处飞灰浓度大而受到严重的磨损。

(2) 塔式布置。锅炉烟道垂直向上发展，可以避免 π 形布置中上述的两点不足。在塔式布置中，在省煤器后面用烟道将烟气引到地面，将空气预热器、除尘器、引风机等较重的部件放于底层，在 600MW 及以上的锅炉中均有使用。

四、锅炉的特性参数与锅炉的型号

（一）锅炉的特性参数

锅炉的特性参数用来简要说明锅炉的特征，主要有锅炉容量和蒸汽参数。锅炉容量常以每小时能供应蒸汽的吨数来表示，单位为t/h。锅炉容量分为额定蒸发量、经济蒸发量、最大连续蒸发量。铭牌容量指锅炉的最大连续蒸发量。

锅炉最大连续蒸发量（Boiler Maximum Continuous Rate，BMCR）是蒸汽锅炉在额定蒸汽参数、额定给水温度和使用设计燃料长期连续运行时所能达到的最大蒸发量，单位是t/h。锅炉MCR工况一般对应于汽轮机阀门全开工况（Valve Whole Open，VWO)。最大连续蒸发量通常为额定蒸发量的1.03～1.2倍，国产及引进型机组为偏大值，而进口机组常为偏小值。

锅炉额定蒸发量（Boiler Rating Load，BRL）是蒸汽锅炉在额定蒸汽参数、额定给水温度、使用设计燃料并保证锅炉效率时所规定的蒸发量，单位是t/h。锅炉BRL工况一般对应于汽轮机额定工况（Turbine Rating Load，TRL)。

锅炉经济蒸发量（Boiler Economic Continuous Rate，BECR）是锅炉在额定蒸汽参数、额定给水温度、使用设计燃料并且锅炉效率最高时的蒸发量。锅炉ECR工况一般对应于汽轮机热耗率验收工况（Turbine Heat-consumption Assessment，THA)。

蒸汽参数指锅炉过热器出口蒸汽的压力和温度，以及再热器进出口蒸汽的压力和温度。额定蒸汽参数是额定蒸汽压力和额定蒸汽温度的合称，是锅炉设计时规定的参数。其中，额定蒸汽压力是锅炉在规定的给水压力和负荷范围内长期连续运行时应予以保证的蒸汽压力，而额定蒸汽温度是锅炉在额定给水温度和规定负荷范围内长期连续运行所必须保证的出口蒸汽温度。

（二）锅炉的型号

电站锅炉型号由四部分组成，各部分之间用短横线相连。第一部分用两个汉语拼音表示制造厂，例如HG、SG、DG分别表示哈尔滨锅炉厂、上海锅炉厂、东方锅炉厂，而北京锅炉厂与美国巴威公司合资成立的北京巴威公司是B&WBC。第二部分表示锅炉基本参数，分子上的数字表示最大连续蒸汽量（t/h)，分母数字表示锅炉出口过热蒸汽压力（工作压力，表压，MPa)。第三部分也是数字，分子和分母分别表示过热蒸汽和再热蒸汽出口温度，单位为℃。第四部分中，符号表示燃料代号，数字表示设计序列编号。

例如：DG-2950/26.25-/600/600-YM2表示东方锅炉厂制造，锅炉最大长期连续蒸发量为2950t/h，过热蒸汽压力26.25MPa，过热蒸汽和再热蒸汽出口温度均为600℃，设计煤种为烟煤，设计序号为2。

五、锅炉的安全经济运行指标

在火力发电厂中，锅炉是三大主要设备之一，锅炉运行的安全性，直接关系到电厂运行的安全。在发电厂事故中，大约有60%～70%事故是锅炉的事故，所以必须重视锅炉运行的安全性。另外，锅炉又是耗费一次能源的大户，必须注意节约能源，提高锅炉运行的经济性。

（一）锅炉运行的安全性指标

锅炉运行的安全性指标，不能进行专门的测量，而用下列的间接指标来衡量。

1. 锅炉连续运行小时数

锅炉连续运行小时数是指锅炉两次被迫停炉进行检修之间的运行小时数。

2. 锅炉的可用率

锅炉的可用率是指在统计期间，锅炉总运行小时数及总备用小时数之和，与该统计期间总小时数的百分比，即可用率＝（总运行时数＋备用时数）/统计期间总时数×100%。

3. 锅炉事故率

锅炉事故率是指在统计期间内，锅炉总事故停炉小时数，与总运行小时数和总事故停炉小时数之和的百分比，即事故率＝事故停运时数/（总运行时数＋事故停运时数）×100%。

锅炉可用率和事故率的统计期间可以是一年或两年。连续运行时数越大，事故率越小，可用率、利用率越大，锅炉安全可靠性就越高。目前，我国大、中型电站锅炉的连续运行小时数在5000h以上，事故率约为1%，平均可用率约为90%。

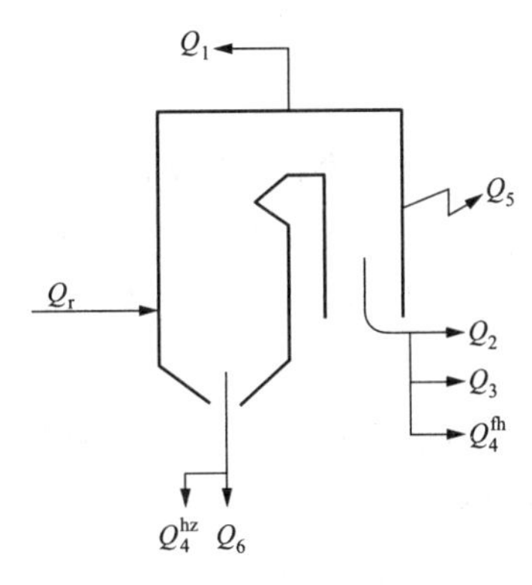

图1-12 锅炉机组热平衡示意图

（二）锅炉运行的经济性指标

1. 热平衡方程式

锅炉机组的热平衡是指：输入锅炉的热量与输出热量（或有效利用热量）和热损失之间的平衡关系，如图1-12所示。当锅炉机组处于稳定热力状态下，以1kg收到基燃料为基础来进行热平衡计算。热平衡方程式为

$$Q_r = Q_1 + Q_2 + Q_3 + Q_4 + Q_5 + Q_6 = Q_1 + \sum_{i=2}^{6} Q_i \ (\text{kJ/kg}) \tag{1-1}$$

式中 Q_r——入炉的热量；

Q_1——锅炉有效利用热；

Q_2——排烟热损失；

Q_3——气体不完全燃烧（化学不完全燃烧）热损失；

Q_4——固体不完全燃烧（机械不完全燃烧）热损失；

Q_5——散热热损失；

Q_6——灰、渣物理热损失。

将式（1-1）两侧同除 Q_r 则得各项热量占输入热量百分数的表达式

$$q_1 + q_2 + q_3 + q_4 + q_5 + q_6 = q_1 + \sum_{i=2}^{6} q_i = 100\% \tag{1-2}$$

在全部5项热损失中，锅炉排烟热损失最大，固体不完全燃烧热损失次之。

2. 锅炉机组热效率

锅炉机组热效率（η）是指单位时间内锅炉有效利用热 Q_1 与所消耗燃料的输入热量

Q_r 的百分比，即

$$\eta = \frac{锅炉有效利用热}{入炉总热量} = \frac{Q_1}{Q_r} \times 100\% \tag{1-3}$$

在设计锅炉时，上述各项热损失有的可根据锅炉计算标准直接查取经验数值，有些则根据假定的热工参数计算得出。对于运行中的锅炉需通过热平衡试验来确定，而热平衡试验常分为如下两种方法。

(1) 正平衡法。直接测定锅炉输入热量 Q_r 和输出热量 Q_1，求得热效率 $\eta(\%)$。

正平衡试验要求锅炉在试验期间始终保持稳定的运行工况，其工作压力、负荷、燃烧工况等自始至终应相同，这是难以做到的。而且要求精确测定有效利用热量和燃料消耗量，对大型燃煤锅炉而言，燃料消耗量是难以精确测定的。因此，正平衡法常用于确定小型锅炉的热效率。同时，正平衡法不能确定各项热损失的大小，难以分析造成热效率低的原因。

(2) 反平衡法。只测量各项热损失，由式 (1-4) 确定锅炉热效率。

$$\eta = 100\% - \sum_{i=2}^{6} q_i \tag{1-4}$$

这种方法需要测量的数据较多，工作量大，但不需要测定难以测准的燃料消耗量。反平衡法可通过分析造成各项热损失的原因对锅炉运行进行改进，大容量锅炉常采用此种方法。同时，采用反平衡法对试验期间锅炉负荷变化的限制并不严格。

3. 燃料消耗量

对于超超临界二次再热锅炉，忽略减温水的影响，燃料消耗量 B 可以按式 (1-5) 计算得到：

$$B = \frac{D_{gr}(h''_{gr} - h_{gs}) + D_{zr.1}(h''_{zr.1} - h'_{zr.1}) + D_{zr.2}(h''_{zr.2} - h'_{zr.2})}{\eta Q_r} \quad (kg/h) \tag{1-5}$$

式中 Q_r——入炉的热量，kJ/kg；

η——锅炉热效率，%；

D_{gr}、$D_{zr.1}$、$D_{zr.2}$——过热蒸汽、一次再热和二次再热蒸汽流量，kg/h；

h''_{gr}、h_{gs}、$h''_{zr.1}$、$h'_{zr.1}$、$h''_{zr.2}$、$h'_{zr.2}$——过热蒸汽出口、锅炉给水、一次再热和二次再热进出口蒸汽焓，kJ/kg。

第二节 超超临界二次再热锅炉

一、超超临界二次再热循环

(一) 一次与二次再热循环的比较

二次再热循环是以采用两次中间再热的蒸汽朗肯循环为基本动力循环的发电技术，其典型特征是超高压缸和高压缸出口工质分别被送入锅炉的高压再热器和低压再热器进行再热，在整个热力循环中实现了 2 次再热过程。相比一次再热机组，二次再热机组锅炉增加了 1 级再热回路。

图 1-13 为一次再热朗肯循环（a）和二次再热朗肯循环（b）的基础温-熵（T-s）图。为了对比一次再热和二次再热在热力循环上的差异，以同样工况参数为基准，其中一次再热机组参数为 30MPa/600℃/620℃，二次再热机组参数为 30MPa/600℃/620℃/620℃。图中 3—4 为放热过程，4—1 为升压过程；对于一次再热，吸热过程包含 1—2 和 1′—2′，膨胀过程包含 2—1′和 2′—3；对于二次再热，吸热过程包含 1—2、1′—2′和 1″—2″，膨胀过程包含 2—1′、2′—1″和 2″—3。

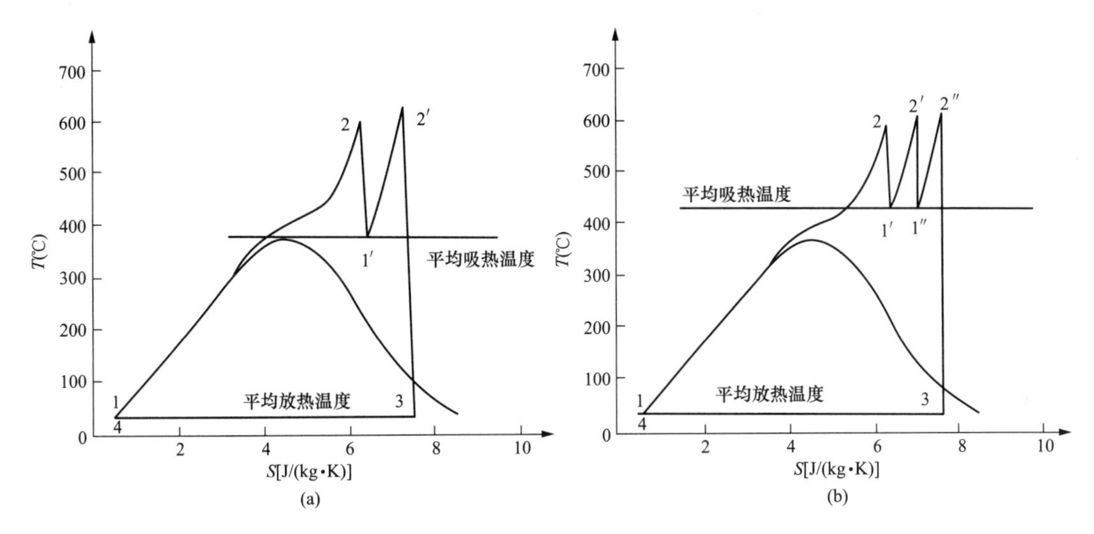

图 1-13　二次再热与一次再热热力循环对比

（a）一次再热；（b）二次再热

从图 1-13 可以看出，由于 2 个循环背压相同，两者拥有基本一致的放热过程，且平均放热温度相等。但是，二次再热循环增加了一个高温度参数的再热吸热过程，相当于提升了整个吸热过程的平均吸热温度。

同样的平均放热温度，更高的平均吸热温度，意味着二次再热朗肯循环比同参数的一次再热朗肯循环更接近卡诺循环，其发电效率更高。以图中的参数为例，二次再热基础循环比一次再热基础循环的热效率高 1.5～2.0 个百分点。

在实际工程应用中，二次再热机组通常比一次再热机组设计更多的回热级数，锅炉给水温度也显著升高，因此，其平均吸热温度的提升更大，效率的提升要大于图 1-13 的基础循环。另外，二次再热机组通常选择更高的主蒸汽压力，与同温度水平的一次再热机组相比，二次再热机组的效率实际可提高 2～3 个百分点。

（二）二次再热机组的系统设计

经历了几十年的发展，二次再热技术得到了逐步的优化和完善。我国电力行业也通过技术创新和建设实践，获得了大量数据，积累了一系列二次再热机组系统设计技术，主要包括二次再热系统设计优化技术、二次再热锅炉技术、二次再热汽轮机技术和二次再热运行控制技术等。

理论上，二次再热循环就是在一次再热循环的基础上增加 1 个再加热和再膨胀的过程。但是实际上二次再热发电系统并不是对一次再热发电系统的简单改造。二次再热一共存在3次加热和3次膨胀过程，其热力系统结构复杂，锅炉及其内部受热面、汽轮机、给水回热系统及管道阀门的布置对机组的安全性和经济性均具有很大的影响，因此二次再热系统的设计是一个非常复杂的优化和完善过程。

1. 蒸汽参数选取

关键参数的合理选取是二次再热机组高效、经济运行的基本保障。提高主蒸汽参数可以提高机组的效率，但是，受材料性能的限制和投资成本的约束，选取过高的主蒸汽参数会给整个机组的安全性和经济性带来不利影响。美国于20世纪50年代投运的二次再热机组就存在此问题。二次再热机组高压再热蒸汽和低压再热蒸汽的温度、压力的选取也是一个涉及锅炉、汽轮机和材料等专业的综合问题，选取最优的再热蒸汽参数对机组的经济性有着重要的影响。经过多年的发展，主蒸汽压力30～33MPa，主蒸汽温度600℃，一、二次再热蒸汽温度600～620℃，被认为是在当前材料水平和制造能力下比较合理的二次再热机组参数取值。

2. 回热系统优化

二次再热机组回热级数的选取、回热系统的优化是二次再热机组系统层面的关键技术之一。回热系统的设计与机组容量及主参数的选取密切相关，目前600MW以上二次再热机组回热级数一般选择9～10级，较一次再热机组回热级数增加1～2级，可使机组热耗率下降0.2%～0.3%。

随着回热级数的增加，相应的回热抽汽点的选取、高压加热器、低压加热器端差的设计等问题均需要深入全面的考虑。与常规机组相比，二次再热机组再热抽汽段的过热度很高，如不采取有针对性的措施，则会严重影响机组的经济性，目前通常通过增设外置式蒸汽冷却器（图1-14）解决该问题。

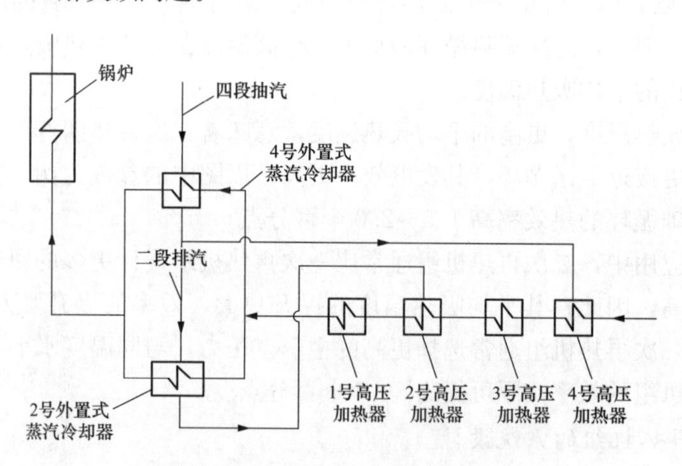

图1-14　外置式蒸汽冷却器系统示意

此外，也有采用新型主循环（Master Cycle，MC）。MC最主要的特点是取消了中压缸所有抽汽，其核心部件是一个称为“T-turbine”的独立给水泵汽轮机。采用MC后，中压缸对应的加热器抽汽温度大幅度下降，减小了抽汽与给水的换热温差，降低了㶲损失，提高了循环的整体效率。

3. 管道优化布置

二次再热机组管道的优化布置也是系统层面的关键技术之一。相对于一次再热机组，二次再热机组多了一级再热再膨胀过程，导致整个循环系统的流量响应慢于传统机组。因此需要通过合理的优化布置，缩短管道长度，提高机组的流量响应特性，提升机组运行的灵活性。此外，二次再热机组的主管道也由传统的“四大管道”变为“六大管道”，管道效率对机组效率的影响更为显著，管道热损失不容忽视。

同时，二次再热机组一般采用超高压缸、高压缸和中压缸（VHP/HP/IP）联合启动方式。这种启动方式决定了汽轮机旁路必须设高压（BP1）、中压（BP2）、低压（BP3）三级串联旁路，即主蒸汽进入超高压缸→排汽至一次再热器（RH1）→进入高压缸→排汽至二次再热器（RH2）→进入中压缸→低压缸→凝汽器。高、中、低压三级串联旁路系统流程如图 1-15 所示。

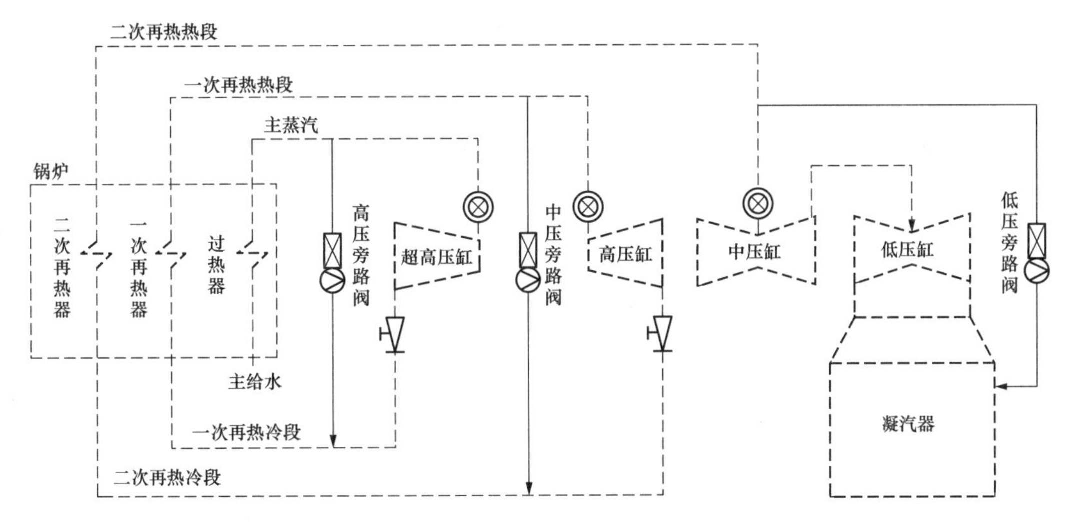

图 1-15 高、中、低压三级串联旁路系统流程图

以 1000MW 上海汽轮机厂的机型为例，三级旁路的基本配置如下：

（1）高压旁路 BP1，即超高压缸旁路。旁路蒸汽由锅炉过热器出口到汽轮机超高压缸排汽，进入一次再热器（RH1）。启动时，高压旁路的作用是控制主蒸汽压力。

（2）中压旁路 BP2，即高压缸旁路。旁路蒸汽由一次再热器（RH1）出口到汽轮机 HP 高压缸排汽，进入二次再热器（RH2）。启动时，中压旁路的作用是控制一次再热蒸汽压力不大于 3.5MPa，以避免超高压缸排汽温度超过最高限制值 530℃。

（3）低压旁路 BP3，即中、低压缸旁路。旁路蒸汽由二次再热器（RH2）出口至凝汽器。该旁路起到控制二次再热蒸汽压力的作用，即控制其压力为 0.5～1.3MPa 之间，以避免高压缸排汽温度超过最高限制值 530℃。

机组启动时，锅炉升温升压，主蒸汽管道通过开启高压旁路阀，一次热再热蒸汽管道通过开启中压旁路阀，二次热再热蒸汽管道通过开启低压旁路阀，使蒸汽温度和金属温度相匹配，缩短机组启动时间。

4. 特有技术协同优化

对于二次再热机组，有一些特有技术必须从系统层面进行优化和设计，才能达到预期的目标。以莱芜电厂1000MW二次再热机组为例，如图1-16所示，烟气再循环是其调温的重要手段之一，通过将引风机后的部分烟气送回炉内，实现汽温调节。但是，烟气再循环布置在空气预热器之后，会使流经空气预热器的烟气量偏大，排烟温度升高，必须采取相应的措施降低排烟温度。对此，该电厂通过增加空气预热器的旁路烟道，在其中布置与回热器并联的高、低压低温省煤器系统，通过高、低压低温省煤器吸收旁路烟道的热量，并最终通过排挤回热抽汽的方式实现了该部分热量的充分利用。

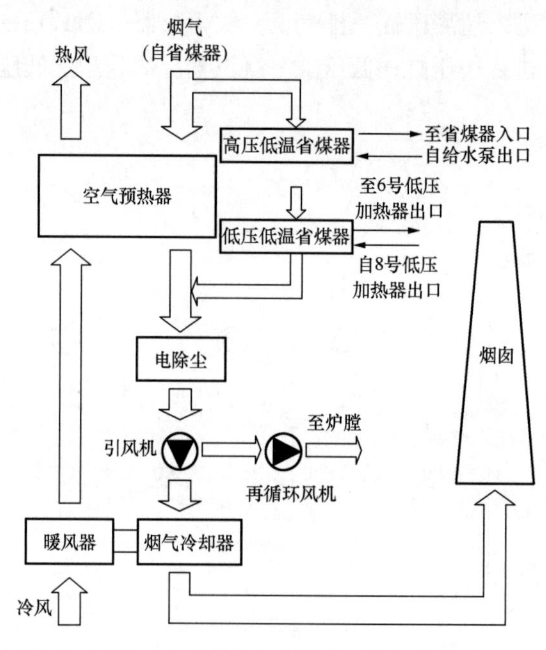

图1-16 莱芜电厂1000MW二次再热机组的烟气再循环与空气预热器旁路烟道系统

上述处理方式是二次再热机组系统层面协同优化的典型案例。从运行数据可知，在烟气再循环调温时，可通过上述系统将除尘器前的烟气温度降至100～110℃（无空气预热器旁路烟道系统时，该温度将高达130～140℃），摒除了除尘器后抽烟气的烟气再循环方式的弊端，在实现调温的同时，保证了机组的热效率。

二、二次再热锅炉

二次再热机组的循环结构决定了二次再热锅炉的汽水流程区别于常规的一次再热锅炉，最直接的体现为锅炉受热面布置发生了变化，进而带来水动力设计以及燃烧与工质侧匹配的不同。

1. 受热面布置

表1-1为660MW二次再热机组锅炉（32.1MPa/605℃/623℃/623℃）与一次再热机组锅炉（26.15MPa/605℃/603℃）主要参数对比。

表 1-1 660MW 二次再热机组锅炉与一次再热机组锅炉主要参数对比

项目	单位	二次再热	一次再热
主蒸汽流量	t/h	1937	2043
给水温度	℃	331	299
高压再热蒸汽流量	t/h	1711	1720
高压再热蒸汽进口压力	MPa	10.90	6.17
高压再热蒸汽进口温度	℃	427	384
低压再热蒸汽流量	t/h	1472	
低压再热蒸汽进口压力	MPa	3.27	
低压再热蒸汽进口温度	℃	439	
过热蒸汽吸热比例	%	71.62	82.40
高压再热蒸汽吸热比例	%	16.76	17.60
低压再热蒸汽吸热比例	%	11.62	

从表 1-1 可以看出，与一次再热机组锅炉相比，超超临界二次再热机组锅炉的给水温度、蒸汽吸热比例等均发生较大变化，这对二次再热机组锅炉的设计提出了挑战。国内主要锅炉制造企业针对该问题，结合各自的技术优势，开发出了不同形式的二次再热炉型。如哈尔滨锅炉厂有限责任公司（哈锅）的双烟道 Π 形二次再热机组锅炉（图 1-17），东方

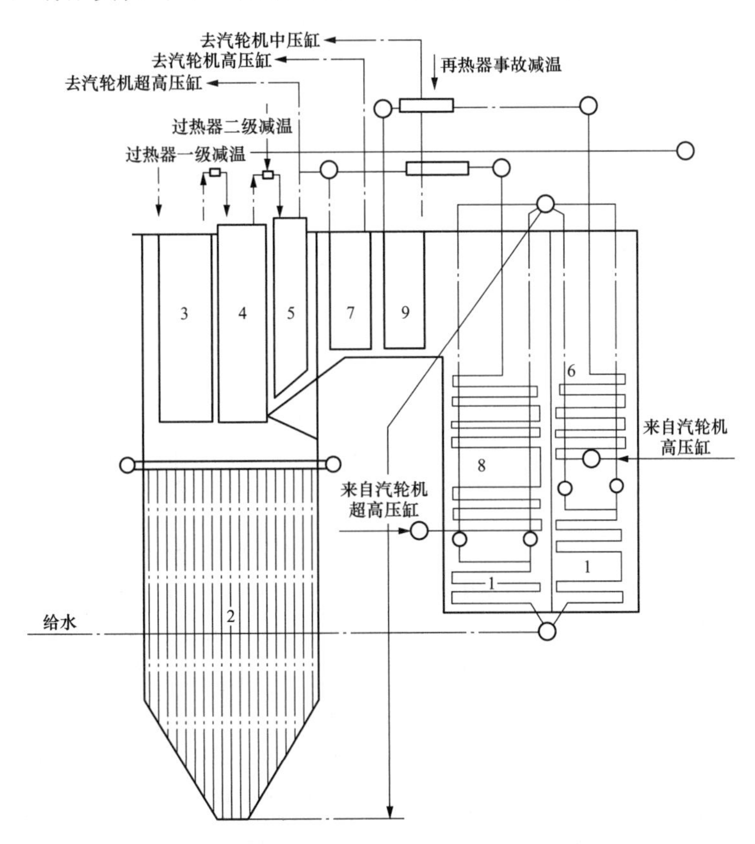

图 1-17 双尾部竖井烟道 Π 形锅炉受热面布置示意图

1—省煤器；2—水冷壁；3—分隔屏过热器；4—后屏过热器；5—末级过热器；6—二次再热器低温段；7—一次再热器高温段；8—一次再热器低温段；9—二次再热器高温段

锅炉（集团）股份有限公司（东锅）的三烟道Ⅱ形二次再热机组锅炉（图1-18）及上海锅炉厂有限公司（上锅）的双烟道塔式二次再热机组锅炉（图1-19）等。

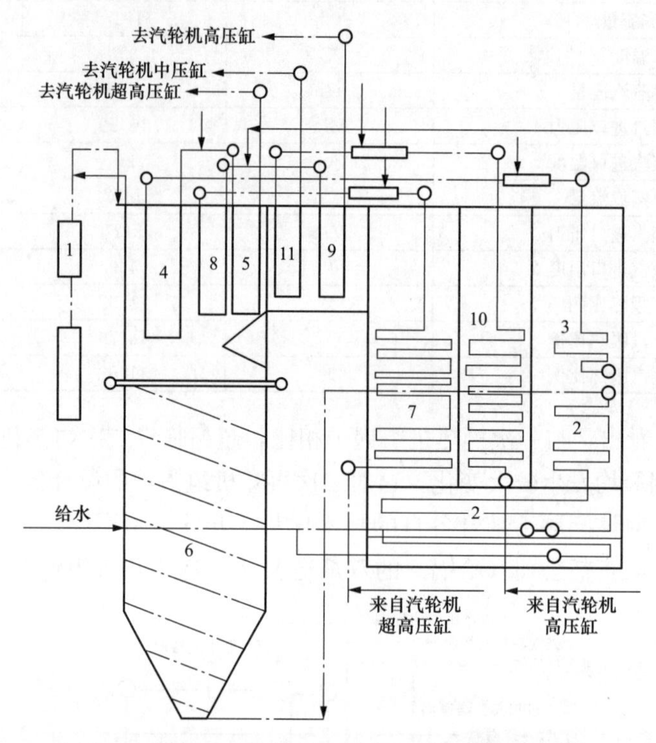

图1-18 尾部三竖井烟道Ⅱ型锅炉受热面布置示意图

1—汽水分离器；2—省煤器；3—低温过热器；4—屏式过热器；5—高温过热器；6—炉膛；7—一次再热器低温段；8—一次再热器中温段；9—一次再热器高温段；10—二次再热器低温段；11—二次再热器高温段

2. 水动力设计

超超临界二次再热机组锅炉水动力有其显著的特殊性。首先，由于效率的提升，二次再热机组流量比同容量常规机组小，这意味着主蒸汽流量也有所减小，流量的降低可能会带来更明显的热偏差问题；其次，随着主蒸汽压力的提高，水冷壁内大比热区工质吸热能力下降，水冷壁内流量分配和壁温分布的均匀性变差；最后，二次再热机组锅炉给水温度显著提高，水冷壁内工质整体温度水平要高于常规锅炉。这些都对水动力设计提出了更高的要求。

以安源电厂660MW二次再热机组锅炉为例，哈锅除了采用内螺纹管垂直水冷壁，并根据炉膛水平方向热负荷分配曲线装设不同节流孔圈减小流量和壁温偏差等传统方法外，还进行了不少有针对性的改进措施。例如：中间混合集箱的位置按照锅炉最低负荷时此位置处工质干度为0.8左右选取，可防止二相工质沿平行管组的流量分配不均问题；将装有节流孔圈的水冷壁入口管段加粗，再通过三叉管的方式与小直径的水冷壁管相配，大大增加了节流孔圈孔径的变化范围，提高了节流幅度和各回路管组流量调节的能力，保证各负荷下水冷壁出口温度偏差均在合理范围。通过安源电厂的运行情况可以看出，经过二次再热机组锅炉水动力的优化设计，有效地保障了该锅炉变压运行的4个阶段，即超临界直流、近临界直流、亚临界直流和启动阶段中水动力的稳定性。

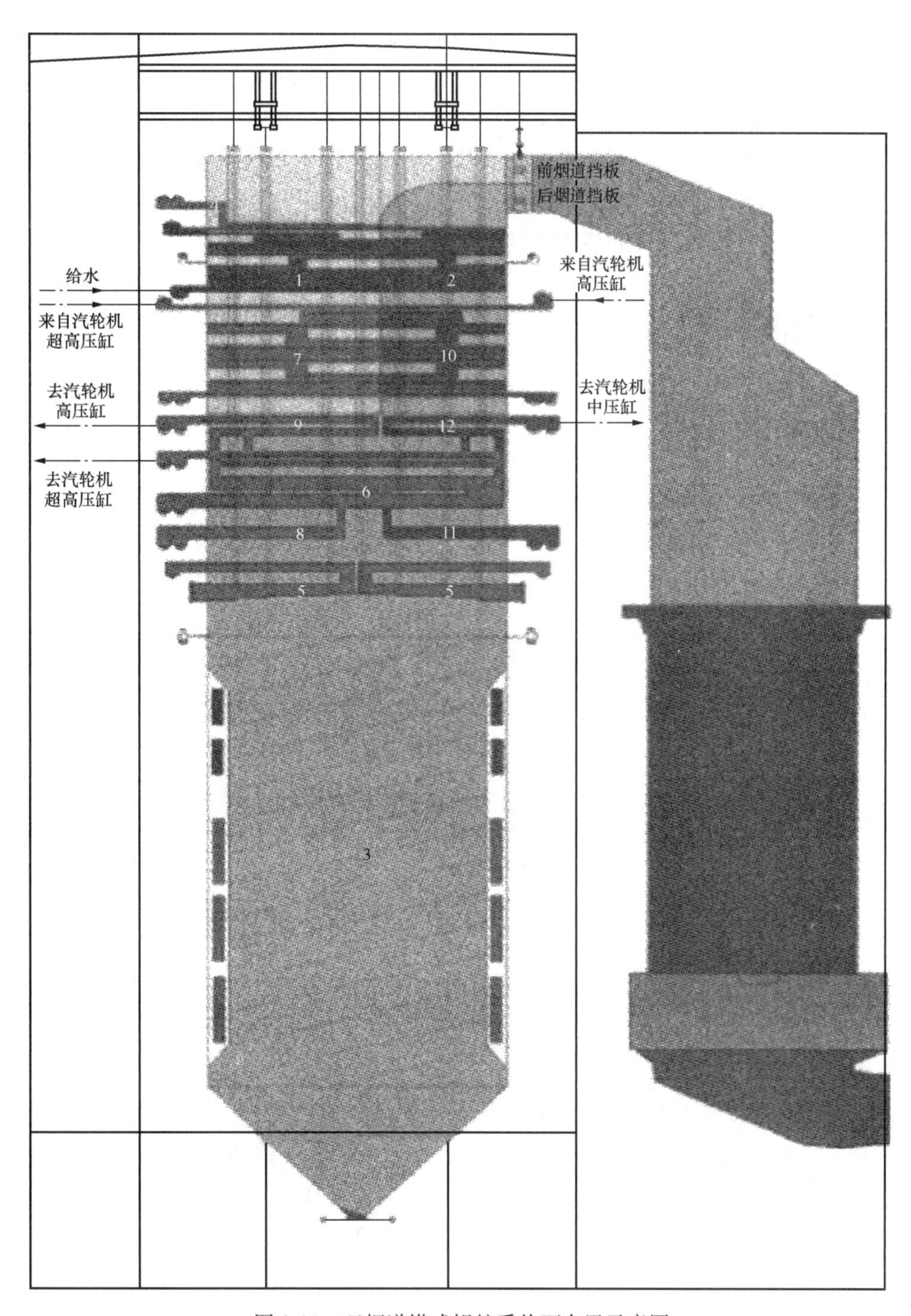

图 1-19　双烟道塔式锅炉受热面布置示意图

1—前烟道省煤器；2—后烟道省煤器；3—水冷壁；4—初级低温过热器；5—低温过热器；6—高温过热器；7—一次再热低温再热器；8—一次再热高温再热器冷段；9—一次再热高温再热器热段；10—二次再热低温再热器；11—二次再热高温再热器冷段；12—二次再热高温再热器热段

3. 烟气再循环技术

二次再热机组锅炉再热汽温调节很少采用蒸汽侧调温方式，主要原因是喷水减温会降低机组的热效率，从而违背二次再热机组的设计初衷。为保证低负荷时再热汽温调节的需要，多数二次再热机组锅炉的汽温调节以烟气再循环为主，并辅以烟气挡板，其中，烟气挡板的主要作用是调整一次再热器和二次再热器之间的热量分配，这一点是二次再热机组锅炉与一次再热机组锅炉的主要区别所在。另外，烟气再循环可以布置在省煤器后，也可以布置在引风机后，两种不同布置方式的烟气再循环对比如图 1-20 所示。

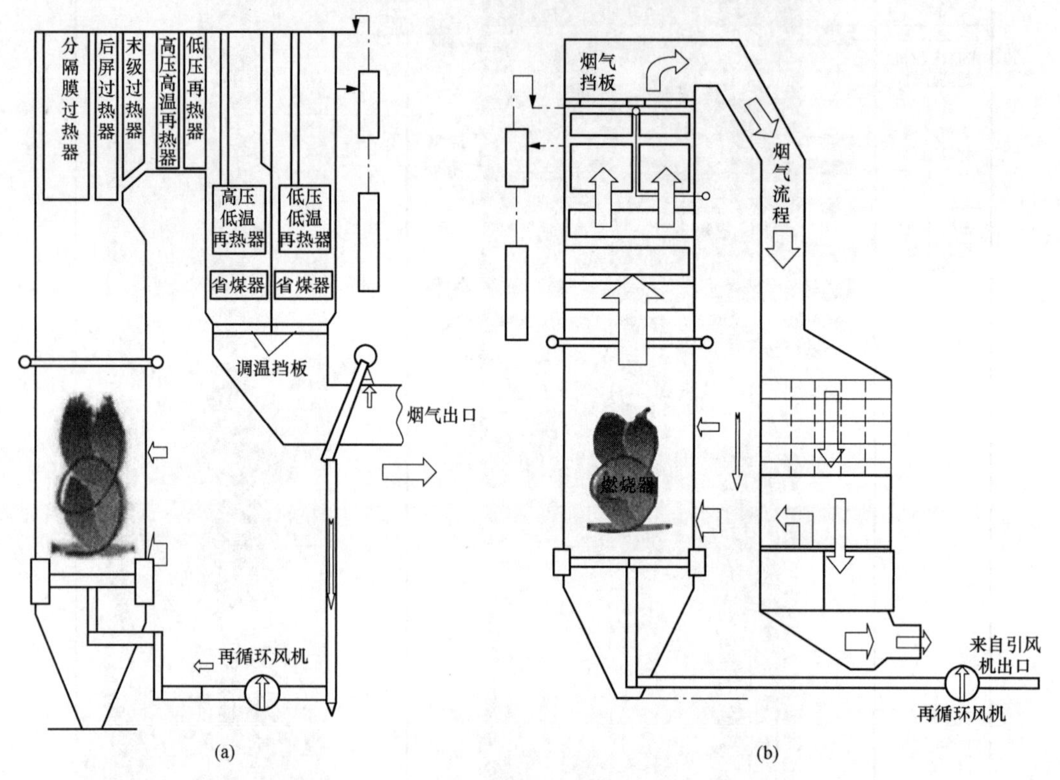

图 1-20 烟气再循环方式

(a) 省煤器后抽烟气；(b) 引风机后抽烟气

实际工程中，华能安源电厂采用从省煤器后抽取烟气的烟气再循环方式，如图 1-20 (a) 所示。该方式优势是结构相对简单，初投资少，且不影响锅炉效率，其技术难点是烟气再循环风机等设备的防磨。目前，安源电厂结合现场运行情况，通过在烟气再循环风机关键部位增加陶瓷防磨片等措施，大大减轻了循环烟气对风机叶片的磨损，效果显著。

莱芜电厂采用从引风机后抽取烟气的烟气再循环方式，如图 1-20 (b) 所示。该方式优点是汽温调节能力突出，不存在风机磨损等问题，但这种方式会造成流经空气预热器的烟气量偏大，若优化设计不够，锅炉排烟温度会显著升高，造成锅炉效率降低，必须对其进行系统优化。

4. 汽温调节

二次再热机组的汽温控制要比一次再热机组复杂。为确保主蒸汽温度、一次再热蒸汽温度和二次再热蒸汽温度均达到设计值，必须将水煤比、风煤比、挡板调节、燃烧摆动、喷水减温、烟气再循环等调节手段进行有机结合。其中，水煤比和风煤比仍然是控制的关键，也是控制过热汽温和一、二次再热汽温的基础。如水煤比、风煤比不能保证而导致中间点温度偏差较大时，仅仅通过烟气再循环和烟气挡板等调节手段很难保证过热汽温和一、二次再热蒸汽温度在合理范围。但是，若只依赖水煤比、风煤比等传统调节手段，不辅以挡板或者烟气再循环调节，很难实现一次再热蒸汽温度和二次再热蒸汽温度的精准控制。安源电厂的运行实际表明，以水煤比、风煤比为基本调温手段，双烟道烟气挡板+烟气再循环为主要调温手段，燃烧器摆动为辅助调温手段的汽温协同调节策略是可靠、有效的汽温调节技术。

5. 污染物排放

二次再热机组锅炉燃烧和污染物排放相关的技术实际上与常规一次再热机组锅炉没有实质性的差异。在采用烟气再循环时，需要注意烟气量的变化。由于二次再热机组锅炉给水温度普遍偏高，目前投运的二次再热机组锅炉在低负荷运行时其选择性催化还原（SCR）系统入口烟气温度始终能保持在300℃以上（见图1-21）。这意味着我国目前投运的二次再热机组锅炉均满足全负荷脱硝的要求，这也是二次再热机组锅炉的一个优点。

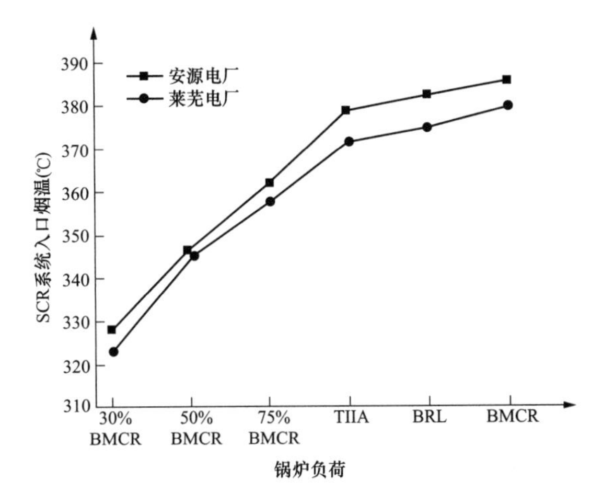

图1-21 二次再热机组锅炉SCR系统入口烟温随负荷的变化

三、二次再热技术的发展趋势

二次再热技术可以显著地提高机组的效率，煤耗的降低可以减少污染物的排放，因此，“高效”一直是二次再热技术发展的目标。

随着安源、泰州、莱芜等电厂中一大批先进高参数二次再热机组的相继投运，二次再热燃煤机组逐步成为我国超超临界燃煤发电的主力军。结合我国煤电的发展现状，我国的二次再热机组的发展在保证基本发电负荷的同时，还要承担较重的调峰任务。除了安全高效之外，灵活性是我国二次再热机组的又一重要技术发展方向。

1. 提升效率

提高参数是二次再热机组提高效率的有效途径。与一次再热机组相比，可降低供电煤耗 8.0～10.0g/kWh。莱芜电厂的 31MPa/600℃/620℃/620℃二次再热机组发电效率更是达到了 48.12%，发电煤耗为 255.29g/kWh，供电煤耗为 266.18g/kWh，刷新了世界纪录。

目前，二次再热机组效率的提高以系统优化和设备优化为主。31MPa/600℃/620℃/620℃等级的二次再热机组已经基本达到了现在材料水平的极限，短期内再提高参数必须采用价格昂贵的镍基合金材料，经济效益较差。随着国内二次再热机组的大量投运，二次再热技术的不断积累和进步，通过二次再热系统和设备的优化是近期提高二次再热机组效率的主要手段。

长远来看，超高参数的二次再热机组仍然是未来发展的重要方向。各国都十分重视该项研究工作，如美国“760℃-USC”计划，日本“A-USC”计划，欧洲“AD700”计划，我国也有“国家 700℃超超临界燃煤发电技术创新联盟”持续推进技术开发。

2. 灵活性设计

我国二次再热机组均是 660、1000MW 大容量、高参数的超超临界机组，正常情况下，这些先进机组应尽可能高负荷运行，充分发挥机组的经济性优势。但是，我国煤电调峰任务重，大量投运的二次再热机组参与调峰已不可避免。

相比传统一次再热机组，二次再热机组存在先天的灵活性不足的特点：汽水流程复杂，蒸汽流程长，流量响应慢；锅炉厚壁部件多，温度响应慢；回热级数增加，凝结水在低压回热器吸热比例下降，其参与一次调频能力下降。为了满足调峰的任务，在保证机组效率的前提下，优化系统设计，提高灵活性是我国二次再热机组的一个特殊发展方向。

第三节 瑞金电厂二期二次再热锅炉

一、锅炉概况

瑞金电厂二期 1000MW 超超临界二次再热机组锅炉型号为 SG-2983/32.14-M7054，出口蒸汽参数为 32.14MPa/610℃/625℃/622℃，采用超超临界参数、变压直流、切圆燃烧方式、固态排渣、单炉膛、二次中间再热、平衡通风、露天岛式布置、全钢构架、全悬吊结构塔式炉。锅炉总体布置如图 1-22 所示。

（一）锅炉汽水系统

锅炉炉膛由管子膜式壁组成，水冷壁采用螺旋管加垂直管的布置方式。从炉膛冷灰斗进口集箱标高 7500～67 951.7mm 处炉膛四周采用螺旋管圈，在此上方为垂直管圈，垂直管圈分为两部分，下部垂直管圈选用管子规格为 ϕ42mm，节距为 60mm；由 Y 形三通将两根垂直管合并成为一根管进而形成上部垂直管圈，管子规格为 ϕ44.5mm，节距为 120mm。锅炉炉膛宽度 20 760mm，炉膛深度 20 760mm，水冷壁下集箱标高为 7500mm，炉顶管中心标高为 114 800mm。大板梁顶标高 124 700mm。

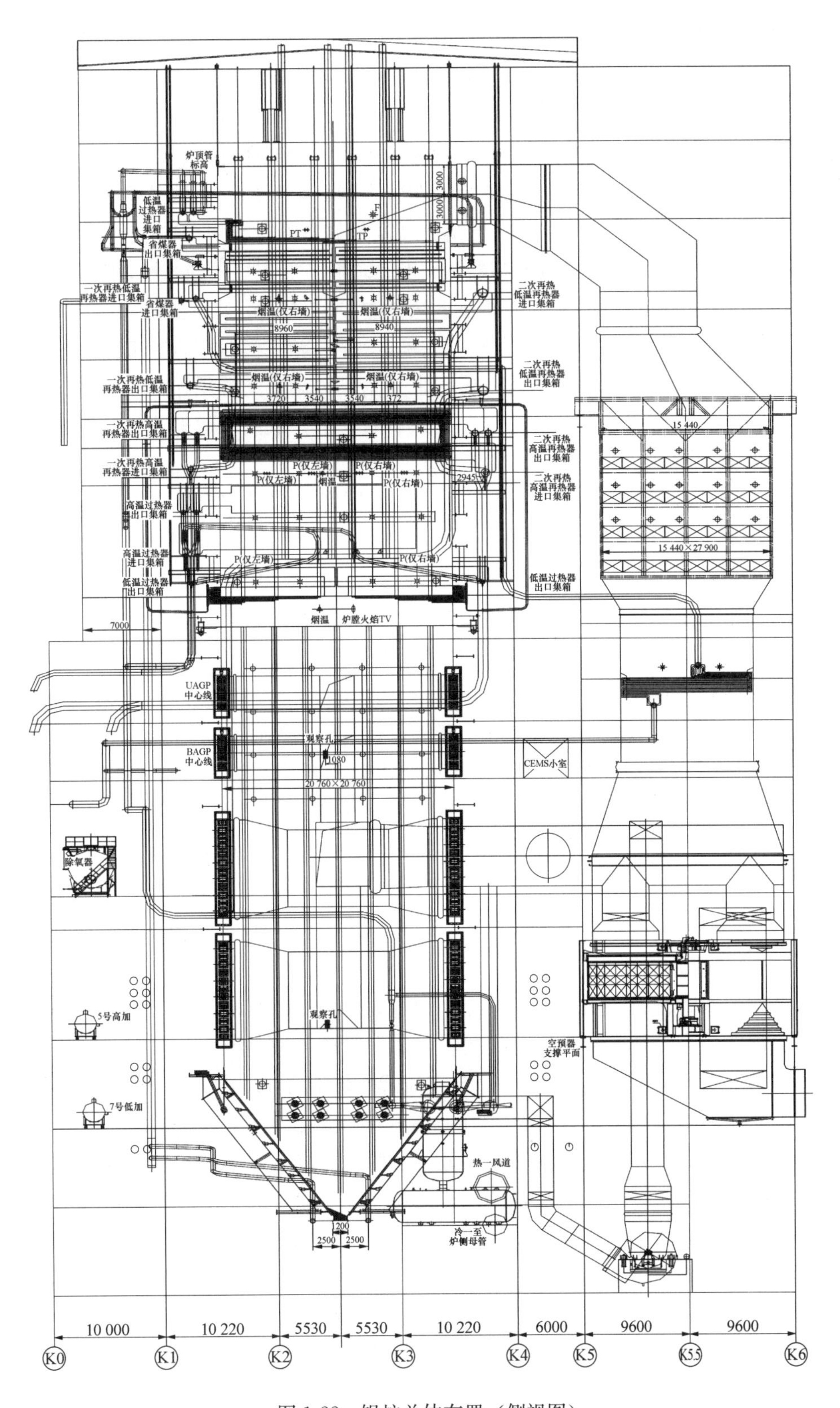

图 1-22 锅炉总体布置（侧视图）

锅炉炉膛上部沿着烟气流动方向依次分别布置有低温过热器，高温过热器，一、二次高温再热器，一、二次低温再热器、主省煤器。锅炉上部的炉内受热面全部为水平布置，穿墙结构为金属全密封形式。所有受热面能够完全疏水干净。锅炉出口的前部、左右两侧和炉顶部分也是由管子膜式壁构成，但是此区域管子内无流体介质。

除了水冷壁进口集箱之外，所有集箱都布置在锅炉上部的前后墙部位上。

炉前集箱包括低温过热器进/出口集箱、高温过热器的进/出口集箱、一次再热高温再热器进/出口集箱、一次再热低温再热器进/出口集箱、主省煤器进/出口集箱。炉后集箱包括低温过热器出口集箱、二次再热高温再热器进/出口集箱、二次再热低温再热器进/出口集箱。这些炉前/后的集箱一端由悬吊管支承；另一端搁支在炉前/后墙水冷壁之上。

过热器汽温通过水煤比调节和两级喷水来控制。再热器汽温采用烟气再循环结合双烟道挡板调节，低温再热器进口连接管道上设置事故喷水，低温再热器出口连接管道设置有微量喷水作为辅助调节。

过热器出口高压旁路采用100%旁路，中、低压旁路容量按启动工况最大主蒸汽流量加减温水量之和考虑。不设置过热器安全阀和PCV阀，一次再热器采用100%容量安全门设计，二次再热器采用100%容量安全门设计。安全阀型式为弹簧式安全门。

锅炉启动系统不带启动再循环泵，布置有大气式扩容器和集水箱等设备的简单疏水系统。大气式扩容器和集水箱，3号锅炉布置在锅炉右侧，4号锅炉布置在锅炉左侧。

锅炉炉前沿着炉宽在垂直方向上布置6台ϕ610mm的汽水分离器，每个分离器的进、出口和下部分别与水冷壁出口、低温过热器进口、贮水箱相连接。当机组启动，锅炉负荷低于最低直流负荷25%BMCR时，蒸发受热面出口的介质流经水冷壁出口汇合集箱后由12根管道送入汽水分离器进行汽水分离，蒸汽通过分离器上部管接头进入2个分配器后引入至低温过热器，而饱和水则通过每个分离器筒身下方一根ϕ356mm的连接管道（共6根）进入1只ϕ610mm贮水箱中，贮水箱上设有水位控制。贮水箱下方经一路ϕ559mm管道接至大气扩容器，通过集水箱连接到冷凝器或机组循环水系统中。

（二）锅炉燃烧系统

锅炉采用中速磨正压直吹式制粉系统，配置6台中速磨煤机，每台磨煤机引出4根煤粉管道到炉膛四角，炉外安装煤粉分配装置，每根管道通过煤粉分配器分成2根管道分别与两个相邻的一次风喷嘴相连，共计48台直流式燃烧器分12层布置于炉膛下部四角（每2个煤粉喷嘴为一层），在炉膛中呈四角切圆方式燃烧。

整台锅炉沿着高度方向燃烧器分成4组，上两组燃烧器是分离式燃尽风，每组有4层风室；下两组是煤粉燃烧器，每组有6层煤粉喷嘴，共有48台煤粉燃烧器喷嘴。最上排燃烧器喷口中心线标高47 246.5mm，一级过热器屏底距最上排燃烧器喷口23 058.5mm，最下排燃烧器喷口中心标高27 049.5mm，冷灰斗转角距最下排燃烧器喷口5129.5mm。

锅炉点火采用一层等离子点火方式，并保留三层高能电火花—轻油—煤粉点火油系统。每台炉配一套等离子点火系统，对应B磨煤机的两层煤粉燃烧器。油系统设计容量约为锅炉10%MCR，设置三层共12支机械雾化油枪。

（三）锅炉烟风系统

锅炉烟风系统设 2×50%双级动叶可调轴流式一次风机，2×50%双级动叶可调轴流式电动引风机和 2×50%单级动叶可调轴流式送风机。尾部烟道出口布置一套 SCR 脱硝反应装置，分级省煤器下方布置 2 台四分仓回转式空气预热器。

在锅炉主省煤器出口烟道后连接有脱硝装置进口烟道，脱硝装置单列布置，烟气从上向下流过脱硝装置后进入分级省煤器，在分级省煤器后烟道分成二路，经过各自的烟道关闭挡板进入 2 台四分仓容克式空气预热器。

（四）锅炉辅助系统

1. 锅炉吹灰系统

锅炉吹灰器均为蒸汽吹灰器。炉膛部分布置有 64 台墙式吹灰器，锅炉上部区域内布置 64 台长行程伸缩式吹灰器，分级省煤器区域布置 4 台伸缩式吹灰器，空气预热器旁路省煤器区域布置 4 台伸缩式吹灰器，每台预热器烟气进出口端各布置 1 台伸缩式蒸汽吹灰器。运行时所有吹灰器均实现 DCS 程序控制，并采用智能控制方案。

此外，锅炉还配有炉膛火焰电视摄像装置、炉管泄漏自动报警装置及红外线烟温测量装置等。

2. 锅炉除渣系统

锅炉炉膛底部出渣采用风冷干式冷渣机装置固态出渣。

3. 锅炉管路系统

（1）锅炉六大管道。

锅炉主蒸汽管道布置在自过热器出口集箱起至炉前 K1 钢柱附近，锅炉 2/5 轴线两侧。过热器出口集箱接出 4 根 ID240mm 支管，在炉两侧经 Y 形三通合并成 2 根 ID343mm 主管，管道材料均为 SA335-P92。管道上装有高压旁路接口、压力、温度、取样等测点及水压试验堵板等。

一次再热热段蒸汽管道（一次热再管）布置在自一次再热器热段出口集箱起至炉前 K1 钢柱附近，锅炉 2/5 轴线两侧。一次再热器出口集箱接出 4 根 ID300mm 支管，在炉两侧经 Y 形三通合并成 2 根 ID451mm 主管，管道材料均为 SA335-P92。管道上装有安全阀、蒸汽取样阀、水压试验堵阀等。

一次再热冷段蒸汽管道（一次冷再管）2 根，布置在锅炉两侧，其规格为 ϕ580mm，材料为 12Cr1MoVG。管道上装有安全阀、水压试验堵阀、压力温度测点、事故喷水减温器等。

二次再热热段蒸汽管道（二次热再管）布置在自二次再热器热段出口集箱起至炉前 K0 钢柱附近，锅炉 2/5 轴线两侧。二次再热器出口集箱接出 4 根 ID560mm 支管，在炉两侧经 Y 形三通合并成 2 根 ID870mm 主管，管道材料均为 SA335-P92。管道上装有安全阀、蒸汽取样阀、水压试验堵阀等。

二次再热冷段蒸汽管道（二次冷再管）2 根，布置在锅炉两侧，其规格为 ϕ914mm，材料为 A691-11/4CrC122。管道上装有安全阀、水压试验堵阀、压力温度测点、事故喷水减温器等。

省煤器进口主管道布置在锅炉左侧，自炉前 K0 钢柱中心线外 1200mm 至 K1 前 5000mm 处分成两路支管道至分级省煤器进口集箱。主管规格为 ϕ660mm，支管规格为 ϕ457mm，材料均为 WB36。管道上装有电动闸阀、回止阀、给水操作台阀门、取样阀、测点等。

（2）安全阀排汽管道。

为保证锅炉安全运行，防止受压部件超压，锅炉主蒸汽出口管道上配有具有安全功能的 100%高压旁路阀门。

一次再热器进口管道上装设了 4 台弹簧式安全阀、出口管道上装设了 4 台弹簧式安全阀来保护一次再热器系统不会超压。一次再热安全阀的总排放量为 B-MCR 工况时主蒸汽流量加上高压旁路阀门的喷水量。

二次再热器进口管道上装设了 8 台弹簧式安全阀，出口管道上装设了 4 台弹簧式安全阀，确保二次再热器系统不会超压。二次再热安全阀的排量大于二次再热蒸汽流量。

每只安全阀都配有排汽管，排汽管从安全阀排汽弯头上的疏水盘上方开始向上穿出大屋顶，排汽管与安全阀排汽弯头、疏水盘之间有足够膨胀间隙，安全阀排汽管上都装有消声器。

（3）疏水、放气管道。

为保证锅炉安全、可靠地运行，在受压件的必要位置上均设有疏水和放气点。所有的受热面和管道均能快速、完全疏水干净。

在锅炉点火前，过热器和再热器系统的疏水阀和放气阀必须打开，以保证系统内管道疏水，疏水后当管道内产生蒸汽时，关闭过热蒸汽管道上的排气阀。再热器疏水阀和排气阀必须在冷凝器建立真空前关闭。

（4）取样管路。

锅炉设有出口蒸汽取样点、给水取样点和启动系统取样点。出口蒸汽取样点分别设在过热器和一、二次再热器出口蒸汽管道上，给水取样从省煤器进口给水管道上接出，启动系统取样点从贮水箱至扩容器入口管道上接出。高压的取样管路上布置有两只仪表截止阀。

4. 锅炉门孔和测点布置

（1）门孔。

锅炉上设有检查、看火、吹灰、仪表测点、电视摄像，烟温探针和炉管泄漏报警装置等用孔，各孔按照要求布置在锅炉合适的部位，这对运行、检修和调试带来了方便。为防止烟气泄漏，确保锅炉密封，所有需要弯管的孔都装有密封盒。

锅炉运行时应用耐火材料把孔堵住，以防烟气烧坏检修门。

（2）汽水系统测点布置。

汽水系统测点包括：工质温度、工质压力、流量、取样及金属壁温等测点，作为运行时记录、控制及试验等所用。汽水测点分为两种：在控制室记录和控制使用；就地测试用。做记录和控制用的壁温热电偶直接引至控制室，就地测试用的壁温热电偶接至热电偶端子箱。

(3) 烟空气系统测点布置。

烟空气系统测点包括：炉膛压力、烟气温度、炉膛与各风道压差及尾部烟道压力、温度、氧量等测点，这些测点属于运行、监视所需要的。

(五) 锅炉钢结构

锅炉钢结构（不包括锅炉屋顶结构）的宽为59.48m、深度为66.7m、高度为124.70m（大板梁顶标高），共分十二个自然段，主要包括：炉顶钢架、炉顶支撑、受压件支吊钢架、各层刚性平面和平台、扶梯以及其他设备所需的支吊结构。

锅炉设置了膨胀中心，锅炉垂直方向上的膨胀零点设在大板梁顶部，锅炉深度和宽度方向上的膨胀零点设在炉膛中心。

锅炉四周设有绕带式刚性梁，以承受炉膛内部正、负两个方向的压力，整个锅炉高度布置了四层刚性梁导向装置，以控制锅炉受热面水平方向的膨胀和传递锅炉水平载荷。

二、锅炉主要参数

锅炉与超超临界参数汽轮机相匹配，主要参数如表1-2所示。

表1-2 锅炉主要参数

项目	单位	BMCR	BRL
(1) 蒸汽流量			
过热器出口	t/h	2983	2896
一次再热器出口	t/h	1933	1864
二次再热器出口	t/h	1944	1875
(2) 蒸汽压力			
过热器出口压力	MPa	32.14	32.07
一次再热器进口压力	MPa	13.27	12.80
一次再热器出口压力	MPa	13.08	12.61
二次再热器进口压力	MPa	3.67	3.54
二次再热器出口压力	MPa	3.47	3.34
(3) 蒸汽和水温度			
过热器出口	℃	610	610
一次再热器进口	℃	465	458
一次再热器出口	℃	625	625
二次再热器进口	℃	424	424
二次再热器出口	℃	622	622
省煤器进口	℃	333	330
(4) 锅炉热力特性（设计煤种）			
干烟气热损失 LG	%	3.76	3.76
氢燃烧生成水热损失 LH	%	0.24	0.23
燃料中水分引起的热损失 L_{mf}	%	0.04	0.04

续表

项目	单位	BMCR	BRL
(4) 锅炉热力特性(设计煤种)			
空气中水分热损失 L_{mA}	%	0.08	0.08
未燃尽碳热损失 L_{uc}	%	0.30	0.30
辐射及对流热损失 L_R	%	0.18	0.19
未计入热损失 L_{uA}	%	0.10	0.10
热效率(按 ASME PTC4.1 计算)	%	91.33	91.33
热效率(按低位发热量计算)	%	95.30	95.30
保证热效率(按低位发热量,旁路烟道未投运)	%		95.30
保证热效率(按低位发热量,旁路烟道有投运)	%		95.0
空气预热器旁路烟道热损失	%	1.59	1.58
暖风器收益	%	1.29	1.28
燃料消耗量	t/h	380.63	373.86
炉膛容积热负荷	kW/m^3	74.1	
炉膛断面热负荷	MW/m^2	5.117	
燃烧器区域壁面热负荷	MW/m^2	1.162	
燃尽区容积热负荷	kW/m^3	212	
有效投影辐射受热面热负荷(计算至高再出口)	kW/m^2	202	
不投油最低稳燃负荷	BMCR	30%	
环境温度	℃	20	20
空气预热器入口一次风/二次风温	℃	27/23	27/23
空气预热器出口一次风/二次风温	℃	356/354	354/352
空气预热器入口一次风/二次风温(旁路投运)	℃	27.2/22.8	27.2/22.8
空气预热器出口一次风/二次风温(旁路投运)	℃	349/348	346/346
省煤器出口过量空气系数 α		1.15	1.15
炉膛出口过量空气系数 α		1.15	1.15
空气预热器出口过量空气系数 α		1.19	1.19
空气预热器入口烟气温度	℃	366	363
空气预热器出口烟气修正前/后温度	℃	115/113	115/113
空气预热器出口烟气修正前/后温度(旁路投运)	℃	121/120	120/119
省煤器出口 NO_x 排放浓度	mg/m^3		150
空气预热器出口烟气含尘量	mg/m^3	34.42	34.41

三、煤质资料

锅炉的煤质资料和灰渣成分分析资料如表 1-3 所示。

表 1-3　　　　煤质和灰渣成分分析资料

项目	符号	单位	设计煤种	校核煤种 1	校核煤种 2
(1) 工业、元素分析					
全水分	Mt	%	5.0	23.0	6.5
空气干燥基水分	M_{ad}	%	2.95	14.42	4.10
收到基灰分	A_{ar}	%	27.59	9.75	22.16
干燥无灰基挥发份	V_{daf}	%	33.02	39.35	38.72
收到基碳	C_{ar}	%	53.96	51.11	56.74
收到基氢	H_{ar}	%	3.56	3.24	3.62
收到基氮	N_{ar}	%	0.91	0.54	0.92
收到基氧	O_{ar}	%	7.62	11.60	8.81
收到基全硫	$S_{t,ar}$	%	1.36	0.76	1.25
收到基高位发热量	$Q_{gr,ar}$	MJ/kg	21.77	20.07	22.62
收到基低位发热量	$Q_{net,ar}$	MJ/kg	20.92	18.87	21.72
		kcal/kg	5003	4513	5194
(2) 灰熔融性					
变形温度	DT	℃	1320	1080	>1500
软化温度	ST	℃	1330	1090	>1500
半球温度	HT	℃	1360	1100	>1500
流动温度	FT	℃	1380	1110	>1500
(3) 灰成分					
游离氧化钙	CaO (F)	%	0.21	0.34	0.18
二氧化硅	SiO_2	%	53.59	42.89	50.15
三氧化二铝	AlO_3	%	24.61	9.97	36.94
二氧化钛	TiO_2	%	0.87	0.49	0.57
三氧化二铁	Fe_2O_3	%	7.50	11.75	4.79
氧化钙	CaO	%	5.98	17.95	3.88
氧化镁	MgO	%	2.11	1.42	0.28
氧化钾	K_2O	%	1.54	0.75	0.10
氧化钠	Na_2O	%	0.88	0.91	0.08
三氧化硫	SO_3	%	2.17	13.68	2.18
二氧化锰	MnO_2	%	0.015	0.012	0.021
五氧化二磷	P_2O_5	%	0.035	0.024	0.050
(4) 可磨性指数及磨损指数					
哈氏可磨指数	HGI		57	65	59
冲刷磨损指数	K_e		1.1	2.9	0.6

续表

项目	符号	单位	设计煤种	校核煤种 1	校核煤种 2
(5) 比电阻					
室温		Ω·cm	5.40×10^{9}	1.10×10^{9}	1.10×10^{10}
80℃		Ω·cm	7.70×10^{10}	3.70×10^{10}	6.90×10^{11}
100℃		Ω·cm	9.10×10^{11}	5.50×10^{11}	1.10×10^{12}
120℃		Ω·cm	1.30×10^{12}	1.10×10^{12}	1.80×10^{12}
150℃		Ω·cm	6.60×10^{11}	5.10×10^{11}	7.30×10^{11}
180℃		Ω·cm	7.10×10^{10}	4.20×10^{10}	6.80×10^{10}

四、燃料消耗量

锅炉 BMCR 工况（日按 20h 计、年按 5000h 计）燃料消耗量如表 1-4 所示。

表 1-4　燃料消耗量

煤种	小时耗量（t/h）		日耗量（t/d）		年耗量（$\times10^{4}$t/a）	
	一台炉	二台炉	一台炉	二台炉	一台炉	二台炉
设计煤种	380.3	760.6	7606	15 212	190.15	380.3
校核煤种 1	420.3	840.6	8406	16 812	210.15	420.3
校核煤种 2	365.3	730.6	7306	14 612	182.65	365.3

五、燃油油质

锅炉燃油采用 0 号轻柴油，各项指标如表 1-5 所示。

表 1-5　燃油油质

项目	数值	项目	数值
低位热值	41 800kJ/kg	硫分	≤0.2%
密度	830kg/m³	闪点	≥55℃
恩氏黏度	1.2～1.67	十六烷值	≥45
动力黏度	$(3.0\sim8.0)\times10^{-6}$	凝固点	≤0℃

六、锅炉汽水品质

为确保合格的蒸汽品质，对锅炉给水及蒸汽严格要求按下列质量标准（表 1-6～表 1-8）控制。

表 1-6　锅炉补给水量

项目	单位	标准值
正常（1.5%BMCR）	t/h	44.7
启动时（25%BMCR）	t/h	745
清洗或事故时（25%BMCR）	t/h	745

表 1-7 锅炉给水质量标准（采用联合处理方式 CWT）

项目	单位	标准值	期望值
溶解氧	μg/L	30～150	30～100
溶解氧	μg/L	≤10	
铁	μg/L	≤5	≤3
铜	μg/L	≤2	≤1
钠	μg/L	≤3	≤1
二氧化硅	μg/L	≤10	
TOC	μg/L	≤200	
Cl^-	μg/L	≤2	≤1
pH		8.0～9.0	
氢电导率	μS/cm	≤0.15	≤0.08

表 1-8 蒸汽质量标准

项目	单位	指标	期望值
氢电导率（25℃）	μS/cm	≤0.15	
钠	μg/kg	≤3	≤1
二氧化硅	μg/kg	≤10	≤5
铁	μg/kg	≤5	≤3
铜	μg/kg	≤2	≤1
氯离子	μg/kg	≤2	≤1

七、锅炉的特点

本工程超超临界二次再热塔式直流锅炉，在已经设计安装的燃用各类燃料的基础上进行了优化设计，具有如下特点：

(1) 采用先进的高效超超临界参数；

(2) 采用二次再热技术；

(3) 采用烟气再循环系统；

(4) 采用分隔烟道设计，挡板调温方式；

(5) 采用组合式高温受热面布置；

(6) 锅炉具有很强的自疏水能力，具备优异的备用和快速启动特点；

(7) 均匀的过热器、再热器烟气温度分布；

(8) 均匀的对流受热面烟气流场分布；

(9) 采用单炉膛单切圆的燃烧方式，在所有工况下，水冷壁出口温度分布均匀；

(10) 采用高级复合空气分级低 NO_x 燃烧系统；

(11) 过热器采用水煤比+两级喷水调节汽温；

（12）再热器采用烟气再循环＋烟气挡板调节汽温，设事故喷水及微量喷水；
（13）过热器、再热器蒸汽温度分布均匀；
（14）过热器、再热器受热面材料选取留有较大的裕度；
（15）受热面布置下部宽松，无堵灰；
（16）悬吊结构规则，支撑结构简单；
（17）运行过程中锅炉能自由膨胀；
（18）受热面磨损小。

第二章　锅炉汽水系统

电厂锅炉由汽水系统（锅）和烟风煤系统（炉）两个部分组成，其中，汽水系统是指锅炉给水顺序流过锅炉的省煤器、水冷壁和过热器等部件以及再热蒸汽流过再热器被加热到额定蒸汽参数的系统。超超临界压力二次再热锅炉汽水系统由省煤器系统、水冷壁系统、过热器与再热器系统以及锅炉启动系统组成，分述如下。

第一节　省煤器系统

一、省煤器的作用、类型和结构

（一）省煤器的作用

省煤器布置在锅炉尾部烟气温度相对较低的区域，在锅炉中有如下主要作用：

（1）省煤器吸收锅炉尾部烟气热量，可以降低锅炉的排烟温度，提高锅炉的热效率，从而节省燃料。

（2）由于给水在进入水冷壁之前，首先在省煤器中被加热，减少了水在水冷壁中的吸热量，这相当于用管径小、管壁薄、传热温差大、价格低的受热面部分代替了造价较高的炉膛膜式水冷壁受热面，降低了锅炉的初投资。

（3）省煤器的采用，提高了进入锅炉汽包的水温，减少了汽包壁与给水之间的温度差，从而使汽包热应力降低，提高了机组的安全性。

基于上述作用，省煤器已成为锅炉设备中必不可少的组件之一。

（二）省煤器的类型和结构

根据省煤器出口工质的状态，可将省煤器分为沸腾式省煤器和非沸腾式省煤器两种。

如果省煤器中的水被加热到饱和温度并产生部分蒸汽时，这种省煤器称为沸腾式省煤器。它常用于中压以下的锅炉，因为中压以下锅炉中，水的汽化潜热大，所需的蒸发吸热量也大，因而，需布置较多的蒸发受热面。但是，蒸发受热面增加会使炉膛出口烟温下降。为了不使炉膛出口烟温过低，采用沸腾式省煤器。

如果省煤器出口工质温度低于工作压力下的饱和温度，即水有一定的欠热，这种省煤器称为非沸腾式省煤器。它常用于高压以上的锅炉，因为随着锅炉工作压力的升高，水的蒸发吸热量所占比例下降，水加热至饱和温度吸热比例增大。同时，保持省煤器出口水有一定的欠焓，可使水从下集箱（也称联箱）进入水冷壁时不出现汽化，可保持供水的均匀性，防止出现水循环不良现象。因此，现代大容量高参数锅炉中均采用非沸腾式省煤器。这使得炉膛中水冷壁的吸热量有一部分将用于欠焓水的加热，使热水段长度增加。

在一些小容量低参数锅炉中，常采用耐腐蚀、耐磨损但不能承受高压的铸铁式省煤器。但对大容量和高参数锅炉，均采用钢管式省煤器。

钢管式省煤器是由许多并列的蛇形无缝钢管和进、出口集箱组成的。蛇形钢管用外径一般为 ϕ28～51mm 的无缝钢管弯制而成，材料一般为 20G 碳钢。钢管式省煤器可分为光管式和扩展表面式省煤器两大类。

光管式省煤器管内外侧的换热面积接近，而烟气对管外壁的传热系数 α_1远小于管内壁对水的传热系数 α_2，故水侧热阻 $R_2=1/\alpha_2 H_2$常忽略不计。省煤器传热的主要矛盾是降低烟气侧热阻 $R_1=1/\alpha_1 H_1$。要使 R_1降低，一方面是提高 α_2或是增大换热面积 H_2，而提高 α_2将受到烟气流速不能过高的限制，故一般采用扩展表面受热面，即扩展表面式省煤器。

扩展表面式省煤器主要是指鳍片式省煤器（焊接鳍片式，轧制鳍片式）、膜式省煤器、肋片式省煤器和螺旋肋片式省煤器，如图 2-1 中（a）、（b）、（c）、（d）和图 2-2 所示，可强化烟气侧传热，使省煤器结构更加紧凑。在金属消耗量和通风电耗相同条件下，可使省煤器占有空间大大下降。在烟道截面积不变的条件下，省煤器占有空间小，可采用较大的横向节距，使烟气流通截面积增大、烟气流速下降，从而较大程度地减轻磨损。

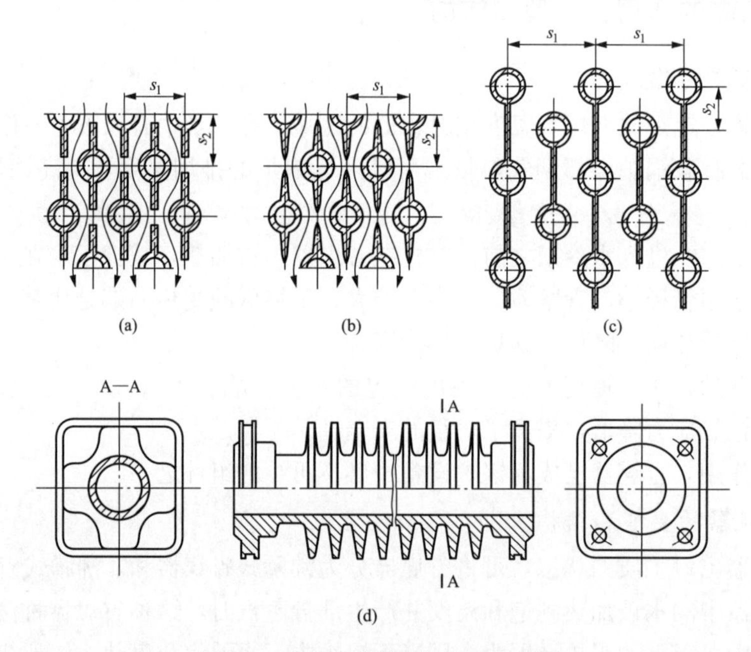

图 2-1　鳍片式省煤器和膜式省煤器

（a）焊接鳍片式省煤器；（b）轧制鳍片式省煤器；（c）膜式省煤器；（d）肋片式省煤器

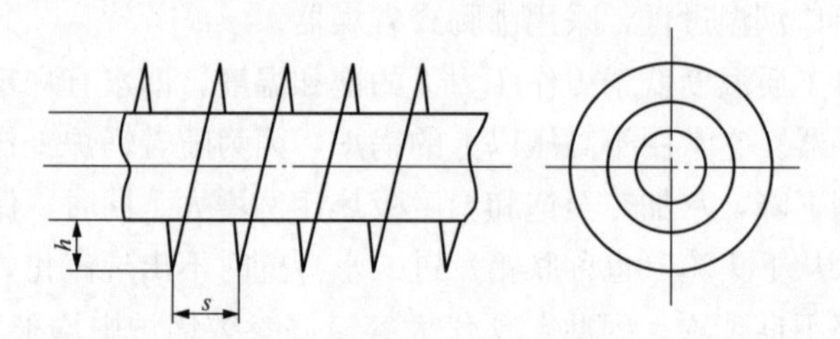

图 2-2　螺旋肋片式省煤器

(三) 省煤器的布置和支吊方式

1. 省煤器的布置

省煤器均布置在对流烟道中，蛇形管水平布置，以便在停炉后放尽存水，减少停炉期间的腐蚀。为使结构紧凑，加强传热并减少积灰，可采用错列布置方式。近年来，为了便于吹灰，也常采用顺列布置。为了便于检修，省煤器管组的高度一般不应超过 1.5m。当省煤器受热面较多、沿烟气流程的高度过大时，可将其分成几个管组，管组间留有高度不小于 600～800mm 的空间，以便进行检修和清除受热面上的积灰。

水流由下而上流动，便于排除水中的气体，防止造成管内金属的局部氧腐蚀。烟气一般自上而下流动，这样既可加强自身吹灰作用，又可以保持烟气与水逆向流动，增加传热温差提高传热效率。

省煤器蛇形管可以采用水流方向与锅炉前墙垂直或平行两种方式，如图 2-3 所示。当烟道尺寸和管子节距一定时，蛇形管布置方式不同，则管子的数目和水的流通面积不同。因为锅炉烟道的深度小于宽度，当管子垂直于前墙布置时，并列管排数目多，管中的水流速度较低，流动阻力相对较小。同时，由于烟道深度小，垂直前墙布置的省煤器支吊较简单，在两端弯头附近支吊已经足够。但是，从飞灰对管子的磨损方面来看，当烟气由水平烟道向下转入尾部竖井时，烟气转变 90°，如图 2-3 (a) 所示，在离心力作用下，烟气中灰粒多集中于后包墙附近，结果使蛇形管均遭受较严重的飞灰磨损，这是垂直前墙布置方式的缺点。

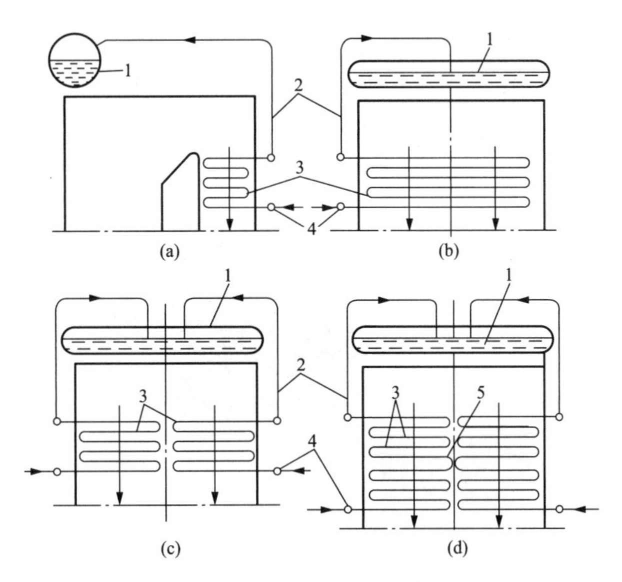

图 2-3 省煤器蛇形管布置

(a) 垂直前墙布置；(b) 平行前墙布置；(c) 和 (d) 双面进水平行前墙布置

1—汽包；2—水连通管；3—省煤器蛇形管；4—进口集箱；5—交混连通管

如果蛇形管平行前墙布置，如图 2-3 (b) 所示，就只有靠近后包墙附近的几根蛇形管磨损较严重；磨损后，只需更换少数蛇形管就可以了。采用平行前墙布置，由于深度较小，并列管数相对较少，因而水速较高，压降增大，这是不利的一面。为使水速适当，可采用如图 2-3（c）和（d）所示的双侧进水方式，使并列管排数增加，降低水速，使流动阻力降低。

省煤器蛇形管中水流速度的大小，对管子金属的温度工况和管内腐蚀有一定影响。当给水除氧不完全时，进入省煤器的水会放出氧气。如果此时水速较低，氧气将附着于金属内壁面上，造成局部的金属腐蚀。运行实践表明，对于水平管子，当水的流速大于 0.5m/s 时，可以避免金属局部氧腐蚀。如果省煤器发生沸腾，由于管内是汽水混合物，当水速较低时，容易发生汽、水分层，即水在管子下部流动，而蒸汽在管子上部流动。与蒸汽接触的金属冷却效果较差，管壁温度较高，并可能发生超温现象。在汽、水分界面附近的金属，则由于水面上下波动，温度时高时低，在水面附近产生交变的热应力，容易引起金属的疲劳破坏。因此，蛇形管中水流速度应不低于 1m/s。

2. 省煤器的支吊方式

省煤器的支吊分为两种方式，即支承方式和悬吊方式。支承式省煤器的管排固定在管子支架上，支架再支承在横梁上，而横梁则与锅炉钢架相连接。横梁位于烟道内并受到烟气加热，为避免其过热，通常将横梁做成空心梁，外部用绝热材料包起来，空心横梁的一端与空气系统连接，用空气冷却横梁，以防变形或烧坏。钢管式省煤器结构如图 2-4 所示。

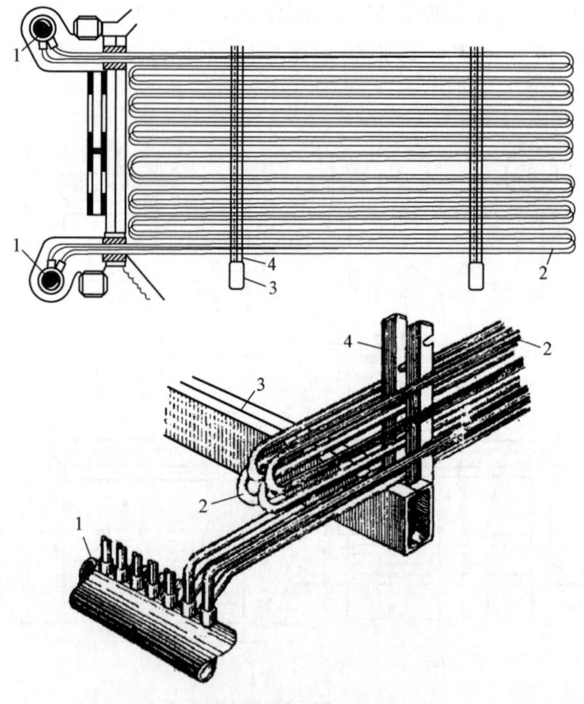

图 2-4 钢管式省煤器结构

1—集箱；2—蛇形管；3—空心支持梁；4—支架

大容量电站锅炉大多采用悬吊结构的省煤器，即把省煤器集箱放在烟道中，用以吊挂省煤器。一般省煤器出口集箱的引出管在烟道内纵向垂直布置，此引出管就是省煤器的悬吊管，用省煤器出口水来冷却，所以工作可靠。悬吊管上还可以吊挂低温过热器或再热器等其他受热面。也有些悬吊式省煤器是采用机械吊挂结构，吊挂在周围的包墙管上。悬吊式省煤器如图 2-5 所示。

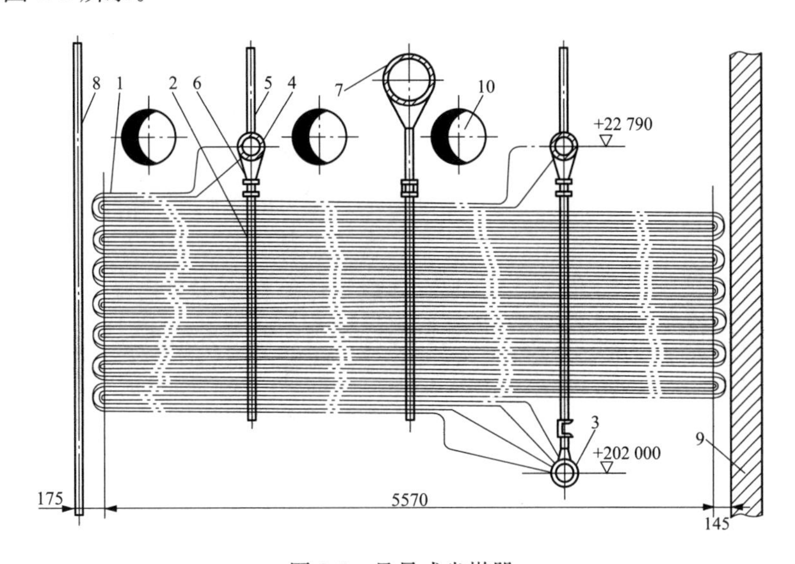

图 2-5　悬吊式省煤器

1—蛇形管；2—支杆；3—进口集箱；4—出口集箱；5—悬吊管；6—吊夹；7—再热器进口集箱；8—隔墙管；9—炉墙；10—人孔

二、省煤器的启动保护

对于直流锅炉，省煤器出口水需要有一定的欠焓，才能保证给水进入水冷壁管子时流量分配较为均匀。而且，采用非沸腾式省煤器，由于管中工质温度较低，使管壁金属温度也较低，不会发生超温问题。同时，非沸腾式省煤器中工质为水，流动阻力也较小，对省煤器的安全运行是有利的。

为在启动过程中保证省煤器的安全，可以采用连续放水的方式，以维持省煤器中连续有水通过。这种方法工质和热量损失均较大，是不经济的。也可以用限制省煤器进口烟气温度的方法，保证省煤器在启动过程中的安全。

对于直流锅炉，为防止非沸腾式省煤器的工质沸腾，应采用给水系统根据省煤器水温大于对应压力下的饱和温度时增加给水量的控制方式。

三、锅炉给水系统

现代大容量火力发电厂中，给水管道系统一般均采用单元制给水管道系统，如图 2-6 所示。

单元制系统中，给水从除氧器水箱被前置泵抽吸并升压后，送入主给水泵。对大容量电厂，给水泵出力较大，电耗也就相应较高。经过技术和经济论证，采用汽轮机驱动汽动水泵更为有利。一般在设计单元机组的系统时，采用一台按主机满负荷计算的汽动泵，再加一台电动水泵作为备用。电动给水泵按主机出力的 30%～50%设计，采用液力耦合器调整水泵转速。一般在机组启动初期采用电动给水泵，待机组升压至一定参数后，汽源有保

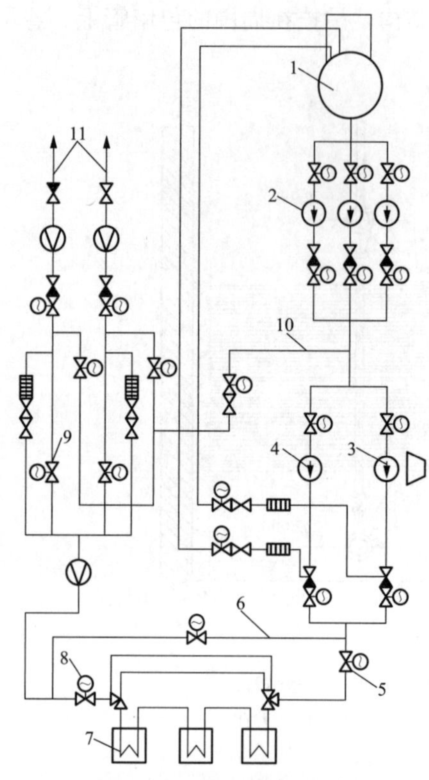

图 2-6 单元给水管道系统图

1—除氧器；2—前置给水泵；3—汽动给水泵；
4—电动给水泵；5、8—截断阀；6—冷水供水管道；
7—高压加热器；9—电动闸阀；
10—切换大旁路管；11—锅炉供水管

证时，方投入汽动给水泵。当采用两台汽动给水泵时，每台出力可按 50%额定负荷计算。汽动给水泵的汽源，可来自主汽轮机抽汽，或用厂用集汽箱中蒸汽，也可以用中间再热“冷”管的供汽管道。首台机组启动时，可用启动锅炉来的蒸汽。

水在给水泵中升压后，进入高压加热器，然后经过给水管道上的主闸阀，沿两条管道送入锅炉省煤器。在给水泵后一般装设止回阀，并有减负荷阀与它连成一体。在给水泵启动时或低负荷运行时，减负荷阀开启，使部分给水又可回到除氧器储水箱中，形成再循环。这样，在启动初期锅炉进水量较少时，避免给水泵因输水量较少而汽化，防止水泵发生汽蚀。

在给水系统高压加热器处有旁路装置，在高压加热器发生故障时，入口保护阀动作，将水流切换到旁路管中，此时最后一级加热器出口阀门将自动关闭，给水从旁路继续向锅炉供水。当高压加热器和旁路管道均不能投入运行时，则可通过图 2-6 中管道 6 向锅炉供水。管道 6 称为冷水供水管道。在锅炉启动进水或锅炉清洗时，可利用切换大旁路管道 10 向锅炉进水。

当机组启动时，锅炉进水流量较小，给水流量由调节阀控制。随着负荷的升高，调节阀开度逐渐开大，当调节阀全开时，主路隔离阀开启，给水流量改由给水泵转速控制，然后关闭给水泵出口调节旁路。

降负荷时控制顺序相反，先由给水泵转速控制流量，当转速降到最低转速时，改由调节旁路控制给水流量。

高压加热器后的给水还提供高压旁路减温水和锅炉过热器减温水。

锅炉再热器减温水来自给水泵中间抽头。对于二次再热锅炉，给水泵设两级中间抽头。一次抽头提供锅炉一次再热器和汽轮机中压旁路阀的减温喷水，一次再热器减温水接至一次再热器前的一次再热冷段管道减温器上，中压旁路减温水经隔离阀和调节阀接至中压旁路阀；二次抽头提供锅炉二次再热器的减温喷水，二次再热器减温水接至二次再热器前的二次再热冷段管道减温器上。

四、瑞金电厂二期省煤器系统

瑞金电厂二期锅炉采取分级省煤器+30%水侧大旁路技术，满足脱硝装置投运条件，实现全负荷脱硝。省煤器系统流程如图 2-7 所示。

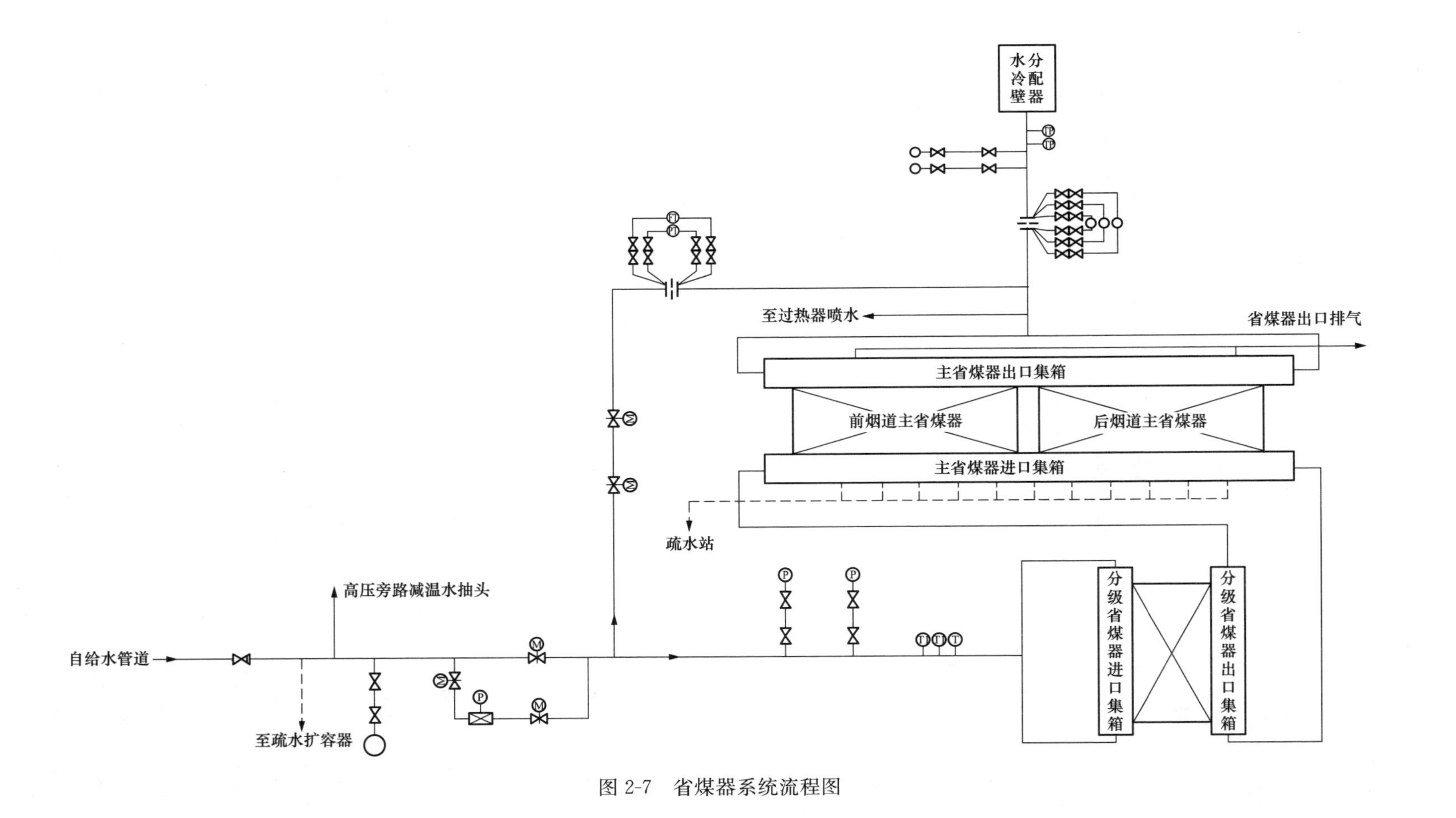

图 2-7 省煤器系统流程图

锅炉给水管道经过给水主路和30%旁路的给水平台，从两侧进入分级省煤器进口集箱。经分级省煤器和主省煤器，至主省煤器出口集箱。主省煤器出口两侧管道在炉前汇集成1根下降管，引入到水冷壁底部进口集箱。

锅炉给水管道布置高压旁路减温水接口和温度、压力、取样测点。省煤器出口管道布置过热器减温水接口和流量测量装置及温度、压力测点。锅炉给水管道至省煤器出口管道间设置省煤器旁路系统（即水侧旁路），由1根 ϕ356mm 管道连接，管道上布置有流量测量装置及带点动功能的关断阀门。

分级省煤器受热面为H形鳍片省煤器，位于脱硝设备出口和空气预热器进口之间。水流方向是从下向上流动，分级省煤器进口集箱布置在下面，出口集箱在上面。沿着炉膛宽度方向每侧各布置有200排管屏，每片管屏是5根，受热面管子规格 ϕ44.5mm，材料为SA210-C。分级省煤器进口集箱数量为1个，管径规格为 ϕ508mm；出口集箱数量为1个，管径规格为 ϕ508mm，材料均为WB36。

主省煤器受热面为H形鳍片省煤器，位于锅炉上部烟道出口处，前烟道和后烟道各布置一部分。水流方向是从下向上流动，省煤器进口集箱布置在下面，省煤器出口集箱在上面，沿着炉膛宽度方向从左到右布置有172排管屏，每片管屏是8根，省煤器受热面管子规格 ϕ44.5mm，材料为SA210-C。省煤器进口集箱数量为1个，管径规格为 ϕ508mm；省煤器出口集箱数量为1个，管径规格为 ϕ508mm，材料均为WB36。

主省煤器两端出口后合并成一根，在锅炉冷灰斗底部一根分成四根，分左右两侧进入前后墙底部水冷壁进口集箱。

考虑到将来燃用煤的广泛适用性，在省煤器、一、二次低温再热器迎烟气侧、吹灰器区域都设置了防磨罩。

五、瑞金电厂二期烟气余热利用系统

瑞金电厂二期烟气余热利用系统采用锅炉烟气能量梯级利用+深度降温方案，其换热形式为烟气—水换热器和空气—水换热器。烟气余热利用系统如图2-8所示。

空气预热器旁路烟道烟气取自分级省煤器出口烟道，旁路烟气不经过回转式空气预热器，不参与烟气与空气的热交换。这部分烟气先后与给水（高压省煤器）和凝结水（低压省煤器）进行热交换，加热给水和凝结水。空气预热器旁路高压省煤器的工质取自给水泵出口，汇入1号高压加热器出口给水管道；空气预热器旁路低压省煤器的工质取自10号低压加热器入口，汇入7号低压加热器出口管道。

空气预热器旁路烟气与空气预热器出口烟气汇合后进入低低温省煤器，然后进入电除尘器，低低温省煤器布置在电除尘器进口。低低温省煤器以水作为热媒，被烟气加热的水对冷一次风和冷二次风进行加热。通过低低温省煤器后烟气的温度降低到85℃，设计煤种条件下，冷一次风和冷二次风风温升高74℃(BRL工况）后进入回转式空气预热器再次加热，最终送入炉膛。

锅炉烟气能量梯级利用解决方案与常规低温省煤器不同之处在于：在除尘器入口设置低低温省煤器，获得的热量去加热锅炉空气预热器进口冷一次风和冷二次风，而非凝结水。置换出部分高温烟气用来加热汽轮机回热系统中的给水和凝结水。

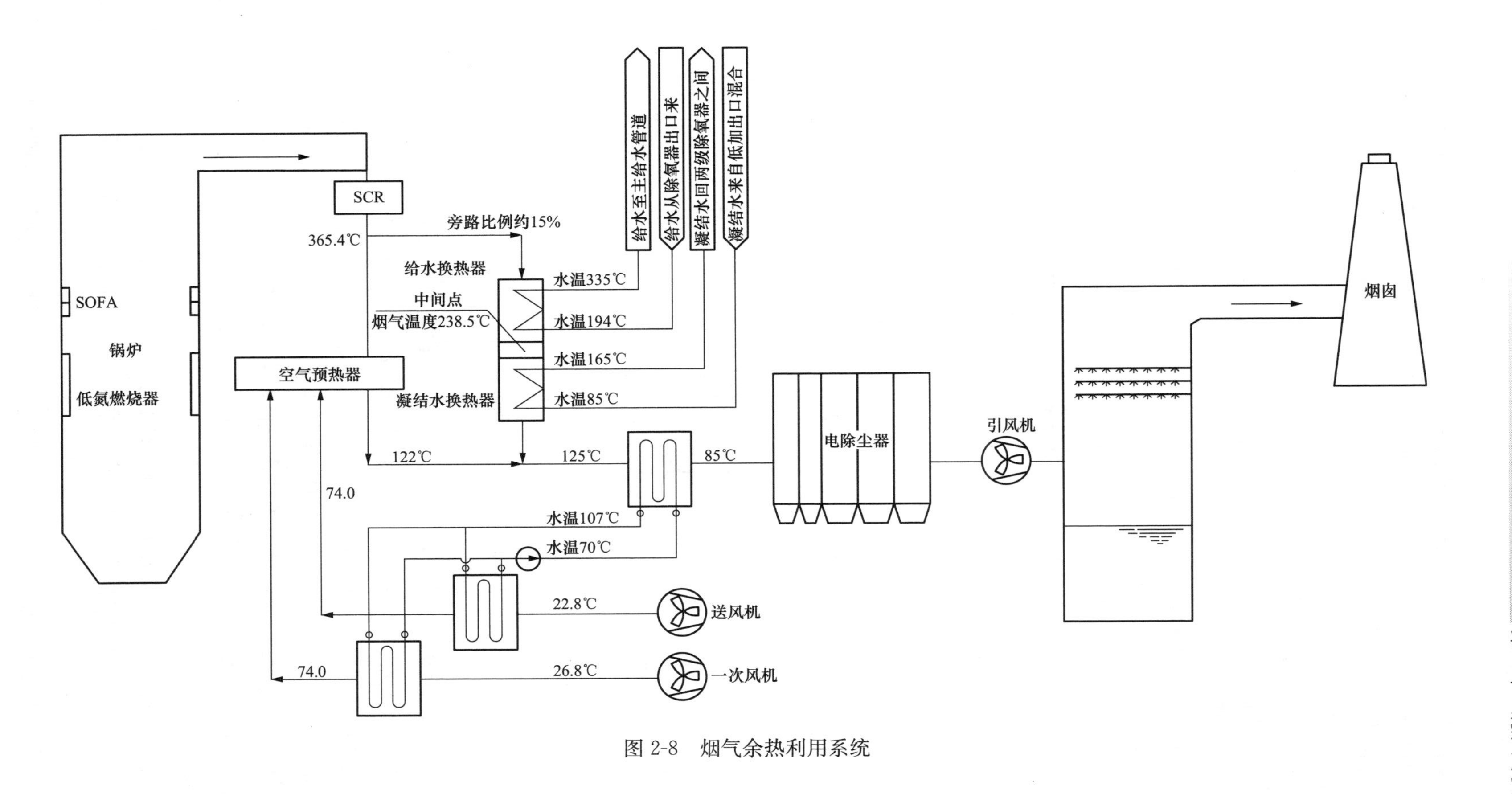

图 2-8　烟气余热利用系统

本方案的主要技术特点是充分利用低温烟气来加热冷风，置换出的高温烟气来加热汽轮机系统较高温度的给水和凝结水，减少了回热系统较高品质的加热蒸汽量，由于上述蒸汽具有较好的做功发电能力，实现了能量的梯级利用，以此达到提高机组的经济性，最大程度节能的目的。

在电除尘器入口设置低低温省煤器，不仅利用了烟气的余热，提高了锅炉效率及机组的经济性，而且提高了电除尘器的效率，降低了进入引风机的烟气体积流量，减小引风机电耗，大大节约脱硫耗水量。

通过经济分析，该方案虽然锅炉效率下降 0.3%，但降低汽轮机热耗 75kJ/kWh，综合节约标准煤耗约 1.92g/kWh。

第二节 锅炉水冷壁系统

一、水冷壁的结构型式

(一) 基本型式及其发展

由于直流锅炉的水冷壁管布置比较自由，所以结构型式很多。但是，基本型式只有水平围绕管圈型、垂直管屏型和迂回管圈型 3 种，如图 2-9 所示。其余型式都是由它们改进和发展而来的。

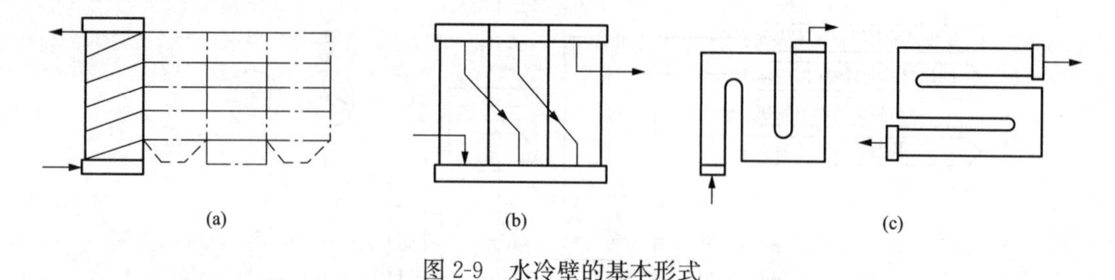

图 2-9 水冷壁的基本形式

(a) 水平围绕管圈型；(b) 垂直多管屏型；(c) 回带管圈型

(1) 水平围绕管圈型（拉姆辛式）。水平围绕管圈型结构如图 2-9 (a) 所示，它是由多根平行的管子组成的管圈，沿炉膛四壁盘旋围绕上升。三面水平，一面微倾斜；或两对面水平，两对面微倾斜。早期国产 SG-400/140 型直流锅炉的水冷壁就是这种型式。

(2) 垂直管屏型（本生型）。垂直管屏型结构如 2-9 (b) 所示，它是在炉膛四周布置多个垂直管屏，管屏之间用炉外管子连接。整台锅炉的水冷壁可串联成一组或几组，工质顺序流过一组内的各管屏，组与组之间并联连接。元宝山电厂 1832t/h 亚临界压力直流锅炉就是这种型式。

(3) 迂回管圈型（苏尔寿型）。迂回管圈型结构如图 2-9 (c) 所示，它由若干平行的管子组成的管带，沿着炉膛内壁上下迂回或水平迂回。这种管圈型式因安全性较差，已逐渐被淘汰。

现代直流锅炉的水冷壁型式有了很大的发展，主要型式是螺旋管圈型和垂直管屏型两大类。并且，在垂直管屏型的基础上，发展了适合大容量锅炉的一次垂直上升管屏型（UP型）和两段垂直上升管屏型（FW型）。

螺旋管圈型是在水平围绕管圈型基本结构的基础上发展起来的，它是四面倾斜的螺旋式水冷壁，水冷壁管组成管带，沿炉膛周界倾斜螺旋上升，如图2-10所示。它没有水平段，管带中的管数较多。其优点是平行管的热偏差小，可采用整体焊接膜式水冷壁，燃料的适应性广，适用于滑压运行。缺点是水冷壁支吊结构较复杂，制造、安装工艺要求较高，安装组合率低。

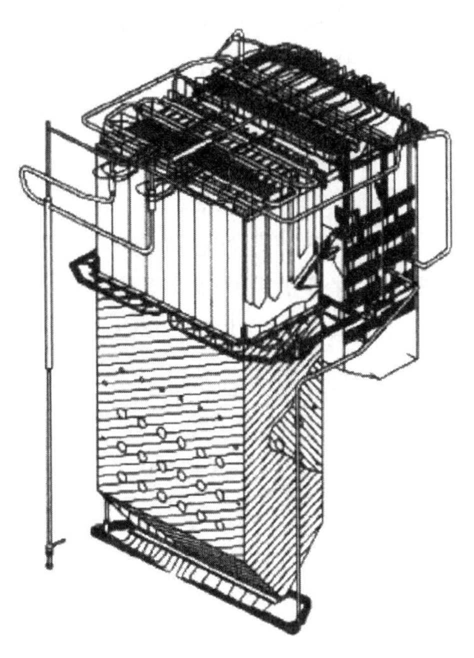

图2-10　螺旋式水冷壁

在垂直管屏型的基础上发展的适合大容量锅炉的一次垂直上升管屏型直流锅炉（UP型），其特点是工质在垂直管屏水冷壁中从炉底一次上升到炉顶，中间经两次或三次混合。垂直管屏结构如图2-11所示。

现代大容量直流锅炉还采用了两段垂直上升管屏（FW型）结构，如图2-12所示。其结构特点是：沿炉膛高度将水冷壁分成上辐射区和下辐射区两部分，在下辐射区热负荷高，采用2～3次串联的上升管屏，以提高水冷壁内工质的质量流速。而上辐射区的热负荷较低，因此采用一次垂直上升管屏。FW型锅炉水冷壁每个回路中的管屏吸热量少，工质在集箱中可得到良好的混合，出口热偏差小，不用管屏进口节流阀。水冷壁中工质质量流速较高，采用较大的管径，不用内螺纹管。由于回路系统较复杂，FW型锅炉不适于滑压运行。

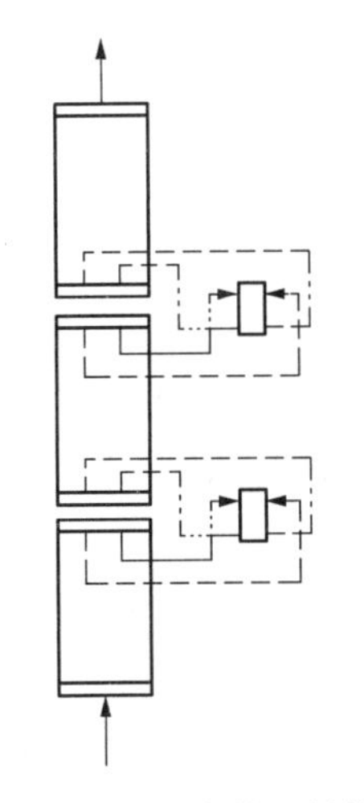

图2-11　垂直管屏结构

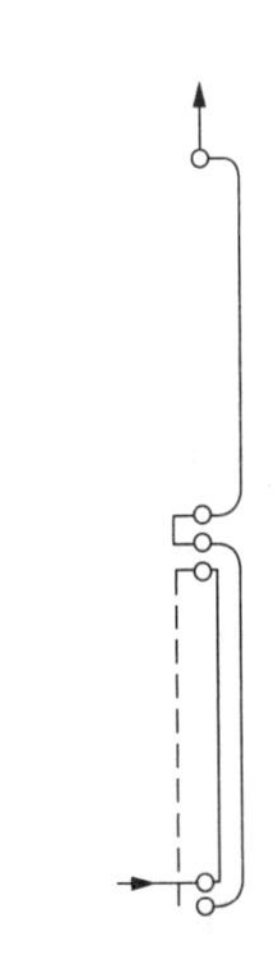

图2-12　两段垂直上升管屏结构

需要指出的是，无论直流锅炉水冷壁的结构型式如何变化，都必须确保锅炉在全负荷范围内，尤其是低负荷运行时，水冷壁管中应有足够的质量流速（ρw）去充分冷却炉膛水冷壁管，以防止水冷壁管超温爆管。

目前，国内超超临界直流锅炉的水冷壁常采用以下两种型式：一种是炉膛下部采用螺旋管圈水冷壁、上部采用垂直管水冷壁；另一种是垂直管水冷壁。

（二）螺旋管圈水冷壁

1. 螺旋管圈水冷壁特点

螺旋管圈的特点是能够在炉膛周界尺寸一定的条件下，通过改变螺旋升角来调整平行管的根数，保证锅炉并列管束数量较小，从而获得足够的工质质量流速，使管壁得到足够的冷却，消除传热恶化对水冷壁管子安全的威胁。螺旋管圈的管子根数与炉膛周界的几何关系如图 2-13 所示。

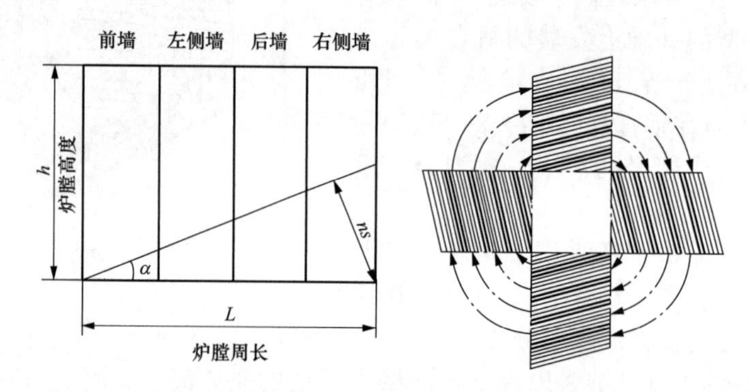

图 2-13 管子数量与炉膛周界的几何关系图

从图 2-13 可知，管子根数由式（2-1）计算得出

$$n = \frac{L\sin\alpha}{s} \tag{2-1}$$

式中 n——并列管子根数；

L——炉膛周界；

α——螺旋管上升角；

s——水冷壁管子节距。

在管间节距 s 不变的情况下，如要保持螺旋管的根数 n 不变，那么炉膛周界 L 减少时，螺旋升角 α 就要增加。如要保持炉膛周界 L 不变，那么螺旋升角 α 减小，管子根数 n 减小。在管径一定的条件下管子根数 n 决定了水冷壁的质量流速。

当螺旋升角 α 达到最大值 90°时，螺旋管就变成垂直管了。此时，$n=L/s$，并列管子根数最大。

螺旋管圈盘绕的圈数与螺旋角和炉膛高度有关。圈数太少会部分丧失螺旋管圈在减少吸热偏差方面的效益；圈数太多会增加水冷壁的阻力降从而增加给水泵功耗，而且在减少吸热偏差的效益方面增益不大，合理的盘绕圈数的推荐值是 1.5～2.5 圈左右。

某锅炉螺旋管圈和假定采用垂直管圈两者质量流速的比较见表 2-1。

表 2-1　　螺旋管圈和垂直管圈质量流速的比较

项目	螺旋管圈	垂直管圈
管子规格（mm）	ϕ38×5.6	ϕ28.6×5.7
管间节距（mm）	54	43
管子根数 n	316	1645
质量流速（MCR）[kg/(m^2·s)]	2808	1316
质量流速（37%MCR）[kg/(m^2·s)]	982	458

很明显，如果采用垂直管屏，在低负荷时水冷壁的质量流速太低，水冷壁工作是不安全的。

螺旋管圈水冷壁的优点如下：

（1）能根据需要获得足够的质量流速，保证水冷壁的安全运行。

（2）管间吸热偏差小。由于沿炉膛高度方向的热负荷变化平缓，因而热偏差小，螺旋管在盘旋上升的过程中，管子绕过炉膛整个周界，既途经宽度上热负荷大的区域又途经热负荷小的区域，因此就螺旋管的各管，以整个长度而言吸热偏差很小。据有关资料介绍，当螺旋管盘绕圈数为1.5～2.0圈时，其吸热偏差不会超过0.5%（冷灰斗也采用螺旋管圈）。

（3）抗燃烧干扰的能力强。据有关资料介绍，在前墙的吸热量增加15%，右侧墙保持不变，而后墙的吸热量减少10%，左侧墙也减少5%时，螺旋管圈的吸热偏差仍不会超过1%，其出口工质的温度偏差在15℃之内。而如果换了垂直管圈，管间的吸热量偏差为－15%～15%。如果垂直管的进口分配节流圈按65%的热负荷整定，在40%负荷时出口管间温差将达到160℃。

（4）可以不设置水冷壁进口的分配节流圈。垂直管圈为了减少热偏差，在水冷壁进口要按照沿宽度上的热负荷分布曲线设计配置流量分配节流圈。这种节流圈一方面增加了水冷壁的阻力降，另一方面给水冷壁的设计带来很大复杂性。对于冷灰斗也采用螺旋的螺旋管圈，吸热偏差很小，可以取消进口分配节流圈。

（5）适应于锅炉变压运行的要求。螺旋管圈水冷壁在变压过程中能够解决低负荷时汽水两相分配不均的问题，同时它还能在低负荷时维持足够的质量流速，因此能采用变压运行方式。

采用螺旋管圈水冷壁的不足在于：

1）螺旋管圈的承重能力弱，需要附加的炉室悬吊系统。

2）螺旋管圈制造成本高。它的螺旋冷灰斗、燃烧器水冷套以及螺旋管至垂直管屏的过渡区等部组件结构复杂，制造困难。

3）螺旋管圈炉膛四角上需要进行大量单弯头焊接对口，给工地安装增加了难度和工作量。

4）螺旋管圈的管子长度较长，阻力较大，增加了给水泵的功耗。

2. 螺旋管圈水冷壁的悬吊系统

现代锅炉水冷壁一般均作为炉膛四壁的承重悬吊结构。对于垂直布置的炉管，重量造成的应力为轴向应力，不会在炉管应力最大的环向增加管壁的应力，只在炉管应力较小的轴向增加一部分应力，所以垂直布置的炉管可以同时作为承重结构。

对于水平布置的炉管，重量造成的应力附加在炉管的环向，使炉管最大应力增加，影响炉管的安全，所以不宜同时作为承重结构。

螺旋管圈水冷壁炉管以一定的角度倾斜布置，其承重所产生的附加应力部分分解到炉管环向，增加了炉管环向应力，所以螺旋管圈的承重能力不及垂直管屏，螺旋水冷壁墙自身能支撑的垂直载荷受到了限制。

螺旋管圈的悬吊是由均匀附着于前、后墙和两侧墙管壁外表面的张力板实现的，由它们协助螺旋管圈承受炉膛的重量。张力板从水冷壁过渡区经螺旋管圈一直延伸到冷灰斗的底部。张力板在水冷壁过渡区与树叉形张力板相接，再由树叉形张力板通过梳形吊板把重量荷载均匀传递给上部垂直水冷壁管屏。张力板、树叉形张力板和梳形吊板的结构如图 2-14、图 2-15 所示。

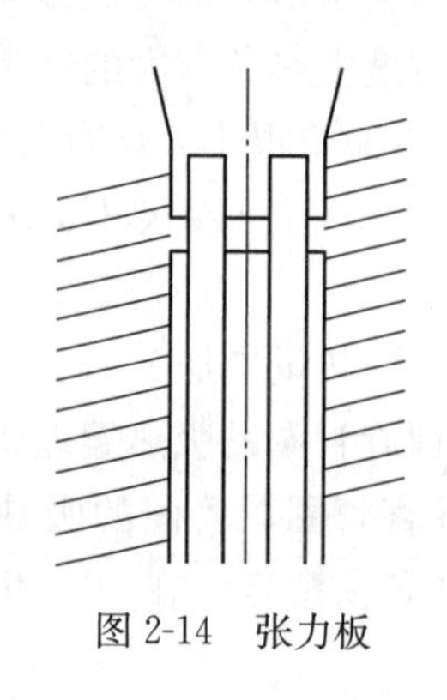

图 2-14　张力板

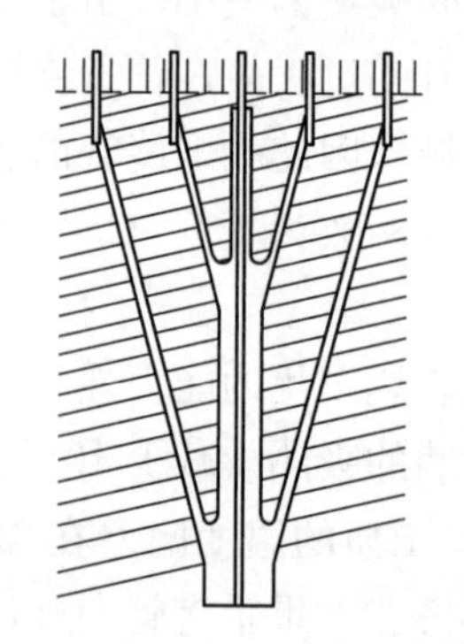

图 2-15　树叉形张力板和梳形吊板

张力板沿炉宽和炉深均匀布置，并与树叉形张力板和梳形吊板一一对应。树叉形张力板根部的小圆弧半径起消除应力集中的作用。为了获得良好的管壁温度跟踪性能，张力板的宽度与厚度有一定限制。一般地，张力板宽度不大于 130mm，厚度不大于 15mm。张力板材料与相邻水冷壁管相同，可减少膨胀差及热应力。梳形吊板一方面传递负载，另一方面传递热量，为了有效传递热量减少螺旋管与张力板之间的温差热应力，梳形吊板之间的节距一般要求为 500mm 左右。

张力板和螺旋管圈之间存在温差，在运行中这个温差是不断变化的。在启动开始时，螺旋管圈背火侧与张力板的温度相同，随后两者出现温度差并逐渐增加。当工质温度达到它的最大值后，管壁的温度基本稳定，而张力板温度逐渐上升，两者的温差开始逐渐减小，最后张力板温度达到管圈背火侧温度，张力板与管圈之间的温差达到最小。停炉时两者的温差的变化规律与之相似，只是此时张力板的平均温度高于管子背火侧温度，差值为负值。启停过程温差不断变化，造成管圈上的力和张力板上的力的相应变化，引起寿命的损耗，需要将温差控制在一定的限度之内。

垂直搭接板是在螺旋管圈背火面设置的温度跟踪性能良好的悬吊结构，它们从过渡区一直向下伸展至冷灰斗底部，分担螺旋管圈水冷壁的其他附加荷载（如燃烧器、护板、刚性梁）并均匀地传递给上部垂直管屏。垂直搭接板支承系统结构如图 2-16 所示。

垂直搭接板的滑道耳板与螺旋盘绕水冷壁焊接，耳板间穿过销杆，既固定垂直搭接板，又可使其上下滑动，保证垂直搭接板和螺旋盘绕水冷壁间相对滑动，不发生附加温差热应力；垂直搭接板与垂直刚性梁之间用大、小接头连接，大、小接头用销轴分别与焊在垂直搭接板和垂直刚性梁上的耳板连接，大、小接头与连接耳板间通过热膨胀计算预留有间隙，大接头预留间隙较小，作为上下固定导向端，小接头预留间隙较大，作为上下自由滑动端，保证垂直刚性梁与垂直搭接板之间的相对滑动；在大接头附近的垂直刚性梁与水平刚性梁焊接固定，而垂直刚性梁与远离大接头的水平刚性梁之间，通过焊接在水平刚性梁上的滑动导向槽连接，垂直刚性梁可在此槽内滑动，保证垂直刚性梁与水平刚性梁之间的相对滑动。

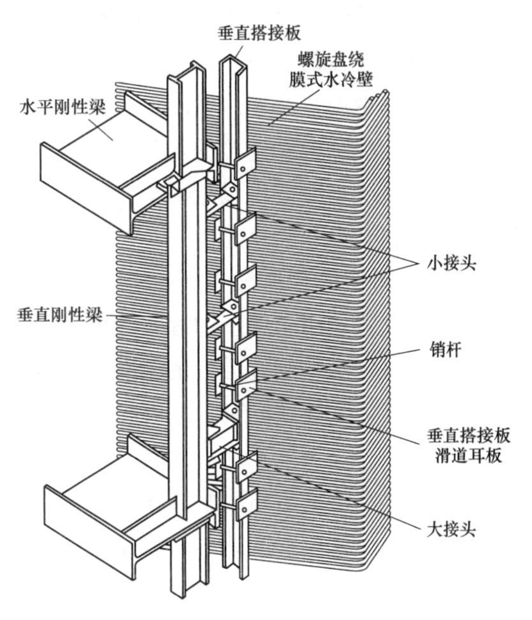

图 2-16　螺旋盘绕水冷壁垂直搭接板支承系统结构

垂直搭接板与垂直刚性梁相匹配，一一对应，垂直搭接板与螺旋盘绕水冷壁之间可在垂直方向上自由滑动，吸收膨胀差。垂直搭接板最上端与上部垂直水冷壁通过分叉形结构焊接固定，从而把下部其他附加荷载均匀传递到上部垂直水冷壁上。垂直搭接板最上端与上部垂直水冷壁的连接结构如图 2-17 所示。

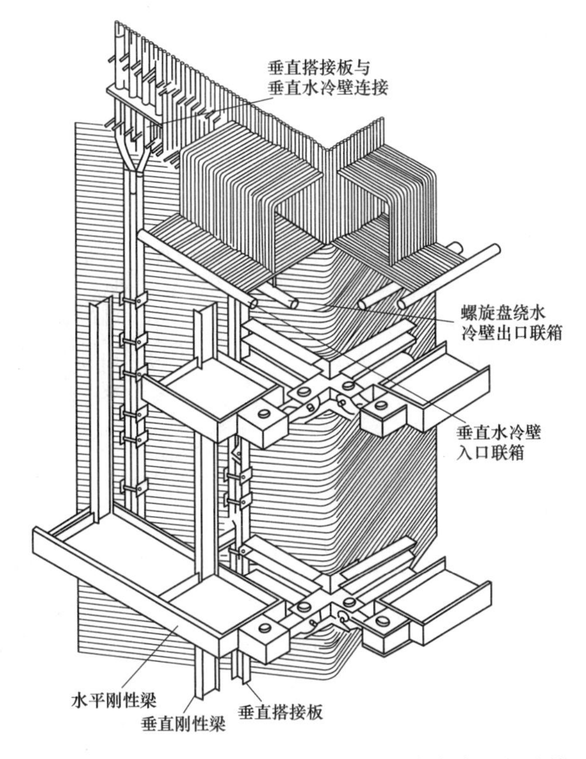

图 2-17　螺旋水冷壁垂直搭接板与垂直水冷壁的连接

如上所述，螺旋盘绕水冷壁的刚性梁是一个由垂直刚性梁和水平刚性梁构成的网格结构，刚性梁的自重荷载完全由垂直搭接板支撑，并最终传递给上部垂直水冷壁，因而该荷载不会作用到螺旋盘绕水冷壁上。

垂直搭接板结构所连接的部件，如燃烧器等，与水冷壁之间有固定连接，虽然垂直搭接板与螺旋盘绕水冷壁可以相对滑动，实际上并不能完全避免附加温差热应力，在运行中仍应注意控制其温差的大小。

3. 锅炉刚性梁与膨胀中心

刚性梁设置是用来保护炉膛水冷壁不会因受到炉内烟气压力的作用而发生变形。由炉膛压力而传递到水平刚性梁上的荷载通过端部连杆被进一步传递到角板，并再从指形板传到螺旋水冷壁，这样就同来自刚性梁另一侧的作用力平衡。锅炉刚性梁的整体布置简图如图 2-18 所示。

由于炉膛水冷壁由螺旋膜式水冷壁和垂直膜式水冷壁两种不同结构的水冷壁组成，因而在不同的水冷壁布置区域，刚性梁的结构也明显不同。垂直膜式水冷壁区域主要由水平刚性梁支撑，而螺旋膜式水冷壁区域则由水平刚性梁和垂直刚性梁的组合的网格结构支撑。

螺旋膜式水冷壁区域的刚性梁结构如前所述的图 2-16 和图 2-17 所示。

垂直膜式水冷壁区域的水平刚性梁结构如图 2-19 所示。刚性梁水平布置，由耳板、拉杆、张力板、连接板、支撑耳板把刚性梁和膜式壁连接在一起，水平刚性梁的自重由垂直膜式壁管支撑。

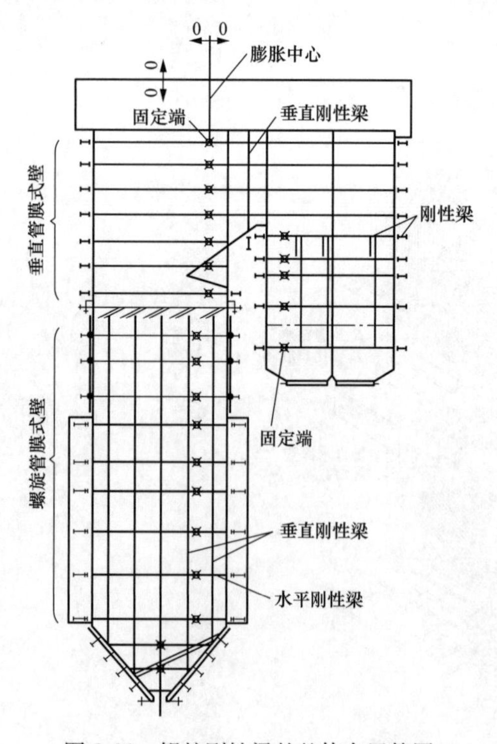

图 2-18　锅炉刚性梁的整体布置简图

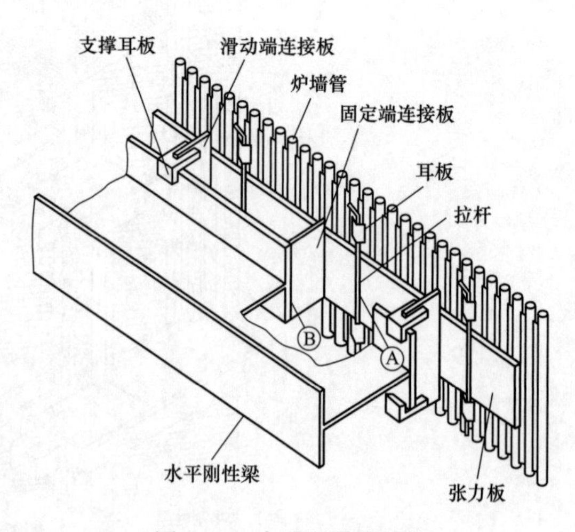

图 2-19　水平刚性梁结构

拉杆穿过焊在水冷壁上的耳板，从而固定不与水冷壁焊接的水平布置张力板。

只有刚性梁膨胀中心（导向点）处的拉杆与张力板焊接固定（见图中 A 点），其余拉杆与张力板之间均可滑动，保证了张力板与水冷壁间的相对滑动。

张力板与连接板（包括固定端连接板和滑动端连接板）相焊，膨胀中心附近的固定端连接板与水平刚性梁焊接固定（见图中 B 点），此点起膨胀导向作用，其余滑动端连接板通过焊在其上的支撑耳板与水平刚性梁连接，支撑耳板承载水平刚性梁自重，同时支撑耳板形成膨胀导向滑槽，保证了水平刚性梁与张力板之间的相对滑动。

由于水冷壁与张力板、张力板与水平刚性梁之间均存在温差，结构设计应保证两者之间除膨胀中心点外的各点向规定方向自由滑动，不会产生额外热应力。炉内烟气压力通过膜式水冷壁、张力板、连接板，最终传递到水平刚性梁。

设计中设有一个热膨胀基点，即膨胀中心，就是在张力板沿长度方向上设置了固定点。在此点，张力板与拉杆、连接板与张力板、水平刚性梁均焊接固定，形成整体结构。

锅炉通过水平和垂直方向的导向与约束，实现以锅炉某一高度为中心的三维膨胀，并防止炉顶、炉墙开裂和受热面变形。

每面墙的每层刚性梁水平上均设有膨胀中心，以此为固定端，即导向点。图 2-18 中“*”表示为膨胀中心固定端。炉膛及后竖井前后墙的固定端设定在锅炉中心线上。刚性梁两端与锅炉水冷壁间设计成可相互安全滑动，这种结构设计，使锅炉热膨胀不会在水冷壁管上产生额外热应力。

4. 锅炉炉墙

锅炉的炉膛水冷壁、水平烟道包墙和后竖井包墙均采用全焊膜式壁结构与轻型炉墙。炉膛水冷壁的各种结构与炉墙如图 2-20 所示，其中，膜式水冷壁结构的优点之一是炉内

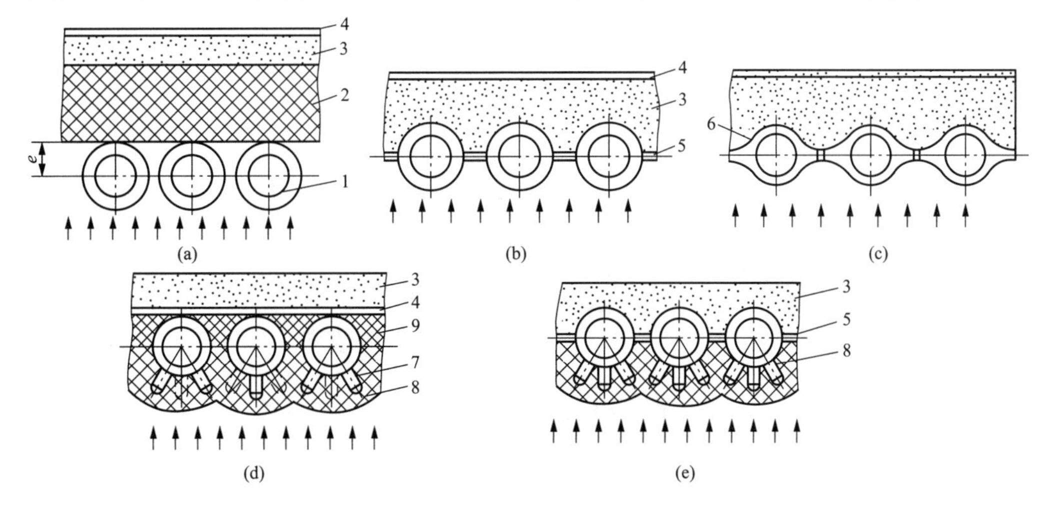

图 2-20 水冷壁的结构与炉墙

（a）光管水冷壁；（b）焊接鳍片管膜式水冷壁；（c）轧制鳍片管膜式水冷壁；

（d）带销钉的光管水冷壁；（e）带销钉的膜式水冷壁

1—管子；2—耐火材料；3—绝热材料；4—炉皮；5—扁钢；6—轧制鳍片管；7—销钉；

8—耐火填料；9—铬矿砂材料

烟气不会发生泄漏，因此炉墙结构设计上就较为简单。水冷壁与刚性梁之间以保温材料填塞，以减少炉膛散热损失。保温材料以整块的形式附着在水冷壁上，靠拉杆固定，保温材料外表面省去承载外护板，在最外面以轻型 1mm 厚的镀锌铁皮梯形波纹金属板覆盖。

炉墙采用硅酸铝耐火纤维毯和高温玻璃棉板，管子间填充硅酸铝耐火纤维棉加高温黏结剂。炉顶大包四周及顶面采用硅酸铝耐火纤维毯；所有保温材料在施工时各层之间应错缝压缝；风箱、尾部烟道、预热器等均采用硅酸铝耐火纤维毯；用支撑钉、弹性连接片和铁丝网对保温材料进行固定，管道保温采用复合硅酸盐管壳。

上部垂直水冷壁的炉墙结构简图如图 2-21 所示。下部螺旋水冷壁的炉墙结构简图如图 2-22 所示。

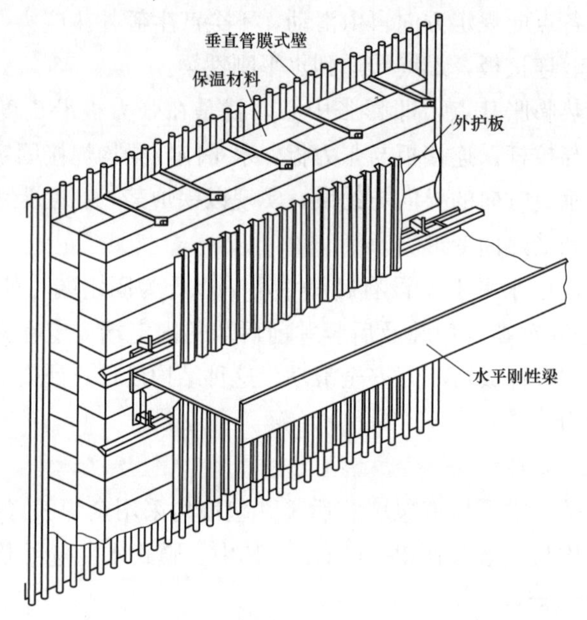

图 2-21 上部垂直水冷壁的炉墙结构简图

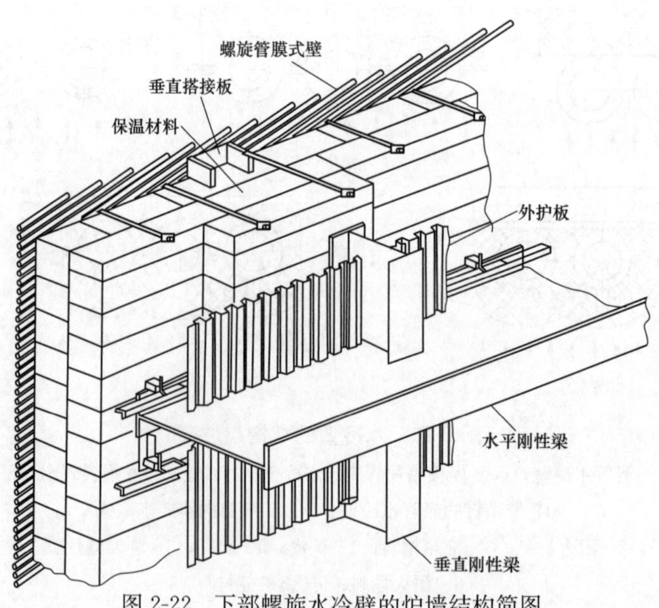

图 2-22 下部螺旋水冷壁的炉墙结构简图

（三）垂直管圈水冷壁

1. 低质量流速垂直管圈的正流量响应特性

研究发现，当质量流速较低［1000kg/(m^2·s)］时，垂直管圈中的流量分配具有正响应特性，即：受热强的管子会有更多的工质流过，从而降低其金属温度。这类似于自然水循环的流量自补偿特性。正流量响应特性的机理在于：在低质量流速下，工质的流动摩擦阻力与重位压降相比只占一小部分，受热强的管子的摩擦阻力增加值小于重位压降的减小值，因此其管子总阻力变小；在一个并联回路内，流量会自动向阻力小（也就是受热强）的管子转移。低质量流速设计如图 2-23（a）所示。

与此相反，当质量流速较高时，受热强的管子总阻力变大，其流量会因此变小，高质量流速设计如图 2-23（b）所示，这是不希望看到的。

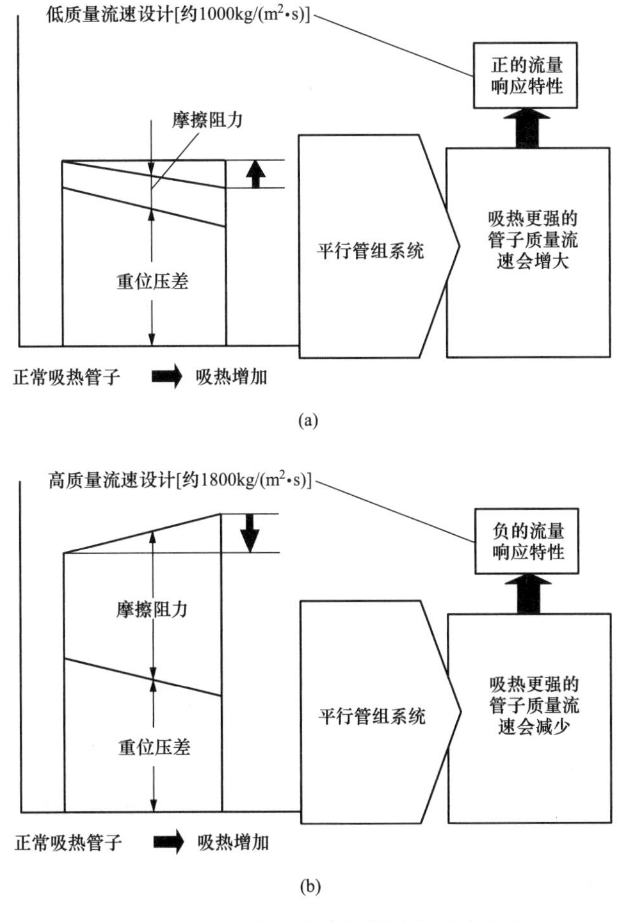

图 2-23　质量流速对垂直管圈流量的影响

（a）低质量流速设计；（b）高质量流速设计

2. 垂直管圈水冷壁的特点

某工程 W 火焰锅炉炉膛水冷壁采用具有正流量响应特性的低质量流速垂直管圈，如图 2-24 所示。垂直管圈分上下两部分，下部采用优化的内螺纹管，上部水冷壁采用光管，中间设有混合集箱。具有如下特点：

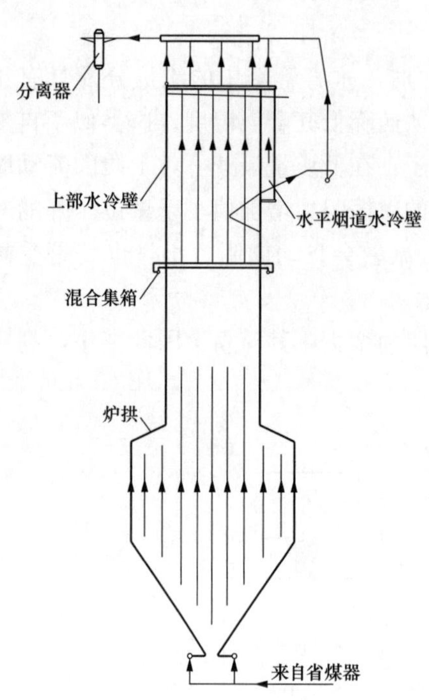

图 2-24 W火焰锅炉垂直管圈水冷壁示意图

（1）超临界W火焰锅炉水冷壁受结构限制，更适合采用垂直管水冷壁。

（2）由于采用了较低的质量流速，可以有效地降低汽水摩擦阻力损失，从而减小辅助设备的功耗。

（3）低质量流速垂直上升管圈具有正流量响应特性，管子温差小，适于变压运行及锅炉调峰。

（4）上、下水冷壁之间设有混合集箱，可减小水冷壁出口工质温度偏差。

（5）采用优化的内螺纹管以增强换热，有效降低金属温度，推迟传热恶化，提高水动力安全裕度，低负荷适应能力强。

（6）垂直水冷壁管圈的刚性梁结构及传力方式可采用成熟结构，刚性梁与水冷壁之间可以相对滑动，不会产生附加热应力，炉膛运行安全可靠。

（7）在水冷壁入口不加节流圈也同样可以减小水冷壁出口工质温度偏差，防止水动力不稳定等传热恶化工况。

二、水冷壁的传热恶化

（一）亚临界压力下的传热恶化

一般来说，超临界压力锅炉变压运行在70%BMCR以下时，水冷壁在亚临界压力范围内工作；在70%BMCR以上时，水冷壁进入超临界压力范围工作。因此，亚临界压力锅炉水冷壁受热面可能出现的传热恶化问题，超临界压力锅炉也同样可能出现。

1. 汽水两相流的流型和传热

在锅炉水冷壁管内的工质边流动边吸收炉内的辐射热量，这使水沿着管子逐步升温达到饱和，随后进入沸腾状态产生蒸汽，形成汽水混合物。因此，水冷壁管内存在着水的单相流动和汽水两相流动，并进行着沸腾换热。工质流动结构沿着管长变化，换热状况也在发生着变化。

当单相水在垂直上升管中向上流动时，管中横截面上的水流速度分布是不均匀的。由于水的黏性作用，近壁面的水速较低，管子中心的水速最大。

当近壁面水中含有汽泡而汽泡又不太大时，由于浮力的作用，汽泡的上升速度要比水流速度大。又由于水流速度梯度的影响，汽泡近壁面侧遇到较大的阻力，汽泡本身会产生靠近管子中心侧向上、近壁面侧向下的旋转运动。旋转引起的压差将汽泡推向管子中心。这样上升两相流中汽泡上升较快并相对集中在管子中心部位，即集中在水流速度较大的区域。与此相反，在下降的两相流中汽泡的下降速度较慢，并集中在管子截面的外圈，即水速较低的区域。在水平或接近水平管内的两相流中，汽泡偏向蒸发面的上部，流速越小这种现象越明显，严重时会出现汽水分层，这是水冷壁管尽可能采用垂直上升布置的主要原因。

均匀受热垂直上升蒸发管中两相流的流型和传热工况如图 2-25 所示。

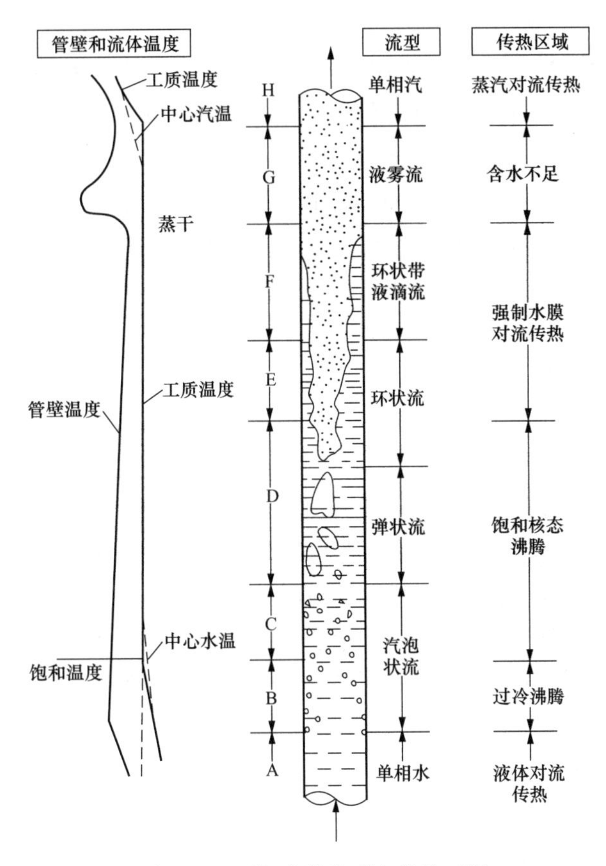

图 2-25　两相流的流型和传热工况

欠焓水由管子下部进入，完全蒸发后生成的过热蒸汽由上部流出。工质沿着管长流动和吸热产汽依次经历了以下各个流型，各区内的传热状况也相应地发生着变化。

单相水的流动（A 区）：如受热不太强烈，管内水温低于饱和温度，此时进行的是单相水对流换热，管壁金属温度稍高于水温。

过冷汽泡状流动（B 区）：紧贴壁面的水虽到达饱和温度并产生汽泡，但管子中心的大量水仍处于欠热状态，生成的汽泡脱离壁面后又凝结并将水加热，此区域内的壁温高于饱和温度，进行着过冷核态沸腾传热。

饱和汽泡状流动（C 区）：此时管内工质已达到饱和状态，传热转变为饱和核态沸腾传热，此后生成的汽泡不再凝结，沿流动方向的含汽率逐渐增大，汽泡分散在水中，这种流型称为汽泡状流动。

弹状流动（D 区）：随着汽泡增多，小汽泡在管子中心聚合成大汽弹，形成弹状流型，汽弹与汽弹之间有水层。

环状流动（E区和F区）：当汽量增多，汽弹相互连接时，就形成中心为汽而周围有一圈水膜的环状流。环状流型的后期，中心汽量很大，其中带有小水滴，同时周围的水膜逐渐变薄。环状水膜减薄后的导热能力很强，可能不再发生核态沸腾而成为强制水膜对流传热，热量由管壁经强制对流水膜传至管子中心汽流与水膜之间的表面上，而水在此表面上蒸发。

雾状流动（G区）：当壁面上的水膜完全被蒸干后就形成雾状流。这时汽流中虽仍有一些水滴，但对管壁的冷却作用不够，传热恶化，管壁金属温度突然升高，此后随汽流中水滴的蒸发，蒸汽流速增大，壁温又逐渐下降。

单相汽流动（H区）：当汽流中的小液滴全部汽化后，随着不断的吸热，蒸汽进入过热状态。由于汽温逐渐上升，因此管壁温度也逐渐上升。

以上分析的情况是在压力、炉内热负荷不太高的条件下得出的。当压力提高时，由于水的表面张力减小，不易形成大汽泡，故汽弹状流的范围将随压力升高而减小。当压力达到10MPa时，弹状流动消失，随着产汽量的增多就直接从汽泡状流动转入环状流动。如果热负荷增加，则蒸干点会提前出现，环状流动结构会缩短甚至消失。

2. 汽水两相流的沸腾传热恶化

(1) 沸腾传热恶化的现象及发生条件。

沸腾传热恶化是一种传热现象，表现为管壁对吸热工质的传热系数α_2急剧下降，管壁温度随之迅速升高，且可能超过金属材料的极限允许温度，致使寿命缩短，甚至即刻超温烧坏；但也可能管壁温度仅升高几度或几十度，仍处于材料许用温度范围内。

沸腾传热恶化可以分为第一类沸腾传热恶化和第二类沸腾传热恶化两类，如图2-26所示。

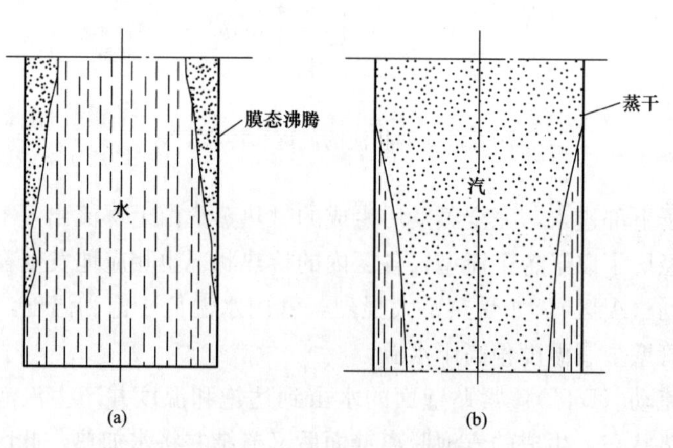

图2-26 传热恶化示意图

(a) 第一类沸腾传热恶化；(b) 第二类沸腾传热恶化

当蒸发管内壁热负荷低于某一临界热负荷q_c时，管内受迫流动的沸腾状态为核态沸腾。此时增大热负荷可使管子内壁的汽化核心数目增多，壁面附近的扰动增强，对流换热系数α_2增大，壁面温度升高不多；当$q>q_c$后，管子内壁汽化核心数急剧增加，汽泡形成速度超过汽泡脱离壁面速度，贴壁形成连续的汽膜，即呈膜态沸腾，这时α_2急剧下降，传热程度恶化，壁温急剧上升。一般称这种因管壁形成汽膜导致的沸腾传热恶化为第一类沸腾传热恶化，或膜态沸腾，或偏离核沸腾（Departure from Nucleate Boiling，DNB）。它是由于管外局部热负荷太高造成的，如图 2-26（a）所示。开始发生膜态沸腾时的热负荷称为临界热负荷 q_c。第一类沸腾传热恶化的特性参数为临界热负荷 q_c，其数值的大小与工质的质量流速、质量含汽率、进口工质的欠焓、管子内径、工质压力等因素有关。

第二类沸腾传热恶化发生在由环状流向雾状流过渡的区域中，是因管壁水膜被蒸干导致的沸腾传热恶化，它是因汽水混合物中含汽率太高所致。在受迫流动的管内沸腾过程中，当管内汽水混合物中含汽率 x 达到一定数值时，管内流动结构呈环形水膜的汽柱状。这时水膜很薄，局部地区水膜可能被中心汽流撕破或水膜被蒸干，管壁得不到水的冷却，其传热系数 α_2 明显下降，会导致传热恶化。这类贴壁水膜被蒸干的传热恶化即为第二类沸腾传热恶化，如图 2-26（b）所示。这类传热恶化是由于管内汽水混合物含汽率太高造成的，故又被称为蒸干传热恶化。发生第二类沸腾传热恶化时的含汽率称为临界含汽率 x_c。

第二类沸腾传热恶化的特性参数为临界含汽率 x_c，其数值的大小与热负荷、工质压力、质量流速、管径等因素有关。热负荷较低的情况下发生蒸干时，管壁温度仅升高几度或几十度，不会发生管壁金属超温。但是，当热负荷很高时，管壁金属温度会升高达几百度。图 2-27 表示了第二类传热恶化时管壁温度与工质焓的关系。

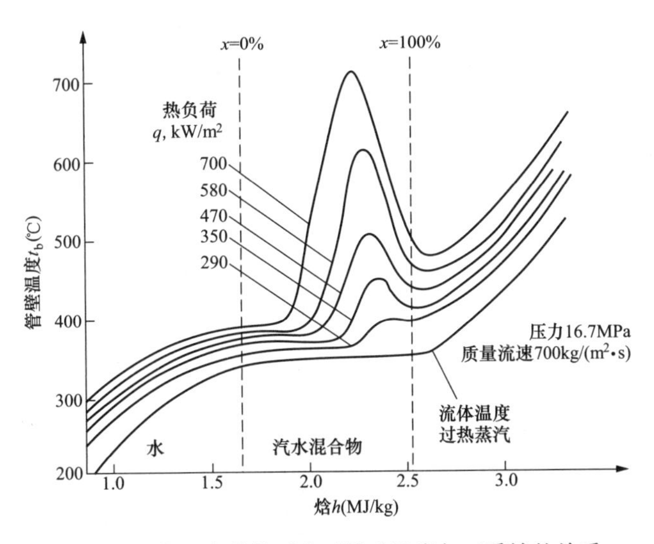

图 2-27 第二类传热恶化时管壁温度与工质焓的关系

（2）沸腾传热恶化的特点。

第一类沸腾传热恶化通常发生在含汽率较小或水存在欠热以及热负荷高的区域。发生此类传热恶化时，α_2 急剧降低，管子内壁温度与工质温度之差飞升很快。因此，在大多数情况下，当受热面热负荷达到或接近临界热负荷时，管子就被烧坏。

在正常的情况下，锅炉水冷壁局部最高热负荷均低于其临界热负荷，因此，一般不会发生第一类沸腾传热恶化。但是在接近临界压力时，水的临界热负荷显著降低，因此有可能出现膜态沸腾。

第二类沸腾传热恶化发生在 x 较大、热负荷不太高的情况下，α_2 的下降较第一类沸腾传热恶化时小，因而 Δt 飞升值较第一类沸腾传热恶化时低。虽然第二类沸腾传热恶化时管壁超温的飞升程度不如一类恶化那样严重和剧烈，但由于它发生时的热负荷比发生第一类恶化时的低得多，因此，它发生的可能性比第一类要大得多。

在直流锅炉蒸发受热面中，由于工质状态经过泡状、环状和雾状流动直到单相蒸汽，工质含汽率 x 由 0～1.0 逐渐上升。因此，直流锅炉蒸发受热面的沸腾传热恶化，特别是第二类沸腾传热恶化是不可避免的。

（二）超临界压力下的传热恶化

1. 超临界压力下水工质的物性参数变化

图 2-28 所示为在超临界压力 24.5MPa 下水工质的物性参数变化曲线。由图 2-28 可知，在温度 400℃左右时，定压比热 c_p 变化很大，且有一个最大值点。当工质温度增加并靠近该点时，工质的比容和焓显著增加；当工质温度减少并靠近该点时，比容和焓显著减小。这种现象与亚临界压力下水的汽化和凝结类似，因此，称该状态点为超临界压力下工质的相变点，并习惯性地称相变点之前的工质为水，相变点之后的工质为蒸汽。定压比热 c_p 具有最大值时的温度称为拟临界温度或类临界温度。

由图还可知：在相变点附近，水的定压比热 c_p 随着温度的提高而增加，而蒸汽的定压比热 c_p 随着温度的提高而减小，这个定压比热 c_p 大幅度变化的区域称为大比热区。另外，动力黏度 μ 和导热系数 λ 的变化与比容和比焓的变化相同，只是方向相反。

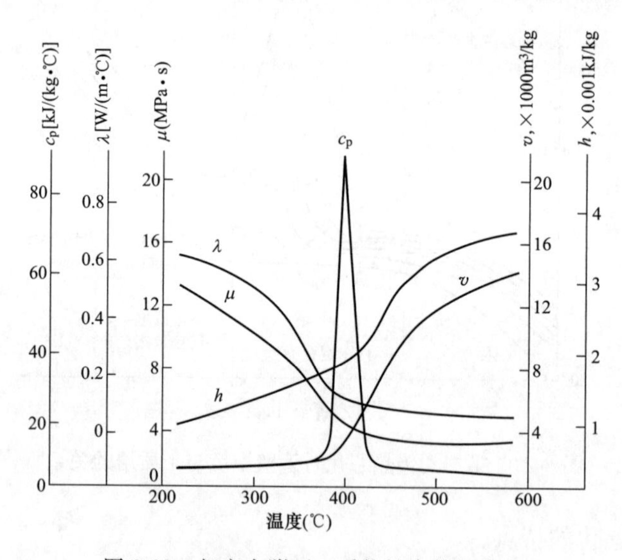

图 2-28　相变点附近工质物性参数的变化

2. 超临界压力下传热恶化的特点

在临界压力和超临界压力下，不存在水的沸腾现象，只在工质的大比热区发生两个单相的相变。在正常工况下，由于超临界压力锅炉的水冷壁壁温随工质温度的上升而均匀上升，即管壁与工质之间的温度差基本保持在某一常数值。因此，一般认为超临界压力锅炉管壁的传热情况较亚临界压力有所改善。

然而，根据近几十年来锅炉运行和实验研究表明，在超临界压力下，只有大比热区以外的水和蒸汽的传热规律与亚临界压力下的单相流体相同，而在大比热区内，工质的物性参数特别是比容、比热、比焓显著变化，管壁与工质之间的放热有许多类似于亚临界压力下时传热的特点，超临界压力锅炉的水冷壁在一定条件下也会发生传热恶化现象，从而导致爆管事故。由于这种传热恶化的现象与亚临界压力时的膜态沸腾相似，因而称其为类膜态沸腾。

图 2-29 为超临界压力下传热恶化实验曲线。曲线表明，在压力 $p=22.5\text{MPa}$ 下，当 $\rho_w=500\text{kg/(m}^2\cdot\text{s)}$ 时，热负荷 q 提高到 580kW/m^2，发现在工质最大比热区附近发生壁温 t_b 突然升高现象。

(三) 传热恶化的防止措施

对传热恶化的防护有两个途径：一是防止传热恶化的发生；二是把传热恶化发生位置推移至热负荷较低处，使其管壁温度不超过许用值。目前一般有以下几种防护措施。

1. 保证一定的质量流速

提高质量流速可以改善壁温工况。图 2-30 为图 2-29 同一实验装置中 q 保持在 700kW/m^2 时得到的试验曲线。由图可见，当 $\rho_w=400\text{kg/(m}^2\cdot\text{s)}$ 和 $\rho_w=700\text{kg/(m}^2\cdot\text{s)}$ 时，存在传热恶化和壁温突升现象；但当 ρ_w 提高到 $\rho_w=1000\text{kg/(m}^2\cdot\text{s)}$，传热恶化现象消失，壁温随工质温度上升而均匀上升。

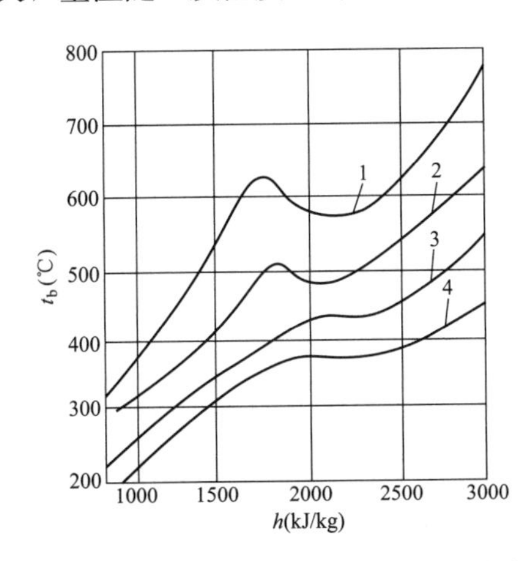

图 2-29　超临界压力下传热恶化实验曲线

1—$q=700\text{kW/m}^2$；2—$q=580\text{kW/m}^2$；
3—$q=465\text{kW/m}^2$；4—$q=350\text{kW/m}^2$

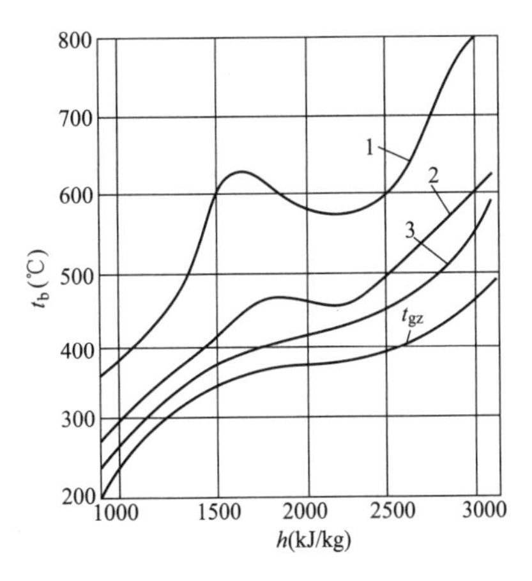

图 2-30　超临界压力不同质量流速下的传热恶化曲线

1—$\rho_w=400\text{kg/(m}^2\cdot\text{s)}$；2—$\rho_w=700\text{kg/(m}^2\cdot\text{s)}$；
3—$\rho_w=1000\text{kg/(m}^2\cdot\text{s)}$
t_b—管壁温度；t_{gz}—工质温度

提高质量流速，工质带走热量的能力增强，因而改善管内的换热状况，大幅度地降低传热恶化时的管壁温度，同时还可提高临界含汽率 x_c，使传热恶化的位置向低热负荷区移动或移出水冷壁工作范围而不发生传热恶化。

提高质量流速可以提高临界热负荷 q_c，防止膜态沸腾和类膜态沸腾的发生。而在发生膜态沸腾和类膜态沸腾时，提高质量流速可以显著提高传热系数，把金属壁温限制在允许范围内。

当然，提高质量流速时由于流动阻力的增大，给水泵功耗将增加。

2. 降低受热面的局部热负荷

降低受热面的局部热负荷可使传热恶化区的管壁温度下降。降低局部热负荷的措施一般有以下几种：设计时合理布置燃烧器，选择较小的燃烧器区域的壁面热负荷；运行中多投燃烧器、减少每只燃烧器的功率；防止火焰直接冲刷炉墙；采用炉膛烟气再循环，即把省煤器出口的烟气部分抽回炉膛，降低炉膛烟气温度水平。

3. 采用内螺纹管

内螺纹管的结构如图 2-31 所示，其内壁具有螺旋形槽道。图 2-32 示出了光管和内螺纹管的管内壁温度对比曲线。采用光管发生传热恶化时临界含汽率约为 0.3，管内壁温度迅速上升；用内螺纹管代替光管，可使临界含汽率增大，传热恶化移至炉膛上部的低热负荷区。

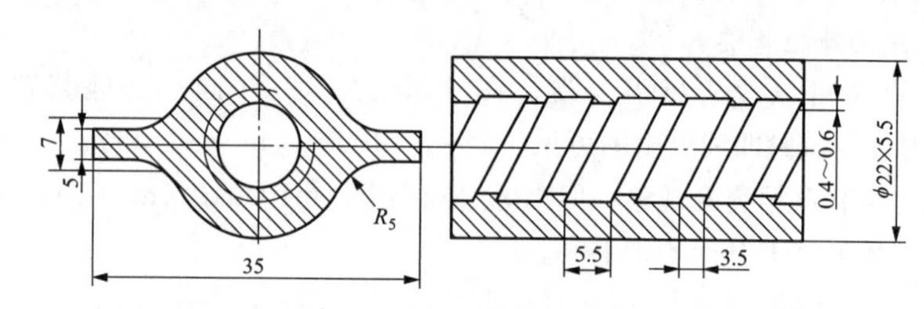

图 2-31　内螺纹管结构

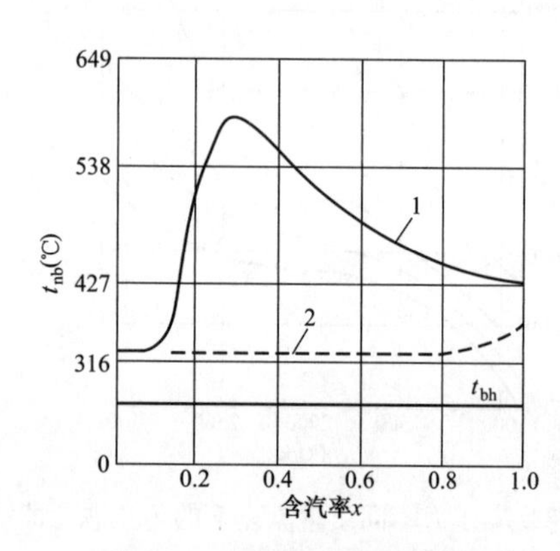

图 2-32　内螺纹管降温效果

1—光管；2—内螺纹管

t_{bh}—饱和温度；t_{nb}—内壁温度

采用内螺纹管后，因其内壁面层流体的旋流运动阻止了壁面上形成连续汽膜，即便形成汽膜也会使其受到扰动而减小其热阻；而且汽流旋转使水滴落到壁面上，形成被润湿的水膜，使临界含汽率增大；同时内螺纹管增大内表面积约 20%～25%，使单位表面积的热负荷下降。因此，内螺纹管能提高临界含汽率，降低壁温。超临界压力直流锅炉的水冷壁管，大都在高热负荷区使用内螺纹管。缺点是加工工艺复杂，流动阻力比光管大，工艺不良的内螺纹管还容易产生应力或结垢腐蚀。

4. 加装扰流子

扰流子是一种扭成螺旋状的金属薄片，两端固定在管壁上，如图 2-33 所示。图 2-34 所示了扰流子降温效果 [$p=18.5$MPa，$\rho_w=1500$kg/(m^2·s)，$q=500$kJ/m^2]。与内螺纹管相比，扰流子制造工艺简单，技术要求低。

5. 控制水冷壁中的工质温度

当锅炉进入纯直流运行状态后，控制中间点温度不超过允许值，从而控制水冷壁中的工质温度，防止管壁过热超温。

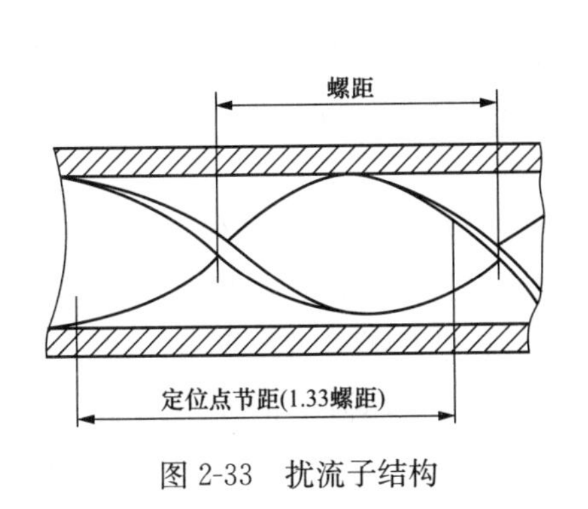

图 2-33 扰流子结构

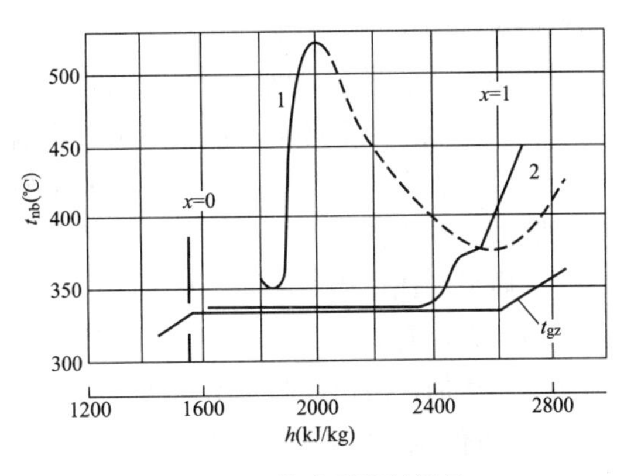

图 2-34 扰流子降温效果

1—无扰流子；2—装扰流子

t_{gz}—工质温度；t_{nb}—内壁温度

三、水冷壁的热偏差

在本章第四节“过热器与再热器系统”中，将介绍管内工质为单相流体的过热器与再热器热偏差，其基本内容原则上也适用于强制流动锅炉的蒸发受热面。在强制流动锅炉的蒸发受热面中，既有单相流体，又有双相流体，同时受热面布置于高温的炉膛中，因而这里主要分析强制流动锅炉蒸发受热面中的热偏差问题。

1. 热偏差的影响因素

热偏差的影响因素主要有热力不均、水力不均及结构不均等。对于蒸发受热面可不考虑结构不均对热偏差的影响。因此，可认为热偏差主要是由于热力不均和水力不均造成的。

(1) 热力不均。炉膛内烟气温度场分布不论从宽度、深度和高度方向来看都是不均匀的。锅炉的结构特点、燃烧方式和燃料种类不同，则热负荷不均匀程度不同。一般来说，垂直管屏的吸热不均匀程度大于水平管圈。锅炉运行时，如火焰偏斜、炉膛结渣等，会产生很大的热偏差。

直流锅炉没有自补偿能力，这与自然循环锅炉有很大区别。在直流锅炉蒸发受热面中，吸热多的管子，由于管内工质比体积大、流速高，以致阻力大，因而管内工质流量减少；而流量的减少反过来又促使工质的焓增更大，比体积更大。这会导致热偏差达到相当严重的程度。由此可见，直流锅炉的热力不均，还会影响水力不均，从而扩大了热偏差，这对管壁的安全不利。

(2) 水力不均。水力不均是由于并联各管的流动阻力不同、重位压头不同及沿进口或出口集箱长度上压力分布特性的影响而引起的。流动多值性和脉动也是引起水力不均的原因。另外，热力不均也会导致水力不均。以下分析的是流动阻力和重位压头不同所引起的流量不均问题。

1) 流动阻力的影响。对于水平围绕及螺旋式管圈，由于本身流动阻力很大，远超过重位压头和集箱中压力变化对流量不均的影响。因此，对于这种形式的受热面只需考虑流动阻力对水力不均的影响。

管内工质流量与管圈阻力系数及管内工质的平均比体积有关。

管圈的阻力系数越大，流量越小，热偏差越严重。阻力系数的大小决定于管圈的结构和安装质量。管子的长度不同、管内的粗糙度不同、弯曲度不同以及管内焊瘤等，都造成各管阻力系数不同。

工质平均比体积的不同，是由热力不均所引起的。吸热多的个别管圈工质平均比体积大，阻力大，管圈中的工质流量低，致使热偏差增大。由于两相流体的比体积随焓值的增加而剧烈增加，所以因吸热不同而引起的流量偏差更大，热偏差也就更严重。

2）重位压头的影响。在垂直蒸发管屏中，重位压降在总压降中的作用不能忽略，必须考虑重位压头对热偏差的影响。但在上升流动和下降流动中，重位压头对水力不均的影响规律不同。

垂直上升蒸发管屏中，重位压头对工质的流动起到一个阻力的作用。如果流动阻力损失所占份额相当大，当个别管圈热负荷偏高时，因偏差管中工质平均比体积的增大将引起流动阻力增大，并导致其流量降低。但与此同时，因偏差管中工质密度减小而使其重位压头降低，又促使其流量回升。因此，在垂直上升管屏中，重位压降有助于减小流量偏差。但是，如果管屏总压降中流动阻力损失所占份额较小，重位压降占总压降的主要部分，则重位压降将引起不利影响。此时，受热弱的偏差管中由于平均密度很大，重位压降很大，可能致使该管中出现流动停滞现象。

而对于向下流动的蒸发管屏来讲，重位压头对工质的流动起到一个动力的作用。当个别管圈热负荷偏高时，因偏差管中工质平均比体积的增大将引起流动阻力增大，并导致其流量降低。同时，因偏差管中工质密度减小而使其重位压头降低，促使其流量更低。因此，在向下流动的垂直管屏中，重位压头将增大流量偏差，从而使热偏差更严重。

2. 减轻与防止热偏差的措施

为减小热偏差，在锅炉结构上应使并联各管的长度及管径等尽可能均匀；燃烧器的布置和燃烧工况要考虑炉膛受热面热负荷均匀；另外，在锅炉的设计布置上采取一些相应的措施，具体措施如下：

（1）加装节流阀或节流圈。在并联各管屏进口加装节流阀，并根据各管屏的热负荷的大小调节节流阀的开度，使热负荷高的管屏中具有较高的流量，热负荷低的管屏中具有较低的流量，以使各管屏得到几乎相近的出口工质焓值，可以减小热偏差。

在并联各蒸发管圈的入口加装节流圈后，等于增大了每根管的流动阻力。当阻力系数一定时，原来流量大的管子就有较大的阻力增量，原来流量小的管子就有较小的阻力增量。在统一管屏中，各蒸发管是并列连接在进出口集箱上，各根管两端的压差必须相等。要满足这个条件，原来流量大的管子必然减小流量，流量小的管子必然增大流量。这样各管的流量趋于均匀。但应指出，在具体设计和调整节流阀或节流圈时，须同时考虑水动力多值性、脉动和热偏差的减小问题。

（2）减小管屏或管带宽度。减小管屏或管带宽度，即减小同一管屏或管带中的并联管圈根数，则在相同的炉膛温度分布和结构尺寸情况下，可减少同屏或同管带各管间的吸热不均匀性和流量不均匀性，从而使热偏差减小。

（3）装设中间集箱和混合器。在蒸发系统中装设中间集箱和混合器，可使工质在其中进行充分混合，然后再进入下一级受热面，这样前一级的热偏差不会延续到下一级，工质进入下一级的焓值趋于均匀，因而可减小热偏差。

（4）采用较高的工质流速。采用较高的工质质量流速可以降低管壁温度，使受热多的管子不致过热。对于垂直管屏，由于其重位压降较大，如果质量流速过低，则在低负荷运行时容易因吸热不均而引起不正常的情况，因而额定负荷时工质质量流速采用了较大的数值。

（5）合理组织炉内燃烧工况。相对于旋流燃烧器的布置来讲，直流煤粉燃烧器的四角切圆燃烧方式具有较好的炉膛火焰充满度，炉内热负荷较均匀，火焰中心温度和炉膛局部最高热负荷也较低，因而蒸发受热面吸热不均匀性较小。在运行中应调整好炉内燃烧，保证各个燃烧器的给粉量应尽可能均匀，燃烧器的投入和停运要力求对称，防止火焰发生偏斜，同时防止炉内结渣和积灰等。

此外，还要严格监督锅炉的给水品质，防止蒸发管内结垢或腐蚀，从而避免引起管内工质流动阻力的变化。

四、水冷壁的水动力多值性

1. 流动多值性的概念

在一定的热负荷下，强制流动受热管圈中的工质流量 G 与管路流动压降 Δp 之间的关系，称为水动力特性。水动力特性的函数关系式 $\Delta p=f(p_w)$ 或 $\Delta p=f(G)$ 在以 G 为横坐标，Δp 为纵坐标的图上表示出来的曲线，称为水动力特性曲线，如图 2-35 所示。

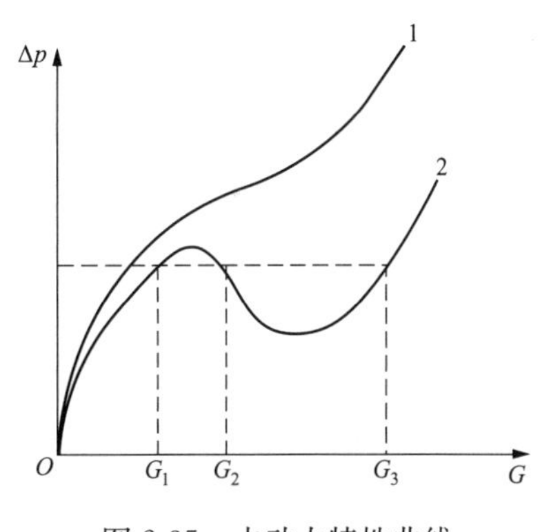

图 2-35　水动力特性曲线

1—单值特性曲线；2—多值特性曲线

当蒸发受热面管路压降 Δp 略去加速压降后，函数表达式的具体形式可表示为式（2-2）

$$\Delta p=\Delta p_{lz}\pm\Delta p_{zw} \tag{2-2}$$

或

$$\Delta p=\left(\sum\xi+\lambda\,\frac{l}{d}\right)\frac{(\overline{\rho_w})^2}{2\bar{\rho}}\pm\bar{\rho}gh \tag{2-3}$$

式中　Δp_{lz}——流动阻力压降，Pa；

Δp_{zw}——重位压头，工质上升流动时为“+”，下降流动时为“−”，Pa；

ξ，λ——管子的局部阻力系数和摩擦阻力系数；

l，d——管子的长度和内径，m；

$\overline{\rho_w}$——管内工质的平均质量流速，kg/(m^2 · s)；

$\bar{\rho}$——管内工质的平均密度，kg/m^3；

h——管子进出口的标高差的绝对值，m。

式（2-3）即强制流动水动力特性的函数关系式。自然循环流动时，管路压降特征是重位压头为主要部分；强制流动时，管路压降特征是流动阻力为主要部分。

将式（2-3）做成曲线，如果对应一个压降只有一个流量 G，这样的水动力特性是稳定的，或者说是单值的，如图 2-35 中所示的曲线 1 即为稳定的水动力特性曲线。但如果对应一个压降可能有两个甚至三个流量，即在并联工作的各管子中，虽然两端压差是相等的，却可以具有不同的流量，则称为水动力不稳定性，或者多值性，如图 2-35 所示的曲线 2 所示。

当流动多值性出现时，个别流量少的管子可能会因管壁冷却不足而导致过热，如工质流量时大时小，管子冷却情况经常变动，管壁温度的变动会引起金属疲劳破坏。

多值性流动特性是由于工质的热物理特性的变动，即当流量和重位压头改变时工质的比体积变化造成的。在工质上升和下降流动时，重位压头的影响是不同的，因而情况更为复杂。此外，工质的流动方式、管子系统的几何参数、压力、进口工质焓等对流动特性也有不同影响。下面分别说明水平和垂直蒸发管中的水动力特性。

2. 水平蒸发管中的水动力特性

对于水平围绕上升管带、螺旋式和水平迂回管屏式水冷壁的水动力特性，可按水平布置来分析，因为它们的管圈长度相对于高度要大得多，因此，在对其进行水动力特性分析时，重位压头可略去不计。于是式（2-3）可进一步简化为

$$\Delta p=\left(\sum\xi+\lambda\ \frac{l}{d}\right)\frac{(\overline{\rho w})^2}{2\overline{\rho}}=\left(\sum\xi+\lambda\ \frac{l}{d}\right)\frac{G^2\overline{\nu}}{2A^2}=KG^2\overline{\nu} \tag{2-4}$$

式中 A——管圈的流通截面积，m^2；

$\overline{\nu}$——管内工质的平均比体积，m^3/kg；

K——管圈总阻力系数，$K=\left(\sum\xi+\lambda\ \frac{l}{d}\right)\frac{1}{2A^2}$，对于一定管圈来讲可作为常数。

式（2-4）说明在管圈总阻力系数 K 一定时，压降 Δp 与 $G^2\overline{\nu}$ 成正比。

设有一如图 2-36 所示的均匀受热的水平蒸发管圈，管长为 l，热负荷为 q 且保持不变。如管圈进口为未饱和水，随着入口水流量的增加，管圈两端压降的变化如图 2-37 所示。

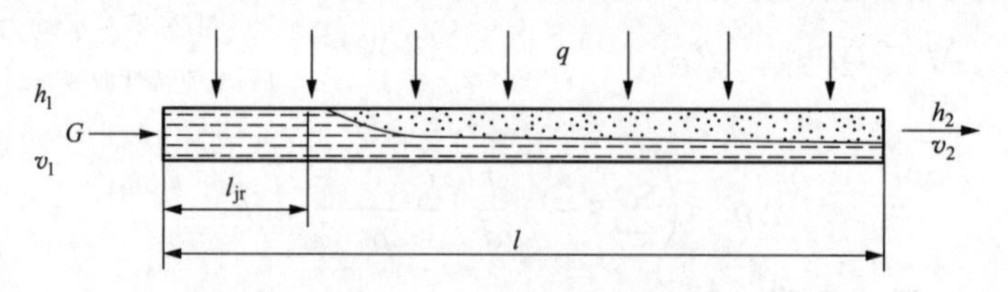

图 2-36 均匀受热的水平蒸发管圈

当入口水流量很小时，水进入管子后很快汽化成蒸汽，管内主要是单相蒸汽的流动（如图 2-37 中 A 点之前的流动特性曲线所示，$x_A=1.0$）。当入口水流量很大时，管子的吸热量只能使水温升高而不产生蒸汽，故从管子流出的仍是单相水（如图 2-37 中 D 点之后的流动特性曲线所示，$x_D=0.0$）。上述两个流动区域，是单相或接近单相的流动，其

特性函数是单值的。

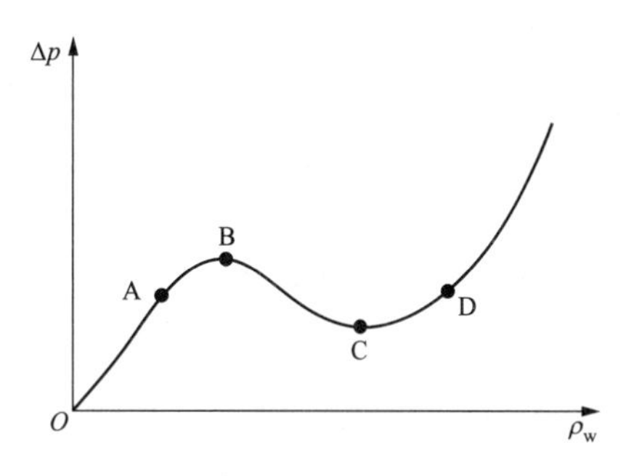

图 2-37　水平管圈的水动力特性曲线

而当管子出口的工质质量含汽率 $x=1.0\sim x=0.0$ 之间时，其管路压降不仅与汽水混合物的质量流量有关，还与流体的平均比体积的变化有关。此时，随着进入管圈的流量 G 的增加，加热区段长度 l_{jr}增加，蒸发区段长度（l-l_{jr}）减小，蒸汽产量下降，并且管圈中汽水混合物的平均比体积 $\bar{v}$ 减小。可见，在流量 G 增加的同时引起了工质平均比体积 $\bar{v}$ 的减小。这样，式（2-4）中压降 Δp 随流量 G 的变化，决定于 G 与 $\bar{v}$ 中的变化幅度较大的那一个。

A—B 段，质量流量的增加起主要作用，故管路压降随质量流量增加而增大；B—C 段，管中平均比体积的减小起主要作用，故管路压降随质量流量增加而降低；C—D 段，蒸汽含量很少，质量流量的增加起主要作用，故管路压降随质量流量的增加又上升。

以上分析表明，即使管圈的热负荷不变，在强制流动的蒸发受热面中，当管圈进口为未饱和水时，在同一压差下，各并联工作的管子的流量可能有两个或三个值，出口工质的蒸汽干度也相应不同。强制流动蒸发受热面中这种多值性流动发生在既有加热段又有蒸发段的受热蒸发管内，其根本原因是蒸汽和水的比体积或密度不同。

3. 水动力多值性的主要影响因素

（1）工作压力。图 2-38 示出了压力对水动力特性的影响，由图可以看出，锅炉压力越高，水动力特性越稳定。这是由于锅炉蒸发受热面内工作压力升高时，饱和蒸汽与饱和水的密度差减小，则在流量 G 增加时工质平均比体积的减小要少，因而水动力特性便趋向单值。

超临界压力直流锅炉也可能发生水动力多值性。这是因为超临界压力的相变区内，比体积随温度的上升而急剧增大（图 2-39），即密度急剧下降，与亚临界压力下水汽化成蒸汽，比体积急剧上升而密度急剧下降相似。因此，超临界压力直流锅炉的蒸发受热面也要防止发生水动力多值性。

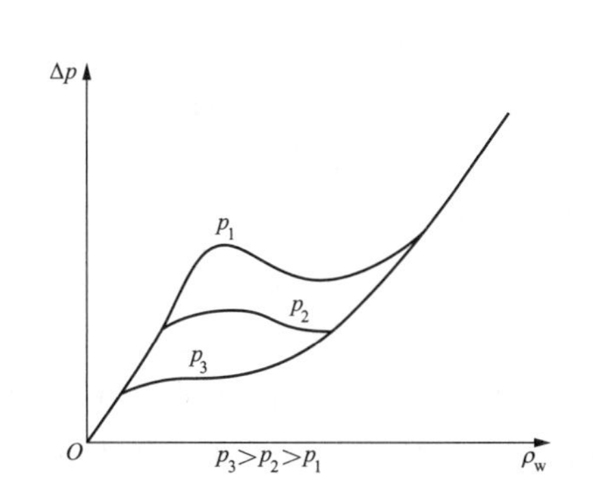

图 2-38　压力对水动力特性的影响

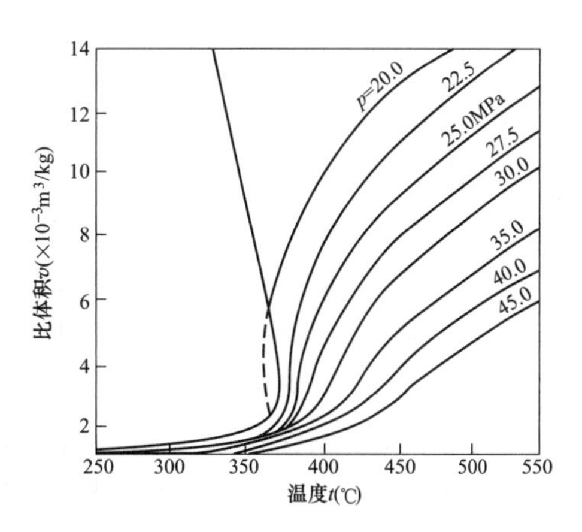

图 2-39　超临界压力的比体积特性

（2）入口焓值。当管圈进口工质欠焓为零，即进口工质为饱和水时，在热负荷一定的情况下，蒸汽产量不随流量而变。这样式（2-4）中平均比体积的减少就不剧烈，而压降则随着流量的增加而单值地增加。

管圈进口工质的状态越接近饱和水，即欠焓越小或管圈进口工质的温度越接近于对应管圈进口压力下的饱和温度，则水动力特性越趋向稳定。图 2-40 给出了压力一定时（4MPa），在不同管圈入口工质温度情况下的水动力特性曲线。从图中可以看出，管圈进出口工质温度或焓值越高，水动力特性趋向越稳定。

在超临界压力下，由于沿管圈长度工质焓变化时，工质的比体积也发生变化，尤其在最大比热容区的变化很大。因此，与低于临界压力时的情况一样，管圈入口工质的焓对水动力多值性也有影响。图 2-41 示出超临界压力下水平管圈进口工质焓对水动力特性的影响。由图可见，要保持特性曲线具有足够的陡度，必须使进口工质的焓大于 1256kJ/kg。

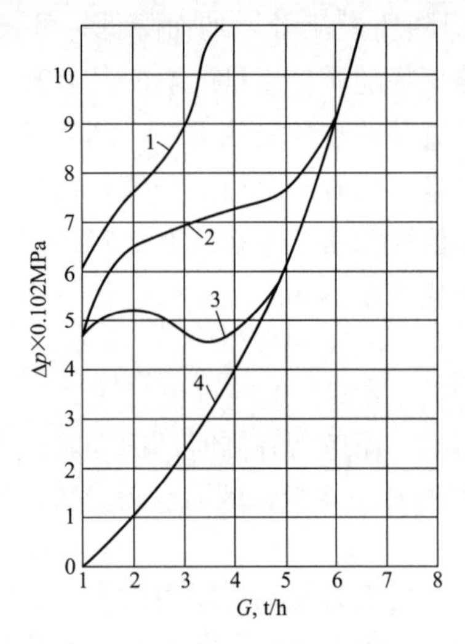

图 2-40 进口工质温度对水动力特性的影响

1—t_1 为 210℃；2—t_2 为 180℃；

3—t_3 为 150℃；4—管子未被加热

注：p=4MPa；t_s=250℃

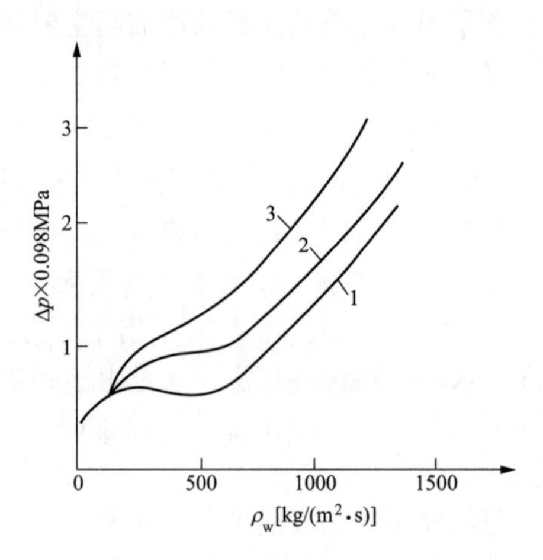

图 2-41 进口工质焓对水动力特性的影响

1—h_r 为 837kJ/kg；2—h_r 为 1047kJ/kg；

3—h_r 为 1256kJ/kg

注：p=29．4MPa；t_s=250℃；d=38mm×4mm

（3）管圈热负荷和锅炉负荷。当管圈热负荷增加时，水动力特性趋向于稳定。这是因为热负荷高时，缩短了加热区段的长度，即相当于减少了工质欠焓的影响，高热负荷时，管圈中产生的蒸汽量多，阻力上升也快，水动力特性曲线上升也要陡一些，水动力特性趋向于稳定一些。螺旋式水冷壁的水动力特性在锅炉高负荷时比低负荷时具有较高的稳定性。这是因为锅炉负荷高时，压力和热负荷都相应提高，水动力特性较稳定。负荷低（变压运行或启动）时，锅炉压力和热负荷都较低，因而特性曲线可能会出现不稳定性。因此，在进行水平蒸发管圈的设计和调整时，更应注意锅炉在低负荷时的水动力特性，尤其在启动和低负荷运行时，若高压加热器未投入运行，给水欠焓较大，则将对水动力特性带来不利影响。

4. 垂直蒸发管中的水动力特性

垂直布置的蒸发受热面包括多次上升管屏、一次上升管屏及多流程上下回带管屏等。由于垂直布置的管屏的高度相对较高，接近于管子长度，重位压头对水动力特性的影响很大，有时成为压降的主要部分。因此，在分析其水动力特性时，必须考虑重位压头对水动力特性的影响。

在垂直一次上升管屏中，重位压头对水动力特性的影响如图 2-42 所示。其中管屏进、出口高度是不变的，而工质的平均比体积在热负荷一定时，总是随着流量 G 的增大而减小，因而重位压头总是单值性地随 G 一起增加。也就是说重位压头的水动力特性是单值的，因此对总的水动力特性能起稳定作用。在垂直上升管中，如重位头对压降的影响占主导地位，则其水动力特性一般是单值的。如重位压头还不足以使水动力特性达到稳定时，则必须在管子入口处装节流圈，以保证水动力特性的稳定。

在垂直下降流动蒸发管屏中，流动阻力使上端进口压力大于下端出口压力，而重位压头的正好相反，使下端出口压力大于上端进口压力，因而在垂直下降流动的蒸发受热面的压降公式中，重位压头取负号。因此，在下降流动的蒸发受热面中，重位压头对水动力特性的作用正好与垂直上升流动的相反，水动力的不稳定性更严重，垂直下降管水动力特性曲线如图 2-43 所示。

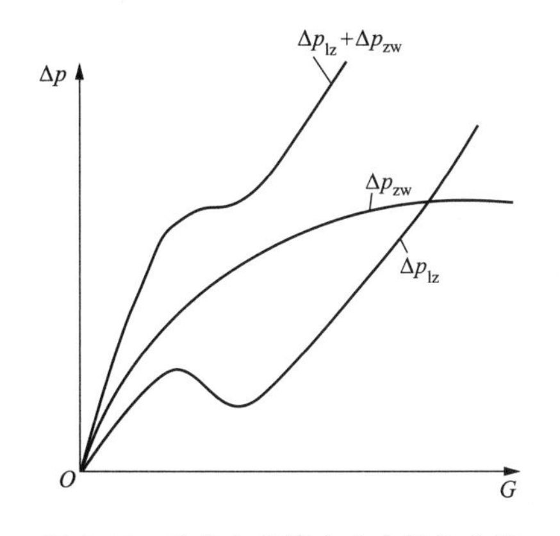

图 2-42 垂直上升管水动力特性曲线

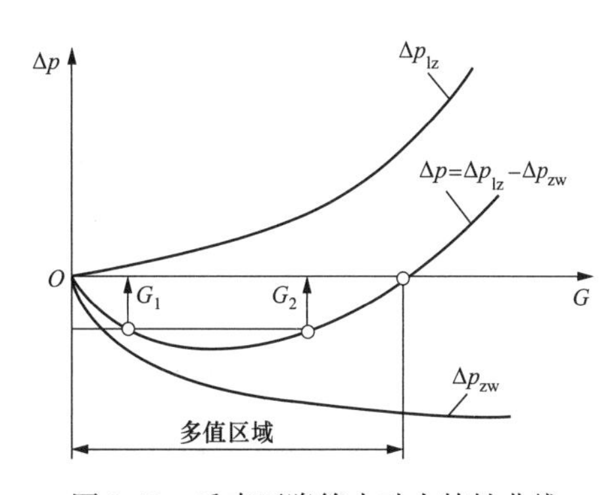

图 2-43 垂直下降管水动力特性曲线

5. 消除或减轻水动力多值性的措施

（1）提高工作压力。如前所述，引起强制流动水动力不稳定的根本原因是蒸汽与水的密度有差别。但随着压力的提高，蒸汽与水的密度差将减小，因而水动力特性趋于稳定。

（2）适当减小蒸发区段进口水的欠焓。当管圈进口水的欠焓为零时，管圈中就没有加热区段，在一定热负荷下，管圈内蒸汽产量不随工质流量而变化。而流动阻力总是随工质流量的增加而增加。所以，进口水的欠焓越小，水动力特性越趋向稳定。但进口水的欠焓也不易过小，因为这时当工况稍有变动时，管圈进口处有可能产生的蒸汽会引起并联各管的工质流量分配不均，从而加剧并列管的热偏差。

(3) 管圈进口处加装节流圈。加装节流圈对水动力特性的影响如图 2-44 所示。可见加装节流圈后管圈的总流动阻力增加，但能使水动力特性稳定。节流圈阻力系数越大（孔径越小），水动力特性越稳定。但为了不使系统压降损失太大，在设计中应注意合理选取节流圈的阻力系数。

(4) 水冷壁采用分级管径。所谓分级管径就是水冷壁的加热段和蒸发段采用不同的管子直径。加热区段采用较小的管子内径，在相同的流量时因阻力系数增加，所以加热段阻力升高，类似于节流圈的作用。另外，蒸发段阻力下降，这样就容易得到稳定的总阻力特性。

(5) 提高水冷壁入口的质量流速 ρw。提高水冷壁入口的质量流速，实际上相当于增加流量 G。对于单相流动，阻力与 $(\rho w)^2$ 成正比，所以 ρw 升高，阻力也升高。在两相流区段，如果 ρw 升高的影响大于比容的减少，阻力将随 ρw 增加而增加，使总阻力始终随 ρw 增加而增加，从而得到稳定的水动力特性曲线。但是，ρw 的提高与水冷壁的结构形式和允许压降等有关。

五、水冷壁的脉动

(一) 脉动现象

脉动现象是指在强制流动锅炉蒸发受热面中，流量随时间发生周期性变化的现象。脉动现象有三种表现形式：管间脉动、屏间脉动和整体脉动，而以管间脉动居多。下面分别予以介绍。

1. 管间脉动

发生管间脉动时，管屏的总流量和进、出口集箱之间的压差均不发生变化，但是各管中的流量却发生了周期性的变化，其变化规律如图 2-45 所示。

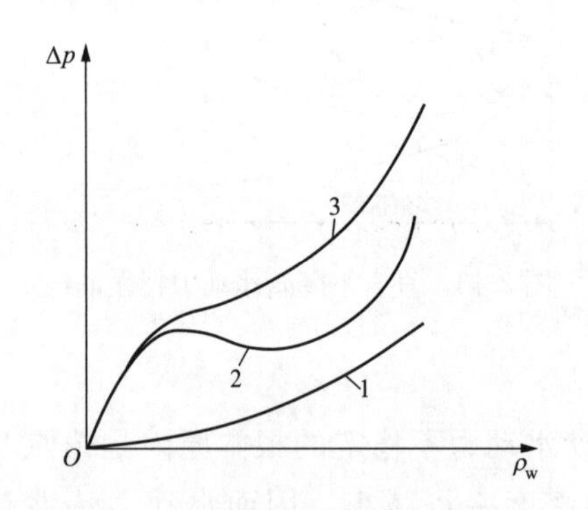

图 2-44 节流圈对水动力特性的影响

1—节流圈阻力特性；2—未加节流圈的水动力特性；3—加节流圈后的水动力特性

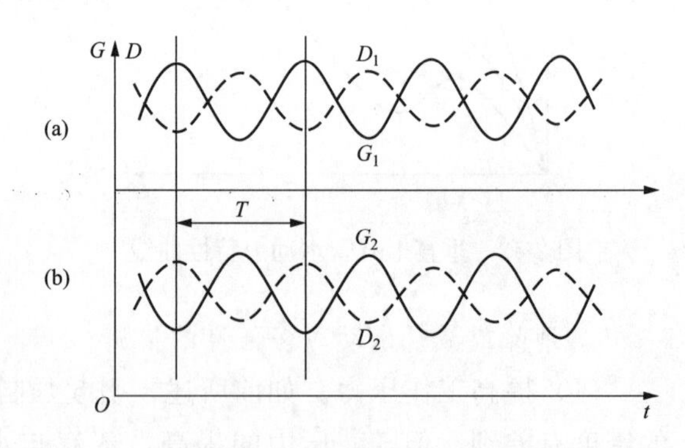

图 2-45 管间脉动示意图

(a) 管屏中一部分管子内流量的变化；(b) 管屏中另一部分管子内流量的变化

G—进口水量；D—出口蒸汽量；T—变化周期

从图 2-45 可知，对一根管子来说，发生管间脉动时的管子入口水流量 G 与出口蒸汽量 D 都发生周期性变化，而且 G 与 D 的变化方向相反。对比同管屏一部分管子与另一部分管子内的流量，当一部分管子的进水量 G_1 减小时，另一部分管子的进水量 G_2 增加；相反，当 G_1 增加时，G_2 减小。同时，当一部分管子出口蒸汽量 D_1 增加时，另一部分管子出口蒸汽量 D_2 减小；相反，当 D_1 减小时，D_2 增加。也就是说，发生脉动时，管子内的 G 和 D 都有周期性的变化，G 与 D 的变化方向相差 180°的相位角；管屏中这部分管子与那部分管子之间 G 或 D 的变化也相差 180°的相位角，这样就形成了管间脉动。

2. 屏间脉动

屏间脉动是指发生在并列管屏之间的脉动现象。发生脉动时，进出口总流量和总压差并无明显变化，只是各管屏之间的流量发生变化。

3. 整体脉动

整体脉动是整个锅炉的并联管子中的流量同时都发生周期性波动。这种脉动在燃料量、蒸汽量、给水量急剧波动时，以及给水泵、给水管道、给水调节系统不稳定时可能发生，但当这些扰动消除后即可停止。

管中流量的忽大忽小，使加热、蒸发和过热区段的长度发生变化，因而不同受热段交界处的管壁交变地与不同状态的工质接触，致使该处的金属温度周期性地变化，导致金属的疲劳损伤。此外，由于流量的脉动，也引起了管子出口处蒸汽温度或热力状态的周期性波动，并联各管会出现较大的热偏差，容易引起管子金属超温。因此，任何形式的脉动，尤其是管间和屏间脉动，都是不允许的水动力异常工况。

（二）脉动的机理

发生脉动的原因目前还尚待进一步研究。不过从上述现象可以判断出一点：既然管子在各瞬时的水和蒸汽的流量总是不一致的，那么管内一定存在着压力的波动。现以水平蒸发管内两相流动为例加以说明。

若管子在蒸发开始部分突然出现热负荷短时的突增，该处汽量增多，汽泡增大，局部压力升高形成一个压力峰，将其前、后工质分别向管圈进、出口两端推动，因而进口水流量 G 减少，而出口蒸汽量 D 增加。与此同时，加热水区段缩短，过热区段也缩短。蒸汽量的增加和过热区段的缩短，都导致出口过热汽温的下降或者工质的热力状态发生变化。

压力峰是不能持久维持的，因为压力峰使得进来的给水减少，排出的工质增多，根据物质平衡，经过一小段时间，开始蒸发点区域工质减少，压力自然下降。

在压力峰形成的过程中，饱和水温度升高，管壁温度也升高，因而有一部分热量用来加热工质和金属，即金属和工质储存了一部分热量。在压力降低时，由于饱和水温降低，管壁温度也在降低，因而原来储存在工质和金属中的热量又重新释放出来。释放出的热量产生了附加蒸发量，而促使蒸汽泡重新形成，压力重新升高，压力峰重新形成。

上述过程的重复进行，就连续而周期性地发生了流量和温度的脉动。

由上述过程分析可知：产生脉动的外因是管子在蒸发开始区段受到外界热负荷变动的扰动；而其内因则是由于该区段工质及金属的蓄热量发生周期性变化；究其根本原因，是由于饱和水与饱和蒸汽的密度差造成的。

应该指出，上述对脉动产生原因的分析并不是很完善的。由于对这个问题研究得还不够，因此存在着多种对脉动产生原因的解释，上面只能算是一种通俗的说明。这个说法似乎主要对水平管或微倾斜管才能适用，但事实上，由于垂直管中热水段高度的周期性波动，重位压差也作周期性波动，对脉动更敏感，更加严重。

（三）防止脉动的措施

虽然关于管间脉动的机理目前尚未彻底研究清楚，但已知道，工作压力、质量流速、热水段阻力、蒸发段阻力和热负荷均对管间脉动有影响。前三个因素数值增加，脉动不易发生；后两个因素数值增加，会促使产生脉动。

防止脉动的措施相应有下列几种：

（1）提高工作压力。压力对脉动的影响如图 2-46 所示。提高工作压力可减少脉动现象的产生。锅炉的工作压力越高，则汽与水的比体积越接近，局部压力升高的现象就不易发生。实践证明。当压力在 14MPa 以上时，就不会发生脉动现象。

（2）提高质量流速。提高工质在管圈进口处的质量流速，就可很快地把汽泡带走而不会使其在管内变大，管内就不会形成较大的局部压力，从而可以保持稳定的进口流量，减少和避免管间脉动的产生。

（3）增大加热段与蒸发段的阻力比值。增加管圈加热段的阻力和降低蒸发段阻力可减少脉动现象的产生。因为此时在开始蒸发点附近局部压力升高对进口工质流量影响较小，且可加快把工质推向出口，因而流量波动减小。在管圈进口装节流圈，或者加热区段采用较小直径的管子，都可增加热水段的阻力。此外，增加管圈进口工质欠焓，因热水段长度增加，从而增加了热水段阻力，对减少脉动现象也是有利的。但需要注意的是，这与防止多值性发生矛盾。

（4）在蒸发区段装中间集箱及呼吸集箱。当蒸发管中产生脉动时，由于各并列管子间的流量不同，沿各管子长度的压力分布也就不同。这是因为并列管子的进、出口端连接在其进口集箱上，具有相同的进口压力和出口压力，但在管子中部，由于各管工质流量互不相同，流动阻力则不同，流量大的管子加热段阻力增大，故管子中部的压力较低；而流量小的管子加热段阻力较小，则中部压力较高。如果将各并列蒸发管的中部连接至一公共集箱——呼吸集箱，如图 2-47 所示，则各管中部的压力趋于均匀，因而可减轻脉动现象的发生。

呼吸集箱应设置在并列管间压差较大的位置，一般装在相当于蒸汽干度 $x=0.1\sim0.2$ 的位置，效果比较显著。呼吸集箱直径通常为连接管直径的两倍左右。

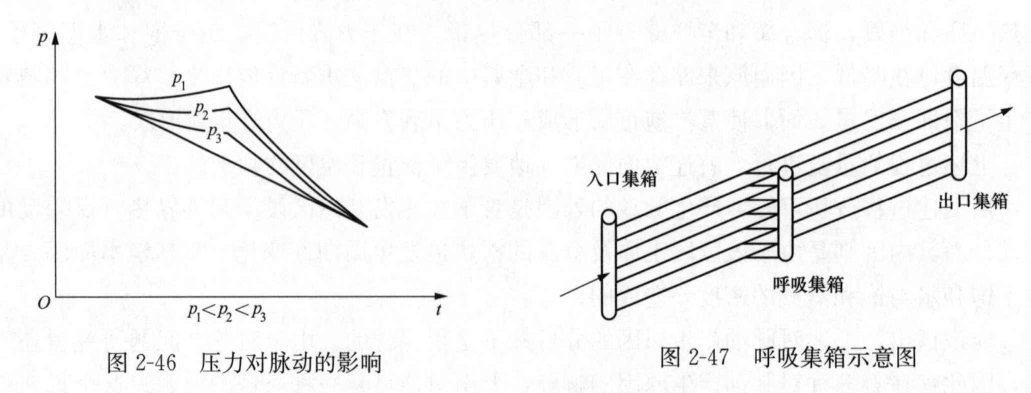

图 2-46 压力对脉动的影响

图 2-47 呼吸集箱示意图

（5）锅炉启停和运行方面的措施。为了防止产生脉动，直流锅炉在运行时应注意保证稳定的燃烧工况和均匀的炉内温度场，以减小各并列管的受热不均；在启动时应保持足够的启动流量及一定的启动压力等。

六、瑞金电厂二期锅炉水冷壁系统

瑞金电厂二期锅炉水冷壁系统如图 2-48 所示。

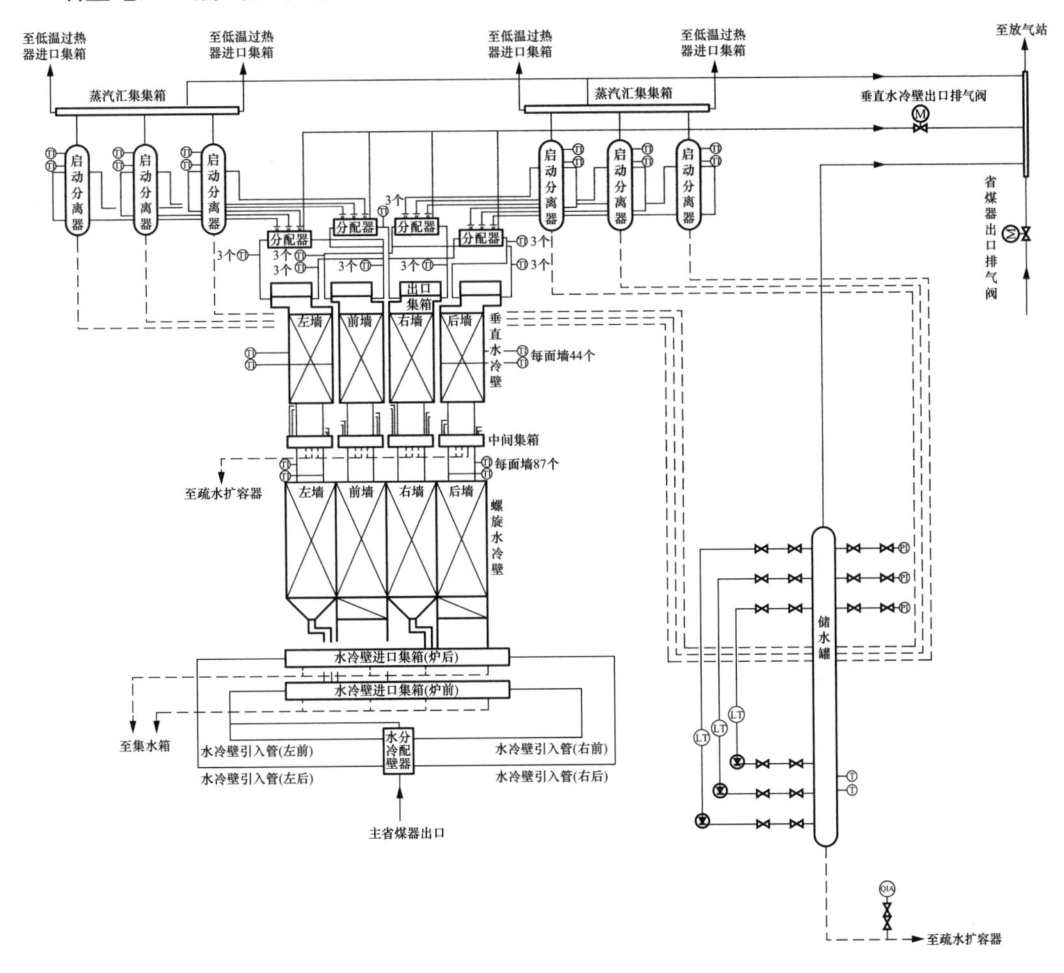

图 2-48　锅炉水冷壁系统图

炉膛水冷壁采用熔焊膜式壁，炉膛断面及高度尺寸为 20 760mm × 20 760mm × 77 295mm。锅炉水冷壁采用上下分段的水冷壁结构，下部为螺旋水冷壁，上部为垂直水冷壁，采用中间集箱过渡连接。水冷壁采用全焊接的膜式水冷壁，保证燃烧室的严密性，鳍片宽度能适应变压运行的工况，上部水冷壁和下部水冷壁均采用光管设计。

来自省煤器的介质通过下降管到锅炉底部，经过 4 根水冷壁进口引入管进入前后方向 2 个水冷壁进口集箱。

水冷壁采用下部螺旋管圈和上部垂直管圈的型式，螺旋管圈分为灰斗部分和螺旋管上部，垂直管圈分为垂直管下部和垂直管上部。螺旋段水冷壁由 692 根 ϕ42mm 的管子组成，节距为56mm，经水冷壁过渡连接管引至水冷壁中间集箱，混合后再由连接管引出，进入垂直段水冷壁，两者间通过管锻件结构来连接并完成炉墙的密封。垂直段水冷壁下部由1384根ϕ42mm的管子组成，节距为60mm，经Y形三通过渡到垂直段水冷壁上部，垂直段水冷壁上部由692根ϕ44.5mm的管子组成，节距为120mm。

水冷壁垂直管上部引入到前后左右4个出口集箱，每个出口集箱各分2根管道，总共8根管道引出到4个水冷壁出口分配器，再通过24根管道进入6个汽水分离器。

每个水冷壁中间集箱分出4根炉外悬吊管，前后墙各布置8根，作为炉前集箱和炉后集箱支吊梁的支座，管内工质引到4个水冷壁出口分配器上。

第三节　过热器与再热器系统

一、过热器和再热器的作用及其布置

（一）过热器和再热器的作用

过热器和再热器是用于提高锅炉蒸汽温度的部件。过热器的作用是将饱和蒸汽加热成具有一定温度的过热蒸汽。在锅炉负荷或其他工况变动时，能够保证过热蒸汽温度正常，并处在允许的波动范围之内。从蒸汽动力循环来看，蒸汽的初参数压力和温度越高，则循环热效率越高。随着锅炉容量的增大及蒸汽初参数的提高，过热器的作用更显得重要，并在很大程度上影响着锅炉运行的经济性和安全性。

随着蒸汽压力的提高，要求相应提高蒸汽温度，否则在汽轮机末几级的蒸汽湿度会过高，影响汽轮机的安全运行。为避免汽轮机末几级蒸汽湿度太大，而采用中间再热系统。

再热器的作用是将汽轮机高压缸的排汽加热到与过热蒸汽温度相等（或相近）的再热温度，然后再送到中压缸及低压缸中膨胀做功，以提高汽轮机尾部蒸汽的干度。一般再热蒸汽压力为过热蒸汽压力的20%～25%。采用一次再热系统可使循环热效率提高约4%～6%，二次再热系统可使循环热效率再提高约2%。

（二）过热器和再热器的布置

在电力工业的长期发展过程中，蒸汽的初参数（压力和温度）不断地提高，用以提高电厂循环的热效率。随着蒸汽参数的提高，锅炉受热面的布置也会相应发生变化。

低压锅炉的蒸汽温度为300～350℃，这时加热过热蒸汽所需的热量不多，但由于压力低，水的汽化潜热大，因此水的蒸发热量要求大，炉膛辐射热量不能满足水蒸发所需要的热量，因此，在对流过热器前一般还要布置大量对流蒸发管束。

对于中压锅炉，其炉膛辐射热与所需蒸发热大致相当，过热器一般就直接布置在炉膛出口的少量凝渣管束之后。

对于高压锅炉，由于汽化潜热减少，炉内的辐射热已超出所需的蒸发热，而且过热蒸汽和水的加热热量增加比较多，这时必须把一部分过热器受热面布置在炉膛内，即采用所谓辐射式和半辐射式过热器。同样，也可以把一部分炉内水冷壁作为辐射式省煤器。

随着锅炉容量的增大和蒸汽压力的进一步提高，水蒸发所需热量继续减少，而蒸汽过

热热量进一步增加，必然把过热器或再热器布置在更高的烟温区，以增加过热热占锅炉总吸热量的比例。因此，超高压力锅炉、亚临界压力锅炉和超临界压力的锅炉，必须采用更多的辐射式和半辐射式过热器和再热器。

（三）过热器和再热器蒸汽参数的选择

为了提高循环热效率，过热蒸汽的压力已经由超高压提高到亚临界和超临界压力。但过热器和再热器蒸汽温度的选择受到金属材料性能的限制，目前国产机组亚临界压力以下的过热器高温段采用 12Cr2MoWVB，再热器高温段采用 1Cr18Ni9Ti，蒸汽温度限制在 540～550℃。当采用耐更高温度的金属材料时，过热蒸汽温度可提高到 560～660℃以上。表 2-2 列出了锅炉常用材料的允许温度的上限。

表 2-2　　锅炉常用钢材的许用温度

钢号	受热面管子允许壁温（℃）	集箱及导管允许壁温（℃）	钢 号	受热面管子允许壁温（℃）	集箱及导管允许壁温（℃）
20 号碳钢	500	450	Cr6SiMo		800
12CrMo，15MnV	540	510	4Cr9Si2		800
15CrMo，12MnMoV	550	510	25Mn18A15SiMoTi		800
12Cr1MoV	580	540	Cr18Mn11Si2N		900
l2MoVWBSiRe(无铬 8 号钢)	580	540	Cr20Nil4Si2		1100
12Cr2MoWVB(钢研 102)	600～620	600	Cr20Mn9Ni2Si2N		1100
12Cr3MoVSiTiB(II 11 钢)	600～620	600	TP-347H	704	
Cr5Mo		650	TP-304H	704	

过热器和再热器是锅炉内工质温度最高的部件，而且过热蒸汽，特别是再热蒸汽的吸热能力（冷却管子的能力）较差，如何使管子金属能长期安全工作就成为过热器和再热器设计和运行中的重要问题。为了尽量避免采用更高级别的合金钢，在设计过热器和再热器时，选用的管子金属几乎都工作于接近其温度的极限值，这时蒸汽如发生 10～20℃的超温就会使其许用应力下降很多。因此，在过热器和再热器的设计和运行时应注意如下问题：

（1）运行中应保持汽温稳定，汽温的波动不应超过－10～＋5℃。

（2）过热器和再热器要有可靠的调温手段，使运行工况在一定范围内变化时能维持额定的汽温。

（3）尽量防止或减少平行管子之间的热偏差。

二、再热器的工作特点

再热器中蒸汽的压力低、密度小、汽温高，这就使得再热器的工作条件比过热器更加恶劣。再热器与过热器相比主要有以下工作特点：

（1）再热蒸汽的传热系数比过热蒸汽小，因而对再热器管壁的冷却能力差。同时，为了减少再热器中蒸汽的流动阻力，提高热力系统效率，再热器中的蒸汽常采用比较小的质

量流速 [ρ_w=150～400kg/(m^2·s)]。因此，再热器管壁的冷却条件差。

(2) 再热蒸汽压力低、比热小，对汽温的偏差比较敏感。即使在同样的热偏差的条件下，它的出口汽温的偏差也比过热蒸汽大。

(3) 再热器进口蒸汽是汽轮机高压缸的排汽，因而，再热器进口汽温是随负荷变化的。负荷下降，再热器进口汽温也下降。同时，一般再热器由对流型受热面组成，具有明显的对流特性，在负荷降低时吸热量减少。这两点就造成再热器的汽温调节幅度比过热器大。

(4) 在锅炉启动、停炉及汽轮机甩负荷时，再热器中无蒸汽流过，可能被烧坏。为此，在过热器和再热器以及凝汽器之间，分别装有高、低压旁路及快速动作的减温减压阀。在锅炉启动、停炉及汽轮机甩负荷时，把高压过热蒸汽经过减温减压后送入再热器，对再热器进行冷却。再热器出口的再热蒸汽经过减温、减压后排入凝汽器。

(5) 再热器系统的阻力对机组效率有很大的影响。由于再热器串接在汽轮机高、中压缸之间，所以再热器系统的阻力会使蒸汽在汽轮机内做功的有效压降相应减少，从而使机组汽耗和热耗都增加。因此，再热器系统应当力求简单，一般采用一次再热。在结构上，通常采用直径较大的管子和并列管子较多的蛇形管束，用以减少流动阻力。一般，整个再热器系统的压降不应当超过再热器进口压力的10%。

在锅炉运行中，再热器和过热器一样，都属于锅炉中的高温承压部件。首先，它们所处区域的烟气温度都很高，其次，它们内部的工质温度也是锅炉中最高的。因而从金属材料的角度来看，它们都属于高温金属。再热器的管子在运行中受到多种损伤：管子外表面的磨损和烟气的氧腐蚀、管子内表面的汽水腐蚀以及金属的蠕变损伤。这些因素都影响再热器管子的寿命，尤其是能引起管子金属产生蠕变的超过允许温度的管壁温度。因而，在再热器运行中，要特别注意再热器金属管子壁温是否超过其允许使用温度的问题。

容易使再热器管壁超温的情况有两个方面。①锅炉启动、停炉及汽轮机甩负荷时，再热器里无蒸汽冷却的情况下再热器管壁超温，主要是利用汽轮机旁路系统给再热器通入蒸汽进行冷却管壁来解决。另外，在锅炉启动时，利用烟温探针测量进入再热器区域的烟气温度，让进入再热器区域的烟气温度小于再热器钢材的允许使用温度再减去50℃，来保护再热器。②在锅炉增加负荷时，如果燃料量增加的速度过快，由于锅炉蒸发系统的惯性比燃烧系统的惯性大很多，蒸汽流量还没增加上去，烟气温度上升很多，从而使再热器的管壁超温。

在实际运行中，再热器管子的爆裂问题是锅炉运行中的大问题。在再热器管壁温度的计算研究中也表明，再热器管壁温度都接近甚至超过其金属的允许温度。在粗略估计金属寿命时，有资料表明，如果管子壁厚无裕量，只要长期超温10℃，几乎可以使管子的寿命降低一半。从这个角度说，运行中严格控制和监督再热器的管壁温度极为重要。

三、过热器和再热器的结构型式

过热器和再热器的结构基本相同，再热器实质上是中压过热器。由于再热器的蒸汽压力低、比热容较小，所以在相同条件下比过热器容易引起管壁超温，因此在结构设计、选材和布置时更要考虑超温爆管问题。另外，再热器蒸汽的压力低、比体积大，其阻力对汽轮机焓降影响较大，因此再热器的流速不能太高，管径比过热器要大。

过热器和再热器的型式较多，按照不同的分类方式，其型式不同。按照传热方式，过（再）热器可分为对流、辐射及半辐射（也称为屏式受热面）三种型式。在大型电站锅炉上通常采用上述三种型式的串级布置系统。

（一）对流式

对流式过（再）热器布置在水平烟道或尾部竖井中，主要吸收烟气的对流放热量。对流式过（再）热器是由蛇形管组成，其进出口分别用集箱连接。对流式过（再）热器型式较多。不同的分类方式其结构形式有差别。

1. 按管子的排列方式分类

按管子的排列方式分类，对流过（再）热器可分为顺列和错列两种形式，如图 2-49 所示。通常顺列布置的传热系数小于错列布置，错列布置比顺列布置管壁磨损严重，因此要综合考虑确定。

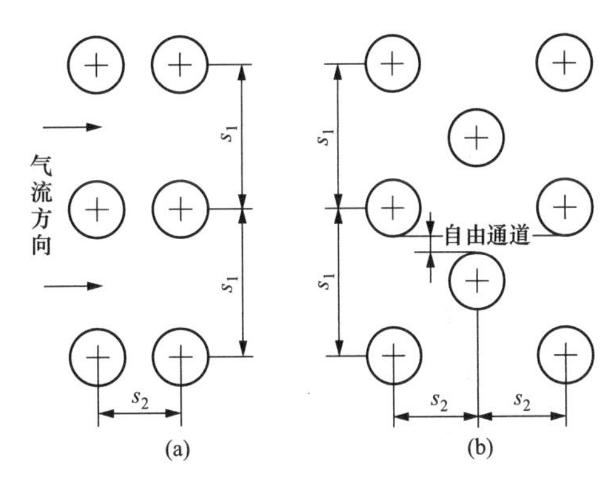

图 2-49　管子的排列方式

（a）顺列；（b）错列

对流过（再）热器的受热面由大量平行连接、用无缝钢管弯制成的蛇形管组成。管子外径为 32～57mm，管壁厚度由强度计算决定。

2. 按蒸汽和烟气的相对流动方向分类

按照蒸汽和烟气的相对流动方向，对流式过（再）热器可分为顺流、逆流、双逆流和混流布置四种，如图 2-50 所示。

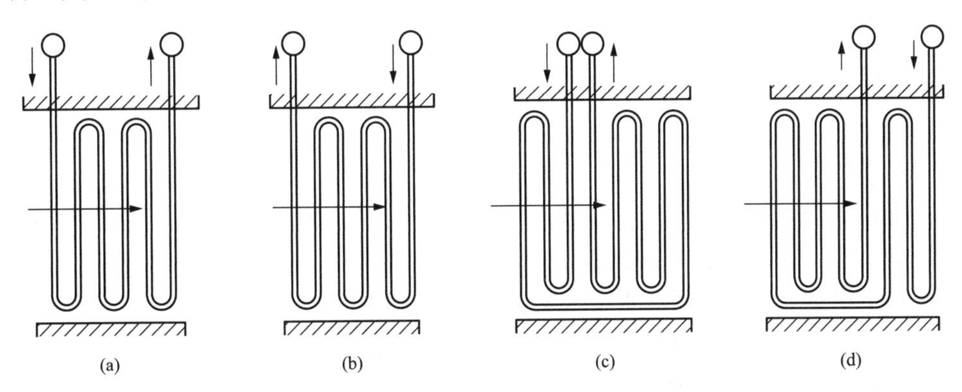

图 2-50　根据蒸汽与烟气相对流动方向划分的过热器型式

（a）顺流式；（b）逆流式；（c）双逆流式；（d）混流式

顺流式管壁温度最低，但传热温差小，相同传热量时所需受热面最多，多应用于高温级受热面的高温段；逆流式则相反，管壁温度最高，传热温差最大，相同传热量时所需受热面小，多应用于低温级受热面；双逆流和混流式的壁温和受热面大小居于前两者之间，多应用于高温级受热面。

过（再）热器的蛇形管可做成单管圈、双管圈和多管圈，这与锅炉的容量有关。锅炉容量越大，管圈数越多。如图 2-51 所示。

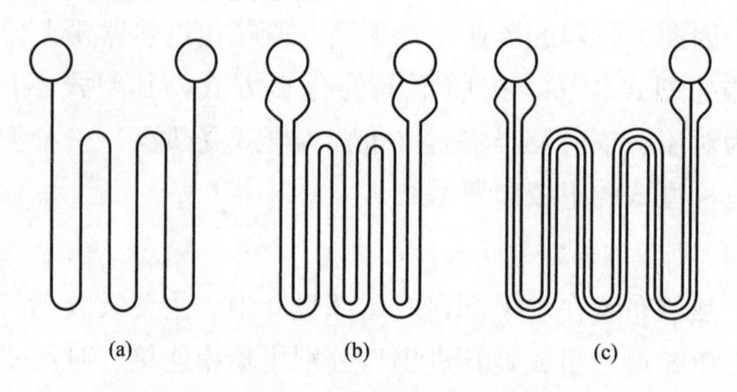

图 2-51 蛇形管的管圈形式
(a) 单管圈；(b) 双管圈；(c) 多管圈

为了保证过热器和再热器管子金属得到可靠的冷却，管子内的工质应当保证有一定的质量流速。质量流速越高，管子冷却越好，但是工质的压降也会越大。在额定负荷时，整个过热器系统的压降一般不超过工作压力的 10%，再热器系统不超过 0.2MPa。综合考虑冷却和压降两个因素，对于过热器的质量流速，高温末级过热器采用 800～1100kg/(m^2·s)；对于再热器，质量流速一般采用 250～400kg/(m^2·s)。

流经对流过热器和再热器的烟气流速的选取，受到多种因素的相互制约。过高的烟气速度可以提高传热系数，但是管子的磨损也比较严重；相反，过低的烟气流速，除了传热系数比较差之外，还会导致管子严重积灰。已经发现，当烟气流速低于 3m/s 时，管子积灰严重。因此，在额定负荷时，对流受热面的烟气流速一般不宜低于 6m/s。烟气流速的上限，受到磨损的限制，与燃料种类、灰分含量和灰的特性以及烟气温度有关。在炉膛出口之后的水平烟道中，烟气温度较高、灰粒较软，对受热面的磨损比较轻，因而常采用 10～12m/s 以上的流速。当烟气温度下降到 600～700℃以下时，由于灰粒变硬，磨损加剧，在一般情况下，烟气流速不宜超过 9m/s。

3. 按受热面的布置方式分类

按受热面的布置方式，过（再）热器可分为垂直式和水平式两种。

(1) 垂直式过（再）热器。垂直式又称立式。这种布置结构简单，吊挂方便，积灰少，但停炉后产生的凝结水不易排除。

(2) 水平式过（再）热器。水平式又称卧式，这种布置容易疏水，但支吊比较困难和复杂，为节省合金钢，常用管子吊挂。这种过（再）热器在塔式和箱式锅炉中较为普遍，在倒 U 形锅炉的尾部竖井中也有使用。

(二) 辐射式及半辐射式

随着锅炉容量的增大和蒸汽压力的进一步提高，水蒸发所需热量继续减少，而蒸汽过热吸热量增加，为降低炉膛出口烟气温度，避免对流受热面结焦，必须把过（再）热器布置在更高烟温区，以增加炉内吸热量，同时可减少过热器的金属消耗量。辐射过（再）热器主要以吸收炉膛辐射热为主，有屏式、壁式、顶棚和包覆管等几种结构。

1. 屏式过（再）热器

屏式过（再）热器一般布置在炉膛上部，节距较大，通常称为前屏（又称为大屏或分隔屏），直接吸收炉膛辐射热。布置在炉膛出口处的管屏，吸收炉膛中的辐射热和烟气的对流热，称为半辐射过（再）热器，也称后屏，对流和辐射热的份额与所布置的位置和节距有关。

前屏和后屏的结构形式基本相同，只是前屏横向节距较大（3000～4000mm），后屏横向节距小（500～1000mm）。屏的水平布置和垂直布置的优缺点与对流式过热器相同。

2. 壁式过（再）热器

壁式过（再）热器与前屏一样布置在炉膛水冷壁的上部，直接吸收炉膛辐射热。但它们是紧贴炉墙或水冷壁布置，而不是悬挂在炉膛中。

3. 顶棚和包覆管过热器

顶棚过热器布置在炉顶，管径与对流过热器基本相同，如图 2-52 所示。

包覆管过热器布置在水平烟道和尾部竖井的壁面上。其管径与对流过热器基本相同，它的吸热量也不大，包覆管过热器的主要作用是形成炉壁并成为敷管炉墙的载体。

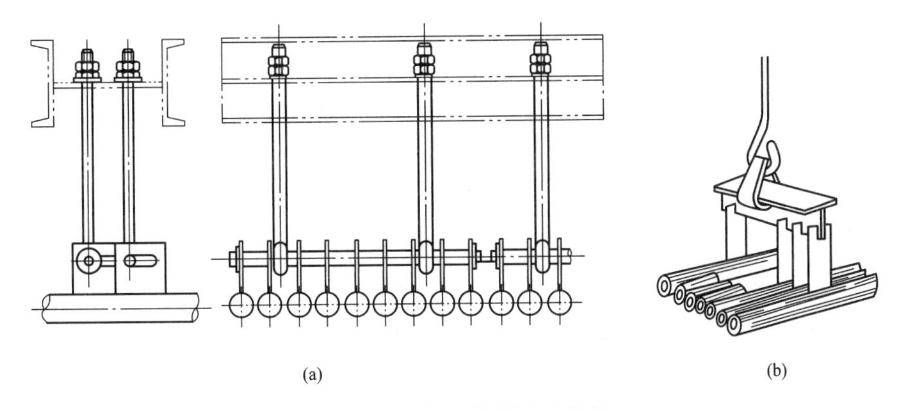

图 2-52 顶棚过热器支承结构

(a) 通过插销悬挂；(b) 通过吊板悬挂

由于炉内热负荷很高，辐射式过（再）热器，特别是再热器，是在恶劣条件下工作的。为了改善辐射式过热器或再热器的工作条件，常常采用的措施是：①过热器或再热器受热面只布置在远离火焰中心的炉膛上部。②将辐射式过热器或辐射式再热器作为低温受热面，也就是以温度比较低的蒸汽流经这些受热面，用以冷却这些管子。③采用比较高的质量流速，一般采用 ρ_w=1000～1500kg/(m^2·s)。

在屏式受热面区域中，烟气温度在 900～1250℃之间，烟气流速一般为 5～6m/s，除了吸收炉膛的直接辐射热以外，还吸收烟气的对流热。因此，屏式受热面的热负荷是相当高的；管屏中平行工作的管子之间所接受的炉膛内辐射热以及所接触的烟气温度有明显的差别，也就是说，平行管子之间的吸热偏差比较大。此外，平行管子之间的管子长度相差较大，导致各个管子中的蒸汽流量不同。有时发现平行管子的蒸汽温度和管壁温度相差几十度之多。再有，在机组启动时，屏式受热面也容易出现管壁超温现象。这些说明，屏式受热面是过热器系统安全运行的薄弱环节。

为了提高屏式受热面的安全，首先应当采用较高的质量流速 ρ_w=700～1200kg/(m^2·s)，以保证管子的冷却；对于接受炉内辐射最多的屏式受热面的外圈管子，常常采用比其他管子高一级的钢材制造。有的屏式受热面还采用所谓“短路”方法、用双U型管屏来代替W型管屏、增加中间混合等方法，提高外圈管子的蒸汽流速、减少热偏差、提高安全性。

四、汽温变化特性

蒸汽温度随锅炉负荷（或蒸汽流量）变化的关系称为汽温变化特性，简称汽温特性。

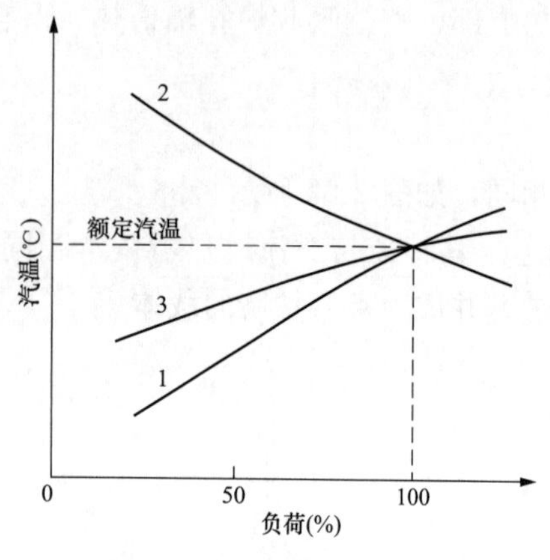

图 2-53　过热器的汽温特性

1—对流式过热器；2—辐射式过热器；3—对流＋辐射式过热器

过热汽温随着锅炉负荷变化的特性，在对流式过热器和辐射式过热器中是相反的，如图 2-53 所示。在对流式过热器中，当锅炉负荷增大时，燃料消耗量增加，烟气流量增加，使烟气流速增加，从而使烟气侧对流传热系数增大，又由于烟气温度的增加使传热的平均温差也增大，这样就使对流过热器吸热量的增加值超过蒸汽流量的增加值，从而使每千克蒸汽的吸热量（即焓增）增加。因此锅炉负荷增加时，过热汽温也增加，如图 2-53 曲线 1 所示。

但是，辐射式过热器则具有相反的汽温变化特性。当锅炉负荷增加时，由于炉膛火焰平均温度变化不大，辐射传热量增加不多，跟不上蒸汽流量的增加，因而使工质焓增减少。因此锅炉负荷增加时，辐射式过热器的汽温反而降低，如图 2-53 中曲线 2 所示。

由上可知，对于过热器，如果采用先经过辐射式及屏式、后经过对流式的串联布置系统（指蒸汽流程），并保持适当的吸热量比例，则可使最终的汽温变化特性较为平稳，如图 2-53 中曲线 3 所示。

在汽包锅炉中，由于进过热器的工质状态是固定的，即总是干饱和蒸汽，且对流式过热器吸热份额总是比辐射式及屏式过热器的吸热份额要多。因此，最终的汽温变化特性总具有对流性质，即过热汽温随锅炉负荷增大而增加。

在直流锅炉中，过热器受热面是移动的，燃料量变化并不直接引起锅炉负荷改变（除短暂的波动外），只是当给水量改变时才会引起锅炉负荷的变化，当给水量增大（燃料量不变）时，汽温是降低的，因此，汽温变化特性姑且可以视为具有辐射性质，即过热汽温随锅炉负荷增大而降低。但需要指出的是，直流锅炉在相当大的负荷范围内，可以直接通过煤水比的调整来保持过热汽温稳定在额定值，因此直流锅炉的汽温特性要比汽包锅炉的好一些。这一点将在下面的汽温变化及汽温调节中叙述。

对于再热器，无论是在汽包锅炉或是直流锅炉中，汽温变化都较大。在再热器中，由于工质流量较低，并为了启动及停炉时的保护，一般不用辐射式及屏式，而是布置在较低烟温区的纯对流式，所以一般具有对流式的汽温特性。即使在直流锅炉中，再热汽温也与给水量无直接关系，因此不能用保持燃料量与给水量的比例来稳定它。对于再热器，还要考虑下述汽温变化特性：当汽轮机负荷降低时，汽轮机高压缸排汽温度，也即再热器进口汽温也随之降低。

五、汽温变化的影响因素

（一）直流锅炉过热汽温变化的影响因素

稳定工况下，如果不考虑喷水，则过热蒸汽出口焓可按式（2-5）计算

$$h''_{gr} = h_{gs} + \frac{BQ_{ar,net}(1 - r_{zr})\eta_{gl}}{G} \tag{2-5}$$

$$r_{zr} = Q_{zr}/(Q_{ar,net}\eta_{gl})$$

式中 h''_{gr}、h_{gs}——过热器出口焓、锅炉给水焓，kJ/kg；

B——燃料消耗量，t/h；

G——锅炉给水量，t/h；

$Q_{ar,net}$——燃料低位发热量，kJ/kg；

η_{gl}——锅炉效率；

r_{zr}——再热器吸热份额；

Q_{zr}——再热器吸热量，kJ/kg。

从式（2-5）可以看出，如果锅炉效率 η_{gl}、燃料发热量 $Q_{ar,net}$、给水焓 h_{gs} 在一定负荷范围内不变，对于无再热器的直流锅炉，其出口焓（温度）只取决于燃料量和给水量的比例，只要维持一定的燃水比（B/G），就可维持一定的汽温。对于有再热器的直流锅炉，热量在过热器系统和再热器系统各受热面的分配对过热汽温有影响。

影响过热蒸汽温度的主要因素有：

1. 燃水比

锅炉燃水比是影响过热汽温最根本的因素，锅炉燃水比增大，过热汽温升高。

2. 给水温度

给水温度降低，蒸发段后移，过热段减少，过热汽温下降。

3. 过量空气系数

过量空气系数增大，锅炉排烟损失增大，工质吸热量减少，过热汽温下降；另外，由于对流吸热量的比例增大，即再热器吸热量加大，过热器吸热量减少，汽温下降。

4. 火焰中心位置

火焰中心移动，再热器吸热量的变化和锅炉效率的变化将引起过热器吸热量的变化。如果火焰中心位置上移，过热段减少，过热汽温将下降。

5. 受热面积灰或结渣

炉膛水冷壁结渣时，过热段减少，过热汽温有所降低；过热器积灰或结渣将使受热面吸热量减少，过热汽温下降。

（二）再热汽温变化的影响因素

1. 锅炉负荷

因为再热器的汽温特性都是对流式的，此外，再热器入口汽温还因负荷的增减而增

减，所以再热汽温会随锅炉负荷增减而增减。

2. 给水温度

给水温度降低时（如高压加热器切除时），如果其他条件不变，再热汽温随给水温度的下降而下降。如果要保持主蒸汽温度，则需要增加燃料量，这样，炉膛出口烟气量增加，以对流受热面为主的再热器吸热量增加，导致再热汽温升高。

3. 过量空气系数

过量空气系数增加，再热器吸热量增加，再热汽温升高，反之则降低。

4. 炉膛火焰中心

炉膛火焰中心的高度对再热汽温有相当显著的影响。当火焰中心抬高时，炉膛出口温度上升，以对流受热面为主的再热器进口烟温升高，吸热量增加，再热汽温提高；反之，再热器吸热量减少，再热汽温降低。

5. 受热面结渣

再热器受热面结渣或积灰，吸热量减少，再热汽温降低。炉膛水冷壁结渣，水冷壁吸热量减少，导致炉膛出口烟温上升，再热汽温升高。

6. 燃料性质

燃煤中的水分和灰分增加时，燃煤的发热量降低。为了保证锅炉蒸发量，必须增加燃煤耗量，增大了烟气容积。同时，水分的蒸发和灰分本身温度的提高均需吸收炉内热量，使炉内温度水平降低，辐射传热量减少。此外，水分增加也使烟气容积增大，烟速提高。上述三个方面将使对流传热量增加，从而使再热汽温升高。

煤粉变粗时，煤粉在炉内的燃尽时间增加，火焰中心上移，炉膛出口烟温升高。再热器吸热量增加，最终导致再热汽温升高。

六、汽温的调节方法

由于影响汽温波动的因素很多，在运行中汽温的波动是不可避免的。为了保证机组安全、经济运行，锅炉必须设置适当的调温手段，以修正各运行因素对汽温波动的影响。

超临界直流锅炉一般要求过热汽温在35%～100%BMCR、再热汽温在50%～100%BMCR负荷范围时，保持稳定在额定值，其允许偏差均在±5℃之内。

（一）过热蒸汽温度的调节

过热蒸汽温度的变化是由蒸汽侧和烟气侧两个方面的因素引起的，因而它的调节方法也就有两个方面。

1. 蒸汽侧调节方法

直流锅炉过热汽温的调节方式是以内置启动分离器出口温度作为中间点温度来控制煤水比，粗调过热汽温；中间点之后各点的汽温由喷水减温来控制，细调过热汽温。

对于直流锅炉，在水冷壁温度不超限的条件下，影响过热汽温变化的因素都可以通过调整煤水比来消除。所以，只要调节好煤水比，在相当大的负荷范围内，直流锅炉的过热汽温可以保持在额定值。比较而言，汽包锅炉的过热汽温一般是随着负荷变化而变化的，所以直流锅炉这个优点是汽包锅炉无法比拟的。

煤水比调节的温度参照点是内置式分离器出口或水冷壁出口温度，即所谓的中间点温度。分离器呈干态，中间点温度为过热温度。从直流锅炉汽温控制的动态特性可知：过热汽温控制点离开工质开始过热点越近，汽温控制时滞越小，即汽温控制的反应越明显。

当锅炉运行的煤水比变化时，中间点温度就会偏离设定值。中间点温度的偏差信号指示运行人员或计算机及时调节煤水比，消除中间点温度的偏差，以便保持过热汽温度的稳定。但需要强调的是，中间点温度的设定值与锅炉传热特性和负荷有关，如变压运行时，饱和温度随压力下降而降低，中间点温度也随之下降（保证一定的过热度），而不是一个固定值；设计人员将其特性绘制成曲线，输入计算机进行自动控制。

由于过热蒸汽温度调节受到许多因素变化的影响，只靠煤水比的粗调还不够；另外，还可能出现过热器出口左、右侧温度偏差。因此，在过热器系统中布置了喷水减温器。喷水减温器调节惰性小、反应快，从开始喷水到喷水点后汽温开始变化只需几秒钟，可以实现精确的细调。所以，用喷水减温来消除煤水比调节（粗调）所存在的偏差，可以达到精确控制过热汽温的目的。必须注意的是，要严格控制减温水总量，尽可能少用，以保证有足够的水量冷却水冷壁。减温水的控制与煤水比控制一样，也可以由计算机进行自动控制。

喷水减温器的结构形式很多，按喷水方式有喷头式（单喷头、双喷头、三喷头）减温器、文丘里管式减温器、旋涡式喷嘴减温器和多孔喷管式减温器（又称为笛形管式减温器）。大型电站锅炉通常采用多孔喷管式减温器，如图 2-54所示。

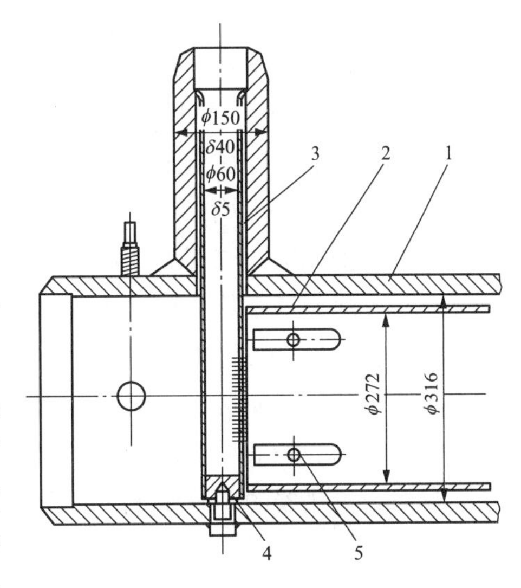

图 2-54 SG1025t/h 自然循环锅炉第二级多孔喷管式减温器

1—筒体；2—衬套；3—多孔喷头；4—端盖；5—加强片

由于电站锅炉的过热器分为多级，因此常采用多次喷水减温的方式，即在整个过热器系统上，安装二级或三级喷水减温器。由于过热器系统中的低温过热器蒸汽温度较低，通常可以不装减温器。在屏式过热器前设置第一级喷水减温器，用以保护屏式过热器不超温，作为过热汽温的一次调节；在最后一段高温对流过热器前装第二级喷水减温器作为二次调节。这样，既可以保证过热器的安全，又可以减少调节的迟滞，提高调节的灵敏度。喷水减温器通常安装在过热器连接管道上。

蒸汽侧调节汽温方法的工作特点是降温调节，即只能使蒸汽温度下降而不能使蒸汽温度上升。因此，锅炉按额定负荷设计时，过热器的受热面积是超过需要的，通过喷水减温的方法使之维持在额定值。当锅炉负荷降低时，由于锅炉的过热器系统一般具有对流特性，所以蒸汽温度下降，减温水量也减少。虽然喷水减温器的使用增加了过热器的金属消耗量，但是，由于其设备简单、操作方便、反应灵敏，所以得到了广泛应用。

2. 烟气侧调节方法

烟气侧调节蒸汽温度的原理是改变流经过热器烟气的温度和流速，从而改变过热器的传热条件来调节过热蒸汽的温度。具体的调节方法分为如下两个方面。

(1) 改变炉膛内火焰中心的位置。改变炉膛内火焰中心的位置，可以改变炉膛内的辐射吸热量和进入过热器的烟气温度，从而调节过热蒸汽的温度。改变炉膛内火焰中心的位置的方法有以下几种：

1) 改变燃烧器的倾角。采用摆动式燃烧器时，可以用改变其倾角的方法来改变火焰中心沿炉膛高度的位置，达到调节蒸汽温度的目的。在锅炉负荷高时，将燃烧器向下倾斜某一角度，可以使火焰中心位置下移，从而使炉膛内辐射吸热量增加、炉膛出口烟气温度下降、过热蒸汽温度降低。在锅炉负荷低时，将燃烧器向上倾斜适当角度，火焰中心提高，可以使过热蒸汽温度升高。这种方法有很多优点：首先是调温幅度大，一般燃烧器的摆动角度为上下20°时，可以使炉膛出口烟气温度变化100℃以上；其次是调节灵敏，时滞小；同时不要求像用减温器调节那样需要额外增加受热面；设备简单，没有功率消耗。它的缺点是如果摆动角度过大，会造成结渣和不完全燃烧损失的增加。

2) 改变燃烧器的运行方式。在沿着炉膛高度布置有多排燃烧器时，可以将不同高度的燃烧器组投入或停止运行，也就是通过上、下排燃烧器的切换来改变火焰中心的位置。汽温高时，尽量投入下排燃烧器；汽温低时，可以使用上排燃烧器。

3) 改变配风工况。对于四角布置切圆燃烧方式，在总风量不变的条件下，可以改变上、下排二次风的分配比例来改变火焰中心的位置。当汽温高时，可以加大上排二次风、关小下二次风、压低火焰中心；汽温低时则相反，即抬高火焰中心。

(2) 改变烟气量。改变流经过热器的烟气量，则烟气流速必然下降，从而改变了烟气对过热器的传热系数和放热量，达到调节过热蒸汽温度的目的。

(二) 再热蒸汽温度的调节

再热蒸汽温度的调节原理和调节方法，在原则上与过热蒸汽温度的调节相同。但是，向再热蒸汽喷水会降低机组的热经济性，喷水调节法通常不作为再热蒸汽的主要调节方法，而只作为再热器的事故喷水，在少数情况下也与其他调温方法结合，作为再热汽温的微调方法。

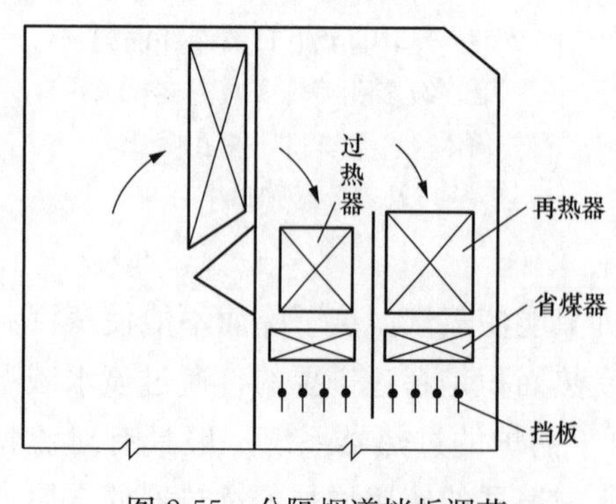

图2-55 分隔烟道挡板调节

再热蒸汽温度的调节主要采用烟气侧调节方法，有分隔烟道烟气挡板、烟气再循环、改变火焰中心位置等。

1. 分隔烟道烟气挡板

如图2-55所示，这是一种应用广泛的再热汽温的调节方法。使用这种方法时，要把对流后烟道分隔成两个并联烟道。其中一个布置再热器；另一个布置过热器。在两个烟道受热面后的出口处，布置可以调节的烟气挡板。利用调节烟气挡板的开度，改变流经两个烟道的烟气量来调节再热蒸汽温度。

这种调节方法结构简单、操作方便。但是烟气挡板要布置在烟温低于400℃的区域，以免产生热变形，并注意尽量减少烟气对挡板的磨损。平行烟道的隔墙要注意密封，最好采用膜式壁结构，防止烟气泄漏。当过热器和再热器并列布置时，过热器的辐射特性在设计时要给予增大，使得过热器和再热器的汽温变化有较好的配合。

2. 烟气再循环

烟气再循环的工作原理是在锅炉低负荷时采用再循环风机从锅炉尾部低温烟道中（一般为省煤器后）抽取一部分温度为250～350℃的烟气，由炉膛下部送入炉膛，来改变锅炉的辐射和对流受热面的吸热分配，从而达到调节汽温的目的。烟气再循环如图2-56所示。

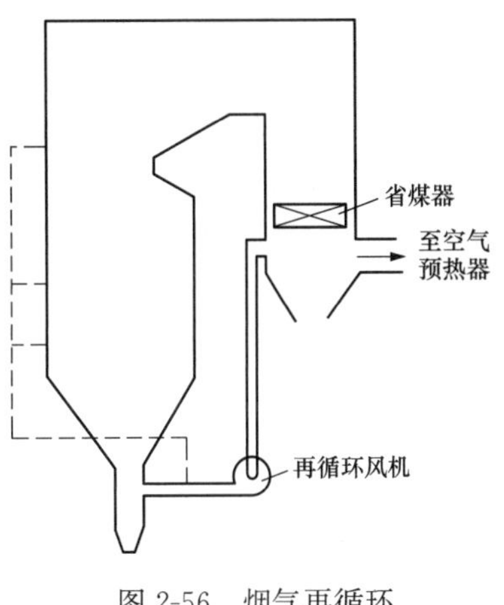

图2-56　烟气再循环

由于低温再循环烟气的掺入，炉膛内的火焰温度降低，炉膛内辐射吸热量减少。此时，炉膛出口烟气温度一般变化不大。在对流受热面中，因为烟气量的增加，使得其对流吸热量增加。由于再热器离炉膛出口比较远，再热器的对流特性受到影响，因此它的对流吸热量增加就特别显著。

采用烟气再循环后，各受热面的吸热量的变化与再循环烟气量、烟气抽取位置以及送入炉膛的位置有关。一般每增加1%的再循环烟气量，可以使再热蒸汽温度升高2℃。如再循环率为20%～25%，可以调节汽温40～50℃。

当再循环烟气从炉膛上部送入时，炉膛吸热量变化很小，炉膛出口烟温明显降低，水平烟道高温受热面吸热量减少，尾部烟道低温受热面吸热量有所增加，这种烟气再循环对再热汽温的调节幅度较小，其主要用于防止炉膛出口处受热面结渣和超温。

烟气再循环法要增设再循环风机，使厂用电及维护费用增加，还会使排烟温度有所增加，从而使锅炉热效率略微降低。对于燃烧低挥发分煤与高灰分煤的电厂，不宜采用烟气再循环，以免影响燃烧及增大风机磨损。

3. 改变火焰中心位置

和调节过热蒸汽温度一样，改变火焰中心位置也可以调节再热蒸汽温度。改变火焰中心位置的方法有：调节摆动燃烧器的倾角、改变燃烧器的运行方式以及运用二次风量的分配方式等。

调节摆动式燃烧器喷口的上下倾角，改变火焰中心沿炉膛高度的位置，从而改变炉膛出口烟气温度。调节锅炉辐射和对流受热面吸热量的比例，可以用来调节再热蒸汽温度。

运用改变配风工况来调节再热蒸汽温度的方法与调节过热蒸汽温度相同。

七、过热器和再热器的热偏差

（一）热偏差的概念

锅炉受热面管子长期安全工作的首要条件是保证它的金属温度不超过该金属的最高允

许温度。

过热器和再热器管段金属壁面平均温度可以用式（2-6）进行计算

$$t_b = t_g + \Delta t_p + \beta\mu q_{max}\left(\frac{1}{\alpha_2} + \frac{1}{1+\beta}\frac{\delta}{\lambda}\right) \tag{2-6}$$

式中 t_g——管段内的工质温度，℃；

Δt_p——考虑管间工质温度偏离平均值的偏差，℃；

β——管段外径与内径之比；

μ——考虑管子周界方向的热传递系数；

q_{max}——在热负荷最大的管子上，热流密度的最大值，kW/m^2；

α_2——工质传热系数，$kW/(m^2 \cdot ℃)$；

δ——管壁厚度，m；

λ——管段金属的导热系数，$kW/(m^2 \cdot ℃)$。

由上式可见，管内工质温度 t_g和受热面的热负荷 q 越高，管壁温度 t_b就越高；而传热系数 α_2提高，可以使金属管壁温度 t_b降低。传热系数的大小与管内工质的质量流速有关，提高蒸汽的质量流速，可以加强对管壁的冷却作用、降低管壁温度，但是将增大压力损失。

由于过热器和再热器中的工质的温度最高，同时所处的区域烟气温度高，因而热负荷也很高，但是蒸汽的传热系数比较小。所以，过热器或再热器是锅炉受热面中金属工作温度最高、工作条件最差的受热面，它的管壁温度已经接近钢材的最高允许温度。因此，必须避免个别管子由于设计不良或运行不当而受超温破坏。

过热器和再热器以及锅炉的其他受热面都是由许多并联管子组成。其中每根管子的结构、热负荷和工质流量大小不完全一致，工质焓增也就不同，这种现象叫热偏差。受热的并联管组中个别管子的焓增 Δh_p与并联管子的平均焓增 Δh_0的比值称为热偏差系数 φ，即

$$\varphi = \frac{\Delta h_p}{\Delta h_0} \tag{2-7}$$

$$\Delta h_p = h''_p - h'_p = \frac{q_p A_p}{G_p} \tag{2-8}$$

$$\Delta h_0 = h''_0 - h'_0 = \frac{q_0 A_0}{G_0} \tag{2-9}$$

将式（2-8）和式（2-9）代入式（2-7）可得

$$\varphi = \frac{q_p}{q_0}\frac{A_p}{A_0}\frac{G_0}{G_p} = \eta_q \eta_A \frac{1}{\eta_G} \tag{2-10}$$

式中 h'_p、h''_p——偏差管的进出口焓，kJ/kg；

h'_0、h''_0——并联管平均的进出口焓，kJ/kg；

q_p、q_0——偏差管、并联管平均的单位面积吸热率，$kJ/(m^2 \cdot s)$；

A_p、A_0——偏差管、并联管每根管子的平均受热面积，m^2；

G_p、G_0——偏差管、并联管每根管子的平均流量，kg/s；

η_q、η_A、η_G——热力不均系数、结构不均系数和流量不均系数。

由式（2-10）可见，热偏差系数与热力不均系数、结构不均系数成正比，与流量不均系数成反比。

（二）影响热偏差的因素

影响热偏差的主要因素有热力不均系数、结构不均系数和流量不均系数。对于大多数过（再）热器，结构差异很小，因此过（再）热器的热偏差主要考虑的是热力不均和流量不均。

1. 热力不均

影响受热面并联管圈之间吸热不均的因素较多，有结构因素，也有运行因素。

（1）受热面的污染。受热面积灰和结渣会使管间吸热严重不均。结渣和积灰是不均匀的，部分管子结渣或积灰会使其他管子吸热增加。

（2）炉内温度场和速度场不均。炉内温度场和速度场不均将引起辐射换热和对流换热不均。炉内温度场和速度场是三维的，炉膛四面炉壁的热负荷可能各不相同，对于某一壁面沿其宽度和高度的热负荷差别也较大。沿炉膛宽度温度分布的不均，将会不同程度地在对流烟道中延续下去，也会引起对流过热器的吸热不均。靠近炉膛出口越近，这种影响就越大。

由于燃烧器设计或锅炉运行等原因造成风速不均、煤粉浓度不均，火焰中心的偏斜，四角切圆燃烧所产生的旋转气流在对流烟道中的残余旋转等，都会使炉内温度场和速度场不均，造成对流受热面的吸热不均。

一般来说，烟道中部的热负荷较大，沿宽度两侧的热负荷较小，如图 2-57 所示，吸热不均系数可能达到 1.1～1.3。

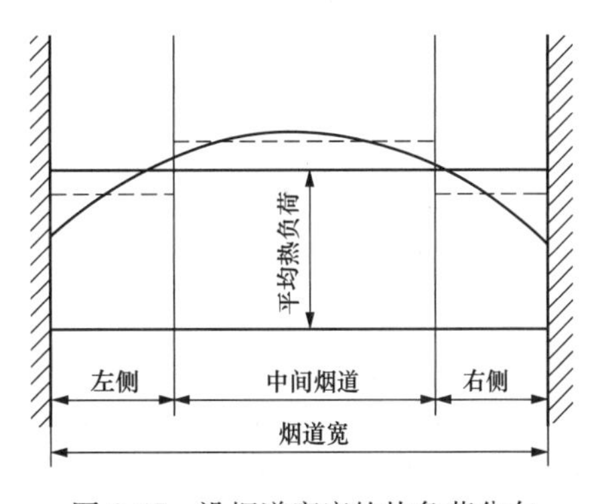

图 2-57　沿烟道宽度的热负荷分布

2. 流量不均

影响并列管子间流量不均的因素也很多，例如集箱连接方式的不同，并列管圈的重位压头的不同和管径及长度的差异等。此外，吸热不均也会引起流量的不均。

连接方式的不同，会引起并列管子进出口端静压差的变化。图 2-58 所示为过热器 Z 形和 U 形两种连接方式的进出口集箱压差变化曲线。在 Z 形连接的管组中，蒸汽由进口集箱左端引入，从出口集箱的右端导出，在进口集箱中，沿集箱长度方向，工质流量因为逐渐分配给蛇形管而不断减少，在进口集箱右端，蒸汽流量降到最小。与此相对应，动能也沿集箱长度方向逐渐降低，而静压则逐步升高。进口集箱中静压的分布曲线如图 2-58（a）中上面一根曲线所示；出口集箱中的静压变化则如图 2-58（a）中下面一根曲线所示。这样，在 Z 形连接管组中，管组两端的压差有很大差异，因而导致较大的流量不均，左边管圈的工质流量最小，右边管圈的流量最大。

在 U 形连接管组中，如图 2-58（b）所示，2 个集箱内静压的变化有着相同的方向，因此并列管围之间两端的压差相差较小，其流量不均比 Z 形连接方式要小。此外采用多管均匀引入和导出的连接系统，如图 2-58（c）所示，沿集箱长度静压的变化对流量不均的影响可以减小到最低限度，但系统复杂，大容量锅炉很少采用。

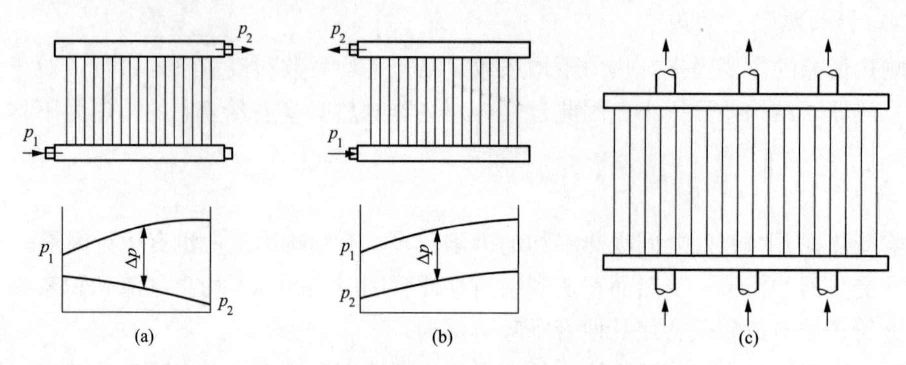

图 2-58　过热器 Z 形和 U 形两种连接方式

（a）Z 形；（b）U 形；（c）多管连接

实际运用中，多采用从集箱端部引入或引出，以及从集箱中间径向单管或双管引入和引出的连接系统。这样的布置具有管道系统简单、蒸汽混合均匀和便于安装喷水减温器等优点。

实际上，即使沿集箱长度各点的静压相同，也就是各并列管圈两端的压差 Δp 相等，因并联管吸热不同也会产生流量不均现象，称为热效流量偏差。

在这种情况下，对偏差管、并联管工况有

$$\left[p+\left(\zeta+\lambda\ \frac{l}{d}\right)\frac{\rho w^2}{2}+\rho gh\right]_{\mathrm{p}}=\left[p+\left(\zeta+\lambda\ \frac{l}{d}\right)\frac{\rho w^2}{2}+\rho gh\right]_0=\Delta P \tag{2-11}$$

式中　p、ρ、w——管内蒸汽压力、平均密度和平均流速；

ζ、λ——管子的局部阻力系数、摩擦阻力系数；

l、d、h——管子长度、内径和进出口集箱之间的高度差；

角标“p”和“0”——偏差管和并联管。

对于过热蒸汽，偏差管和并联管的结构基本相同且重位压头所占的压差份额是很小的，可以不予考虑。在这种情况下，式（2-11）可以变成如下形式

$$\rho_{\mathrm{p}}w_{\mathrm{p}}^2=\rho_0\omega_0^2 \tag{2-12}$$

将式（2-12）改写成流量（G）形式

$$\frac{(\rho_{\mathrm{p}}w_{\mathrm{p}}F_{\mathrm{P}})^2}{\rho_{\mathrm{P}}F_{\mathrm{P}}^2}=\frac{(\rho_0w_0F_0)^2}{\rho_0F_0^2} \tag{2-12a}$$

$$\frac{G_{\mathrm{P}}^2}{G_0^2}=\frac{\rho_{\mathrm{P}}}{\rho_0} \tag{2-12b}$$

$$G_{\mathrm{P}}=\sqrt{\frac{\rho_{\mathrm{P}}}{\rho_0}}G_0 \tag{2-12c}$$

由式（2-12c）可以看出，即使管圈之间的阻力系数完全相同，也就是说管子的长度、内径、粗糙度相同，由于吸热不均引起工质比容（$\nu=1/\rho$）的差异也会导致流量不均。对于吸热量大的偏差管子而言，工质比容大，流动阻力大，流量小，工质焓增大，管子出口

工质温度和壁温相应较高，这就加大了并列蛇形管之间的热偏差。同时，吸热量小的偏差管子中工质比容小，使流量不均进一步增加，并联管组中热偏差也进一步增大，使其恶性发展直至个别吸热量大的管子超温，这是过（再）热器热偏差的特点。

（三）减少热偏差的措施

由上述过（再）热器的偏差特点可知，应该从设计与运行两方面去减少并联管组间的热偏差。

1. 结构设计方面的措施

（1）将过热器、再热器分级布置，每级之间采用中间集箱进行中间混合，既可减少每一级过（再）热器焓增，中间又可进行均匀混合，使出口汽温的偏差减少，如图 2-59 所示。

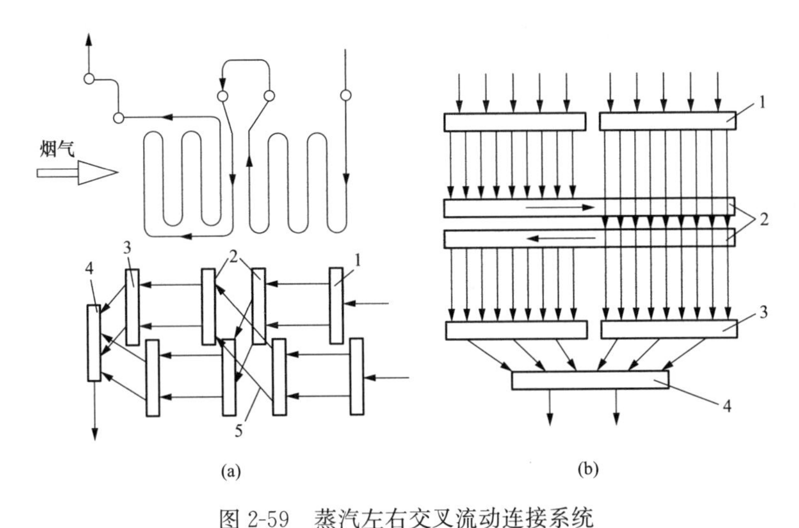

图 2-59　蒸汽左右交叉流动连接系统

(a) 利用交叉符交叉；(b) 利用中间集箱进行交叉

1—饱和蒸汽进口集箱；2—中间集箱；3—出口集箱；4—集汽集箱；5—蒸汽连接管

（2）沿烟道宽度方向进行左右交叉流动，以消除两侧烟气的热偏差，但在再热器系统中一般不宜采用左右交叉，以免增加系统的流动阻力，降低再热蒸汽的功能。

（3）连接管与过（再）热的进出口集箱之间采用多管引入和多管引出的连接方式，以减少各管之间压差的偏差。但会使系统复杂，增加管路阻力，大容量机组很少采用。大容量锅炉多采用 U 形连接系统。

（4）同一级过（再）热器分两组，中间无集箱，将前一组外管圈在下一组中转为内管圈，以均衡各管的吸热量，即内、外圈交叉布置。

（5）减少屏前或管束前烟气空间的尺寸，减少屏间、片间烟气空间的差异。受热面前烟气空间深度越小，烟气空间对同屏、同片各管辐射传热的偏差也越小。用水冷或汽冷定位管固定各屏或各片受热面，防止其摆动和变形，并使烟气空间固定，传热稳定。

（6）适当均衡并列各管的长度和吸热量，增大热负荷较高的管子的管径，减少其流动阻力，使吸热量和蒸汽的点匹配。

（7）将分隔屏过热器中每片屏分成若干组，对于大容量锅炉，由于蒸汽流量大，分隔屏的每屏流量都很大，因此管圈数多。为减少同屏各管的热偏差，采用分组方法，使每一组的管圈数和同组各管的热偏差减少。

（8）对大型锅炉的过（再）热器采用不同直径和壁厚的管子，按受热面所处运行条件，采用不同管径（即阶梯形管）、壁厚及材料，以改善其热偏差状况。

（9）消除炉膛出口烟气残余旋转造成的热偏差，除采用分隔屏外，还可以采用二次风反切的措施。

2. 运行方面的措施

（1）在设备投产或大修后，必须做好炉内冷态空气动力场试验和热态燃烧调整试验，以保证炉内空气动力场均匀，炉内火焰中心不偏斜，使炉膛出口处烟气分布均匀，温度偏差不超过50℃。

（2）在正常运行时，应根据锅炉负荷，合理投运燃烧器，调整好炉内燃烧。烟气要均匀充满炉膛空间，避免产生偏斜和冲刷屏式过热器。尽量使沿炉宽方向的烟气流量和温度分布均匀，控制好水平烟道左右两侧的烟温偏差。

（3）及时吹灰，防止因结渣和积灰而引起的受热不均现象产生。

八、瑞金电厂二期过热器与再热器系统

瑞金电厂二期过热器与再热器系统的布置如图2-60所示。在锅炉炉膛上部，沿着烟气流动方向依次分别布置有低温过热器，高温过热器，一、二次高温再热器，一、二次低温再热器和主省煤器。

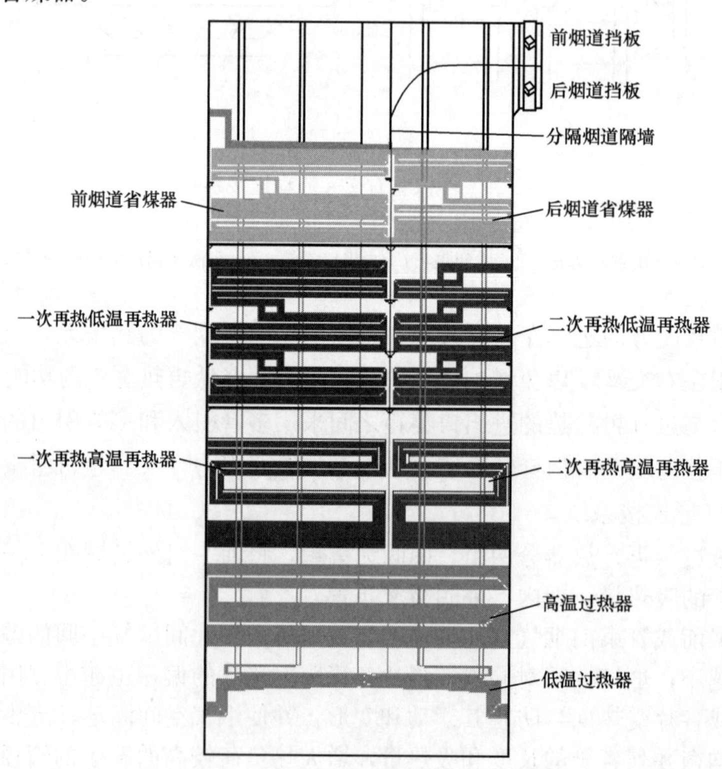

图2-60　过热器与再热器系统布置示意图

受热面布置区域分为上下两个区域。上部区域的烟气通道被分隔烟道隔墙分为前后烟道，前烟道内布置一次再热低温再热器和部分省煤器，后烟道内布置二次再热低温再热器和另一部分省煤器。其余受热面布置在下部区域。

分隔烟道隔墙顺烟气流向转 90°延伸到水平烟道位置，并在此处设置垂直布置的烟气挡板，用于调节前后烟道的烟气流量。

（一）过热器系统

过热器系统第一级由悬吊管、隔墙和低温过热器组成，第二级为高温过热器。

分离器出口蒸汽经 4 根管道引入 2 个低温过热器进口集箱，然后分两路从上到下进入炉膛出口处的前后墙低温过热器屏管入口小集箱，第一路蒸汽流经炉内悬吊管，第二路蒸汽流经烟道隔墙及其出口分配母管，两路蒸汽汇合后进入低温过热器屏管，经低温过热器加热后进入 2 个低温过热器出口集箱，再经连接管进入 2 个高温过热器入口集箱，经高温过热器屏管加热后，进入 2 个高温过热器出口集箱，引至汽轮机超高压缸。

低温过热器布置在炉膛出口断面前，高温过热器布置在低温过热器出口段上部，主要吸收炉膛内的辐射热量。低温过热器和高温过热器均为顺流布置。过热器系统的汽温调节采用燃/水比粗调和两级 8 点喷水减温细调，减温水取自主省煤器出口，第一级 4 个减温器分别布置在分离器出口至低温过热器入口集箱的连接管，第二级 4 个减温器分别布置在低温过热器出口集箱至高温过热器入口集箱的连接管。低温过热器出口集箱至高温过热器入口集箱之间连接管道采用交叉方式，将低温过热器外侧管道的蒸汽引入高温过热器的内侧管道，减小热偏差。

在启动、停机及汽轮机跳闸工况下，4 个高压旁路减温减压站将蒸汽引至一次低温再热器入口。

过热器系统蒸汽流程如图 2-61 所示。

（二）再热器系统

锅炉采用二次再热，分为一次再热器和二次再热器，换热方式均为对流换热。一次低温再热器布置在炉膛上部前烟道，二次低温再热布置在炉膛上部后烟道。一次低温再热器和二次低温再热器均采用逆流换热布置方式；一次高温再热器与二次高温再热器交叉布置在高温过热器上部区域，均采用顺流换热布置方式。

超高压缸排汽进入 1 个一次低温再热器入口集箱，经一次低温再热器屏管至 1 个一次低温再热器出口集箱，再经连接管进入 1 个一次高温再热器入口集箱，经一次高温再热器屏管，进入 1 个一次高温再热器出口集箱，引至高压缸。高压缸排汽进入 1 个二次低温再热器入口集箱，经二次低温再热器屏管至 1 个二次低温再热器出口集箱，再经连接管进入 1 个二次高温再热器入口集箱，经二次高温再热器屏管，进入 1 个二次高温再热器出口集箱，引至中压缸。

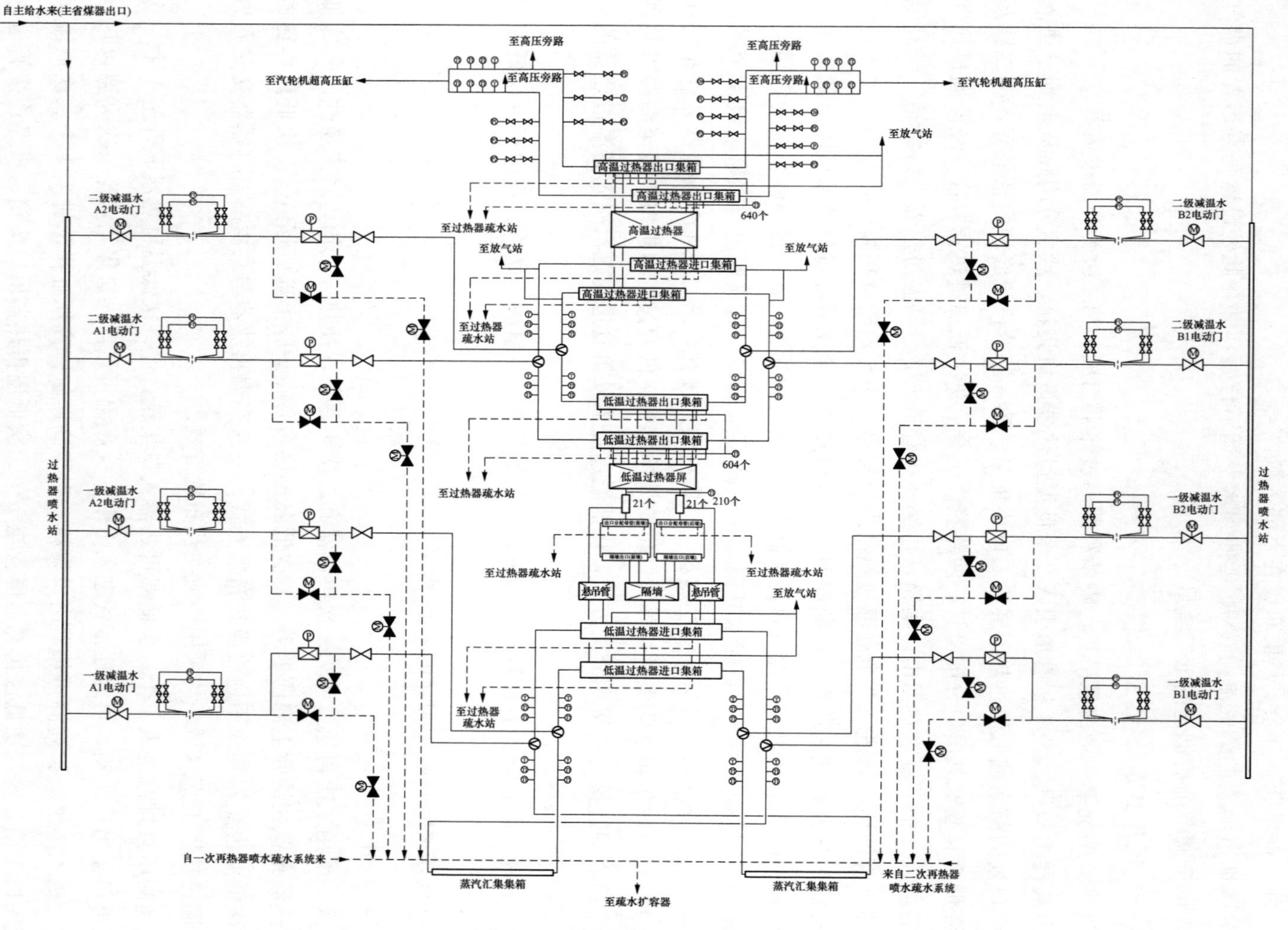

图 2-61 过热器系统蒸汽流程图

一次再热汽温和二次再热汽温主要采用烟气再循环系统调节，并利用烟气挡板调节流经一次低温再热器和二次低温再热器的烟气流量。一次低温再热器的2根入口连接管道各布置1个事故喷水减温器，一次低温再热器出口集箱至一次高温再热器入口集箱的2根连接管道各布置1个微量喷水减温器，事故喷水减温器和微量喷水减温器水源均取自给水泵中间抽头1。二次低温再热器的2根入口连接管道各布置1个事故喷水减温器，二次低温再热器出口集箱至二次高温再热器入口集箱的2根连接管道各布置1个微量喷水减温器，事故喷水减温器和微量喷水减温器水源均取自给水泵中间抽头2。

一次低温再热器进口集箱前2根连接管道各布置2个弹簧式安全阀，一次高温再热器出口集箱后2根连接管道各布置2个弹簧式安全阀，保护一次再热器不超压。二次低温再热器进口集箱前2根连接管道各布置4个弹簧式安全阀，二次高温再热器出口集箱后2根连接管道各布置2个弹簧式安全阀，保护二次再热器不超压。

一次再热器系统和二次再热器系统蒸汽流程如图2-62、图2-63所示。

（三）汽温调节系统

1. 过热蒸汽调温

过热蒸汽温度采用煤水比加喷水减温调节。

过热蒸汽喷水共分两级，过热器第一级喷水减温器布置在低温过热器入口管道上；过热器第二级喷水减温器布置在低温过热器和高温过热器之间连接管道上。

过热蒸汽喷水源来自省煤器出口管道上，经过喷水总管后分左右二路支管，分别经过各自的喷水管路后进入一、二级过热减温器，每台减温器进口管路前布置有测量流量装置。两级减温器喷水总量按4%过热蒸汽流量考虑。每台过热蒸汽减温器喷水量由气动调节阀控制。

2. 再热蒸汽调温

为了有效解决低负荷时再热蒸汽的调温效果，设置烟气再循环系统，可有效改变辐射和对流换热的比例，有效调节再热汽温。同时，采用烟气挡板调温方式，通过挡板开度控制进入前后分隔烟道中的烟气份额，改变一、二次再热器间的吸热分配比例来达到调节一、二次再热器出口温度平衡的目的。

另外，在再热器的管道上配置喷水减温防止超温情况的发生和有效控制左右侧的蒸汽温度偏差。低温再热器和高温再热器之间布置两点微量喷水减温，低温再热器进口布置两点喷水减温。在正常运行工况下喷水减温不投入运行，仅在紧急事故工况下运行。每台减温器进口管路前布置有测量流量装置。

在运行中应注意保持给水品质符合要求，并保持各减温器喷水减温后的蒸汽温度高于蒸汽压力对应的饱和温度15℃以上。

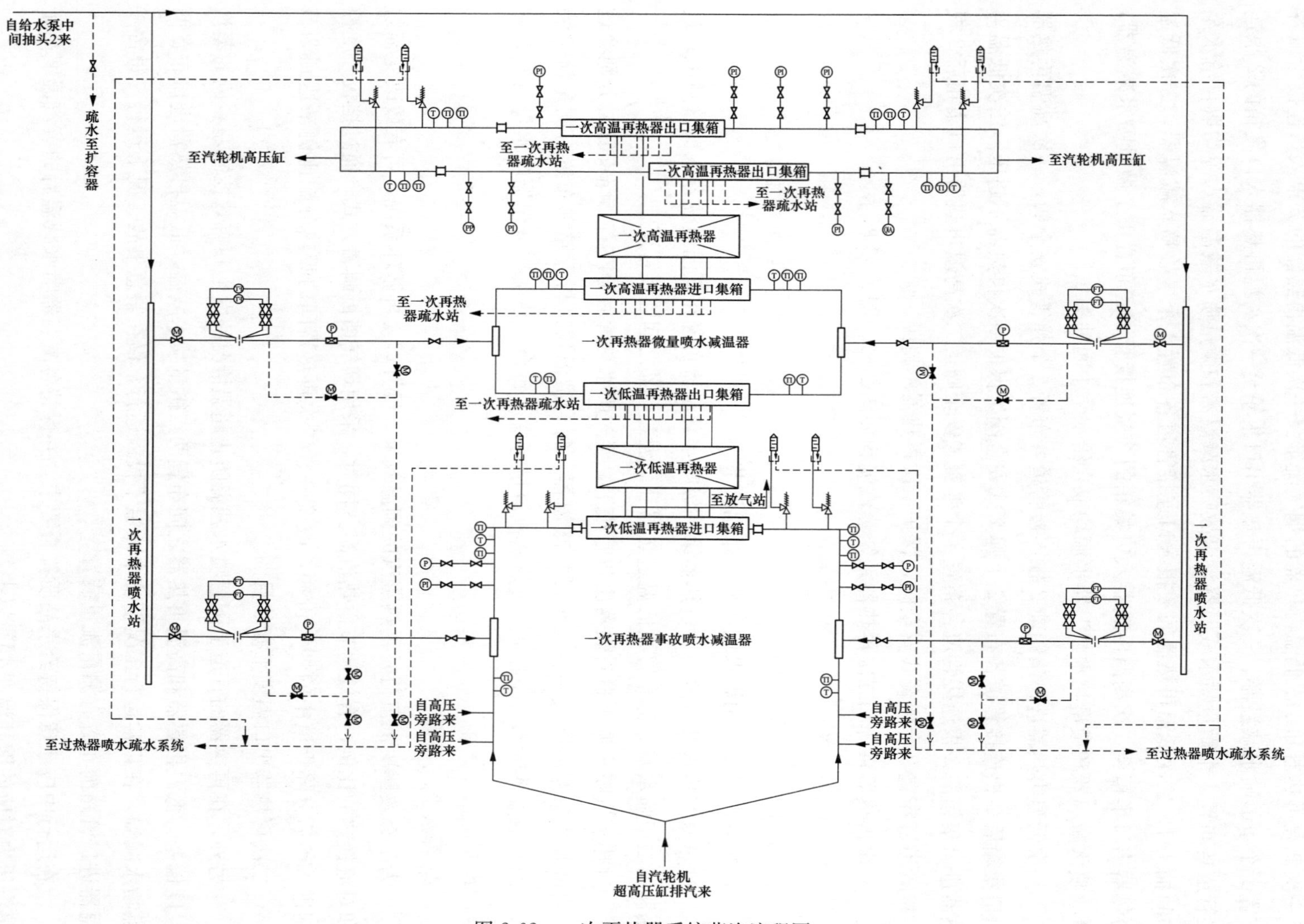

图 2-62　一次再热器系统蒸汽流程图

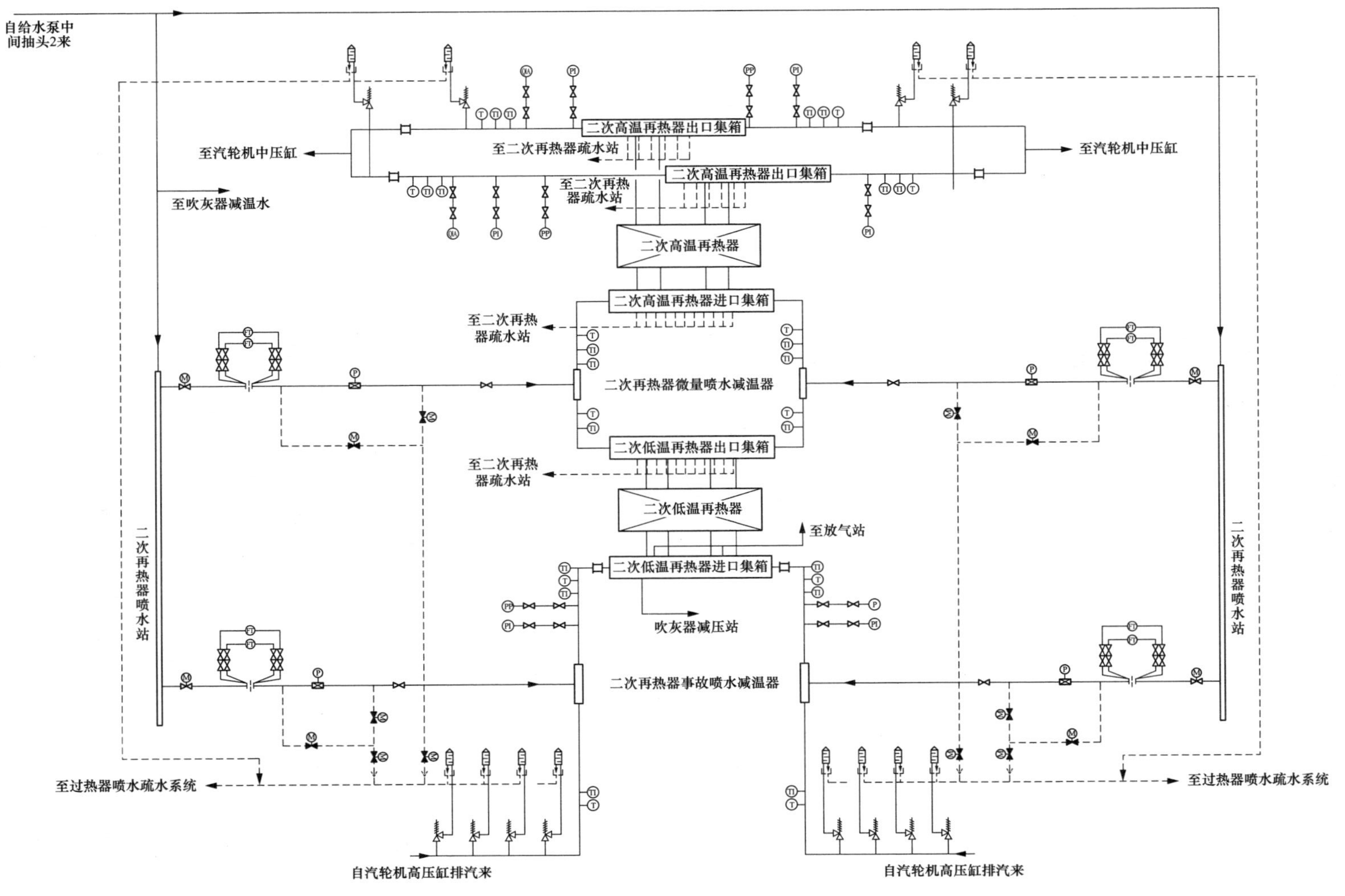

图 2-63 二次再热器系统蒸汽流程图

第四节 锅炉启动系统

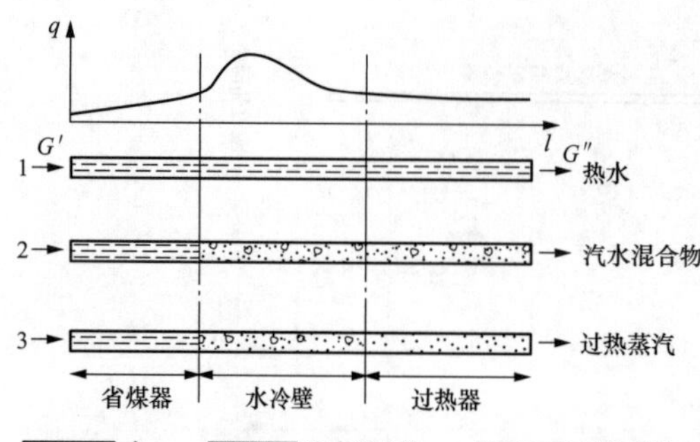

图 2-64 直流锅炉受热面区段的变化

1—第一阶段；2—第二阶段；3—第三阶段

G'—给水流量；G''—锅炉排出流量；

l—受热面长；q—受热面负荷

一、启动系统的作用

直流锅炉启动过程中，水的加热、蒸发及蒸汽过热的三个受热段是逐渐形成的。整个过程经历了三个阶段，如图 2-64 所示。

第一阶段：启动初期，全部受热面用于加热水。特点为工质相态没有发生变化，锅炉出水流量等于给水流量。

第二阶段：锅炉点火后，随着燃烧投入量的增加，水冷壁内工质温度逐渐升高，当燃料投入量达到某一值时，水冷壁中某处工质温度达到该处压力所对应的饱和温度，工质开始蒸发，形成蒸发点，开始产生蒸汽。此时，其后部的受热面内工质仍为水，产汽点的局部压力升高，将后部的水挤压出去，锅炉排出工质流量远大于给水流量。当产汽点后部的受热面内水被汽水混合物代替后，锅炉排出工质流量恢复到等于给水流量，进入了第二阶段，这阶段的受热面分为水加热和水汽化两个区段。由第一阶段转变为第二阶段的过渡期，锅炉排出工质流量远大于给水流量的现象称为工质膨胀。

第三阶段：锅炉出口工质变成过热蒸汽时，锅炉受热面形成水加热、水汽化及蒸汽的过热三个区段。

锅炉工质膨胀是直流锅炉启动过程中的重要现象。影响启动过程汽水膨胀的主要因素有启动压力、给水温度、锅炉储水量、燃料投入速度及吸热量的分配。了解工质膨胀特性，为直流锅炉拟定启动曲线以使锅炉安全渡过膨胀期及锅炉启动系统设计提供了依据。

直流锅炉启动时的最低给水流量称为启动流量，它由水冷壁安全质量流速来决定，启动流量一般为 25%～35%MCR 给水流量。点火前由给水泵建立启动流量。

直流锅炉点火前要进行冷态循环清洗，点火后要进行热态循环清洗，启动过程给水流量不能低于启动流量，汽轮机冲转后还要排放汽轮机多余的蒸汽量。可见，启动过程中锅炉排放水、汽量是很大的，造成工质与热量的损失。因此，应考虑采取一定的措施对排放工质与热量进行回收，例如将水回收入除氧水箱或凝汽器，蒸汽回收入除氧水箱、加热器或凝汽器。即为减少热量损失和工质损失，直流锅炉需要装设启动旁路系统。

二、启动系统的种类

直流锅炉启动系统按汽水分离器在锅炉最小直流负荷以上运行时，汽水分离器是参与系统工作还是解列于系统之外，可分为内置式启动系统（Internal Separator Start-up System）和外置式启动系统（External Separator Start-up System）两大类。

内置式启动系统按疏水方式不同可分为疏水扩容式（大气式，压力式）、热交换器式和再循环泵式（并联式，串联式）三大类。如图 2-65 所示。

外置式启动系统如图 2-66 所示。外置式启动系统在其投运或解列的过程中，系统操作复杂，分离器热冲击大，过热蒸汽温度波动大，难以适应机组快速启动和停止的要求。

启动系统的种类
- 汽水分离器外置式
- 汽水分离器内置式
  - 疏水扩容式(大气式，压力式)
  - 热交换器式
  - 再循环泵式(并联式，串联式)

图 2-65 直流锅炉启动系统

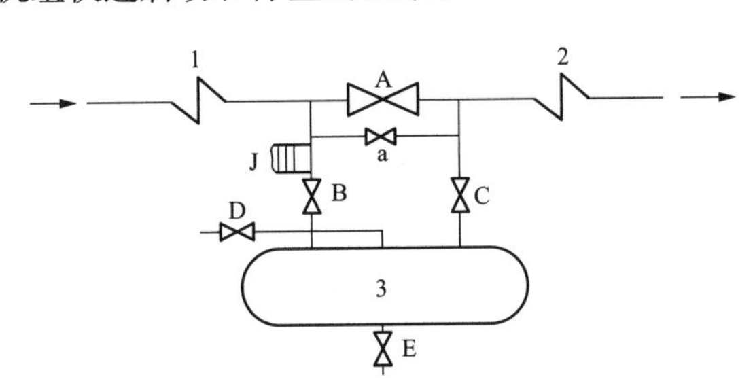

图 2-66 外置式启动系统

1—省煤器与水冷壁；2—过热器；3—启动分离器；
A—过热器进口隔绝阀；B—节流调节阀；
C—启动分离器蒸汽出口隔绝阀；
D—蒸汽回收阀；E—疏水回收阀；J—节流管束

目前国内投产的 1000MW 等级机组除要求其带基本负荷外，还应具有一定快速调峰的能力，在一定范围内响应电网的要求。因此，国内已投产或在建的 1000MW 等级超（超）临界机组均不采用这种型式。

三、内置式启动系统

（一）疏水扩容式启动系统

疏水扩容器的启动系统流程如图 2-67 所示。

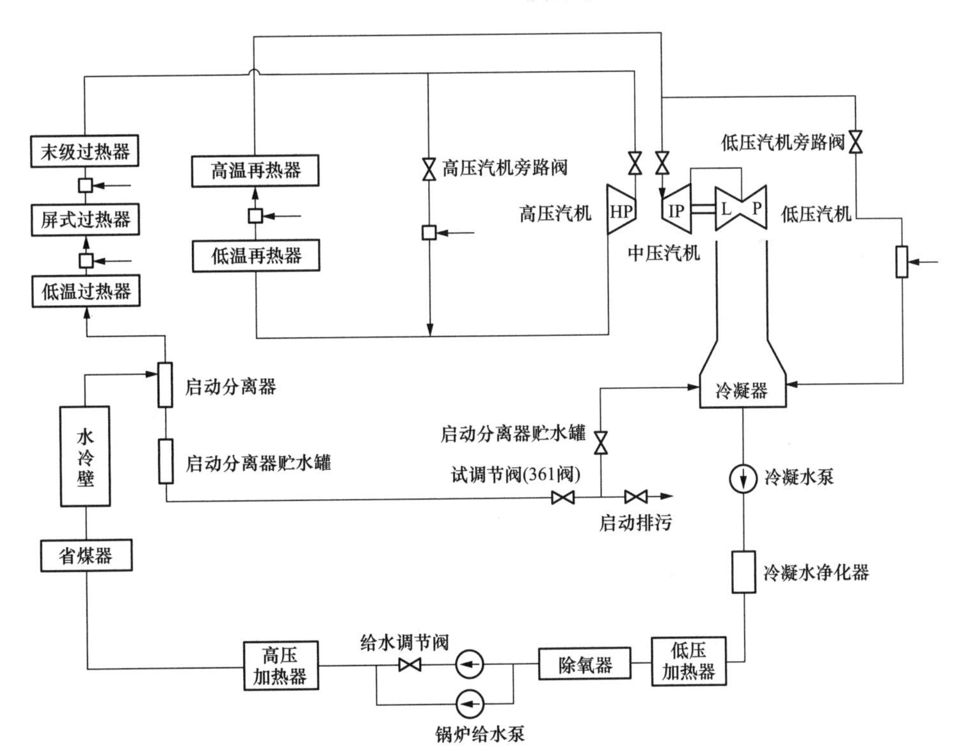

图 2-67 疏水扩容器的启动系统流程图

1. 大气扩容式

图 2-68 为大气扩容式启动系统简图，该启动系统在启动过程中将损失部分工质和全部热量。

图 2-69 为华能上海石洞口第二发电厂启动系统简图，其技术特点是：

(1) 冷态、温态启动时，可将进入启动分离器的疏水通过 AA 阀排至大气式疏水扩容器，并通过 AA 阀控制启动分离器的水位使之不超过最高水位，以防止启动分离器满水以致水冲入过热器，危及过热器甚至汽轮机的安全。

(2) 冷态和温态启动时，AN 阀辅助 AA 阀排放启动分离器的疏水，当 AA 阀关闭后，由 AN 和 ANB 阀共同排除启动分离器疏水，并控制启动分离器水位。

(3) 利用 ANB 阀回收工质和热量，即使在冷态启动工况下，只要水质合格和满足 ANB 阀的开启条件，即可通过 ANB 阀疏水进入除氧器水箱。ANB 阀保持启动分离器的最低水位。

该启动系统适用于带基本负荷，允许辅机故障带部分负荷和电网故障带厂用电运行。由于采用大气式扩容器，如果经常频繁启停及长期极低负荷运行，将有较大的热损失和凝结水损失。另外，此系统只能回收经 ANB 阀排出的疏水热，而通过 AN 及 AA 阀的疏水热却无法回收，故工质热损失大也是其缺点之一。

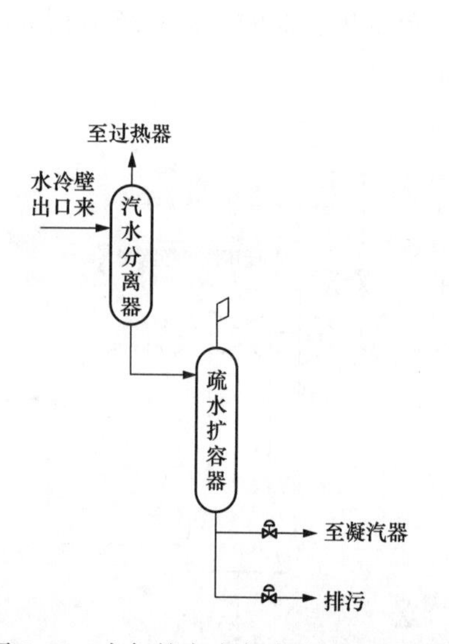

图 2-68　大气扩容式启动系统流程简图

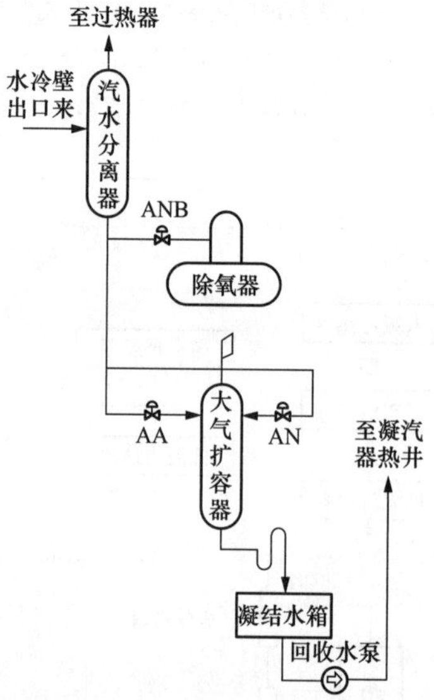

图 2-69　华能上海石洞口第二发电厂启动系统简图

2. 压力扩容式

压力扩容式启动系统如图 2-70 所示。其技术特点是：

(1) 在机组启动过程中，汽水分离器的疏水经汽轮机本体扩容器扩容，二次汽排入凝汽器汽侧，二次水排入凝汽器水侧。

(2) 启动系统在启动过程中不损失工质，但损失热量。

(二) 热交换器式启动系统

图 2-71 为疏水热交换器式启动系统，其技术特点是：

(1) 汽水分离器的疏水通过启动热交换器之后分为两路：一路经汽水分离器水位控制旁路阀（ANB 阀）进入除氧器水箱；另一路经并联布置的汽水分离器水位控制阀（AN 阀

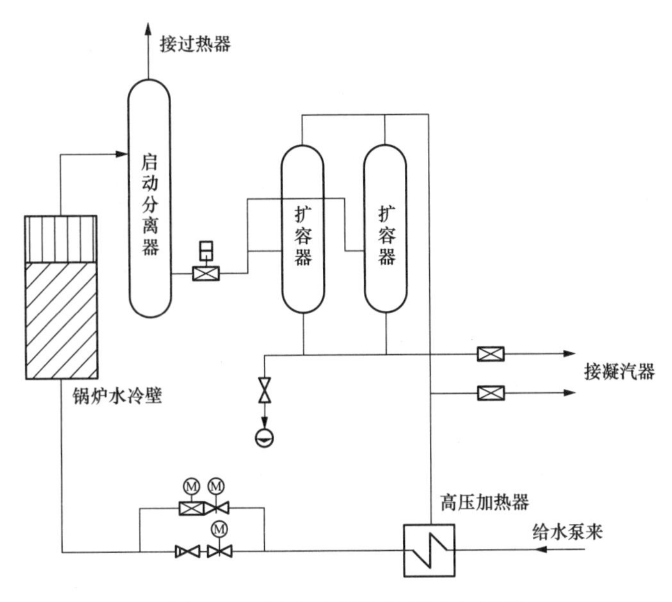

图 2-70 压力扩容器启动系统简图

和 AA 阀），进入疏水箱，再进入凝汽器。

（2）汽水分离器的疏水和锅炉给水在启动热交换器中进行热交换，启动疏水的热损失减少，并回收工质。

（3）系统中设置启动热交换器，水系统阻力较大，投资较高。

（三）再循环泵式启动系统

启动分离器的疏水经再循环泵送入给水管路的启动系统。按再循环泵在系统中与给水泵的连接方式分并联和串联两种型式。给水不经循环泵的称为并联系统，部分给水经混合器进入循环泵的称为串联系统。带再循环泵的两种布置方式如图 2-72 和图 2-73 所示。

再循环泵式启动系统的技术特点是：

（1）系统只需要在锅炉启动的早期汽水膨胀阶段将处于大气压力下的饱和水排入疏水扩容器中，热损失和工质损失很小。

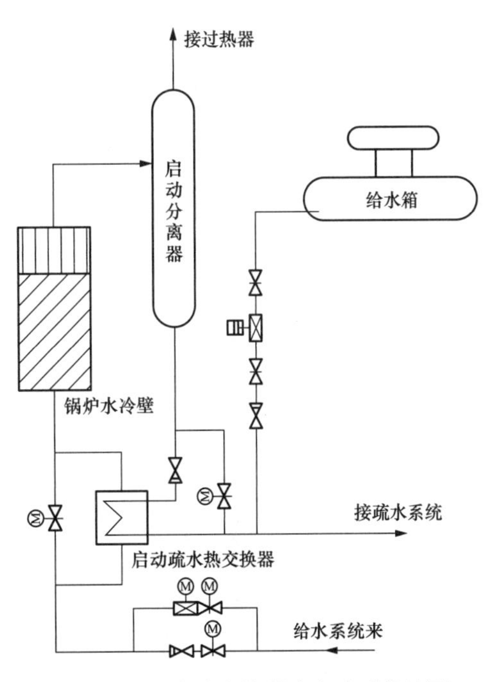

图 2-71 疏水热交换器式启动系统简图

（2）系统的汽水分离器水位通过与汽轮机蒸汽流量相关的给水控制来完成，在通常情况下，不需要使用启动系统的疏水排放阀门，大大减小了系统的热量损失和工质损失。

（3）系统可有效缩短冷态和温态的启动时间，更适合于频繁启动、调峰或二班制运行机组。

（4）系统可降低给水泵在启动和低负荷运行的功率。

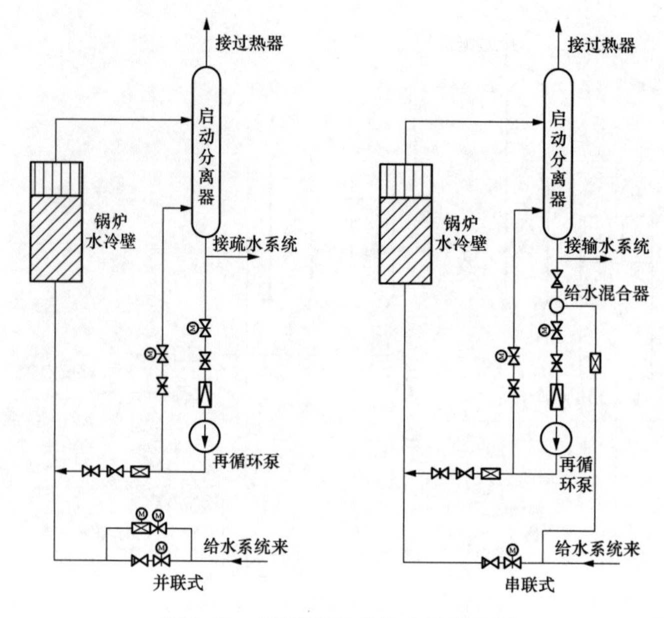

图 2-72 再循环泵式启动系统简图

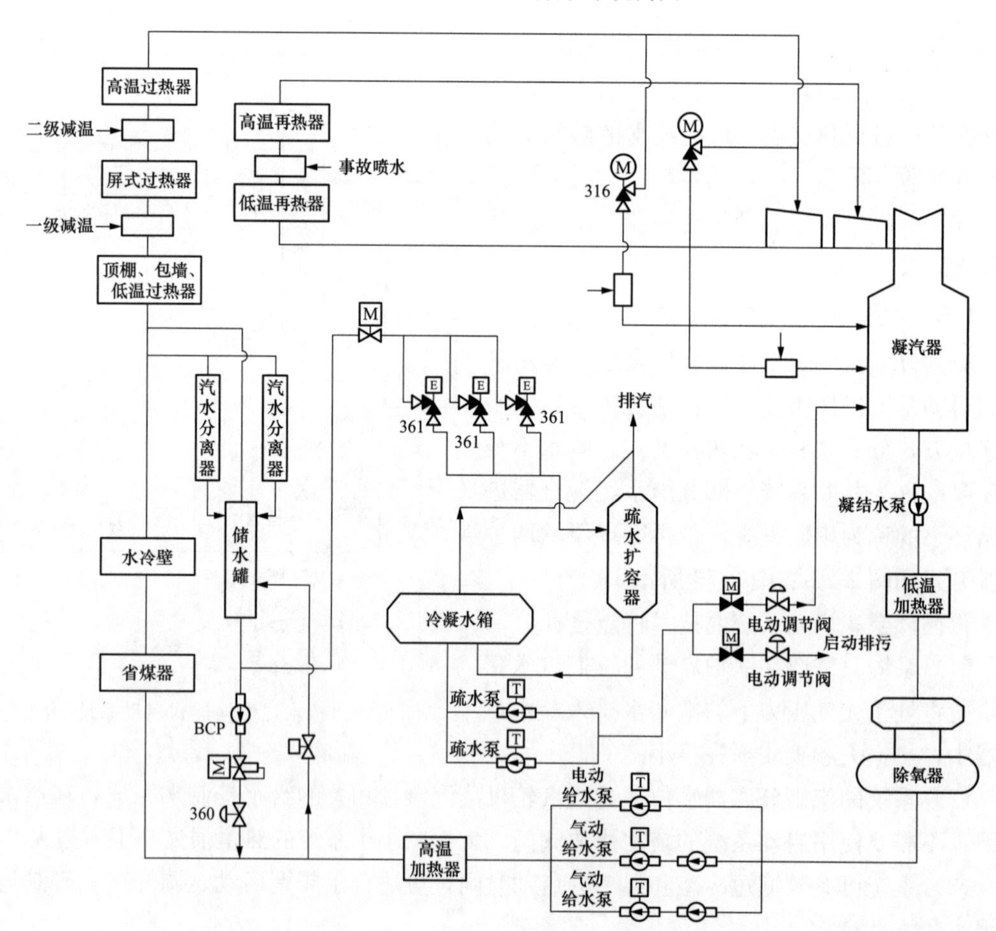

图 2-73 DG3000/26.15-Ⅱ锅炉的内置式启动循环系统流程图

（5）系统中设置再循环泵及其辅助系统，投资很高。

（6）再循环泵与给水泵串联布置时，总是有水流过再循环泵，泵的流量恒定，无须设置最小流量泵循环回路及其必需的控制设备。

（四）内置式启动系统的比较

各种内置式启动系统都有其优缺点，它们的比较见表 2-3。

表 2-3　　内置式启动系统的比较

种类	疏水扩容式（大气式，压力式）	再循环泵式（并联式，串联式）	热交换器式
系统复杂程度	系统简单	系统复杂	系统较复杂
工质和热量回收效果	回收效果差	回收效果好（启动早期汽水膨胀阶段排水到扩容器）	回收效果较好
投资	投资少	投资大	投资较大
维护	维护工作量少	维护工作量大	维护工作量较大
运行操作	运行操作简单	运行操作复杂	运行操作较复杂
启动时间	长	短	较长
基本负荷	适合	适合	较适合
调峰或二班制	不适合	适合	较适合

四、启动系统的主要设备

启动系统主要由启动分离器、储水罐、再循环泵、疏水箱、疏水泵、水位控制阀、截止阀、管道及附件等组成。

（一）启动分离器

采用内置式分离器启动系统中，启动分离器与过热器、水冷壁之间的连接无任何阀门。一般在 35%～37%MCR 负荷以下，由水冷壁进入分离器的为汽水混合物，在分离器内进行汽水分离，分离器出口蒸汽直接送入过热器；疏水通过疏水系统回收工质和热量。当负荷大于 35%～37%MCR 时，由水冷壁进入分离器的为干蒸汽，分离器只起到集箱的作用，蒸汽通过分离器直接送入过热器。

超临界直流锅炉启动系统采用的分离器具有如下特点：

（1）启动分离器为圆形筒体结构，直立式布置。分离器的设计除考虑汽水的有效分离，还将考虑启动时汽水膨胀现象。

（2）启动分离器汽水混合物入口位置、角度和流速的选取有利于汽水分离，汽和水的引出方向与汽水引入管的旋转方向相一致，以减少阻力。分离器内设有阻水装置和消旋器。

（3）启动分离器的结构、材料的选取及制造工艺，能适应变压运行锅炉快速负荷变化和频繁启停的要求。

（4）分离器的设计参数按全压设计，并充分考虑由于内压力、温度及外负荷变化引起的疲劳。封头结构采用成熟的标准锥形设计结构。

（5）分离系统中设置了压力测点、内外壁温度测点、排气装置等。

启动分离器垂直布置在炉前，分离器采用旋风分离形式。经水冷壁加热以后的工质分别由数根连接管沿切向向下倾斜进入数个分离器，分离出的水通过连接管进入分离器下方的储水罐，蒸汽则由连接管引入顶棚入口集箱。分离器下部水出口设有阻水装置和消旋器。启动分离器端部采用锥形封头结构，封头开孔与连接管相连。启动分离器结构如图 2-74所示。

（二）储水罐及阀门

储水罐的数量 1 个，储水罐端部采用锥形封头结构，封头开孔与连接管相连。储水罐结构如图 2-75 所示。

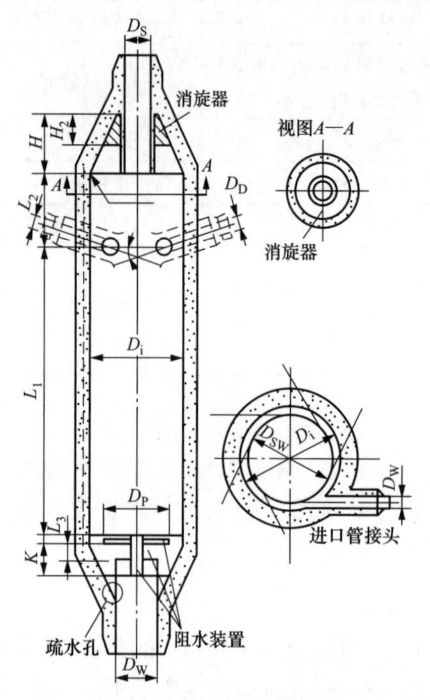

图 2-74 启动分离器结构简图

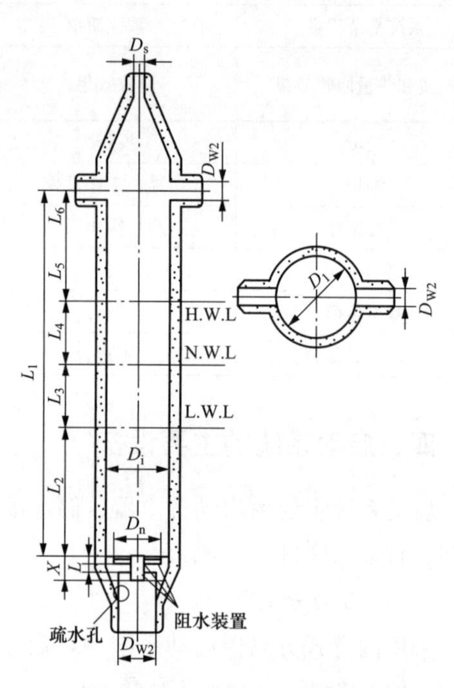

图 2-75 储水罐结构简图

储水罐上部蒸汽连接管、下部出水连接管上各布置有一个取压孔，后接三个并联的单室平衡容器，水、蒸汽侧平衡容器，其对应提供压差给差压变送器，进行储水罐的水位控制。储水罐上有设定的高报警水位、水位控制阀全开水位、正常水位（上水完成水位）、水位控制阀全关水位及基准水位，根据各水位不同的差压值来控制储水罐水位控制阀调节水位。储水罐中水流在锅炉清洗及点火初始阶段被排出系统外及循环到冷凝器。储水罐水位测量布置如图 2-76 所示。

储水罐与阀门设备的特点是：

（1）储水罐有足够的水容积和蒸汽扩散空间，设置有必要的疏水接头及排气接头、水位测点。

（2）系统中的调节阀，前后压差很大，有良好的调节特性，能抗汽蚀、防泄漏达到 ANSIⅤ级、承受高压差；所有调节阀能在各种启动工况下，满足不同组合运行方式时排放流量的要求。截止阀能承受高压差、关闭严密、不泄漏。

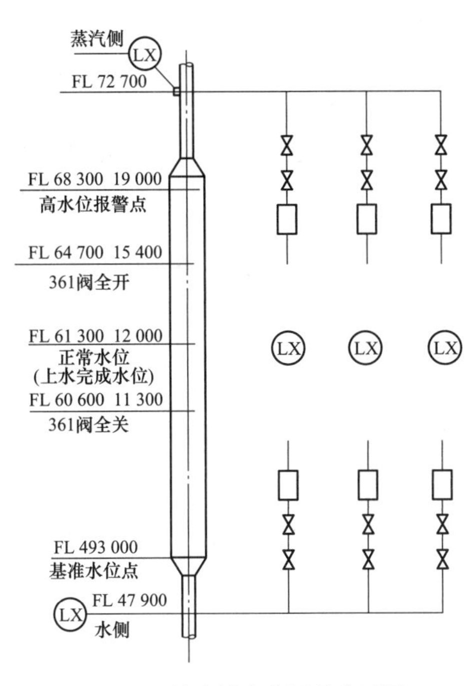

图 2-76 储水罐水位测量布置图

五、再循环泵式启动系统的运行控制

现以再循环泵式启动系统（见图 2-77）为例，简单介绍其运行控制。

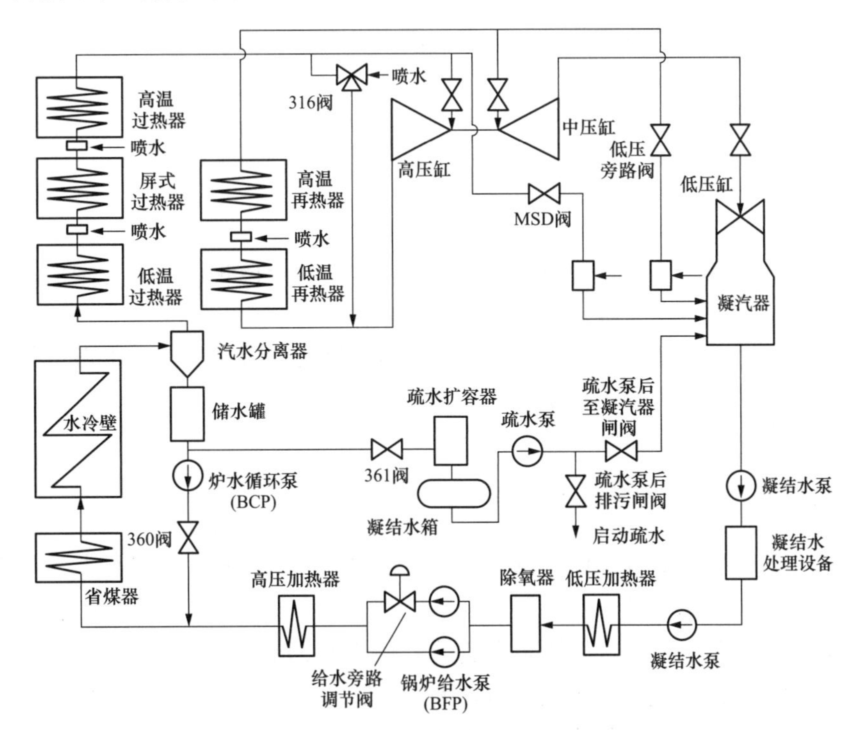

图 2-77 再循环泵式启动系统

1. 锅炉清洗

（1）机组启动初期，需要进行炉前管道清洗以及锅炉受热面的清洗工作。锅炉清洗包括冷态清洗和热态清洗，冷态清洗又分为开式清洗和闭式（循环）清洗两个阶段。锅炉清洗主要是清洗沉积在受热面上的杂质、盐分和因腐蚀生成的氧化铁等。

（2）在机组冷态启动时，锅炉首先进行冷态开式清洗。为保证冷态清洗的效果，要求通过省煤器和炉膛水冷壁的流量超过最低直流负荷。

（3）当分离器出口水质满足特定要求时，启动再循环泵，进入冷态闭式清洗阶段。

（4）当省煤器入口水质满足特定要求时，冷态清洗完成，可点火升温升压进行热态清洗。

2. 锅炉点火及分离器升压

（1）锅炉启动点火系统点火后，调节给水流量和再循环泵流量使水冷壁系统的工质流量维持在最低直流负荷。

（2）锅炉工质温度逐渐升高，当工质开始汽化时，体积将突然增加，分离器进口温度达到饱和温度，储水罐水位迅速上升，此时需及时打开水位控制阀，以维持储水罐水位。

（3）当分离器有蒸汽产生时，将相应的阀门投自动运行，调整燃料量及主蒸汽压力调节阀等使锅炉升压，将压力控制在要求的范围内。

（4）监测循环水的水质，水质合格且汽温汽压满足汽轮机冲转要求后，可进行汽轮机冲转。

3. 汽轮机冲转、暖机

（1）当主蒸汽压力上升到一定值（主蒸汽压力最小值）后，对蒸汽管道进行预热；当汽轮机前蒸汽参数达到规定数值，就可对汽轮机进行冲转、暖机，逐步增加燃料。

（2）协调控制 HP、LP 旁路调节阀、再循环泵流量调节阀以及分离器储水罐水位控制阀，分离器逐步由湿态运行向干态运行转换，进入直流运行状态。

4. 直流运行

（1）机组进入直流运行工况后，启动系统停止运行，进入热备用状态。

（2）此时应保持一定流量的暖泵水和暖阀水，以使再循环泵、水位控制阀和相关的管道保持在热备用的状态。

5. 启动分离器湿态/干态切换

（1）当锅炉产汽量小于启动流量，启动分离器处于有水位状态，即湿态运行。此时锅炉的控制方式为：分离器水位控制，最小给水流量控制。

（2）当锅炉产汽量不小于启动流量时，启动分离器已无疏水，进入干态运行。此时锅炉的控制方式转为：温度控制，给水流量控制。

整个启动过程如图 2-78 所示。

六、瑞金电厂二期锅炉启动系统

锅炉启动系统采用了内置式汽水分离器，不带启动再循环泵，布置有大气式扩容器和集水箱等设备的简单疏水系统。

在锅炉的启动及低负荷运行阶段，合适的水冷壁质量流速确保了在锅炉达到最低直流负荷之前炉膛水冷壁的安全性。当锅炉负荷大于最低直流负荷时，一次通过炉膛水冷壁质量流速能够对水冷壁进行足够的冷却。在水冷系统循环中，有部分的水蒸气产生，此汽水

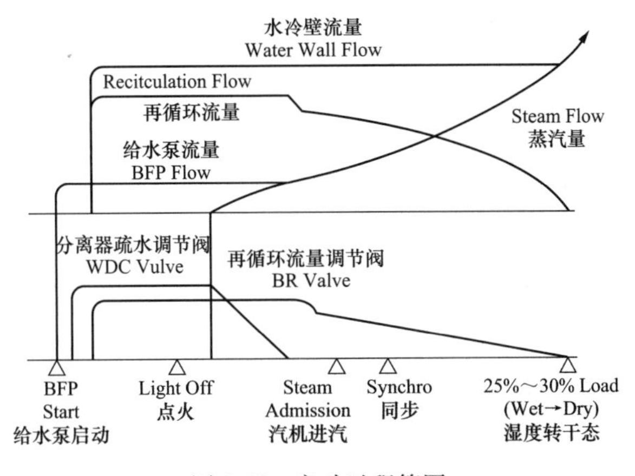

图 2-78 启动过程简图

混合物进入分离器，分离器通过离心作用把汽和水进行分离，蒸汽导入过热器中，分离出来的水则进入位于分离器下方的储水箱。储水箱通过水位控制器来维持一定的储水量。通常储水箱布置靠近炉顶，这样可以提供在锅炉初始启动阶段汽水膨胀时疏水所需要的静压头。当储水箱水位高时，疏水快速排至大气式扩容器和集水箱，或者排至除氧器。

在启动系统设计中，最低直流负荷（25%BMCR）是根据炉膛水冷壁足够被冷却所需要的量来确定的，即使当过热器通过的蒸汽量小于此数值时，炉膛水冷壁的质量流速也不能低于此数值。

当机组启动，锅炉负荷低于最低直流负荷 25%BMCR 时，蒸发受热面出口的介质流经分配器进入分离器进行汽水分离，经 6 台汽水分离器出来的疏水汇合到一只储水箱，分离器和储水箱采用分离布置形式，这样可使汽水分离功能和水位控制功能两者相互分开。

汽水分离器规格 ϕ610mm，材料为 SA335-P91，储水箱口径为 ϕ610，材料为 12Cr1MoVG。汽水分离器和储水箱之间由 6 根 ϕ356mm，材料为 12Cr1MoVG 管道连接。疏水在储水箱之后一路接至大气扩容器，通过集水箱连接到冷凝器或机组循环水系统中。当机组冷态、热态清洗时，根据不同的水质情况，可通过疏水扩容系统来分别操作。另外，大气式扩容器进口管道上还设置了两个气动调节阀，当机组启动汽水膨胀时，可通过开启该调节阀来控制储水箱的水位。储水箱内的疏水引至大气式扩容器，其主路管道规格为 ϕ559mm，材料为 SA106-C，进入大气式扩容器时分成二路，管道规格为 ϕ356mm，材料为 SA106-C。

锅炉启动系统中还设有一个热备用管路系统，这个管路在启动时切除，锅炉进入直流运行后投运。热备用管路可将大气式扩容器的管道加热，在热备用管路上配有气动控制阀门通到大气式扩容器。

锅炉启动系统的大气式扩容器上，还分别设有过热器疏水站、一次再热再热器疏水站和二次再热再热器疏水站，并设有水位测量装置。疏水站中水位由其底部的控制阀来控制，疏水排入大气式扩容器，可以灵活疏水，保证过热器和一、二次再热器的疏水干净。

瑞金电厂二期启动疏水系统如图 2-79 所示。

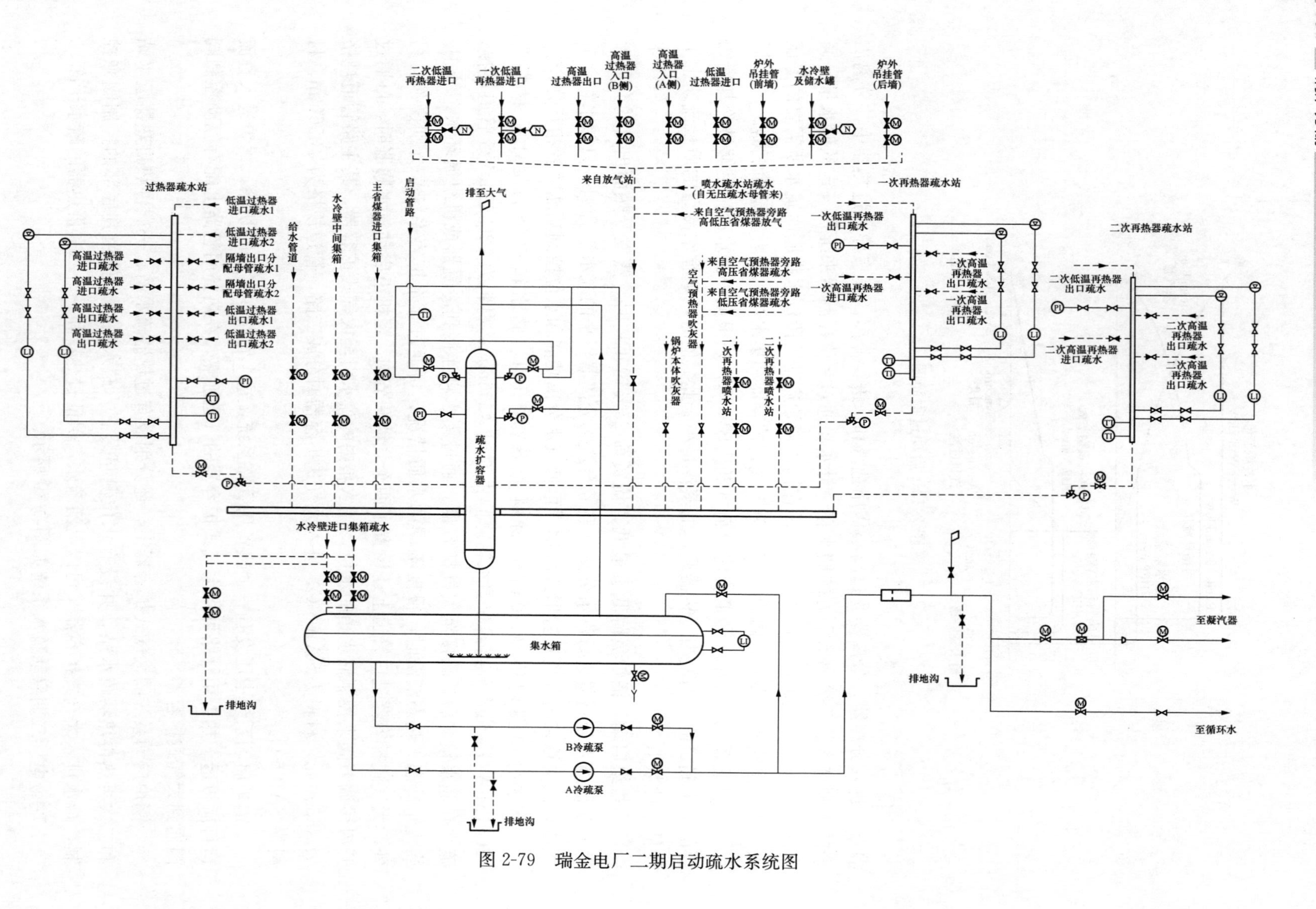

图 2-79 瑞金电厂二期启动疏水系统图

第三章　锅炉制粉系统

现代大中型火电厂燃煤锅炉一般采用煤粉燃烧方式，即原煤在锅炉燃运系统中经过碎煤机破碎后，先进入磨煤机磨制成具有一定细度和水分要求的煤粉，然后送入锅炉炉膛燃烧，以满足燃煤在炉膛中能及时稳定地着火和完全燃烧的需要。

以磨煤机为核心设备把原煤碾磨、干燥使之成为合格煤粉的系统称为锅炉制粉系统，它是锅炉机组的一个重要的辅助系统，它的设计与运行直接影响到锅炉的燃烧工况。

第一节　煤与煤粉的性质

一、煤的成分

煤的化学组成和结构十分复杂，但作为能源使用，只要了解它与燃烧有关的组成，例如工业分析成分和元素分析成分，就能满足电厂锅炉燃烧和有关热力计算等方面的要求。

（一）工业分析成分

对煤的成分进行分析以了解其性质，最简便的分析方法是工业分析法。用这种分析方法分析煤样所得到的结果是水分、挥发分、固定碳和灰分四种成分。

在工业分析试验时，首先把定量的煤样放在103℃的恒温箱中放置一定时间，所失去的质量就是水分（Moisture，以符号M表示）的质量。为确定煤中挥发分的量，把煤样放在有通气孔的坩埚中，将坩埚与煤一起放入保持在900℃的马弗炉中，煤样在升温的过程中，首先水分先蒸发掉，然后温度再继续升高时，煤样就开始裂解，放出可燃气体，余下固定碳（FC）和灰分，统称焦炭。煤样失去的质量减去已经预先测定的水分的质量，所得到的质量就是挥发分（Volatile，以符号V表示）的质量。为确定煤中灰分的量，取煤样放入开口的坩埚中并放入815℃的马弗炉中燃烧，余下的不可燃的成分就是灰分（Ash，以符号A表示）。水分、挥发分和灰分的量确定以后，固定碳的量也随之确定了。

如果以符号来表示水分、挥发分、固定碳和灰分的百分成分，则可写成：

$$M+V+\mathrm{FC}+A=100(\%) \tag{3-1}$$

在煤的成分中，水分是最容易变化的。储存情况的变化，经过风吹、日晒、雨淋、运输等过程，水分会有较大的变化。从炉前收到的煤中取样，测得的水分及其他成分称为收到基成分（即as received成分，以ar表示），对这种成分可以写成：

$$M_{\mathrm{ar}}+V_{\mathrm{ar}}+\mathrm{FC}_{\mathrm{ar}}+A_{\mathrm{ar}}=100(\%) \tag{3-1a}$$

在室温20℃、空气相对湿度60%时，煤样在实验室中存放一定时间后，会失去一些水分而达到一个稳定的水分含量，称为空气干燥基（air dried）水分，其余成分也称空气干燥基成分，以 ad 表示，其成分可以写成：

$$M_{ad}+V_{ad}+FC_{ad}+A_{ad}=100(\%) \tag{3-1b}$$

当煤样完全干燥，失去所有水分时，成分中只有挥发分 V、固定碳 FC 和灰分 A 这样的成分称为干燥基（dry 基准，其成分以 d 表示），其成分可写成：

$$V_{d}+FC_{d}+A_{d}=100(\%) \tag{3-1c}$$

煤是否容易燃烧，主要看可燃物 V 与 FC 中挥发分所占份额的多少。把水分和灰分去掉的基准称为干燥无灰基（dry and ash free basis，成分以 daf 表示），这种基准的成分可写成：

$$V_{daf}+FC_{daf}=100(\%) \tag{3-1d}$$

根据干燥无灰基中挥发分所占的份额，就可以判断燃煤是否容易燃烧。因此经常用干燥无灰基中挥发分含量对煤进行分类。

（二）元素分析成分

煤是含有碳（C）、氢（H）、氧（O）、氮（N）、硫（S）等元素组成的有机物，此外还含有灰分（A，Ash）和水分（M，Moisture）等惰性物。其中，可燃部分是碳、氢、氧、氮、硫等有机物部分，称为可燃质。这样，煤的元素成分有碳、氢、氧、氮、硫、灰分和水分，用百分比表示可写出：

$$C+H+O+N+S+A+M=100(\%) \tag{3-2}$$

式中　C、H、O、N、S——可燃有机物所占的百分比；

A、M——灰分及水分的百分比。

式（3-2）中的有机物成分是从煤的元素分析中得到的结果。

在描述煤的成分时，必须注意煤的水分和灰分的变化。因此，对煤的元素成分来说，也同样有以上四种基准。因此，式（3-2）对四个基准可写成：

（1）收到基成分：

$$C_{ar}+H_{ar}+O_{ar}+N_{ar}+S_{ar}+A_{ar}+M_{ar}=100(\%) \tag{3-2a}$$

（2）空气干燥基成分：

$$C_{ad}+H_{ad}+O_{ad}+N_{ad}+S_{ad}+A_{ad}+M_{ad}=100(\%) \tag{3-2b}$$

（3）干燥基成分：

$$C_{d}+H_{d}+O_{d}+N_{d}+S_{d}+A_{d}=100(\%) \tag{3-2c}$$

（4）干燥无灰基成分：

$$C_{daf}+H_{daf}+O_{daf}+N_{daf}+S_{daf}=100(\%) \tag{3-2d}$$

图 3-1 所示为煤的成分图解，从中可以看出各种成分之间的关系。

（三）煤的成分换算系数

根据质量守恒，煤的不同基准下的成分是可以互相转换的，只要乘以换算系数即可。以收到基和干燥无灰基为例：

$$M_{ar}+V_{ar}+FC_{ar}+A_{ar}=100(\%)$$

$$V_{daf}+FC_{daf}=100(\%)$$

假设有煤 B(kg)，式（3-1a）和（3-1d）均乘以 B 并整理，得到下面两式：

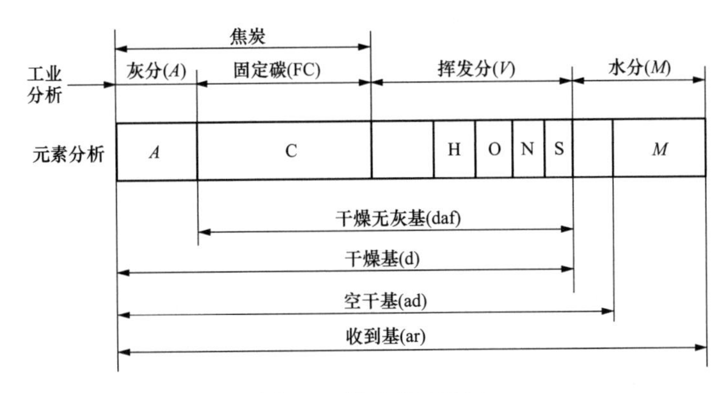

图 3-1 煤的成分图解

$$V_{ar}B + FC_{ar}B = 100B - M_{ar}B - A_{ar}B\ (kg)$$

$$\frac{100B - M_{ar}B - A_{ar}B}{100}(V_{daf} + FC_{daf}) = 100B - M_{ar}B - A_{ar}B\ (kg)$$

比较这两式可以看出，它们等号右边相等，那么等号左边的对应项的质量应相等，即：

$$V_{ar} = \frac{100 - M_{ar} - A_{ar}}{100}V_{daf}$$

$$FC_{ar} = \frac{100 - M_{ar} - A_{ar}}{100}FC_{daf}$$

所以，已知干燥无灰基成分（daf），求收到基成分（ar）的换算系数为：

$$K_{daf \to ar} = \frac{100 - M_{ar} - A_{ar}}{100}$$

同理，可以得出其他换算系数的计算式，表 3-1 中给出了这些换算系数。

表 3-1　　煤的不同基准成分的换算系数

已知成分	下角标	所求成分			
		收到基	空气干燥基	干燥基	干燥无灰基
收到基	ar	1	$\frac{100-M_{ad}}{100-M_{ar}}$	$\frac{100}{100-M_{ar}}$	$\frac{100}{100-M_{ar}-A_{ar}}$
空气干燥基	ad	$\frac{100-M_{ar}}{100-M_{ad}}$	1	$\frac{100}{100-M_{ad}}$	$\frac{100}{100-M_{ad}-A_{ad}}$
干燥基	d	$\frac{100-M_{ar}}{100}$	$\frac{100-M_{ad}}{100}$	1	$\frac{100}{100-A_{d}}$
干燥无灰基	daf	$\frac{100-M_{ar}-A_{ar}}{100}$	$\frac{100-M_{ad}-A_{ad}}{100}$	$\frac{100-A_{d}}{100}$	1

二、煤的发热量及折算成分

（一）煤的发热量

单位质量的煤完全燃烧时所发出的热量称为煤的发热量（kJ/kg）。煤的发热量有高位与低位发热量之分。将燃料燃烧后所生成的水蒸气的潜热（汽化潜热）计入发热量时为高位发热量（$Q_{ar.gr}$），不计入时为低位发热量（$Q_{ar.net}$）。我国和欧洲大陆在锅炉计算中采用低位发热量，英国和美国则采用高位发热量。煤的发热量是用氧弹测热器测定的。

为避免锅炉受热面产生低温腐蚀，受热面管壁温度一般都应高于烟气的露点温度。烟气中的水蒸气的潜热在锅炉传热过程中不可能放出来，所以，在计算锅炉燃料消耗量时，用燃料的低位发热量。所谓低位发热量是指每千克燃料完全燃烧后所放出的热量，扣除随烟气带走的水蒸气的汽化潜热。燃料收到基高、低位发热量之间的关系为：

$$Q_{ar.net}=Q_{ar,gr}-2510\left(\frac{9H_{ar}}{100}+\frac{M_{ar}}{100}\right) \tag{3-3}$$

燃料低位发热量还可以根据燃料的元素分析成分，采用门捷列耶夫公式计算：

$$Q_{ar.net}=339C_{ar}+1030H_{ar}-109(O_{ar}-S_{ar})-25M_{ar} \tag{3-4}$$

式（3-4）可用于检验元素分析及发热量测定的准确性。当煤的 $A_{ar}<25\%$时，发热量测定值与按式（3-4）计算的发热量之差应不超过 600kJ/kg；当 $A_{ar}>25\%$时，其差值不应超过 800kJ/kg，否则应检查发热量的测定是否正确。如发热量的测定是准确的，则说明燃料的元素分析存在较大的误差。

工业上核算企业对能源的消耗量时，为了便于比较和管理，统一计算标准，采用标准煤的概念。规定所谓的标准煤的收到基低位发热量为 29 310kJ/kg(7000kcal/kg)。若煤的收到基低位发热量为 $Q_{ar.net}$，实际煤的消耗量折合成标准煤的消耗量为 B_{bz}的计算式为

$$B_{bz}=\frac{Q_{ar.net}}{29\ 310}B \tag{3-5}$$

（二）煤的折算成分

如果甲、乙两种煤具有相同的水分含量而发热量不同，甲煤的发热量高于乙煤，显然，在产生同样多的热量时，甲煤带入燃烧设备的水分会少于乙煤。由此可见，比较不同煤种的水分、灰分、硫分等时，不应简单地用含量的百分比来比较，而应该以发出一定热量所对应的成分来比较。

为了比较煤中水分、灰分和硫分这些有害成分对锅炉工作的影响，更好地鉴别煤的性质，引入折算成分的概念。规定把相对于每 4190kJ/kg（即 1000kcal/kg）收到基低位发热量的煤所含的收到基水分、灰分和硫分，分别称为折算水分、折算灰分和折算硫分，其计算公式为：

$$M_{zs}=\frac{1000}{Q_{ar.net}}M_{ar} \tag{3-6}$$

$$A_{zs}=\frac{1000}{Q_{ar.net}}A_{ar} \tag{3-7}$$

$$S_{zs}=\frac{1000}{Q_{ar.net}}S_{ar} \tag{3-8}$$

如果燃料中的 $M_{zs}>8\%$，称为高水分煤；$A_{zs}>4\%$，称为高灰分燃料；$S_{zs}>0.2\%$，称为高硫分煤。

三、煤的分类及燃烧特性

(一) 煤的挥发分及煤的分类

煤的干燥无灰基挥发分(V_{daf})是煤分类的主要依据，见表3-2。

表3-2　　锅炉用煤分类

煤种	干燥无灰基挥发分	挥发分逸出温度(℃)	着火温度(℃)
褐煤	>40	130～170	250～450
烟煤	20～40	170～320	400～500
贫煤	10～20	370～390	600～700
无烟煤	<10	380～400	>700

1. 无烟煤

无烟煤俗称白煤，表面呈明亮的黑色光泽，机械强度高，便于运输和存储。无烟煤为碳化程度最高的煤。无烟煤含碳量最多，一般水分较少，而干燥无灰基挥发分含量少，且挥发分析出温度较高，所以其着火困难也不宜燃尽，但发热量通常很高，且燃烧时焦炭无焦结性，储存过程中不易风化和自燃。作为锅炉用煤的无烟煤，其 $V_{daf}=6.5\%\sim10\%$，$Q_{ar.net}>21.0\times10^3$kJ/kg。对于 $V_{daf}<6.5\%$ 的无烟煤，因为其着火困难，燃烧的经济性也差，一般不用作煤粉锅炉的燃料。

2. 贫煤

贫煤是介于无烟煤和烟煤之间的一种煤。贫煤的干燥无灰基挥发分含量低于20%，碳的含量($C_{ar}=50\%\sim70\%$)低。贫煤也不太容易着火，但燃烧时不易结焦。

3. 烟煤

烟煤的含碳量较无烟煤低，$C_{ar}=40\%\sim70\%$，挥发分含量较高，一般 $V_{daf}=20\%\sim40\%$，所以大部分烟煤都易点燃、燃烧快、燃烧时火焰长。烟煤由于其含氢量较高，发热量也较高，燃烧时多数具有弱焦结性。

4. 褐煤

褐煤的煤龄较短，挥发分含量较高，$V_{daf}>40\%$，且挥发分析出的温度较低，所以着火及燃烧都比较容易。但由于它的碳化程度不如烟煤，碳的含量在 $C_{ar}=40\%\sim50\%$，而水分含量高($M_{ar}=20\%\sim40\%$)，灰分含量也较高($A_{ar}=6\%\sim40\%$)，所以其发热量低。褐煤表面呈棕褐色，质脆易风化，很容易自燃，不宜长时间存储。

(二) 煤的燃烧特性

煤在锅炉中燃烧的特性可以根据其元素分析、工业分析结果及其他有关数据来判断，如水分、挥发分、灰分、硫和氮的含量、灰的熔点、煤的焦结性等。现将这些因素对煤燃烧特性的影响分述于下。

1. 水分

水分较多的煤因水分占去了原来可燃质可以占据的份额的一部分，发热量会相应地低些。在燃烧中，水分多时需要吸收较多的热，经过较长的时间才能蒸发完，煤才开始升温，因此着火慢，比较难于燃烧。此外，以发一定的热量来说，水分多时，烟气体积较大，因此烧这种煤的锅炉的烟道尺寸须设计得较大。同时，烟气体积大也增大了通风设备的规模及能耗。在燃用水分过高的煤时，有时在锅炉中很难燃烧，必须在燃烧前预先加以干燥才行。

2. 挥发分

干燥无灰基挥发分含量是评价煤是否易于燃烧的重要指标。它的含量高表示煤容易着火，燃烧既容易稳定，也容易完全。贫煤是较为难烧的煤种，但较无烟煤容易一些。干燥无灰基大于20%的烟煤、褐煤都比较容易燃烧，是容易着火和燃尽的煤种，在煤粉炉中燃烧时，这种容易燃烧的煤种可以把煤粉磨得粗些，就可以完全燃烧。

3. 灰分

煤的灰分多，表示它的可燃质少，发热量低，要产生同样多的热量，运输、煤粉制备系统、除灰系统的任务都比较重。燃烧后的烟气中携带的灰粒也自然较多，使受热面容易受到磨损。

灰分的熔点是一个非常重要的特性参数。煤中灰分由 SiO_2、Al_2O_3、各种氧化铁、CaO、MgO、K_2O、Na_2O 等组成，它不是单一物质，所以不像单一成分的物质那样有一个确定的熔化温度。这样就会出现灰分中的某个组分已达到甚至超过熔点，而其他成分还远没有达到熔点的情况。因此，灰分的熔点不宜用一个温度，而常用 3 个温度来表示。

灰熔点一般用专门的设备来测定，测定前将灰样压碎，加黏结剂制成角锥体放入可以观测的高温电炉中加热。炉中气氛保持半还原性，因为气氛是氧化性还是还原性对灰熔点的影响很大。加热到一定温度时，角锥顶尖开始变形，此时的温度称为开始变形温度，以 DT 表示；再继续升温则角锥软化歪倒，此时的温度为开始软化温度，以 ST 表示；再加热到更高温度，则角锥开始熔化流动，此时温度称为开始液化温度，以 FT 表示（见图 3-2)。这三个温度可以很好地表示灰的熔化特性。一般煤的这三个温度在 1000～1600℃之间，灰熔点通常指软化温度（ST)。

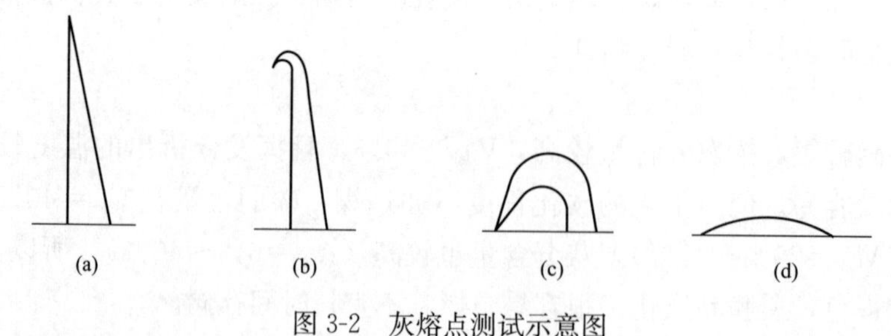

图 3-2　灰熔点测试示意图

(a) 未加热的试样；(b) 开始变形温度 DT；(c) 开始软化温度 FT；(d) 开始液化温度 ST

煤中灰分的熔点在锅炉设计时和锅炉运行过程中是非常重要的指标。设计锅炉时，炉膛出口烟温是一个非常重要的数据，炉膛出口烟温的高低决定了炉膛容积热负荷的大小，从而决定了炉膛容积的大小和锅炉受热面的整体布置，通常灰分的熔点每提高 50℃，容积热负荷的上限约增加 15%。为避免炉膛出口结渣，要求锅炉设计或运行时，炉膛出口烟气温度低于软化温度（ST)100℃。

灰熔点低的煤是难燃烧的煤，在煤粉炉中燃烧这种煤粉后形成的飞灰处于熔化状态，容易粘在受热面上及炉墙上使炉中发生结渣现象。水冷壁上结渣会使其吸热量减少，炉温因而会升高，使结渣更加严重，导致锅炉不能正常运行。

为了燃烧低灰熔点的煤，有所谓液态排渣煤粉炉。炉膛一部分水冷壁上涂敷耐火塑料，减少其吸热量，因而燃烧温度特别高，保持灰分在液化状态，落在炉墙上的灰顺墙下流，由下部排渣口排到下面的淬渣池中，然后排掉。这种煤粉炉燃烧效率高，但燃烧温度高达 1700℃左右；烟气中氧化氮含量比较高，污染环境，因而较少采用。

近年来流化床燃烧技术发展很快，采用这种燃烧方法时，燃烧温度只有 850～900℃，可以很好地燃烧低灰熔点煤而无结渣问题。

4. 硫和氮

煤中硫在燃烧中会生成二氧化硫（SO_2）和一部分三氧化硫（SO_3），三氧化硫会与烟气中的水蒸气形成硫酸蒸气。硫酸蒸气会使烟气的露点提高，会在温度较低的受热面上结露而腐蚀受热面。

二氧化硫和三氧化硫（以 SO_x 表示）随烟气排入大气后，会造成酸雨，污染环境，对人类健康、动物、森林都有损害。因此，为了保护生态环境，必须保持排烟中 SO_x 的浓度不得过高。为此，在燃烧高硫煤时，需要在燃烧前或燃烧中脱硫，或者采用昂贵的烟气脱硫设备。

在燃烧中，煤中所含的氮会氧化成氧化氮（NO_x），NO_x 也是污染环境的有害气体。含氮高的煤的排烟中 NO_x 含量也会高些，有时需采用脱硝装置。除了燃料中的氮会生成 NO_x 外，在燃烧温度高时，过量氧多时，空气中的氮也会生成 NO_x。现代燃烧设备中如何避免过多的 NO_x 生成也是主要考虑的问题之一。

四、煤的可磨性与磨损性

1. 煤的可磨性系数

不同的煤在相同的条件下磨碎到相同的细度，所消耗的能量是不相同的，煤的这种性质称为可磨性，用可磨性系数来表示。以风干状态下的硬质标准煤（一般以难磨的无烟煤为基准）与待磨煤在相同颗粒度的情况下，磨制成相同细度的煤粉，各自电耗量之比称为煤的可磨性系数：

$$K_{km}=\frac{E_{bz}}{E_{sy}} \tag{3-9}$$

式中 E_{bz}——磨制标准煤所消耗的能量；

E_{sy}——磨制试验煤所消耗的能量。

显然，试验煤种越容易磨，所消耗的能量就越小，可磨性系数越大，反之，则可磨性系数越小。

可磨性系数有两种典型的测定方法。一种是我国普遍采用的苏联全苏热工研究所（简称 BTИ）的可磨性系数测定方法。另一种是欧美国家通用的哈德格罗夫（Hardgrove）法。

全苏热工研究所测定方法是将经过风干、规定粒度组成的煤样放在标准的瓷制球磨煤机内，磨制大约15min后取出煤样，然后测定其煤粉细度R_{90}，则此试验煤种的BTИ可磨性系数由式（3-10）求出：

$$K_{km}=2\left(\ln\frac{100}{R_{90}}\right)^{2/3} \tag{3-10}$$

哈德格罗夫法是以一种小型中速磨煤机作测试机，将50g一定粒度的风干煤样放入此机，当主轴运转60转后，测定磨制后煤通过孔径为74μm筛子的煤粉量，可磨性系数用式（3-11）确定：

$$\mathrm{HGI}=13+6.93D_{74} \tag{3-11}$$

式中　D_{74}——通过孔径为74μm的煤粉量，g。

BTИ可磨性系数与Hardgrove可磨系数之间的换算按式（3-12）进行，即

$$K_{km}=0.0034HGI^{1.25}+0.61 \tag{3-12}$$

通常认为BTИ可磨性系数小于或等于1.2的煤为难磨煤，而可磨性系数大于或等于1.5的煤为易磨的煤。

2. 煤的磨损性

煤在磨制过程中，对磨煤机金属碾磨部件的磨损程度，称为煤的磨损性，磨损性的大小用煤的磨损指数来表示。煤的磨损指数是通过试验方法确定的。

在一定试验条件下，某种煤每分钟对纯铁的磨损量x与相同条件下标准煤每分钟对纯铁磨损量的比值，称为煤的磨损性指数K_e。此处所指标准煤是指每分钟使纯铁磨损10mg的煤，煤的磨损性指数可用式（3-13）表示：

$$K_e=\frac{x}{10\text{mg 纯铁 / 分钟}} \tag{3-13}$$

根据煤的磨损性指数的大小，煤的磨损性可分为以下四类，即：$K_e<2$，磨损性不强；$K_e=2\sim3.5$，磨损性较强；$K_e=3.5\sim5$，磨损性强；$K_e>5$，磨损性极强。煤的磨损性指数对磨煤机形式及研磨金属部件材料的选择具有重要影响。

3. 煤的可磨性与磨损性的关系

煤的可磨性系数与煤的磨损性是完全不同的两个概念。容易破碎的煤，不一定是弱磨损性，而不易破碎的煤，也不一定磨损性强的煤。煤的可磨性取决于煤的脆性与机械强度；磨损性取决于煤中石英、黄铁矿等硬质颗粒的质量分数。可磨性与磨损性二者没有相关关系。

五、煤粉的性质与品质

（一）煤粉的流动性

煤粉颗粒大小在0～1000μm之间，其中20～50μm的煤粉颗粒居多。煤粉的堆积密度约为0.7t/m³。煤粉颗粒形状是不规则的，并且随燃料的种类及制粉设备的型式的不同而异。

新磨制的干煤粉，由于小而轻，因而在其表面上有吸附大量空气的能力，故煤粉能与空气混合而具有良好的流动性，利用这个性质可用管道对煤粉进行气力输送。煤粉的流动

性也给运行工作带来不利：煤粉会从不严密处泄漏出来，影响制粉系统安全运行和污染环境。此外煤粉自流也会给运行带来不良影响。为此，对制粉系统的严密性和煤粉自流问题应给予足够的重视。

（二）煤粉的自燃爆炸性

煤粉和空气混合物在一定条件下会发生自燃爆炸，引起设备和人身事故。煤粉的自燃爆炸性与许多因素有关，如煤粉的挥发分、水分和灰分的大小，煤粉细度，气粉混合物温度，混合物中煤粉浓度和氧的浓度等。挥发分越高，产生自燃爆炸的可能性就越大。煤粉水分和灰分增加，将使自燃爆炸可能性降低。煤粉越细，可爆性越大。对于烟煤煤粉，当粒径大于100μm时，几乎不会发生自燃爆炸。

制粉系统运行中，一般很难避开能够引起自燃爆炸的煤粉浓度范围，煤粉空气混合物在遇到明火以后有可能发生爆炸。制粉设备中沉积煤粉的自燃往往是引爆的火源。气粉混合物温度越高，危险性就越大。因此，在制粉系统运行中，要严格控制制粉系统末端气粉混合物的温度和防止煤粉沉积。

（三）煤粉细度

煤粉细度是指煤粉颗粒尺寸的大小。它是衡量煤粉品质的重要指标。煤粉过粗，在炉膛中不易燃尽，增加不完全燃烧热损失；煤粉过细，又会使制粉系统的电耗和金属磨耗增加。所以，煤粉细度应合适。

1. 煤粉细度的表示方法

煤粉细度是用一组由细金属丝编制的、带正方形小孔的筛子进行筛分来测定的。取一定数量的煤粉试样在筛子上筛分，人工筛孔的尺寸为xμm的筛子上筛分后有部分留在筛子上，部分经筛孔落下，则筛子上剩余量占筛分煤粉总量的百分数为：

$$R_x = \frac{a}{a+b} \times 100(\%) \tag{3-14}$$

式中　a——残留在筛子上的煤粉质量（筛余量）；

b——透过筛子的煤粉质量；

R_x——煤粉细度。

筛余量越大，则表示煤粉愈粗。筛子的标准各国不同，国内常用的筛子规格及煤粉细度表示方法如表3-3所示。

表3-3　国内常用的筛子规格及煤粉细度表示方法

筛号（每厘米长的孔数）	6	8	12	30	40	60	70	80
孔径（筛孔内边长）(μm)	1000	750	500	200	150	100	90	75
煤粉细度表示（筛余量）	R_{1000}	R_{750}	R_{500}	R_{200}	R_{150}	R_{100}	R_{90}	R_{75}

进行比较全面的煤粉筛分，通常需要4～5个筛子。电厂中对于无烟煤和烟煤常用30号和70号两种筛子，即R_{200}和R_{90}表示，对于褐煤则常用R_{200}和R_{500}表示，如果只用一个数值来表示则常用R_{90}。

2. 煤粉的经济细度

磨煤机磨制的煤粉细度应适当。在锅炉运行中，应选择适当的煤粉细度，使机械不完全燃烧热损失和制粉系统的电耗之和为最小，此时的煤粉细度称为煤粉经济细度。

影响煤粉经济细度的主要因素是煤的挥发分和煤粉颗粒分布的均匀性。高挥发分的煤由于容易燃烧，可以比低挥发分的煤磨得粗些；煤粉均匀性好，则造成机械不完全燃烧热损失的大煤粉颗粒就少些，此时也可以磨得粗些。炉膛的燃烧强度大，煤粉易于着火、燃烧及燃尽，允许煤粉粗些。

在电厂的运行中，煤粉的经济细度通过锅炉燃烧调整试验确定。即在不同煤粉细度下，测量锅炉的热效率、磨煤电耗及金属磨损量，寻求最经济工况时的煤粉细度。煤粉细度的调整手段一般有两种：调整粗粉分离器及系统通风量。

（四）煤粉均匀度

煤粉是由粗细不同的颗粒组成。煤粉中过大的颗粒对燃烧十分不利。在电厂的实际制粉系统中，通常将磨制的煤粉进行颗粒分选，使适合燃烧的颗粒通过，过粗的煤粉返回到磨煤机内进一步碾磨。这种方法能有效地缩小燃用煤粉的粒径范围，改善粒径分布的情况，提高运行的经济性。

煤粉的粒径分布，符合下列方程：

$$R_x = 100e^{-bx^n} \tag{3-15}$$

式中 R_x——孔径为 x μm 筛上筛余量的百分比（即煤粉细度）；

b——煤粉粗细程度的系数；

n——煤粉粒度分布均匀性的系数，亦称为均匀性指数。

从式（3-15）可知，根据两种规格筛子上的筛分结果，便可确定式中的系数 b 和 n，并据此计算任意筛上的筛余量，做出完整的煤粉颗粒组成特性曲线。

若 R_{200} 和 R_{90} 已知，则

$$n = 2.88\lg\frac{2.0 - \lg R_{200}}{2.0 - \lg R_{90}} \tag{3-16}$$

$$b = \frac{1}{90^n}\ln\frac{100}{R_{90}} \tag{3-17}$$

当 R_{90} 一定时，n 越大，则 R_{200} 越小，即大于 200μm 颗粒较少，过粗的煤粉就越少；当 R_{200} 一定时，n 越大，则 R_{90} 越大，即小于 90μm 颗粒较少。即该煤粉大于 200μm 和小于 90μm 的颗粒都较少。由此可知，n 越大，过细和过粗的煤粉就越少，煤粉颗粒分布就越均匀；n 越小，则过细和过粗的煤粉就越多，煤粉颗粒分布就不理想。一般 n 在 0.8～1.2 之间。

b 值表示煤粉的粗细。在 n 值一定时，煤粉粗，R_{90} 越大，则 b 值越小。反之，煤粉细，R_{90} 小，b 值大。

磨制的煤粉，其颗粒分布是有一定的规律的，电厂所用的每一套制粉系统都可通过试验测出 R_{200} 和 R_{90}，然后计算出 n 值。n 值与磨煤机和分离器的形式及它们的运行工况有关。

（五）煤粉水分

煤粉的最终水分对于供粉的连续性和均匀性、磨煤机的出力以及制粉系统设备的安全

性都有很大的影响。

煤粉内水分过高，在煤粉管道内容易结块，会导致煤粉输送困难甚至着火推迟等，因此应将煤粉进行充分的干燥而保持其流动性。水分过低时，煤粉又易自燃甚至引起爆炸。所以煤粉中水分的大小应根据煤粉输送的可靠性及制粉系统的经济性综合考虑。

第二节　制粉系统的种类及经济性指标

一、制粉系统的种类

锅炉制粉系统根据工作流程可以分为中间储仓式系统和直吹式系统，根据系统工作压力可分为负压系统和正压系统，如图 3-3 所示。

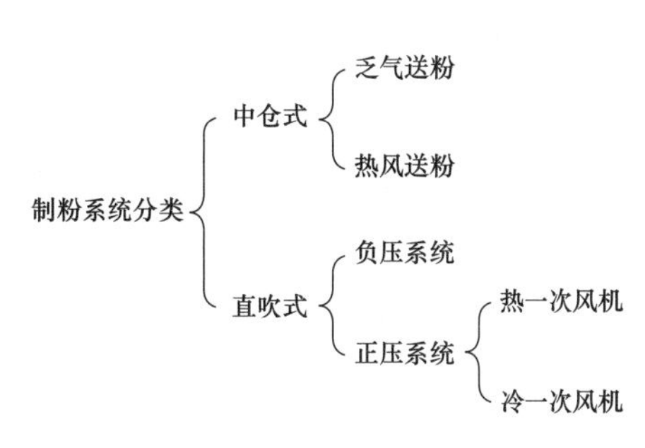

图 3-3　锅炉制粉系统的分类

中间储仓式制粉系统（简称中仓式或中储式）是将磨好的煤粉先储存在煤粉仓中，然后再根据锅炉负荷的需要，经给粉机后将煤粉经燃烧器吹入炉膛中燃烧的系统。其中，吹送煤粉的介质可以是制粉系统的乏气，也可以是热一次风，视燃煤性质而定，分别称为乏气送粉和热风送粉。中间储仓式制粉系统是负压系统。

直吹式制粉系统是指原煤经过磨煤机磨成煤粉后直接经燃烧器吹入炉膛中燃烧的系统。根据一次风机相对磨煤机所布置的位置不同，直吹式制粉系统有负压和正压之分：一次风机位于磨煤机之前为正压系统，位于磨煤机之后为负压系统。对于正压系统，如果一次风机位于空气预热器之后布置，称为热一次风机；如果一次风机位于空气预热器之前布置，则称为冷一次风机。

不同的制粉系统宜配置相宜的磨煤机，中间储仓式制粉系统一般配置低速磨煤机，直吹式制粉系统一般配置中速或高速磨煤机。

目前，国内大容量、高参数大型发电机组的锅炉制粉系统都将一次风机布置在空气预热器之前（冷一次风机），并配置三分仓或四分仓空气预热器，避免一次风机在高温工况下工作，使其工作条件改善，故障率降低。这种制粉系统称为冷一次风机正压直吹式制粉系统，如图 3-4 所示。

二、制粉系统的经济性指标

制粉系统中有许多转动机械，例如磨煤机、各种风机以及给煤机等。在运行中，系统消耗一定量的厂用电来制备燃烧所需要的煤粉。从经济运行的角度出发，希望系统以最小的能量消耗来制备足够数量的合格煤粉。为了衡量系统运行的经济性，常常用到以下指标。

（一）制粉系统的出力

制粉系统的出力是指系统单位时间制备合格煤粉的数量（t/h）。它是一个衡量制粉系统制备能力的指标。这里所谓的合格煤粉，包括三层含义：①煤粉的细度合格；②煤粉的

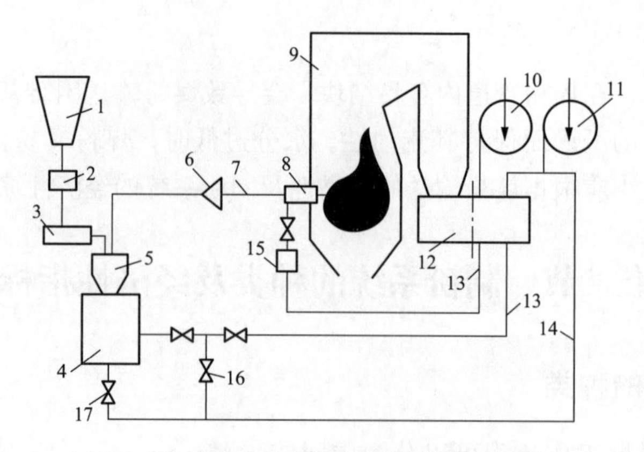

图 3-4 中速磨冷一次风机正压直吹式制粉系统

1—原煤仓；2—电子秤；3—给煤机；4—磨煤机；5—煤粉分离器；6—一次风箱；7—煤粉管；8—燃烧器；9—锅炉；10—送风机；11—冷一次风机；12—空气预热器；13—热风管道；14—冷风管道；15—二次风箱；16—冷风门；17—磨煤机密封风门

水分合格；③磨煤机通风的携带能力合格。

制粉系统在运行过程中，不但要磨制出一定数量的细度符合要求的煤粉，还要将原煤干燥到一定程度，同时还要用足够的通风量将磨制好的煤粉从磨煤机中带出。由此可见，决定制粉系统出力大小的因素有三个方面：

（1）磨煤机的碾磨能力，即磨煤机单位时间能磨制多少细度合格的煤粉。

（2）磨煤机的干燥条件，即在单位时间内，磨煤机入口的干燥剂一次风是否能够将磨好的煤粉全部干燥到所要求的程度。

（3）磨煤机的通风量（一次风），即这些风是否有能力将磨好的煤粉全部带出磨煤机。

运行过程中，在耗能一定的前提下，制粉系统的出力越大，则经济性越高。

（二）制粉单耗

制粉单耗（e_{zf}）是指系统制备一定数量的合格煤粉所消耗的电功率。常用 kWh/t 表示，即制备 1t 煤粉所消耗的电能。制粉单耗是磨煤单耗和通风单耗之和。

1. 磨煤单耗

磨煤单耗（e_{m}）是指磨煤机磨制 1t 合格煤粉所消耗的电能，即磨煤机的运行电耗。显然，磨煤机的功率一定时，出力大则单耗小，经济性就高。

2. 通风单耗

通风单耗（e_{tf}）是指输送 1t 煤粉时，一次风机（或排粉机）所消耗的电能。通风电耗是随着通风量的增大而增大的，但是通风单耗是否增大还要看制粉系统的出力如何变化，所以，具体情况要具体分析。

第三节 磨 煤 机

磨煤机是把原煤磨制成煤粉的机械装置，它是制粉系统的核心设备。各种磨煤机将煤磨制成煤粉主要借助击碎、压碎和碾碎等方法来实现。一种磨煤机往往同时具有上述两种或三种作用，但以一种作用为主。

一、磨煤机的种类

根据磨煤机的工作转速，现代大型电站磨煤机可分为低速磨煤机、中速磨煤机和高速磨煤机三种，如图 3-5 所示。

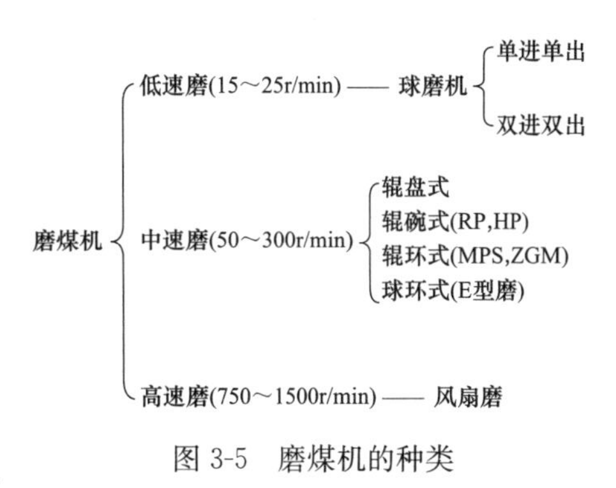

图 3-5 磨煤机的种类

(1) 低速磨煤机（低速磨）。转速为 15～25r/min，最常用的是筒式钢球磨煤机。筒式钢球磨煤机根据进煤、出粉方式的不同可分为单进单出和双进双出两种。

(2) 中速磨煤机（中速磨）。转速为 50～300r/min，根据磨辊和磨盘的结构形式不同可分为辊盘式、辊碗式（RP，HP）、辊环式（MPS，ZGM）和球环式（E 型磨）四种。其中，HP 中速磨是 RP 中速磨的改进型，两者结构基本相似；MPS 为德文磨煤机、摆动式磨辊、磨盘的缩写；ZGM 为中文中速、辊式、磨煤机的汉语拼音缩写，是 MPS 磨的改进型，两者结构基本相似。

(3) 高速磨煤机（高速磨）。转速为 750～1500r/min，如风扇磨煤机。

磨煤机选型的关键在于煤的性质，特别是煤的挥发分 V_{daf}、可磨性系数 K_{km}（或 HGI）、磨损指数 K_e 及水分 M_{ar}、灰分 A_{ar} 等，同时还要考虑运行的可靠性、初投资、运行费用以及锅炉容量、负荷性质等，必要时需要进行技术经济比较。原则上，当煤种适宜时，应优先选用中速磨煤机；燃用水分很高的褐煤时，应优先选用风扇磨煤机；当煤种变化较大，煤种难磨，中、高速磨煤机都不适宜时，才优先选用双进双出钢球磨煤机。

几种典型磨煤机的性能比较见表 3-4。

表 3-4　　几种典型磨煤机的性能比较

序号	主要性能	单位	双进双出钢球磨	HP 中速磨	MPS 中速磨	MPSⅡ中速磨
1	阻力	kPa	2～3	3.5～5.5	4～7.65	4～7.65
2	制粉电耗	kWh/t	30～44	20～23	20～23	20～23
3	煤粉细度 R_{90}	%	4～25	8～25	13～25	13～25
4	碾磨件寿命	—	1～2 年		4000～15 000h	
5	检修维护	—	少	较多	一般	一般
6	检修方便性	—	方便	较方便	一般	较方便
7	煤种适应性	—	各种煤	烟煤、贫煤、部分褐煤		
8	主要优点	—	适应广	适应一般，磨煤电耗较低		

在目前的超超临界机组中，大多采用冷一次风机正压直吹式制粉系统。在磨煤机配备上，与钢球磨煤机相比，中速磨煤机重量轻、占地少、制粉系统管路简单、投资省、电耗低、噪声小，因此在大容量机组中得到了广泛的应用。只有当煤种的磨损性极强时，才采

用双进双出钢球磨煤机。

在我国目前建成和在建的1000MW超超临界机组锅炉中，所采用的中速磨煤机以HP辊碗式磨煤机（又称碗式磨煤机）、MPS磨煤机、ZGM磨煤机居多。

国内主要制造厂家生产的中速磨煤机性能比较如表3-5所示。

表3-5 国内主要制造厂家生产的中速磨煤机性能比较

制造厂家	上海重型机器厂	沈阳重型机器厂	北京电力设备总厂	长春发电设备总厂
型号	HP	MPS	ZGM	MPS-HP-Ⅱ
型式	碗式磨	轮式磨	轮式磨	轮式磨
主要技术来源	美国API	德国Babcock	引进Babcock技术＋自主研发	德国Babcock
设备外形及基础	较小	稍大	稍大	较小
分离器型式	动态分离器	动态或静态分离器	动态或静态分离器	动态或静态分离器
碾磨件	锥形磨辊＋碗形磨盘	轮形磨辊＋磨环	轮形磨辊＋磨环	轮形磨辊＋磨环
磨辊材质与硬度	堆焊合金HKC59	Ni-hard Ⅳ，HRC59.5～60	CR2021，HV750±20	
负荷调节范围	25%～100%	25%～100%	25%～100%	15%～100%
加负荷方式	弹簧，定加负荷	液动机构，变加负荷	液动机构，变加负荷	液动机构，变加负荷
启动方式	空载启动	空载、带载启动	空载、带载启动	空载、带载启动
防爆设计压力	0.35MPa	0.35MPa	0.35MPa	0.35MPa
磨煤机风侧阻力	3.5～5.55kPa	4～7.77kPa	4～7.77kPa	4～7.79kPa
对硬杂物适应力	对杂物较敏感	一般	一般	一般
石子煤排放量	一般	较少	较少	较少
中后期出力下降	10%	5%	5%	5%
碾磨件寿命	>6000h，堆焊修复	>6000h，寿命较长	>6000h，寿命较长	>6000h
检修更换磨辊	专用工具翻辊，较为方便	需吊出分离器后再吊磨辊，稍复杂	需吊出分离器后再吊磨辊，稍复杂	翻辊，较方便

在我国1000MW机组上，无论是采用中速磨煤机还是采用双进双出钢球磨煤机的正压直吹式制粉系统，一般均配六个原煤仓，六台磨煤机，其中五台运行、一台备用。

下面重点介绍MPS中速磨煤机的特点、结构组成及工作原理。

二、MPS中速磨煤机

1. MPS磨煤机及其特点

MPS型磨煤机起源于德国巴布科克公司，因其具有良好的性能而在我国电厂得到了广泛的应用。德国巴布科克公司通过对MPS磨煤机结构的不断完善与技术创新，于20世纪末推出了新的液压加载MPS磨煤机系列产品。该系列产品吸取了其他中速磨煤机的优点，保留了MPS磨煤机自身的特点，结构更加合理，技术更趋于成熟，并在全球市场获得了成功，得到了广泛的应用。

1985年我国引进了弹簧加载的MPS190、MPS225和MPS255三个型号的制造专有技术。1992 年及 1994 年我国又分别引进了液压加载的 MPS212 及 MPS180 两个型号的制造专有技术。经过长期的消化吸收和再创新，我国已从引进技术之初的 4 个规格发展成全系列 22 种规格的系列产品。2003 年，我国有关设备制造厂家对中速磨煤机进行了大规模的技术更新换代改造，采用了液压变加载、高效动静态分离器、抗爆防爆技术等，对参数和结构进行了进一步的优化设计，使产品重量下降 10%～15%，运行电耗降低 1%～3%，使 MPS 磨煤机的综合技术指标达到了一个新的水平。

MPS 磨煤机与其他中速磨煤机相比较，具有如下优点：

（1）MPS 磨的磨辊辊轴中心位置固定，比轴心位置不固定的磨煤机（如 E 型磨）的碾磨效率高，在同样的磨煤机出力条件下，碾磨件磨损轻，使用寿命长。

（2）磨辊碾磨面近似球面，辊轴倾斜度可调，比采用锥形磨辊的 HP 磨的磨损小且均匀。

（3）与 HP 磨相比，MPS 磨由于受空间限制小，可以采用更大的磨辊，故咬入性能优于 HP 磨，不易发生打滑振动问题。

（4）与磨辊辊架直接装在机壳上的 HP 磨不同，MPS 磨的机壳可做成轻型结构。

（5）MPS 磨没有穿过机壳的活动部分，密封性能好。

（6）MPS 磨对煤的可磨性系数适应性较强，其余中速磨适用的哈氏可磨性系数 HGI 只能在 55 以上，而 MPS 磨可磨制 HGI 最低为 40 的煤。

2. MPS 磨煤机的工作原理

MPS 磨煤机工作原理比较简单，如图 3-6 所示。磨煤机由外力驱动，磨内有三个能自身转动的磨辊，磨辊在转动的磨盘上碾磨燃料。

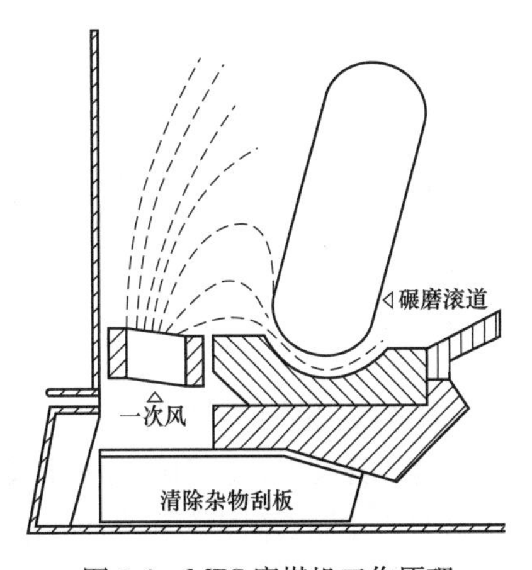

图 3-6　MPS 磨煤机工作原理

煤从磨煤机中心落煤管落到旋转的磨盘上，在离心力作用下，使煤向磨盘的四周散开，当煤进入磨盘滚道后被转动的磨辊碾碎并向磨盘外侧溢出，与此同时，作为干燥剂的热风通过磨盘周围的喷嘴环进入磨内。热风起干燥和输送煤粉的作用，把煤粉输向布置在磨煤机外壳上部的分离器，在分离器内进行粗细粉的分离，合格的细粉输向炉膛燃烧，粗的颗粒落到磨盘上继续碾磨。

混杂在煤中的铁块、石子煤等，由于自重不能被热风托起，在自身重力作用下通过热风喷嘴下落到磨盘下面的热风进风室，由清煤刮板刮入落渣箱内。在运行期间应经常掏空落渣箱内石子煤等杂物。

3. MPS 磨煤机结构及主要部件

MPS 磨煤机主要由磨煤机本体、减速机、盘车装置、润滑油站、液压站及密封风系统等部分组成，MPS 磨煤机结构如图 3-7 所示。

（1）基础框架。磨煤机基础框架与减速机台板、电动机基础是在找正完毕后与弹性基础台板进行整体灌浆连接的。减速机解体时由电动机方向拖出，所以电动机处滑动铁轨与减速机台板平面为同一标台。

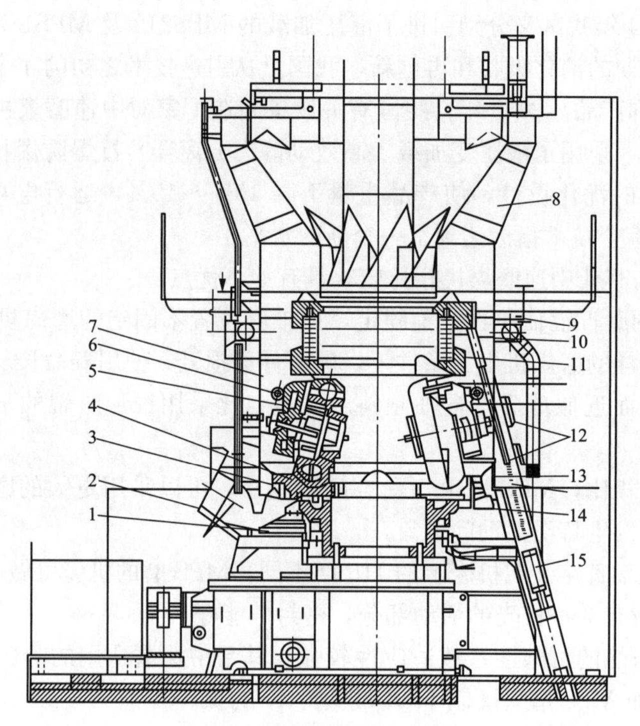

图 3-7 MPS磨煤机结构图

1—刮板；2—进风口；3—风环；4—磨盘护瓦；5—磨辊；6—护板；7—筒体；8—分离器；9—上压盖；10—弹簧；11—下压盖；12—密封空气管；13—拉绳；14—磨盘；15—液压缸

(2) 底座和落渣门。磨煤机底座、减速机台板与基础框架焊接为一体。底座上装设有一次风热风道、落渣闸门并承受喷嘴环的支承。

在底座上焊有三个液压缸体支架，在缸体内装置了加压缸活塞，钢丝绳锁块和活塞缸上盖，缸体与磨煤机基础框架相连接。

在底座上还装有落渣管、落渣箱、落渣门，液压装置的牵引和加压液压缸与闸门框架固定，为保证密封，在闸门沿框架装石棉绳密封。闸门活塞缸上盖以管道支承、闸门盘与液压缸的连接用石墨密封配黄油涂抹密封，在闸门上还设有开关行程指示。

(3) 机壳。磨煤机外壳为圆筒形，由钢板卷制而成，并与底座相焊接。为防止磨损，在机壳内装有可拆换的10mm厚的防磨板，外壳壁上装有人孔门，此门与壳体相密封。在外壳上还装有3个液压千斤顶装置和加载钢丝绳的密封套筒，并与弹簧压盖的导向装置相连接。

(4) 磨盘支承架。磨盘支承架上部支承磨盘，承受磨辊的碾磨力，下部与减速机从动法兰相连接，承受扭转和弯曲应力。支承架外缘与机壳由密封风密封。两个落渣刮板与磨盘支承架相连接，磨盘支承架与减速机从动法兰应同心。

(5) 喷嘴环。喷嘴环装设在磨盘的外环处并固定在机壳上，喷嘴环由上喷嘴环和下喷嘴环组成。上喷嘴环上装设多个斜切喷嘴，其切向与磨盘的旋转方向相同。上喷嘴环可分组拆下更换。下喷嘴环为整体式，作为上喷嘴环的底座。

（6）磨盘。磨盘由托盘和衬板所组成。组合式衬板材料为镍硬Ⅳ号或高铬合金铸钢，具有较高的抗磨强度。磨盘衬板用锁紧螺钉固定，安装在托盘上部的定心圆伞形罩盖起着分配原煤、防止煤粉和水进入下部支承架内的作用。另外还装有衬板托盘与磨盘支承架的制动保险销。磨盘与磨盘支承架同心。

（7）磨辊及其支承架。在磨盘和弹簧托架之间设有 3 个磨辊沿圆周均匀布置，彼此相隔 120°，弹簧压力通过各自摆动活节上 2 个圆柱体滚柱及支架施加于磨辊上，与磨盘紧贴产生一定碾磨力。

磨辊主要由辊胎、辊轴、轴承、辊毂、端盖及支架等组成，MPS 磨煤机磨辊如图 3-8 所示。

磨辊的自重、碾磨力和磨辊碾磨的反作用力，都由滚动轴承承担。轴承的运行使用寿命与润滑油状态有很大关系，对在高温条件下工作的轴承影响最重要的是润滑油，径向轴密封环至少要浸入油室中的最低油位。

为防止磨辊漏油渗油，必须要有良好的密封。旋转套筒表面必须经过特殊处理，具有抗磨性能；两个径向轴密封环都由耐高温材料制成；磨辊支承架与密封风系统由可活动的管道连接。密封风从磨辊支承架内部出来进入前轴承环形通道，给轴承进行密封，以防煤粉进入轴承内，当轴承温度发生变化时，其压力也发生变化。因此，在轴头装有过滤空气的过滤器，作为轴承室与密封风环形通道的连通。在轴中心孔，使用测量标尺检查磨辊油位的高低情况。

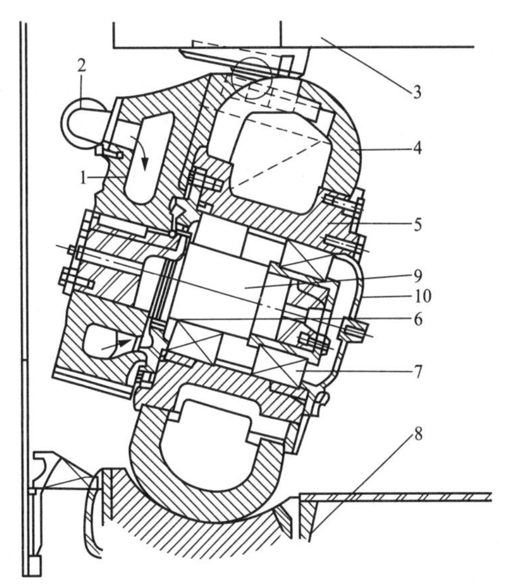

图 3-8　MPS 磨煤机磨辊

1—支架；2—密封环；3—下压环；4—辊胎；5—辊毂；6—润滑油液位；7—轴承；8—磨盘；9—辊轴；10—端盖

（8）辊胎。每个磨辊装有一个辊胎，辊胎由镍硬Ⅳ号或高铬合金浇铸而成，目前国内大部分采用高铬铸铁。辊胎套装在辊毂上，在端面用一个压环进行保险固定，且装有制动保险块，防止辊胎与辊毂产生相对移动。

（9）磨辊摆动活节。磨辊支承架与弹簧托架之间采用活动连接，即在弹簧托架下部设有 2 个半圆柱凹槽与磨辊支架，两翼处两凹槽之间用 2 个滚柱相连接，从而可调整磨辊的径向位置，控制磨辊的斜度在 12°～15°范围内变动，使磨盘上水平方向存放的原煤在磨辊碾磨过程中有良好的配合。

因磨辊支承架与弹簧托架之间用活动连接，使磨辊沿径向能做少量的摆动，故这种磨辊支承架结构又被称为摆动式活节。

（10）弹簧托架、弹簧压盖、承压弹簧。弹簧托架与弹簧压盖均为铸件。为防止弹簧托架、弹簧压盖在磨辊带动下发生旋转，在弹簧托架与弹簧压盖的外缘与磨煤机内壳体之间各设有 3 副支承导向件。在弹簧托架外缘铸有 3 只凸耳，弹簧压盖外缘有 3 处凹槽，同时，为了防止弹簧托架上切向支承件承压面的磨损，还设有防磨护板。

为固定承压弹簧的均布位置，并防止移动，在弹簧托架和弹簧压盖上下端面上铸有18只沿圆周均匀分布的凸圆。在弹簧压盖和托架上，设有起吊螺钉孔，供检修起吊之用。弹簧压盖上部装有三角形滑动罩，以避免煤粉沉结在压盖，发生积粉自燃和气粉混合物的爆炸。

（11）碾磨力检查装置。碾磨力指示器由指针、轴、杠杆、刻度板、法兰式轴承及密封垫等组成。碾磨力指示的测量臂与弹簧托架相接触，当磨辊及衬板磨损而下沉时，测量臂随之下移，从而可测出磨辊及衬板的大概磨损量，推算出磨损后各磨辊的加载力变化情况。另外碾磨力指示器还可测出磨辊下煤层厚度。

（12）传动盘的密封。因磨煤机机壳内带正压运行，为防止热风及煤粉向大气中逸出，在磨煤机传动盘与机壳之间需加以密封。在密封环支承架上，设有密封风接口，在减速机外壳上布置4个支承架，实际共有3个密封点：

1）静密封点，用压紧石墨—石棉绳配合进行密封。

2）传动盘与固定密封环之间留有密封间隙。

3）传动盘下端颈部，设有用嵌有齿的锯齿式迷宫环与传动盘外圆进行密封。

其中2）、3）两个密封环之间形成一个环形封闭空间，内部通有密封风，设计要求密封风压大于磨煤机机壳内热风风压2kPa，密封风道为环形管，在总管上有分支管引出。

（13）磨煤机内磨辊的密封风管。密封风的作用有两个，其一是阻止磨煤机内热风、煤粉的逸出，其二是防止磨煤机内热风、煤粉进入磨辊轴承内部。

磨煤机每个磨辊都设有一个固定在磨煤机外壳上的可活动管道。固定管道与密封风母管相连接，连通管一端与磨辊支承架相连，另一端与活节轴承外壳相连，以便在碾磨过程中自由活动。

（14）碾磨力和落渣门的液压装置。碾磨力是经过布置在磨煤机底座加压装置的3个液压缸进行受力加载调整的。落渣闸门的截止阀，是由落渣门液压缸进行操作，液压千斤顶及落渣门液压缸油压由布置在磨煤机基础附近的液压站供给，液压千斤顶和落渣门液压缸与液压站油泵之间用油管连接。

（15）加载装置。调整磨煤机碾磨力的液压千斤顶缸体内有固定上压盖，经缸内活塞移动，产生牵引作用，整个缸体与磨煤机底座相连接，在液压缸底部布置有锁块垫片，当油压撤销后起固定钢丝绳的作用，经液压千斤顶的移动可加载或卸载。在缸体支座上布置有碾磨力刻度指示器，通过固定在钢丝绳上指针的移动，可指示出活塞的行程。

（16）分离器。分离器布置在磨煤机外壳上部，是一种速度离心式分离器。从磨煤机腔室内出来的风粉混合物经折向门挡板以切线方向进入分离器内腔室。在此处使粗颗粒煤粉分离，返回的粗粒煤粉经返回门继续回到磨煤机腔室内碾磨，而粉碎的细粉进入喷燃器。折向门挡板在运行时通过伺服传动装置可进行调整。在一定的热风量和同样的燃料量的情况下，折向门挡板的开度将影响分离器的分离效果，影响煤粉的颗粒度。

（17）消防灭火蒸汽系统。消防蒸汽的作用是预防或消灭磨煤机内煤粉或煤粉气混合物的自燃和爆炸。MPS磨煤机在垂直的灭火蒸汽管上接有三根支管，分别通向热风道进口、磨煤机磨盘上及分离器内。在灭火蒸汽母管上，装有电磁阀和手动截止阀，电磁阀在紧急情况下可手动操作，手动截止阀是磨煤机检修时，作隔绝汽源之用，以保证检修人员的安全工作。

（18）弹性联轴器。减速机和磨煤机之间传动是使用一个弹性联轴器，并以圆柱销定位和连接。

（19）密封风机。密封风机是把经过滤器的空气吸入，然后提升到一定风压，向磨煤机各密封点输入密封风。

（20）密封风管道。密封风管道是向磨煤机传动盘迷宫式密封及磨煤机内 3 个磨辊输送密封风的管道。在连通管上装有逆止挡板，以防磨煤机内热风倒回入密封风机。在密封风母管与迷宫式密封环之间的管道上设有一个节流挡板。用手调整挡板开度，使密封风均匀地分配风量并进入迷宫式密封环和 3 个磨辊。在节流挡板后的密封风压与热一次风压之间的压差是可以调整的。在磨煤机运行时，不允许密封风压低于热一次风风压，一般要求高于 2kPa。

MPS 磨煤机系列规格如表 3-6 所示。

表 3-6　MPS 磨煤机系列规格

磨煤机规格		主要参数			
MPS	MP	标准出力（t/h）	驱动功率（kW）	风量（kg/s）	压降（Pa）
180	1814	45.00	297.6	14.38	6170
190	1915	52.60	340.0	16.75	6380
200	2015	58.50	380.0	18.55	6570
212	2116	67.70	440.0	21.65	6770
225	2217	78.60	510.0	24.74	6970
245	2419	99.30	624.0	31.43	7290
255	2519	107.30	705.0	32.98	7450
265	2620	118.30	769.0	37.79	7610
280	2821	135.80	840.0	43.90	7770

三、中速磨煤机的运行特性及调整

（一）中速磨煤机的运行特性

中速磨煤机的运行特性是指某些运行因素变动（例如煤质的变动、给煤量的变动等）对磨煤机工作的影响。具体地讲，中速磨煤机的运行特性主要包括三个方面：

（1）出力特性，即各种运行因素对磨煤机出力的影响。

（2）单耗特性，即各种不同工况所对应的制粉单耗。

（3）细度特性，不同运行因素以及分离器挡板开度变动对煤粉细度的影响。

掌握这些运行特性是运行人员合理制定运行方案、正确操作和调整的基础。

1. 出力特性

运行中导致磨煤机出力变动的因素主要来自两个方面：一是锅炉负荷的正常增减而使

进入磨煤机的给煤量发生变化引起的；二是煤质变动引起的。

（1）给煤量的变动。在机组正常运行时，当锅炉的负荷改变时，需要改变磨煤机的给煤量，从而改变磨煤出力以适应新工况下要求的蒸发量。

显然要达到不同负荷下所要求的蒸发量，必须要在炉内建立起新的燃烧工况，而从磨煤机给煤量的变化到磨煤机出力的变化，再经过一次风管送到炉内从而建立起新的燃烧工况，需要一定的时间，即这种调节是有延迟的。实验表明，单台磨煤机给煤量变化15%，烟道氧量表指示值变化的延迟时间为60～65s，主蒸汽流量变化的延迟约为60s，扰动后的稳定时间为4～5min。当运行着的5台磨煤机同时扰动4%时，烟道氧量和主汽流量的延迟为45s。

（2）煤质变动。与钢球磨煤机相比，各种类型的中速磨煤机对原煤可磨性指数的变动比较敏感。一般情况下，中速磨煤机适合磨制可磨性指数HGI为55以上的原煤，而HGI每变化1，出力变化2.4%～2.6%，且可磨性指数越低，出力变化的幅度越大。

由于在中速磨煤机中，干燥剂与原煤无预先接触，而是采用逆向流动的干燥方式，干燥的能力是有限的，所以原煤水分对碾磨过程的影响很大。水分越大，则磨煤出力就越小。过大的水分还将导致磨辊处煤粒黏结，影响安全运行。

灰分对中速磨煤机的影响相对较弱，但当原煤灰分超过20%时，由于磨煤机内循环量的增加，会导致磨煤机出力下降。

所要求的煤粉细度也是影响中速磨煤机磨煤出力的一个重要因素，即磨煤机出力随着煤粉细度值的增大（即煤粉变粗）而增大。实验表明，在R_{90}为15%～37%的范围内，R_{90}每变化1%，磨煤机出力变化1.4%～1.6%。

（3）中速磨煤机的最大出力。磨煤机最大出力是指在满足锅炉的燃烧要求并能稳定运行的前提下，单位时间所能达到的最大煤粉制备量。

运行中的磨煤机出力是通过给煤量来调节的。增大给煤量，可以提高磨煤出力，但随着磨煤机出力的增大，将会导致磨煤机电流增大、石子煤增多、煤粉变粗等后果，所以，当磨煤机出力达到一定程度时就不能再继续增加了。最大出力可以作为运行人员对磨煤机出力调节的依据之一，也是衡量中速磨煤机碾磨能力的一个指标。

磨煤机的最大出力受限于磨煤机最大电流、振动、石子煤量。影响最大出力的因素还有煤粉细度、煤质、通风量、进口干燥剂温度、碾磨压力、碾磨件的磨损状态等。较大的通风量和碾磨压力可以提高磨煤机的最大出力，通过最大出力试验可确定中速磨煤机的最大出力。

2. 单耗特性

中速磨煤机的制粉单耗是指制备单位质量的合格煤粉所消耗的电功率（$e_{zf}=P_{zf}/B_{m}$），包括磨煤单耗和通风单耗（$e_{zf}=e_{m}+e_{tf}$）。单耗特性就是指制粉单耗与制粉出力之间的关系，它反映了变工况运行时制粉系统的经济性。

中速磨煤机的单位制粉电耗远远地低于低速钢球磨煤机，其中磨煤单耗和通风单耗各占一半左右。典型的中速磨煤机单耗特性如图3-9所示。从图中可以看出，在较低负荷下运行单耗很高，随着出力的增加，单位制粉电耗逐渐降低，但超过某一经济出力后，单耗又上升。图中单位制粉电耗最低的点（C 点）为经济出力，运行中应尽可能地使磨煤机的实际出力在经济出力附近。

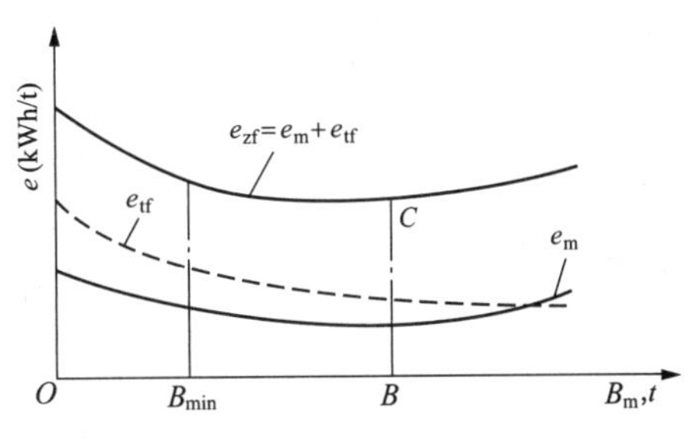

图 3-9　中速磨煤机单耗特性

对以上特性的解释是：随着给煤量的增加，磨煤机功率增加，但两者不成比例。在经济负荷以下，功率增加量 ΔP_m 与给煤量（存煤量）增量 ΔB_m 大致成比例变化，但由于磨煤机空载电耗的作用，使相应于每吨煤的磨煤电耗 $e_m(e_m=P_m/B_m)$ 随着给煤量的增加而降低。在经济出力附近，随着煤层变厚，磨辊加载力作用变差，加载力随负荷增加急速上升，因而磨煤单耗随负荷的增加而升高。另外，随着给煤量的降低，进入磨煤机的通风量降低不多，因为在低负荷下还需要维持最低风环风速，所以通风单耗 $e_{tf}(e_{tf}=P_{tf}/B_m)$ 随着磨煤出力的降低是单向增大的。

与钢球磨煤机相似，中速磨煤机的出力降低至一定值 B_{min} 以后，由于空载电耗增大其比例，磨煤经济性急剧恶化，运行中也应避开这一最低出力。过量地给煤以期提高磨煤机出力也是弊多利少，不仅煤粉变粗，石子煤量增加，容易发生堵磨事故，而且制粉经济性也是下降的。

3. 细度特性

这里主要讨论以下三个方面：①各运行因素对煤粉细度的影响；②煤粉细度与分离器挡板开度的关系；③煤粉细度对制粉系统工作的影响（如对最大出力、制粉电耗的影响等）。

煤粉细度随磨煤机磨制能力的提高和通风携带能力的减小而降低，因此所有降低磨制能力的因素都会使煤粉变粗，而通风量的减小会使煤粉变细。

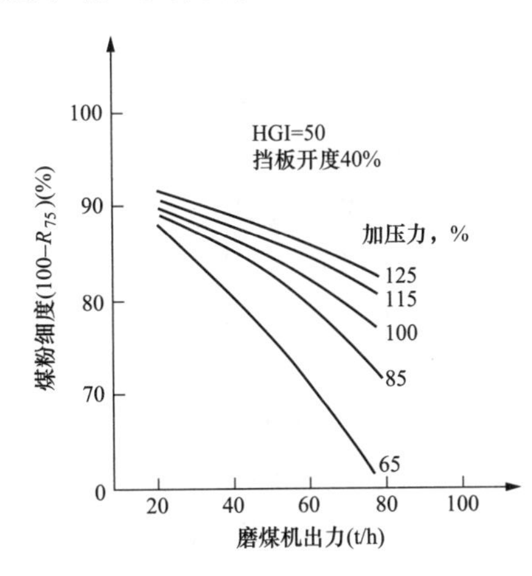

图 3-10　碾磨压力与磨煤出力对煤粉细度的影响

在不改变分离器挡板开度的前提下，煤粉细度与碾磨压力、磨煤出力的关系见图 3-10。可见，随着碾磨压力的提高，煤粉变细；当碾磨压力不变时，随着负荷的增大，煤粉变粗。碾磨压力对煤粉细度的影响随着锅炉负荷的降低而越来越小，因此当磨煤机处于低负荷运行时，可适当降低施加的碾磨压力，这既有利于减少磨煤机的振动，又不至于对煤粉细度造成明显影响。

磨煤机的通风量对煤粉细度、磨煤机电耗、石子煤量和最大磨煤出力有影响。在一定的给煤量下增大风量（即增大风煤比），煤粉变粗，磨内循环量减小，煤层变薄，磨煤机电耗下降；但由于风环风速增大，石子煤量减小，风机电耗增加，减薄煤层和降低磨煤机电流使磨煤机的最大出力潜力加大。风量的高限取决于锅炉燃烧和风机电耗，如果一次风速过大，煤粉浓度太低或煤粉过粗，易对燃烧产生不利影响，或者风机电流超限，则风量不可继续增加。风量的低限主要取决于煤粉输送和风环风速的最低要求。

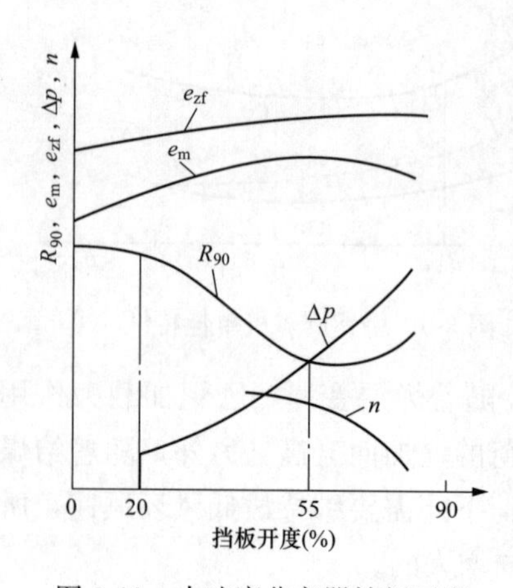

图 3-11 中速磨分离器挡板开度与煤粉细度的关系

R_{90}—煤粉细度；e_m—磨煤单耗；e_{zf}—制粉单耗；Δp—分离器阻力；n—煤粉均匀性指数

煤粉细度和制粉单耗与分离器挡板开度的关系如图 3-11 所示。由图可见，在某一给煤量下，随着分离器挡板开度的关小，煤粉逐渐变细，越过一定开度后煤粉重又变粗。图中 20%～55%为分离器挡板的有效调节区。在该区内煤粉细度与挡板开度近于直线关系。随着煤粉细度的减小，煤层增厚，磨煤机电流增大，磨煤单耗和制粉单耗均升高。在分离器挡板的有效调节区以外（图中 55%开度之后的区间），关小挡板对煤粉细度的改善作用不大，甚至相反，不仅突然增大了通风电耗，而且使煤粉的均匀性变差，大颗粒增多。运行中应避免分离器挡板开度设定在这一区间。

（二）中速磨煤机的调整

1. 磨煤出力

直吹式制粉系统的出力随着锅炉负荷的变化而变化，故不可以独立地进行负荷的调节，必须保证制粉出力与锅炉负荷相适应。

（1）出力调节方法。运行中磨煤出力一般通过改变给煤量来调节。在通风量足够的前提下，有足够的风环速度来保证石子煤的排放量，所以磨煤机的出粉量将与给煤量相平衡。增大给煤量时，磨内存煤增多、煤层变厚，则碾磨压力自动也相应增加，这样碾磨能力的增大使磨煤出力增大的同时细度基本稳定。但是，当磨内煤层增加到一定程度时，碾磨压力将不再随着增加，即碾磨能力的增大是有限的，所以，过分地增加给煤量，不但不会继续增加磨煤出力，还会使煤粉变粗、品质变差。

在不改变给煤量、不改变分离器挡板开度的条件下，增加磨煤机的通风量会减少磨内煤层厚度（即减少了磨煤机内的存粉量），磨煤机出力将有所增加，同时煤粉会变粗；相反，减少磨煤机的通风量，会使磨内煤层变厚、出力有所减少而煤粉变细。一般而言，手动操作调节磨煤机负荷时的原则是：若需要使出力增加，则应先增大一次风量，用磨内的存粉快速满足增加负荷的要求，然后再增大给煤量；若需要使出力降低，则应先减少给煤量，再减少一次风量，以保证合适的石子煤率。

综上所述，磨煤出力的调整是通过合理调节给煤量和通风量来实现的。

（2）磨煤机最小允许出力。随着磨煤机出力下降，一次风量并不能按同样比例减少，否则不能保证必要的风环速度，导致石子煤排量过大，同时也会影响一次风管输送煤粉的通畅性，有可能因风量不足而使管道堵塞，造成煤粉的沉积。

在低负荷下运行时，一次风量相对较大。这样的运行方式往往带来以下后果：

1）较大的一次风量产生较高的通风电耗，故负荷过低时，制粉的经济性很差。

2）一次风率的提高使煤粉浓度过低，从而影响了煤粉气流着火的稳定性。

3）磨内煤量过少，会加剧碾磨部件的磨损。

基于上述原因，当磨煤机的出力低于一定值时，应将其停止运行，而将该磨煤机所带的负荷分摊给其余的磨煤机。这一数值就是中速磨煤机的最低负荷，磨煤机应避免在低于这一负荷下运行。

总之，中速磨煤机应在合理的负荷范围内运行。不应片面追求单台磨煤机的高出力，也应避免在低于最小出力下运行。当锅炉负荷高到一定程度时，应重新启动一台磨煤机；负荷低到一定程度时，应停掉一台磨煤机。这样可以保证制粉的安全性和经济性。

2. 煤粉细度

中速磨煤机的煤粉细度必须满足锅炉燃烧的需要。煤粉太细，会增加磨煤循环量和煤层厚度，使磨煤电耗增大，不经济；如果磨煤机电流超限，还会降低磨煤机出力。

运行中影响煤粉细度的因素主要是煤质、磨煤出力、风量、碾磨压力和分离器挡板开度。煤粉细度的调整主要是通过改变分离器的折向挡板开度来完成的。折向门的开度在一定范围内（见细度特性的分析）由大到小，则煤粉由粗变细。若折向门的开度达到最小时，煤粉仍很粗，说明碾磨能力低，合格的煤粉磨不出来，则需要加大磨辊弹簧压力，以增加磨辊对煤层的压紧力。反之，若折向门的开度已开至最大时，煤粉仍很细，则需要减小磨辊弹簧压力，这样可以在相同磨煤机出力下，使磨煤机电流降低。用挡板调节减小煤粉细度时，应注意磨煤机功率增加的幅度，若是以较大的磨煤电耗取得较小的煤粉细度改善，有时也是不经济的。磨煤机的一次风量也会影响煤粉细度，但是一次风量的大小取决于燃烧要求的一次风比例，而且调小一次风量还会影响到煤粉管的煤粉分配均匀性。因此，一般不把它作为调节煤粉细度的手段。

随着煤粉的变粗，磨煤机最大出力能力增加，因此当锅炉在短期尖峰负荷下运行要求更高的磨煤出力时，可通过少量增大煤粉细度值来达到。

3. 碾磨压力

中速磨煤机磨制煤粉所需要的碾磨力由磨辊的自重和施加于磨辊的机械压力（称加载）形成，且以后者为主。磨煤机加载的方式主要分为弹簧加载和液压加载两种。弹簧加载方式靠改变弹簧初始压缩长度定初始加载力，运行中加载力则随着给煤量的增加而增大。加载力与给煤量的对应关系是自动生成的，且与初载和煤的难磨程度成比例，如图 3-12 所示。

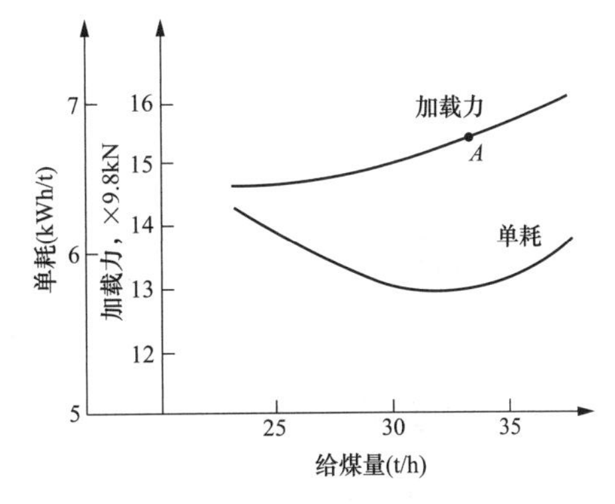

图 3-12　加载力、单耗与给煤量的对应关系

图中加载力急剧增大时的磨煤出力（A 点），即为磨煤机的经济负荷。

磨辊的加载力根据磨煤机出力大小，自动、随时随地进行调整，以达到最经济加载的目的，从而降低磨制电耗并提高耐磨件寿命。

初始加载力的大小应合理调整，随着初始加载力的改变，同一煤层厚度下，磨煤机电流和磨煤机出力都同向变化，磨煤单耗和磨损量也要改变。初始加载力过小时，磨煤机出力降低，煤粉变粗，磨煤单耗变大；初始加载力过大也不经济，并且会使易磨件的磨损速度加快和磨煤机振动加剧。

当磨煤机磨制软煤或发热量高的煤时，应将碾磨压力定得低些；当磨制硬煤或发热量低的煤时，应将碾磨压力定得高些。长期低负荷运行时，为避免经济性损失过大，也需要较低的加载力。中速磨煤机运行一段时间后，由于磨损等原因，碾磨压力变小，煤粉变粗，出力下降，应及时调整弹簧压缩量或调整液压加载数学模型，增大碾磨压力，恢复磨煤机的正常运行。

4. 磨煤面间隙

运行中，磨煤面间隙将随磨煤表面的磨损而变大，并明显影响磨煤机的运行性能。磨煤机出力随磨煤面间隙的增大而降低。运行数据表明，磨煤面间隙从 14mm 增加到 50mm 时，磨煤机出力由额定出力的 100%降低到 70%，磨煤机出力随磨煤面间隙的增大而减小的原因，在于它增加了碾磨煤层的实际厚度。

另外，磨煤机单位电耗随磨煤面间隙的增大而增加。这一方面是由于随着煤层加厚，碾磨效果有所降低，重复碾磨量增大使磨煤机电耗增大；另一方面由于煤粉变粗，需要改变粗粉分离器的挡板开度，使风机单位电耗也要有较大幅度的增加。

磨煤面间隙的增大还会由于磨制能力的降低而影响到石子煤量的排放和煤粉细度。当磨煤面间隙增大时，石子煤量增加且其中细颗粒比例变大；反之，则石子煤量减少，其中多为块状，确属难以磨制的矸石等，煤的颗粒很少。在实际运行中，为满足磨煤机出力的要求，煤粉细度会适当变粗。

在空载时，磨辊与磨盘的间隙调整到 3～4mm。间隙过大影响制粉出力、经济性和煤粉细度；间隙过小，在空载和低出力时会产生冲击振动，损害部件、加速易磨件磨损。因此间隙调整的原则是在碾磨件不相碰的前提下越小越好，通常控制在 10mm 以内不会对磨煤机的工作发生大的影响，因为在正常负荷时，磨辊下的煤层厚度将远远超过此数值。

第四节　给　煤　机

通常每台 1000MW 机组锅炉配备 6 套直吹式制粉系统，相应有给煤机、磨煤机各 6 台。所使用的给煤机是电子称重式给煤机，该给煤机是一种带有电子称量及自动调速装置的带式给料机，可以将煤块精确地定量输送到磨煤机，并具有自动调节和控制的功能。

一、给煤机结构

给煤机由机体、输煤皮带机构、链式清扫刮板、称重机构、堵煤和断煤报警装置、微机控制箱、电源动力柜、润滑油及电气管路、取样装置等组成，其结构如图 3-13 所示。

给煤机的工作过程是：原煤斗中的原煤经给煤机入口闸门从给煤机进煤口进入给煤机，落到给煤机皮带上，皮带在驱动滚轮的带动下将原煤输送至给煤机出口，进入磨煤机落煤管。在皮带输送的过程中，由自动称量装置测出给煤量。

给煤流程是：原煤斗中原煤→煤流检测器→煤斗闸门→落煤管→给煤机进口→给煤机输送皮带→称重传感器组件→断煤信号装置→给煤机出口→磨煤机。

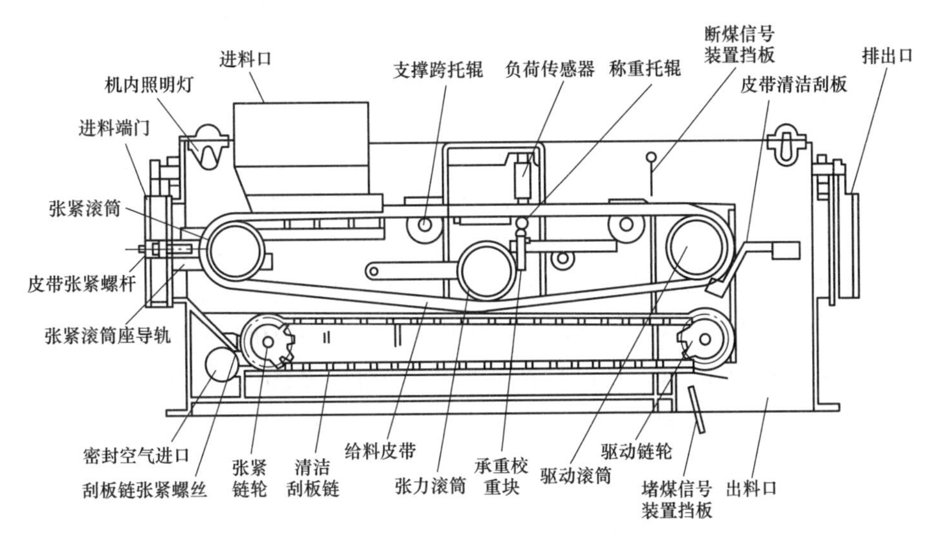

图 3-13　给煤机结构

1. 机体

机体为一密封的焊接壳体，能承受 0.34MPa 的爆炸压力。机体上设有进料口、出料口、进料端门、排出端门、侧门和照明装置等。在进料口处有导向板和挡板，以使煤进入给煤机后能在皮带上形成一定断面的煤流。为避免发生锈蚀，所有能与煤接触的部分均用 1Cr18Ni9 不锈钢制成。

进料端门和出料端门采用螺栓紧固在机壳上，以保持密封。在所有门体上，均设有观察窗，用以检查机内运转情况。在窥视窗内有清扫喷头，当窗孔内侧积有煤灰影响正常观察时，用压缩空气予以清洗。在给煤机机壳内的前后都装有具有密封结构的照明灯，供观察给煤机内部运行情况时照明使用。

2. 给煤皮带机构

给煤皮带机构由皮带驱动滚筒、张紧滚筒、张力滚筒、给煤皮带以及皮带支承板等组成。

皮带是用于输送原煤的部件，在驱动滚轮的带动下，给煤皮带从进料口侧向出料口侧水平移动，从而将原煤输送至磨煤机落煤管。给煤皮带两侧带有边缘，以减少散落到皮带下方的原煤量。另外，为保证给煤皮带行走时不发生左右偏移，在皮带的内侧中间有凸筋，并配置以表面具有相应凹槽的滚筒，从而使皮带获得良好的导向而做直线运动。

驱动滚筒与减速机相连，在电动机和减速机的带动下旋转，进而靠摩擦力使皮带定向移动。在驱动滚筒端，装有皮带清洁刮板，用以刮除黏结在皮带外面上的煤。

皮带中部安装的张力滚筒，使皮带保持一定的张力以得到最佳的称重效果。皮带的张力是随着温度和湿度的变化而有所改变，应经常注意观察，利用张紧拉杆来调整皮带的张力（在张紧滚筒侧调整）。在机座侧门内，装有指示板，张力滚筒的中心，应调整在指示板的中心刻线位置上。

3. 链式清理刮板机构

链式清理刮板机构设置在给煤机皮带机构的下面，任务是及时清除沉落在给煤机机壳底部的积煤。给煤机在工作时，皮带上黏结的煤通过皮带清洁刮板刮落，同时，因为要向给煤机中通密封风，也会使部分煤灰吹落下来，这些煤将沉积在给煤机的机体底部，如不及时清除，则成为安全隐患，可能导致自燃。

链式清理刮板机构由驱动链轮、张紧链轮、链条及刮板等组成。刮板链条由电动机通过减速机带动链轮而移动，链条上的刮板将给煤机底部积煤刮到给煤机出口排出。

链式清理刮板是随着给煤机皮带的运转而同时连续运转的，采用这样运行方式，可以使机壳内积煤量甚少。此外，连续的清理，还可以防止链销黏结和生锈。

链式清理刮板的减速机为圆柱齿轮及蜗轮减速，清理刮板机构除电动机采用电气过载保护外，在蜗轮和蜗轮轴之间，还设有剪切机构。当机构过载时，剪切销自动被剪断使蜗轮与蜗轮轴脱开，同时带动限位开关，使电动机停止，并发出报警信号至运行控制室。

4. 断煤及堵煤信号装置

断煤信号装置安装在皮带上方。当皮带上无煤时，由于信号装置上挡板的摆动，信号装置轴上的凸轮跟着转动，随即能触动限位开关，从而可停止皮带驱动电动机的运转、启动煤仓振动器，并使运行控制盘上发出“皮带上无煤”的报警信号。同时，断煤信号还可提供停止给煤量累计以及防止在皮带上有煤的情况下定度给煤机。

堵煤信号装置安装在给煤机出口处，其结构与断煤信号装置相同。当煤流堵塞至出煤口时，限位开关动作，停止给煤机运转，并发出报警信号。

5. 称重机构

称重机构是电子称量装置的感应机构，它装在给煤机进煤口与驱动滚筒之间，主要任务是准确测量给煤机的给煤率。

称重机构主要由三个托辊和一对负荷传感器组成。三个称重托辊表面均经过精密加工，其中一对固定在机壳上，叫支撑跨托辊，两个支撑跨托辊之间就是称重机构能够称量的范围。这一对支撑跨托辊的作用就是构成了一个确定称重跨距。另外一个托辊位于两个支撑跨托辊之间，叫称重托辊，它悬挂于一对负荷传感器上，其作用是称量位于称重跨距范围内皮带上煤的重量，然后由负荷传感器将重量信号送出。

在负荷传感器及称重托辊的下方，装有称重校准重块，给煤机在工作时，校准重块支撑在称重臂和偏心盘上面，与称重托辊脱开。当需要校准定度时，可转动校重杆手柄，使偏心盘转动，将称重校准重块悬挂在负荷传感器上，从而能检查重量信号是否准确。

6. 驱动减速装置

给煤皮带机构的驱动电动机采用全封闭型风冷式电磁调速电动机，它由三相交流电动机、涡流式离合器和测速装置等组成。通过控制器组成具有测速负反馈自动调节系统和交流无级变速装置，它能在比较宽广的范围内进行平滑的无级调速。

给煤皮带机构的减速机为圆柱齿轮及蜗轮两级减速装置。蜗轮采用“油浴”润滑方式，齿轮则通过减速箱内的摆线油泵，使润滑油流经蜗杆轴孔后进行润滑。蜗轮轴端通过柱销联轴器带动皮带驱动滚筒一起旋转。在蜗轮轴的另一端，装有高分辨率的光电编码器，利用编码器中的圆光栅，通过光电转换，将蜗轮轴的旋转角位移转换成电脉冲信号并输入电子控制柜，以精确地确定皮带驱动滚筒的转速。

涡流离合器为一扭矩传送装置，在感应电动机的轴上和低速轴的输出上具有相同的扭矩。离合器有一定的功率损耗，它产生的热量由离合器内的整体风扇来排散。为了使离合器内的功率损耗限制在一个安全值内，离合器输出端的转速不应低于120r/min。

7. 密封空气系统

对于采用正压直吹式制粉系统，磨煤机内处于正压下工作。为防止磨煤机中的热风倒流到给煤机中，给煤机也应设置专用的密封空气系统。在给煤机机壳进煤口的下方，设有密封空气法兰接口，密封空气管上的法兰与它相连，密封空气就由此接口进入给煤机内。

密封空气的压力应略高于磨煤机进口处热空气的压力。密封空气量则为通过落煤管泄漏至原煤斗的空气量以及形成给煤机与磨煤机进口处之间压力差所需的空气量之和。密封空气压力过低，会导致热风从磨煤机流入给煤机内，使煤易沉积在某些凸出部分，从而会增大煤粉自燃的可能。密封空气量过小，就不能维持给煤机壳内所需的压力。密封空气压力过高或密封空气量过大，易将煤粒从皮带上吹落，飞扬的煤尘还会沾污观察窗，影响正常的观察效果。

8. 电源动力柜和电子控制柜

控制给煤机的电气柜有两个，即电源动力柜和电子控制柜。

电源动力柜独立安置，不与给煤机组装在一起。在柜门表面装有电源开关及红、绿指示灯，用来接通或断开电动机的电源，以及指示给煤机的启停工况。柜门上的绿色指示灯亮，表示给煤机电源切断、停用；红色指示灯亮则表示电源接通，给煤机在运行。

在电源动力柜内装有热过载保护的磁力启动器以及变压器、熔断器与继电器等。

电子控制柜安装在给煤机机体上，由于控制元件装在给煤机上，从而克服了负荷传感器输出信号弱而输送距离过长的缺点，同时也不用采取特别的措施来消除较长的传感器导线中，由于电磁辐射或热电偶效应而引起的干扰。作为附加的预防措施，内部有一个状态信号来判别这些元件的输出是否在规范的限度内，这个信号使给煤机处于稳定的工作状态。当发生故障时，机器能自动转换成容积方式给煤。

电子控制柜内装有电子称重控制和专用测速系统等电控装置以及控制器、显示器和指示灯等。在柜门表面，装置下列仪表及控制器：

（1）给煤量显示器。当给煤机按称重方式运行时，给煤量以每小时给煤吨数显示。当给煤机以容积方式运行时，显示器以皮带驱动滚筒的转速（r/min）表示。

（2）总煤量显示器。可将给煤机输送的煤量按每100kg的增量累计，有长期性储存功能。在停电或给煤机停止运行时，总给煤量可以保存一年之久。

（3）给煤运行方式选择开关。选择开关可按需要从本机运行、停机、遥控等三种运行方式中选用一种。

（4）链式清理刮板机构停止和运行选择开关。用此开关来控制清理刮板机构的运行和停止。

（5）照明灯开关。用以开启和关闭机内的照明灯。

（6）给煤皮带行进方向选择开关。选择开关有三个位置：正向运行、停止和反向运行。当给煤机万一因操作不当发生堵塞，需要打开机壳上端门予以清除时，此时可选择给煤皮带“反向运行”，以使皮带上的煤及其他杂物通过机壳上进煤端门排出机外。

(7) 给煤机运行和停机指示灯（L4 和 L2）。表示运行的红色指示灯 L4 在控制柜内与 L3 并联，在给煤机运行时接通（灯亮）。表示停机的绿色指示灯 L2 在控制柜内与 L1 并联，在给煤机通电但还未运行时接通（灯亮）。

(8) 给煤机给煤指示灯（L5）。黄色指示灯 L5 在给煤机给煤皮带驱动电动机转速超过 30r/min，断煤信号装置检测到皮带上有煤时，由给煤继电器 K1 接通（灯亮）。

(9) 容积式给煤指示灯（L6）。黄色指示灯 L6 在给煤机以“遥控”方式运行而电子信号不正常时，由给煤继电器 K2 接通（灯亮）。此时，给煤机以电动机转速控制而不以给煤量逻辑控制。

(10) 给煤量误差指示灯（L7）。红色指示灯 L7 在给煤机给煤量与需要不符时，由电子控制柜中继电器接通（灯亮）。在这种情况下，表示给煤机的给煤量没有满足要求。

二、给煤过程和称重原理

1. 给煤机的给煤过程

当给煤皮带机构的驱动滚筒及刮板清理机构的驱动链条在各自的电动机带动下转动时，给煤皮带与链条刮板随之反转移动。从原煤仓下来的煤经进煤口落在其下面的皮带上，随着皮带的移动逐渐向前输送，在皮带翻转时，皮带上的煤即被倒至出煤口，经落煤管而送入磨煤机中，黏结在皮带上的少量煤通过皮带清理刮板被刮落。皮带内侧如有煤黏结，则通过自洁式张紧滚筒后由滚筒端面落下。落在机壳底部的积煤，被连续运转的链式清理刮板刮至出煤口，随同皮带上落下的煤一起进入磨煤机。

给煤量的调节是通过改变电磁调速电动机的转速，即皮带的移动速度来实现的。在投自动的情况下，给煤机的转速能自动予以调节。

2. 称重原理

电子称重式给煤机的给煤量称重是通过负荷传感器测出单位长度皮带上煤的质量 m，再乘以由编码器测出的皮带转速 v，得到给煤机在此时的给煤量 B，即 $B=mv$。图 3-14 所示为称重式给煤机的自动称重和自动调速原理的框图。

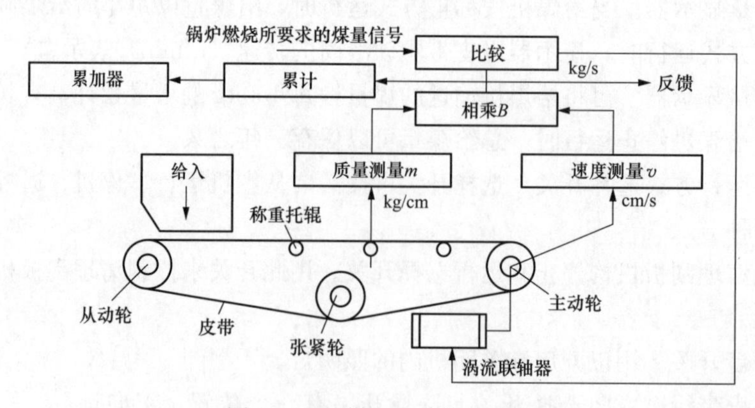

图 3-14　给煤机自动称重原理

给煤机的称重信号是由两个与称重托辊相连的称重传感器产生的。由两个固定于机壳上的支撑跨托辊之间给出了一个进行物料称重的皮带长度（称重跨距），每一个称重传感器承担了在称重跨距上物料质量的25%，故这一对负荷传感器可以称量出称重跨距之间一半煤的质量，经标定的负荷传感器的输出信号表示每厘米皮带长度上煤的质量（kg/cm）。连接在皮带驱动滚筒上的编码器输出的频率信号表示出皮带运动速度（标定为cm/s）。负荷传感器的输出信号经放大变换后，乘以编码器的频率信号，这个乘积也是一个频率信号，它表示此时的给煤量（kg/s）。

经标定的给煤量信号，经过转换和综合产生一个累计量信号，送入总煤量显示器，其输出显示了给煤的累计总质量。

给煤机的自动调速过程是：按照锅炉负荷及系统出力的需要，燃烧调节系统向给煤自动调节装置的比较器输入一个要求的给煤量的指令信号，此信号为频率信号——经电压转换器而产生一个电隔离的模拟量，它正比于制粉系统所要求的给煤量。在比较器中，实际给煤量信号与系统要求的给煤量指令信号相比较，得到一个差值信号，该信号随即输向驱动电动机的速度控制器，从而改变皮带驱动电动机的速度，使给煤量能符合系统出力要求。

电子称重给煤机电路能按给煤量指令信号大小来输送改变的煤量，而与煤的密度变化无关。如果皮带上煤的密度发生变化，皮带速度也相应随着改变，以保持给煤量为定值。皮带速度的变化，反比于煤的密度变化。

第五节　直吹式制粉系统的运行

制粉系统是锅炉机组的重要辅助系统，它的运行好坏，将直接影响到锅炉的安全性和经济性。总体上讲，对直吹式制粉系统运行的要求有以下几点：

（1）制备并连续向锅炉供应燃烧所需要的煤粉量并保证煤粉品质。

（2）在煤质发生变化时，仍然能够保证供给质量和数量合格的煤粉。

（3）尽可能地降低制粉的电耗和金属磨耗，提高运行的经济性。

（4）防止发生煤粉的自燃和爆炸，保证系统的安全运行。

（5）维持合理的运行参数。

一、制粉系统的启动

在整个机组启动的过程中，第一套直吹式制粉系统的投运意味着锅炉即将投粉，因此，必须当锅炉内有足够的点火能量后才能启动制粉系统，即制粉系统的投运必须满足一定的条件。现代锅炉将这些条件做入逻辑控制程序中。

机组冷态启动的过程中，第一套制粉系统一般在机组带初负荷后方可启动，以确保进入炉膛的煤粉能够顺利点燃。如果制粉系统启动后给煤机运行超过1min，但8(2×4）个燃烧器均未检测到火焰，则FSSS会立即切除该层煤粉，相应制粉系统跳闸。

制粉系统的启动过程可分为启动前的检查和准备、暖磨、制粉三个阶段。

（一）启动前的检查和准备

制粉系统的启动主要包括磨煤机、给煤机的启动。其先后顺序则取决于磨煤机的结构特点，如果磨煤机的磨盘与磨辊之间没有间隙，则必须先启动给煤机，以防止金属部件产生直接的摩擦而损坏；如果磨盘与磨辊之间留有间隙，则允许先启动磨煤机。

无论哪一种启动方式，都要求在启动前先对有关设备做充分的检查，还要先启动磨煤机的润滑油系统。

1. 磨煤机启动前检查

在启动磨煤机前应按辅机通则对相关系统和设备做全面的检查。如果是经过检修，则由检修人员确认磨煤机磨辊组件油池油位正常，油质符合要求；加载弹簧调整到合适的加载力；粗粉分离器折向挡板开度已调整合适。另外还要将磨煤机排渣斗的上料阀打开，而下料阀关闭；检查制粉系统的各风门挡板处于关闭位置；磨煤机消防蒸汽手动总门开启，电动门关闭，蒸汽压力正常，良好备用。联系灰控投入石子煤排放系统。

2. 磨煤机润滑油系统启动

磨煤机为转动机械，为了保证各部分转动部件的润滑，在启动磨煤机前应先启动润滑油系统。具体步骤如下：

（1）检查齿轮箱油池油位正常，油质合格。

（2）确认各仪表、开关、压力释放阀均已设定，开启各仪表一次阀。

（3）油系统各阀门位置正确，油路已导通。

（4）投入粗滤器。

（5）检查润滑油控制系统电源正常。

（6）检查油加热器在自动状态。

（7）启动润滑油泵，检查各处油压正常。

（8）投入油冷却器，冷却器投入后，检查冷却水压力、流量满足要求。

（9）磨煤机启动后，调节油温调节阀，维持正常供油温度。检查润滑油系统，磨煤机减速齿轮箱无漏油现象。

3. 给煤机启动前检查

磨煤机的磨辊与磨盘之间留有一定间隙，故可以先启动磨煤机，再启动给煤机。但需要在启动前做好必要的检查工作。

（1）按辅机通则检查正常。

（2）检查齿轮减速箱油位正常。

（3）检查给煤机内照明良好，窥视窗清晰。

（4）检查给煤机皮带上无异物。

（5）给煤机称重系统校核完毕，皮带张紧度调整合适，皮带无破损、跑偏现象。

（6）确认煤斗煤位正常。

（7）确认给煤机电源送上。

（8）给煤机就地控制箱上信号正确，控制在“远方”位置。

（9）开启给煤机密封风门。检查清扫输送链垂度合适。

（二）暖磨

1. 磨煤机启动条件的确认

在正式接通磨煤机电源之前，应确保满足其启动条件，具体内容如下：

（1）检查一次风机启动正常，并且一次风母管压力已正常。

（2）确认润滑油系统运行正常。

（3）关闭磨煤机热风调节挡板，调整磨煤机冷风调节挡板至5%，复位磨煤机跳闸继电器。

（4）开启磨煤机出口速断挡板。

（5）开启磨煤机入口一次风快关挡板。

（6）开启给煤机入口煤阀。

（7）开启磨煤机各密封风挡板。

2. 通风暖磨

为了减少磨煤机内金属部件的热应力，在冷态启动时需要暖磨。具体方法是：当磨煤机启动条件确认后，开启磨煤机热风调节挡板和混风调节挡板，保持一定的通风量对磨煤机进行预热，同时监视磨煤机的出口温度。随着对磨煤机的加热，磨煤机出口风温将逐渐升高。当磨煤机出口风温≥70℃，认为暖磨已充分并结束（首台磨煤机可当进口风温≥70℃且出口风温≥40℃时认为暖磨结束）。暖磨完成后即可启动磨煤机。

（三）制粉

当磨煤机出口风温达到规定的值后，启动磨煤机电动机；此时打开给煤机出口煤阀，当磨煤机出口风温达到正常运行温度时，启动给煤机，并且立即将给煤量增大至规定的初始给煤量，同时调整好相应的风量。至此，磨煤机正式开始制备煤粉。系统各参数稳定后，可投入给煤量及风量自动控制装置。

1. 制粉系统的启动也可以采用顺序控制的方式

（1）启动磨润滑油泵。

（2）开磨出口挡板。

（3）开一次风快关挡板门。

（4）启动磨煤机。

（5）开给煤机出口挡板。

（6）磨煤机出口温度≥规定值后，启动给煤机（应符合磨煤机正常运行的出口温度）。

（7）开给煤机入口挡板，启动结束。

2. 制粉系统启动过程中的若干问题

（1）暖磨。磨煤机冷态启动时，磨内的磨盘、磨辊等厚壁部件温度较低，为防止这些部件出现热应力破坏，应首先进行暖磨。具体做法是打开热一次风门，调节冷、热一次风挡板，对磨煤机进行逐渐加热至其出口温度达到设定值。

暖磨过程中应注意：

1）暖磨开始时，将热风门渐渐开启，如果此时投用了温度自动控制装置，可将磨煤机的出口温度设定值逐渐升高。

2）温度升高的速度宜维持在3～5℃/min，以防磨煤机温度升高过快，造成加热不均匀而产生过大的热应力。

3）暖磨结束时，磨煤机出口的温度应达到60～70℃。若温度太低，对煤的干燥不利，会导致石子煤过多，还会使一次风管积粉；若暖磨的温度太高，容易发生煤粉的爆炸事故。在向磨煤机供煤之前，磨煤机应至少维持其设定的出口温度运行15min以上。

暖磨的另一个作用是使原煤一进入磨煤机就可以得到较好的干燥，防止煤在磨内积存和煤粉管道内堵煤，并且增大煤粉气流入炉后着火的稳定性。

（2）初期给煤量的设定。由于磨煤机的磨辊与磨盘之间有一定的间隙，不直接接触，因此在启动时，应先启动磨煤机，再启动给煤机投煤。给煤机启动时，操作给煤机控制键盘，设定一个最低出力，则给煤机将维持这一最低出力向磨煤机给煤，直到磨煤机出口温度达到正常设定值方可增加给煤量。将给煤机启动时所设定的这一最低出力称为“初期给煤量”。

给煤机的初期给煤量不可以太大，因为磨煤机最初的干燥条件较差，过多的给煤，会造成石子煤率过大，煤粉太粗；另外，初期给煤量也不宜过小，磨辊与磨盘之间的煤层过薄，易出现磨辊打滑不转的现象，从而导致碾磨能力下降、出粉品质变差的后果。

（3）首台磨煤机投入的条件。在直吹式系统磨煤机投入运行前，必须满足一定的条件。在机组启动过程中，直吹式制粉系统中首台磨煤机的投入意味着锅炉开始投粉。首台磨煤机投入的条件就是锅炉可以投粉的条件，而投粉的原则就是要保证送到炉膛里的煤粉能够顺利地着火和燃烧，换句话说，就是炉内必须要建立起足够的点火能量，方可投粉。

首台磨煤机启动的条件有以下几点：

① 锅炉的炉膛内，由燃油或燃气已形成了稳定的燃烧火焰。

② 锅炉负荷达到20%MCR以上。

③ 空气预热器出口的热风温度大于150℃（或空气预热器进口烟温达到了某一定值）。

以上条件中的前两个条件是考虑炉膛的温度水平是否达到了煤粉着火的要求，第三个条件是考虑热风是否具备了足够的干燥能力。

二、制粉系统的停运

（一）正常停运

在制粉系统正常停止运行过程中，要求磨煤机必须冷却到正常运行温度以下、并走空磨内所有煤之后方可停止运行。具体操作的步骤如下：

（1）投入该套制粉系统所对应的煤粉燃烧器的点火油枪。因为随着该制粉系统的停运，所对应的煤粉燃烧器的煤粉浓度越来越小，直至为0。为保证停运过程燃烧的稳定性，应在系统停运之前，核实所对应的点火燃烧器处于投入状态。

（2）逐渐降低给煤机出力至最低值。首先将给煤机的转速控制切换成为手动调节，然后再以约10%的速率递减给煤量。逐渐开大磨煤机进口冷风调节挡板直至全开，同时逐渐关小热风调节挡板直至全关，以便对磨煤机进行逐渐的冷却，使其出口风温随之降低。

（3）关闭给煤机进口的煤闸门。当磨煤机进口温度低于135℃、出口温度低于79℃

时，关闭给煤机入口的煤闸门，停止向给煤机供煤。为了防止原煤聚集并黏着在给煤机进口的落煤管中，煤闸门关闭后，给煤机应继续运行60s。

(4) 停止给煤机。煤闸门关闭60s之后，可以停止给煤机的运行。此时，磨煤机大约已冷却至出口温度50℃左右。给煤机停运后，关闭其出口挡板。

(5) 磨煤机进行吹扫。停止给煤后，继续向磨内通风吹扫约8min，以确保清除残留在磨内的煤。根据磨煤机电流表的指示值来确定磨煤机排空后，可以停止磨煤机的运行。

(6) 停止磨煤机运行。逐渐关小一次风调节挡板的开度直至关闭，逐渐关闭磨煤机、给煤机的密封风挡板。

(7) 最后停止润滑油系统的运行。

(二) 紧急停运

在炉膛灭火或其他需要燃料自动或手动紧急脱扣的情况下，磨煤机电动机必须立即停止，并相应脱扣给煤机，关闭热一次风隔绝门。

紧急停磨会使磨煤机内剩余燃料发生自燃，因此要求自动控制系统提供惰性气体保护。一般使用的惰性气体为蒸汽。

磨煤机紧急停止后，必须把磨煤机打开，使磨煤机冷却至环境温度，并进行手工清扫。紧急停用磨煤机内的温度较高，会使磨煤机内残留的煤粉析出可燃气体，因此紧急停用磨煤机后打开磨煤机清扫时必须注意。

打开磨煤机检修门之前，必须关闭惰性气体阀门，戴好护目镜，以防止磨煤机内压力气流的冲击。进入磨煤机清扫之前，必须清除磨煤机内的可燃气体和惰性气体。

(1) 检查冷、热一次风门、出粉管阀门以及磨煤机和给煤机的密封空气阀门关闭情况。

(2) 确保磨煤机和给煤机的电动机安全停用。

(3) 小心打开石子煤排出口阀门（开门之前戴上护目镜，防止灰尘或碎石落入眼内）。

(4) 拆除检修门螺栓留下四角螺栓，将四角螺栓拧松3～4圈，敲去检修门法兰螺栓使密封片脱离，卸下检修门。

(5) 进行人工清扫。

三、制粉系统的运行调整

(一) 磨煤机运行基本原则

磨煤机在运行中应避免以下不正确的运行工况：

(1) 磨碗溢出煤量过多。在这种工况下运行，溢出过多的煤会堵塞石子煤排出口并在磨煤机机体内沉积，结果存在自燃着火的危险。

(2) 在磨煤机出口温度低于规定值工况下工作时间过长。磨煤机出口温度过低，煤粉就得不到足够的干燥，从而附着在磨煤机与煤粉管道上，造成煤粉管的堵塞和自燃。

(3) 磨煤机出口温度高于规定值。在这种工况下工作，过高的磨煤机出口温度会使煤粉中挥发性气体逸出，增加煤粉自燃着火的危险性。当磨煤机出口温度高于规定值达11℃以上时，控制系统应该自动关闭热一次风门。

（4）一次风速低于规定值。在这种工况下工作，煤粉管道中一次风速不足以维持煤粉的悬浮，煤粉会在管内沉积，造成煤粉管道堵塞，并引起自燃着火。

（5）一次风速高于规定值。这种工况不经济，过高的管内风速会增加煤粉管道和磨煤机的磨损。磨煤机内风速过高，会使煤粉变粗。

（6）石子煤排出不畅。石子煤在磨煤机的热风室内堆积，造成石子煤刮板严重磨损，甚至会造成石子煤刮板断裂。

（7）在磨煤机启动过程中暖磨不充分。给煤机加煤后，湿煤会沉附在磨煤机和煤粉管道的死角处，引起磨煤机自燃着火。

（8）在关闭一次风之前不充分冷磨。这时温度有可能超过残留风粉混合物的安全极限，造成磨煤机和煤粉管道自燃着火。

（9）磨煤机出口煤粉太细。煤粉过细会降低磨煤机出力，增加磨煤机电耗。煤粉太粗，则对燃烧不利，增加锅炉机械不完全燃烧热损失。

（二）制粉系统的运行方式

制粉系统的运行方式是指制粉系统为满足锅炉不同工况下所要求的煤粉量而制定的磨煤机的停投原则和各台磨的负荷分配原则等。

直吹式制粉系统的特点是制粉系统出力必须随时保持与锅炉燃烧的要求一致。因此负荷变化时，制粉出力相应变化。改变制粉出力可以有不同的方式，例如可以均匀变动各磨煤机的负荷，也可以投、停部分磨煤机。而恰当制定制粉系统的运行方式，可以提高制粉系统的运行经济性。

直吹式系统运行中各套系统负荷分配原则如下：

（1）均匀分配负荷，即各磨煤机一般应保持等出力运行。因为每一台中速磨煤机出口的煤粉管道都对应了炉膛中相应的同一层煤粉燃烧器。而等出力运行可以保证炉内燃烧均匀和制粉经济。实践表明，在同样总出力下，各磨煤机均匀负荷的运行结果总是较各磨煤机在高、低悬殊的出力下运行更为经济。当然，允许在特殊情况下各磨煤机出力做不均匀分配，例如锅炉调节汽温的要求或稳定燃烧的要求等成为主要制约因素，而需要燃烧予以配合时。

（2）通过投、停磨煤机的方式使磨煤机避免在最低负荷下运行。磨煤机在高出力下运行是最经济的（制粉单耗最低）。随着出力的下降，制粉单耗增加。对于直吹式制粉系统，当负荷降至很低时，经济性的下降加速。这主要是因为当低于某一较低负荷后，一次风量不再降低，风煤比增大的缘故。此外，磨煤机负荷过低时磨损率增高。因此，各磨煤机都规定了最低允许出力，一旦出力低于该最低出力，即应停掉一台磨煤机，而将其负荷转移到其他磨煤机上。最低出力的规定，同时也是考虑了燃烧的需要，因为在最低允许负荷以下运行时，不仅制粉经济性下降很多，而且煤粉浓度低，燃烧不稳，易造成灭火。因此，在设备数量和运行工况允许的条件下，应通过投、停磨煤机的方式避开这一最低出力。

（3）尽可能地使磨煤机在较高负荷下运行。这就是说当需要降低制粉系统总负荷时，只要能 4 台磨煤机运行就不 5 台磨煤机运行，只要能 3 台磨煤机运行就不 4 台磨煤机运行。从而维持了单台磨煤机较高的出力水平，也就降低了制粉单耗、提高了制粉的经济性。

（三）制粉系统正常运行时的参数监督

1. 磨煤机出口温度

监督磨煤机出口温度及其影响因素的意义是通过监视磨煤机出口气粉混合物的温度来监视煤粉的干燥程度（煤粉水分），从而保证系统的安全运行和燃烧良好。

对于直吹式制粉系统，影响磨煤机出口温度的常见因素有两种：①磨煤机通风量（一次风量）的变化；②磨煤机入口干燥剂（一次风）温度的变化。因而改变风量或改变干燥剂进口温度都可达到调节作用，但为维持制粉的经济性和燃烧的稳定，通常要求一次风量与给煤量要保持合理的配比（风煤比），所以在煤质允许的条件下，应尽量使用改变干燥剂入口温度的方法调节磨煤机出口温度。具体的做法是改变磨煤机入口调温风挡板的开度以改变一次风中冷、热风所占的比例，从而达到调节干燥剂初温的目的。在必要时（如煤水分太大），也可采取改变风煤比的办法调节磨煤机出口温度。当必须改变风煤比时，应注意一次风量必须保证最低风环风速的限制和防止一次风管堵粉。否则，应调整磨煤机的负荷。

例如煤种为贫煤时，因其挥发分不高，在安全允许的条件下，推荐维持磨煤机出口温度在上限运行。这样可提高磨煤机的入口温度，增加磨煤机的磨制能力；在给煤量不变时，可减少磨煤机内的再循环煤量和煤层厚度，使制粉电耗降低。

2. 磨煤机压差

中速磨煤机的磨煤机压差是指一次风室与碾磨区出口之间的压力降，也即流动阻力。正常运行时，磨煤机压差随着给煤量的增加而增加。磨内碾磨区的煤层越厚、风环风速越大，磨煤机内的流动阻力增大，磨煤机压差就越大，所以运行中监视该参数就相当于监视磨煤机内的存煤量。

如果在一段时间内，磨煤机压差逐渐增大，空气和煤的流量却保持不变，这意味着煤层在增厚，磨煤机将可能堵煤。这时，应增加空气流量，减小给煤量，使磨煤机压差恢复正常。在一定的磨煤机出力下，磨煤机压差还受分离器挡板位置的影响。分离器的挡板开度变化将导致更多或更少的煤在磨煤机内循环，对磨煤机压差有较大的影响。

3. 磨煤机电流和一次风机电流

在直吹式系统中，当系统出力增加时，一方面，进入磨煤机的原煤增多，给煤量增加将使煤层和碾磨压力增加，磨煤机电流随之增加；另一方面，磨煤机的通风量也相应增多，一次风机的电流也增大。反之，则均减少。由此可见，磨煤机电流表明了磨煤机内存煤量的多少；一次风机电流则表明了一次风量的大小。因此，当系统中的磨煤机电流和一次风机电流均增大时，说明制粉出力增加。当磨煤机电流和一次风机电流同时减小时，说明制粉出力降低。若一次风机电流增大而磨煤机电流减小，说明磨煤机内存煤少或者断煤。此时给煤机转速可能较高而实际进煤不多，但一次风量则接受并按照给煤机转速信号而相应增大。相反，若磨煤机电流增加而一次风机电流减小，说明磨煤机内煤多或满煤。满煤时，一次风量很小，而一次风机电流正比于一次风量的平方，故一次风机电流减小。

4. 风煤比

中速磨直吹式制粉系统中，磨煤机的通风量（一次风量）与给煤量之比，称为风煤比。风煤比的确定无论对制粉系统本身的运行工况还是对锅炉的燃烧都有着明显的影响。因为对于这样的制粉系统而言，磨煤机入口的风量既是磨煤通风量（承担输送煤粉的任务），又是干燥通风量（承担干燥煤粉的任务），还是一次风量（要满足锅炉燃烧的要求）。同一股风要完成三项任务，我们一般的确定原则是优先考虑锅炉的燃烧工作。所以，额定负荷下的风煤比（设计风煤比）是根据锅炉燃烧对一次风率的要求，同时考虑一次风管道气力输送的可靠性（防止煤粉在管道中的积存）以及必要的风环速度和干燥能力来确定的。不同形式的中速磨风煤比在 1.2～2.2 之间。高的风煤比适用于高挥发分的煤种；而低的风煤比适用于低挥发分的煤种。

风煤比对制粉经济性的影响：一方面，在一定的给煤量下，随着风煤比的增大，通风电耗增大而磨煤电耗稍减，但总的经济性（制粉电耗）是变差的。因为磨煤机的碾磨能力是有限的，随着通风量的增多，磨煤出力的增大也是有限的，一次风机电耗却大幅度上升。另一方面，如果风煤比过小，虽然一次风机电耗减少了，但由于磨煤机的风环速度较低，热风对煤粉的托浮能力将减弱，故石子煤的排放量将增大，同样也会增大系统制备煤粉的成本。因此，在石子煤排放率允许的前提下，运行中宜保持低的风煤比。

由以上分析可知，运行中保持较低的风煤比可以提高制粉的经济性。当锅炉在较高负荷下运行时一般都维持了较低的风煤比，但是当锅炉负荷降得较低时，如果依然维持着原来的风煤比，不仅会因磨煤机风环速度的降低而增大石子煤的排放，还将导致一次风管中流速过小及一次风管内煤粉沉积。可见，风煤比不仅影响着制粉系统运行的经济性，还与安全性密切相关，是一很重要的运行参数。

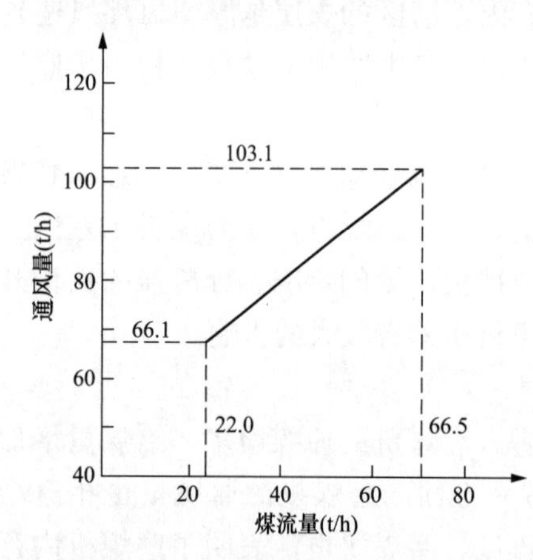

图 3-15 中速磨煤机风煤比曲线

综上所述，锅炉在不同工况下运行时，风煤比也相应有所变化。而在不同制粉出力下维持一定的风煤比正是中速磨负荷调节的重要特点。图 3-15 是某工程 600MW 机组超超临界锅炉中速磨煤机在使用设计煤种（贫煤）时推荐的风煤比曲线。

从图中可以看出：

（1）锅炉在高负荷下运行时，维持了比较小的风煤比（约 1.55）。此时有利于制粉的经济性（即制粉单耗较小）和燃烧的稳定性（维持了合适的一次风煤粉浓度）。

（2）随着锅炉负荷的降低，风煤比逐渐增大。此时考虑到需要维持足够的风环速度以防止石子煤率过高，要维持一定的一次风速度以防一次风管道煤粉的沉积，故一次风量不能与给煤量同步降低，即风煤比增大了。

（3）当锅炉负荷降低到一定程度时，一次风量不再随着给煤量而变化（如图中最低一次风量为 66.1t/h）。此时风煤比很快增加。

一般而言，直吹式系统不允许在一次风量不变的情况下只靠改变给煤量来适应负荷变化的，这样会使风煤比过大，降低制粉经济性，并导致燃烧的恶化，所以此时也就对应了磨煤机的最低允许负荷。这一最低的一次风量主要取决于所必需的风环速度和防止煤粉的沉积，同时还与磨煤机所允许的最低磨煤出力有关。

5. 石子煤量监督

石子煤是指从磨煤机排出的石块、矸石及铁丝等杂质，其正常成分中一般灰分不大于70%，发热量不大于4800kJ/kg。中速磨煤机排放石子煤的特性是一个优点，这对提高出粉质量、降低磨煤功耗、改善磨损条件都有好处。但是石子煤排量过大或发热量过高，会造成燃料损失且需清理费，因此运行中需要对石子煤量进行监督，防止排量失调。

影响石子煤量的因素包括煤质（可磨性系数和杂质含量）、碾磨压力、磨煤面间隙、通风量、磨煤出力等。运行中主要是煤质变化、出力变化和通风量影响石子煤排量。随着磨煤出力的增加，石子煤排量增大，但在石子煤中的原煤所占比例降低，石子煤的发热量减少。石子煤排量与其发热量的乘积与出力有较稳定的对应，可整理成曲线指导运行。若运行中发现该乘积严重偏离曲线，则可大致证明石子煤的排量失调，或煤质剧烈变化，应引起运行人员注意，或者降低制粉出力。随着通风量的增加，风环风速变大，石子煤量减小，但风量调节受风煤比的制约，其调节范围是十分有限的。

应该指出，当煤中含有大量石子、矸石等杂质时，也可出现石子煤排量增大的现象，但这种增大正是中速磨煤机排除煤中杂质能力的表现，而非磨煤机失控的结果，这种情况可通过测定石子煤中的发热量进行判断。

6. 密封风压差监督与调节

中速磨煤机的密封风量会影响煤粉细度。当密封风量过大时，会形成一股从分离器内锥下口短路的回流，把本已分离下来的粗粉再带走，使煤粉细度增大，煤粉均匀性指数升高。密封风压差越大，则煤粉中的较大颗粒越多，因此运行中必须控制好密封风压差。

7. 磨煤机/炉膛差压

磨煤机/炉膛差压是指磨煤机出口与炉膛之间的一次风管差压。它是监督煤粉管堵粉危险程度的重要参数。当一次风压低或磨煤机压差升高时，一次风管内的介质流量及流动阻力减小，磨煤机/炉膛差压降低，煤粉管内可能产生堵粉。因此，通常规定磨煤机/炉膛差压的最低允许值（保护值），若一次风压和磨煤机/炉膛差压同时低于保护值，则MFT动作。将一次风压和磨煤机/炉膛差压低信号同时出现作为条件，是为了避免误信号（如风压信号管堵住等）引起误动作。

四、瑞金电厂二期制粉系统

瑞金电厂二期锅炉采用中速磨冷一次风机正压直吹式制粉系统，每炉配2台双级动叶可调轴流式一次风机和6台磨煤机和6台给煤机。磨煤机型号为MPS235-HPⅡ，煤粉细度$R_{90}=17.48\%$，均匀性指数$n=1.1$；磨煤机5台运行，1台备用（在BMCR工况下）。给煤机型号为HD-BSC26。对于设计煤种，燃烧器入口一次风温为83℃。

每台磨煤机对应提供四角切圆燃烧的每角2层煤粉燃烧器所需要的煤粉，如图3-16所示。等离子点火系统对应B磨煤机的两层煤粉燃烧器，如图3-17所示。

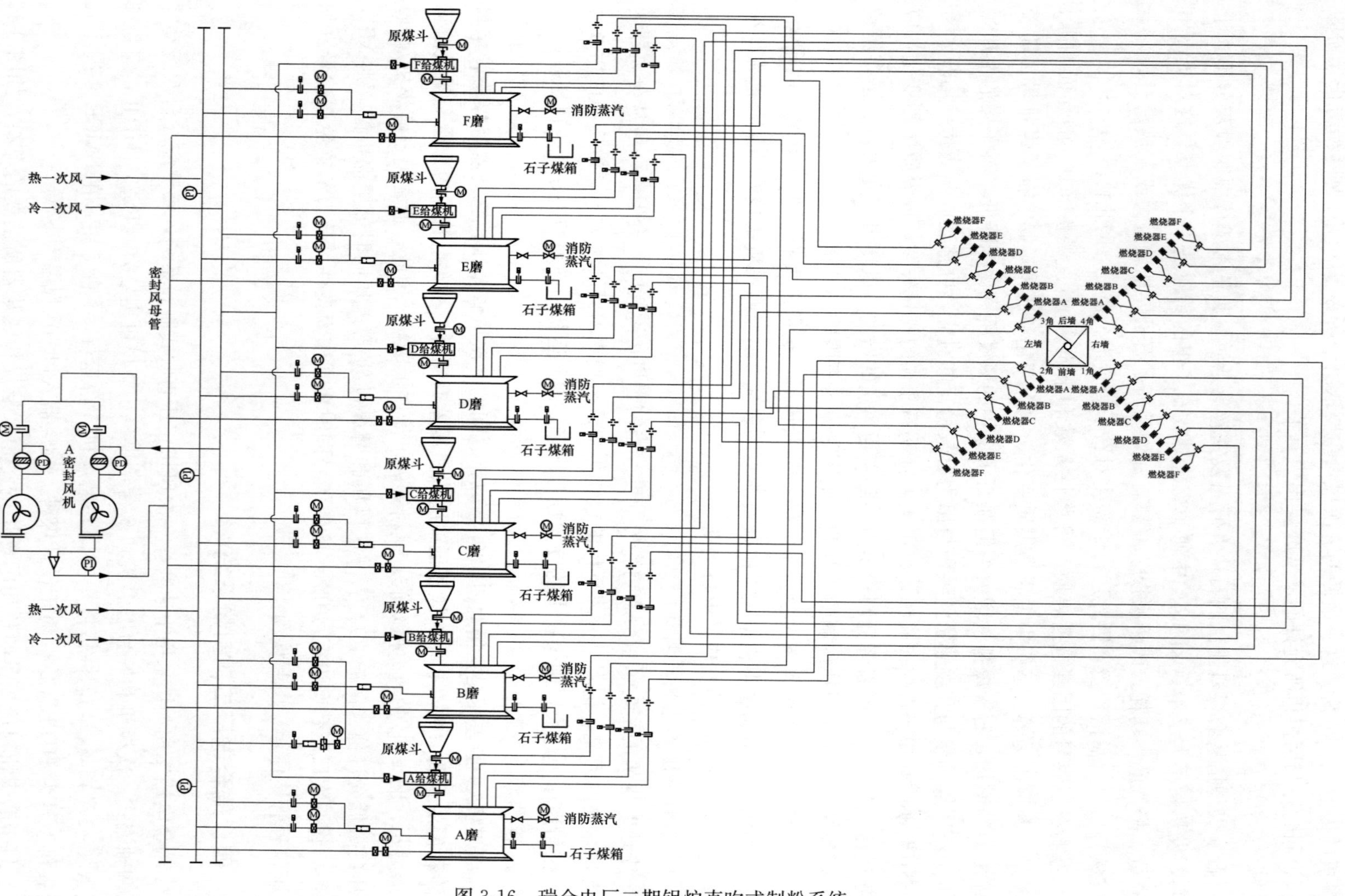

图 3-16 瑞金电厂二期锅炉直吹式制粉系统

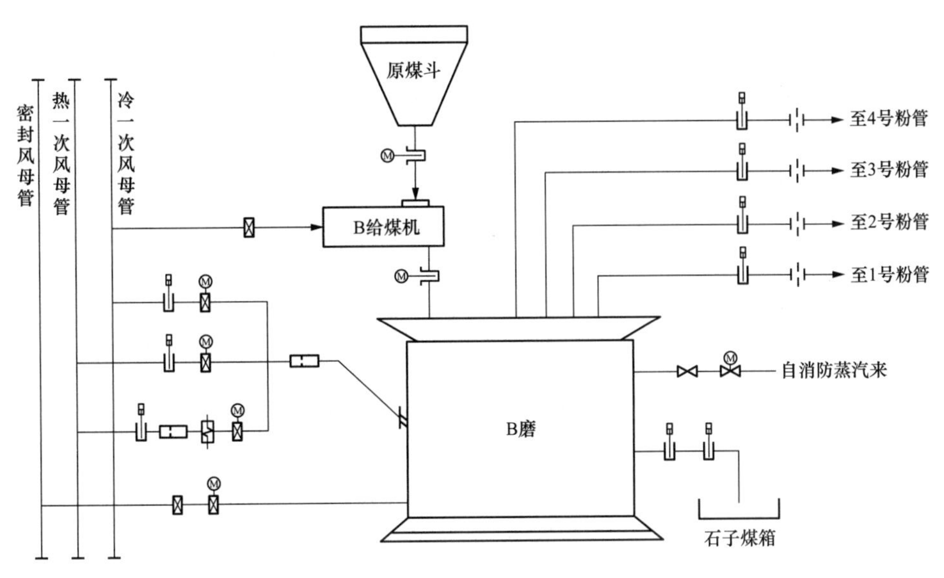

图 3-17 瑞金电厂二期 B 磨直吹式制粉系统

瑞金电厂二期锅炉制粉系统的磨煤机和给煤机技术参数见表 3-7；一次风机和密封风机系统技术参数见表 3-8 和表 3-9；煤斗容量计算表见表 3-10。

表 3-7　　磨煤机、给煤机技术参数

参数名称	规范	单位	参数名称	规范	单位
磨煤机					
型号	MPS235HP-Ⅱ		进出口最大差压	7404	Pa
型式	中速磨煤机		BMCR 出力	117.49	t/h
转速	29.9	r/min	分离器型式	动静态分离器	
防爆压力	3.5	bar	最大通风量	129.48	t/h
加载方式	液压变加载阻尼减振控制系统		喷嘴环结构	旋转喷嘴环	
煤粉细度	$R_{90}=17.48\%$		哈氏可磨系数	HGI=80	
磨煤机电机					
电机功率	710	kW	转速	990	r/min
额定电压	10	kV	制造厂	长春发电设备有限公司	
磨煤机润滑油站					
润滑油压力	0.2～0.4	MPa	冷却水量	15	m^3/h
冷却水压力	0.3	MPa	冷却水温度	28	℃
磨煤机液压油站					
液压站上蓄能器的充氮压力	1.5	MPa	液压缸上蓄能器的充氮压力	4	MPa

续表

参数名称	规范	单位	参数名称	规范	单位
给煤机					
型号	HD-BSC26		制造厂	沈阳华电 m/s	
计量精度	±0.25	%	控制精度	±1	%
耐压能力	0.35	MPa	出力范围	5～120	t/h
额定出力	100	t/h	胶带速度	0.02～0.2	m/s
磨煤机盘车装置					
盘车减速机型号	XWDY11-8215-87		盘车减速机速比	87	
盘车输出转速	17	r/min	盘车电机型号	Y160M-4	
盘车电机转速	1500	r/min	盘车电机额定功率	11kW	

表 3-8　　一次风机系统技术参数

参数名称	规范	单位	参数名称	规范	单位
一次风机					
型号	PAF19-13.9-2		制造厂	上海鼓风机厂有限公司	
型式	两级动叶可调轴流式		数量	2	台
驱动电机功率	3300	kW	转速	1490	r/min
额定电流	208	A	叶片数	48	片
叶片调节范围	－40°～10°				
运行工况	TB 风机能力考核点工况		BMCR 锅炉最大连续出力工况	单位	
容积流量	127.3		98.9	m^3/s	
风机总升压	19 014		15 812	Pa	
风机轴功率	2659		1686	kW	
风机出口温度	60		34	℃	
效率	85.49		88	%	
一次风机油站					
液压油公称压力	3.53	MPa	总供油量	25	L/min
润滑油公称压力	0.8	MPa	过滤精度	25	μm
供油温度	≤45	℃	冷却水最高温度	≤45	℃
油箱容积	250	L	冷却水压力	0.2～0.6	MPa
重量	685	kg	冷却水量	2.25	m^3/h
一次风机油站电机					
功率	2.2	kW	转速	1450	r/min

表 3-9　**密封风机系统技术参数**

参数名称	规范	单位	参数名称	规范	单位
密封风机					
型号	CMF5N5.2D165(B)		流量	56 000	m^3/h
型式	离心式		临界转速	4055	r/min
全压	9000	Pa			
密封风机电机					
型号	YE2-315L2-4		功率	200	kW
转速	1485	r/min	电流	195.5	A

表 3-10　**煤斗容量计算表**

序号	项目名称	单位	设计煤种	校核煤种 1	校核煤种 2
1	每台炉煤斗数	座	5+1	6	5+1
2	煤斗几何容积	m^3	813	813	813
3	原煤计算堆积比重	t/m^3	0.997	0.867	0.971
4	煤斗计算充满系数	—	0.80	0.80	0.8
5	煤斗有效容积	m^3	650	650	650
6	煤斗储煤量	t	648	564	631.5
7	锅炉最大燃煤量（一台炉）	t/h	380.3	420.3	365.3
8	储存燃煤小时数	h	8.53	8.05	8.64
9	规程规定储煤小时数	h	>8	>8	>8

五、瑞金电厂二期制粉系统运行

（一）启动

1. 磨煤机润滑油系统启动

（1）按辅机检查通则确认磨煤机润滑油站具备启动条件。

（2）检查磨煤机润滑油冷油器导通，冷却水进出口门开启。

（3）投入磨煤机润滑油 A 或 B 滤网。

（4）检查磨煤机润滑油箱油温>20℃，油箱加热器完好，投入油温自动。

（5）检查磨煤机润滑油箱油位正常，油质合格。

（6）启动一台润滑油泵，检查润滑油泵运行正常，润滑油压>0.12MPa，油温 35～45℃，过滤器压差<0.2MPa，检查系统无渗油、漏油现象。

（7）进行润滑油泵联锁切换试验，将另 1 台油泵投入备用。

2. 磨煤机液压油系统启动

（1）按辅机检查通则确认磨煤机液压油站具备启动条件。

（2）检查磨煤机液压油冷油器导通，冷却水进出口门开启。

（3）投入磨煤机液压油 A 或 B 滤网。

(4) 检查磨煤机液压油箱油位>250mm，油质合格。

(5) 检查磨煤机液压缸蓄能器压力正常。

(6) 启动一台液压油泵，检查液压油泵运行正常，液压油箱油温<70℃，过滤器压差<0.2MPa，系统无渗油、漏油现象，调整磨煤机磨辊加载油压力作用力>4MPa，反作用力>1MPa。

(7) 进行液压油泵联锁切换试验，将另1台油泵投入备用。

3. 磨煤机启动

(1) 按辅机检查通则确认磨煤机具备启动条件。

(2) 检查给煤机皮带上及给煤机底部干净无异物，皮带无跑偏现象，给煤机称重装置校验完毕，皮带张力调整合适。

(3) 检查给煤机控制电源投入正常，“READY”“REMOTE”指示灯亮，无异常报警。

(4) 检查给煤机出口堵煤装置投入，无堵煤报警，原煤仓振打装置正常。

(5) 检查石子煤斗完整可用，无杂物堵塞，进口门开启。

(6) 检查磨煤机分离器电机已送电，变频器及控制系统正常，油池油位正常，密封风投入。

(7) 检查磨煤机消防蒸汽处备用状态，电动门关闭，手动门开启。

(8) 检查燃烧器对应二次风挡板在规定位置或投入自动。

(9) 磨煤机启动步骤：

1) 检查磨煤机润滑油已投运；

2) 检查磨煤机液压油系统已投运；

3) 确认磨煤机的点火能量满足；

4) 开启磨煤机密封风调门，调整密封风与一次风差压>2kPa，开启给煤机密封风电动门，开启给煤机密封风调门，开启磨煤机消防蒸汽电动门；

5) 开启磨煤机出口气动插板门，开启对应燃烧器入口气动插板门；

6) 投入分离器油泵自动，启动磨煤机分离器；

7) 开启磨煤机冷、热一次风气动插板门；

8) 提升磨煤机磨辊，30s后检查提升到位；

9) 开启磨煤机冷、热风调节门进行暖磨，控制磨煤机入口温度<150℃，风量>97.11t/h，调整磨煤机出口温度在65～85℃（根据煤质情况）；

10) 开启给煤机入口电动门，开启给煤机出口电动门；

11) 检查磨煤机启动条件满足；

12) 启动磨煤机，检查电流正常；

13) 启动给煤机，设置给煤机最小给煤量；

14) 布煤20s，降下磨煤机磨辊；

15) 磨辊下降后，检查磨煤机振动正常，否则降低磨煤机加载力或增加布煤时间，投入磨煤机液压油作用力、反作用力调门自动，检查火检信号正常；

16）投入磨煤机温度调节自动，投入磨煤机风量调节自动；

17）关闭磨煤机消防蒸汽电动门；

18）检查磨煤机对应二次风挡板至相应开度；

19）投入给煤机自动。

（二）停止

（1）逐渐减少给煤机煤量，关小磨煤机入口热风调节门，开大磨煤机冷风调节门，控制磨煤机出口温度缓慢下降，磨煤机入口风量＞123t/h。

（2）开启磨煤机消防蒸汽电动门。

（3）当给煤机煤量降至最小煤量，设置磨煤机液压油作用力为最小加载值。

（4）停止给煤机运行，关闭给煤机出口电动门，关闭给煤机密封风门。

（5）关闭磨煤机进口热一次风隔绝门。

（6）提升磨辊，30s后检查提升到位。

（7）控制磨煤机风量大于90t/h，出口风速＞18m/s，吹扫磨煤机5～10min。

（8）磨煤机排放石子煤。

（9）吹扫完毕后，停止磨煤机，停止分离器运行。

（10）磨煤机出口温度低于60℃，关闭冷一次风调门，冷一次风隔绝门。

（11）关闭磨煤机消防蒸汽电动门。

（12）关闭磨煤机密封风电动门。

（13）检查磨煤机对应二次风挡板动作正常。

（14）磨煤机停止120min后，可以停止磨煤机润滑油、液压油系统。

（三）运行维护及注意事项

1. 磨煤机启停注意事项

（1）当所有运行磨煤机出力达80％以上时应准备启动备用磨煤机，当所有运行磨煤机出力低于70％时应停止一台磨煤机运行。

（2）磨煤机启停时操作不当会导致汽温大幅波动，甚至壁温超限，应提前调整汽温。

（3）注意监视停运磨煤机出口温度变化，如果温度异常上升，立即进行处理，确认着火，按磨煤机着火进行处理。

（4）磨煤机着火或出口温度超过113℃跳闸，在恢复正常后，应联系检修人员检查磨辊、油封、油质等情况。

（5）低负荷状态下运行，保持相邻层的制粉系统运行，同时确保运行给煤机出力大于50％。

（6）制粉系统停用后，及时清理磨煤机石子煤斗。

（7）磨煤机启停时容易发生爆燃，应严格控制磨煤机出口温度，停运前延长吹扫时间。

2. 磨煤机正常运行调整

（1）磨煤机出口温度控制在60～93℃范围内，当磨煤机出口温度高于93℃时，发出预报警，应采取措施使磨煤机出口温度降至正常范围，当出口温度大于120℃时，检查磨煤机保护动作快速停磨，消防蒸汽电动门联开。

（2）磨煤机运行期间，检查各燃烧器着火稳定，定期对煤粉管道测温。

（3）控制磨煤机密封风与一次风差压大于2.0kPa。

（4）监视磨煤机出口风速、电流、出入口差压、各轴承温度指示正常。

（5）磨煤机润滑油站、液压油站油压、油温、油质、油位正常，油泵运行正常，联锁投入正常，系统无渗漏现象。

（6）磨煤机本体，加载拉杆，出口粉管，下架体密封等处无漏粉现象。

（7）磨煤机转动部分无异常声音和异常振动。

（8）磨煤机组各风门挡板限位器、执行机构完好，调节动作灵活。

（9）检查磨煤机磨辊动作正常，磨煤机振动合格。

（10）定期排放石子煤，石子煤量大时及时调整。

（11）检查给煤机皮带电动机、清扫电动机及减速器温度、油位正常，振动正常，无异音，给煤机皮带无跑偏现象。

（12）检查磨煤机分离器、给煤机控制箱无异常报警。

（四）事故处理

1. 紧急停止制粉系统

（1）遇有下列情况应立即手动停制粉系统运行：

1）磨煤机达到跳闸条件而保护拒动时；

2）制粉系统发生爆炸；

3）磨煤机着火危及设备安全时；

4）磨煤机发生严重振动时；

5）其他危及人身安全的事故。

（2）紧急停止制粉系统操作：

1）视燃烧情况，投入1层油枪稳燃；

2）停止磨煤机电机运行；

3）检查给煤机联锁跳闸，如未联动，则手动停止给煤机运行；

4）燃烧稳定后，逐步退出油枪。

2. 磨煤机跳闸

（1）现象：

1）“磨煤机跳闸”“RB”光字牌报警；

2）DCS显示相应磨煤机跳闸，电流至零；

3）机组控制方式自动切至汽机跟随，锅炉主控指令下降至磨煤机RB目标值；

4）对应给煤机联锁停止，总煤量突降，其他投自动给煤机煤量上升；

5）炉膛负压波动，汽温、汽压下降。

（2）原因：

1）电气保护动作；

2）人员误动；

3）热工保护动作。

（3）处理：

1）检查 RB 动作正常，若 RB 保护拒动，及时手动处理；

2）机组控制方式自动切至汽机跟随，锅炉主控指令减至目标值，确认汽机调门关小，机组负荷下降；

3）根据燃烧情况投油稳燃；

4）检查给煤机联锁跳闸，检查冷、热风气动插板门及出口气动插板门关闭，严密监视磨煤机出口温度的变化；

5）控制运行磨煤机煤量防止堵磨，根据情况启动备用制粉系统，维持机组负荷稳定；

6）调整炉膛负压、总风量、给水流量、蒸汽温度，监视受热面壁温；

7）查明原因，消除故障，重新启动故障磨煤机运行。

3. 磨煤机着火、爆炸

（1）现象：

1）磨煤机出口温度高报警，温度急剧上升；

2）磨煤机外壳金属温度异常高；

3）CO 探测装置报警；

4）石子煤斗有火星出现；

5）磨煤机附近有烟味；

6）磨煤机防爆门动作。

（2）原因：

1）磨煤机出口温度过高；

2）风温、风量控制系统故障；

3）石子煤量多或煤尘沉积引起自燃；

4）给煤机断煤风温控制不当；

5）外来火源。

（3）处理：

1）立即紧急停止磨煤机，关闭入口冷、热一次风气动插板门及出口气动插板门、密封风风门，关闭给煤机下插板门；

2）开启磨煤机消防蒸汽电动门，启动磨煤机甩煤；确认磨煤机灭火成功，关闭灭火蒸汽门，停止磨煤机；

3）当磨煤机外壳温度冷却至室温时，联系检修进行内部检查和清理；

4）当检查清理工作结束并确认设备正常，方可投入磨煤机运行。

（4）防止着火、爆炸措施：

1）定期检查制粉系统无漏油、漏粉；

2）根据煤质严格磨煤机出口温度不超规定值，消防蒸汽可靠备用；

3）制粉系统停止时，磨煤机及一次风管道吹扫干净后停止磨煤机运行；

4）正常运行时，加强磨煤机石子煤的排放和检查；

5）严禁在运行的制粉系统设备上进行动火工作，在停用的制粉系统设备上进行动火工作，动工前必须测量可燃物浓度合格；

6）备用磨煤机入口冷、热一次风气动插板门及出口气动插板门、密封风风门关闭严密；

7）制粉系统附近消防设施齐全，并备有专用灭火器材，随时保持消防水源充足、水压合格；

8）停炉15日以上将煤斗烧空；

9）给煤机落煤管堵煤、原煤斗棚煤时，及时控制磨煤机温度不超限。

4. 磨煤机堵煤

（1）现象：

1）磨煤机出口温度、风速降低；

2）磨煤机进、出口差压升高；

3）磨煤机电流增大；

4）磨煤机一次风量异常降低；

5）同负荷总煤量增加；

6）就地石子煤增多。

（2）原因：

1）给煤量过多；

2）一次风量过低；

3）原煤湿度大；

4）过量喷入消防蒸汽；

5）分离器转速过高；

6）石子煤煤斗堵塞或满料，造成一次风腔室大量积煤；

7）液压加载系统工作失常；

8）磨煤机出力降低。

（3）处理：

1）适当减少给煤量，增大加载压力；

2）解除一次风量自动，增加冷、热一次风量，适当提高一次风机出力；

3）加大其他运行磨煤机出力，如果堵塞严重启动备用制粉系统运行；

4）增加石子煤排放次数；

5）加强监视磨煤机参数及主再热汽温的变化，防止抽粉过快发生爆燃或汽温超限；

6）检查液压加载系统工作是否正常，若有异常及时调整并联系检修处理；

7）如磨煤机堵塞严重，经吹通无效则停止该制粉系统，对磨煤机进行隔离后由检修处理。

5. 给煤机断煤

（1）现象：

1）给煤机断煤信号发出；

2）断煤给煤机煤量突降，投自动给煤机煤量上升；

3）磨煤机电流、进出口差压下降，出口温度升高；

4）锅炉氧量上升，汽温、汽压、负荷下降；

5）磨煤机振动异常增大。

（2）原因：

1）煤仓棚煤或原煤仓空仓；

2）给煤机出口堵塞；

3）给煤机皮带断裂或卡住。

（3）处理：

1）投入消防蒸汽，控制磨煤机出口温度；

2）根据燃烧情况投油稳燃或投入等离子；

3）启动磨煤机振打装置，增大其他磨煤机出力并防止堵磨，准备启动备用磨煤机运行；

4）通知燃料确认煤仓煤位，若空仓立即上煤，若煤仓棚煤，人工振打；

5）若是下煤管堵塞或给煤机皮带断裂、卡住无法运行，则停止该磨煤机运行，启动备用磨煤机运行，联系检修处理；

6）调整机组负荷、主再热汽温及炉膛负压稳定。

6. 防止断煤、堵磨措施

（1）监视运行磨煤机出口温度、进出口差压、电流及给煤量变化，发现异常及时处理。

（2）定期检查给煤机内无杂物，皮带无黏煤、撕裂、跑偏。

（3）检查给煤机控制箱信号正常，接线无松动过热。

（4）监视煤仓料位变化，防止煤仓空仓。

（5）发现磨煤机出口温度下降，差压、电流增大时，及时排石子煤，并减少给煤量，增加风量进行调整。

（6）原煤水分过高导致磨煤机无法出力，及时启动备用制粉系统，合理调整配煤方案。

第四章　锅炉燃烧系统

随着越来越多的大型火电机组投入运行，对锅炉的经济性和安全性也提出了更高的要求，尤其是在设计锅炉燃烧系统时，不仅要求考虑锅炉正常带负荷能力，而且应考虑锅炉具备更大的负荷适应能力以及不投油助燃时的低负荷稳燃能力。另外，还必须根据国家有关环保法令、法规，降低锅炉燃烧时氮氧化物和硫氧化物的生成量。

第一节　燃烧理论基础

燃烧是燃料与氧化剂进行的发热和发光的高速化学反应。燃料与氧化剂可以是同形态的，如气体燃料在空气中的燃烧，称为单相（或均相）反应；燃料与氧化剂也可以是不同形态的，如固体燃料在空气中的燃烧，称为多相（或异相）燃烧。

燃烧反应的快慢用燃烧速度表示，其大小取决于反应物质与进行反应的化学条件（反应温度、反应物质的浓度、反应空间的压力和催化剂等）和物理条件（燃烧空气与燃料的相对速度，气流扩散速度及热量传递速度等）。

一、煤粉气流的燃烧过程

固体燃料颗粒的燃烧过程是由一系列阶段构成的一个复杂的物理化学过程。燃料颗粒受热以后，首先析出水分，进而发生热分解和释放出可燃挥发分，当可燃混合物的温度高到一定程度时，离开煤粒后挥发分就开始着火和燃烧。挥发分燃烧放出的热量从燃烧表面通过导热和辐射传给煤粒，随着煤粒温度的提高，导致进一步释放挥发分。但是，此时由于剩余焦炭的温度还比较低，也由于释放出的挥发分及其燃烧产物阻碍氧气向焦炭扩散，焦炭还未能燃烧。当挥发分释放完毕，而且其燃烧产物又被空气流吹走以后，焦炭开始着火，这时只要焦炭粒保持一定的温度而又有适当的供氧条件，那么燃烧过程就一直进行到焦炭粒烧完为止。最后形成灰渣。煤粒的燃烧过程示意如图 4-1 所示。

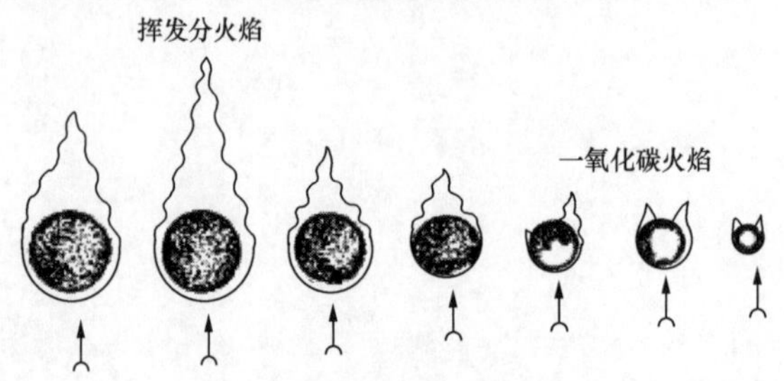

图 4-1　煤粒的燃烧过程示意

煤粉气流经燃烧器喷入炉膛，在悬浮形态下燃烧形成煤粉火炬，从燃烧器出口至炉膛出口，煤粉在炉膛内的停留时间大致是 2～3s，煤粉的燃烧过程，大致可分为以下三个阶段。

1. 着火前的准备阶段

煤粉气流喷入炉膛至着火这一阶段称为着火前的准备阶段。着火前的准备阶段是吸热阶段，在此阶段内，煤粉气流被烟气不断加热，温度逐渐升高，首先是水分蒸发，接着是挥发分的析出，析出的挥发分达到着火温度就开始着火。

一般认为，煤粉中先是挥发分析出并着火燃烧，挥发分燃烧放出的热量又加热炭粒，炭粒温度迅速升高，当炭粒加热至一定温度并有氧补充到炭粒表面时，炭粒着火燃烧；但是还存在另外一种可能，当煤粉颗粒加热速度很快时，挥发分的析出速度可能落后于煤粉粒子的加热速度，这时焦炭的着火燃烧可能在挥发分之前或同时发生，此时，挥发分的着火燃烧就贯穿了煤粉颗粒燃烧过程的始终。

2. 燃烧阶段

煤粉着火以后进入燃烧阶段。燃烧阶段是一个强烈的放热阶段，煤粉颗粒的着火燃烧，首先是从局部开始的，然后迅速扩展到整个表面。煤粉气流一旦着火燃烧，可燃质与氧就发生高速的燃烧化学反应，放出大量的热量，烟气温度迅速升高达到最大值，氧浓度及飞灰含碳量则急剧下降。

3. 燃尽阶段

燃尽阶段是燃烧过程的继续。煤粉经过燃烧后，炭粒变小，表面形成灰壳，大部分可燃物已经燃尽，只剩少量残炭继续燃烧。在燃尽阶段中，氧浓度相应减少，气流的扰动减弱，燃烧速度明显下降，燃烧放热量小于水冷壁吸热量，烟温逐渐降低，因此，燃尽阶段占整个燃烧阶段的时间最长。

对应于煤粉燃烧的三个阶段，煤粉气流喷入炉膛后，从燃烧器出口至炉膛出口，沿火炬行程可分为三个区域，即着火区、燃烧区与燃尽区。其中，着火区很短，燃烧区也不长，而燃尽区却较长。根据对 $R_{90}=5\%$的煤粉试验，其中 97%的可燃质是在 25%的时间内燃尽的，而其余 3%的可燃质都要在 75%的时间内燃尽。

二、燃烧化学反应速度

任何化学反应均可以用以下的化学计量方程式表示

$$aA+bB=gG+hH \tag{4-1}$$

式中 a、b——反应物 A、B 的化学反应计量系数；

g、h——生成物 G、H 的化学反应计量系数。

化学反应速度可以用某一反应物浓度减少的速度（反应物消耗的速度）表示，也可以用生成物浓度增加的速度表示，其常用的单位是 $mol/(m^3 \cdot s)$。按照不同反应物或生成物计算在时间 τ 的瞬时反应速度为

$$w=\frac{dC}{d\tau} \tag{4-2}$$

式中　C——某一种反应物或生成物的浓度，mol/m^3。

化学反应速度不仅取决于参加反应的原始反应物的性质，而且与反应系统的条件有关，这些条件包括反应物的浓度、温度、压力以及是否有催化反应或连锁反应等。

1. 浓度对化学反应速度的影响

化学反应是在一定条件下，不同反应物分子彼此碰撞而产生的，单位时间内碰撞次数越多，则化学反应速度越快。分子碰撞次数决定于单位容积中反应物的分子数，即物质浓度。质量作用定律是说明在一定温度下化学反应速度与反应物质浓度的关系。

根据质量作用定律，对于均相反应，在一定温度下化学反应速度与参加化学反应的各反应物的浓度成正比，而各反应物浓度项的方次等于化学反应式中相应的反应系数。对式（4-2）表示的化学反应，其反应速度可进一步表示为

$$W_A = k_A C_A^a C_B^b \tag{4-3a}$$

$$W_B = k_B C_A^a C_B^b \tag{4-3b}$$

式中　k_A，k_B——反应物 A、B 的化学反应速度常数，与反应物质浓度无关，其单位由反应物质浓度的单位来确定。

对于炭粒的多相燃烧来说，化学反应是在炭粒的表面进行的，可以认为炭粒的浓度 C_A 不变化。因此，化学反应速度是指单位时间内炭粒表面上氧浓度的变化，即炭粒表面上的耗氧速度，其化学反应速度为

$$w_B = k_B C_B^b \tag{4-4}$$

式中　k_B——炭粒燃烧的化学反应速度常数；

C_B——炭粒表面处的氧浓度。

质量作用定律说明，在一定温度下而反应容积不变时，增加反应物的浓度即增大反应物的分子数，分子间碰撞的机会增多，所以反应可以速度加快。

2. 温度对化学反应速度的影响

温度对化学反应速度有很大的影响，当反应物的浓度不随时间变化时，化学反应速度就可用反应速度常数 k 来表示，而 k 主要取决于反应温度和反应物的性质，它们之间的关系可以用阿累尼乌斯（Arrhenius）定律表示

$$k = k_0 e^{-\frac{E}{RT}} \tag{4-5}$$

式中　k_0——频率因子；

E——活化能，MJ/kmol；

R——通用气体常数，J/(kmol·K)；

T——反应温度，K。

这样，化学反应速度式（4-4）可表示为

$$w_B = k_0 C_B^b e^{-\frac{E}{RT}} \tag{4-6}$$

式（4-6）说明，当反应物浓度不变时，化学反应速度与温度成指数关系，随着温度升高，化学反应速度迅速加快。这种现象可这样来解释：化学反应是通过反应物分子间的碰撞而进行的，但并不是所有的碰撞都能引起化学反应，只有其中具有较高能量的活化分子的碰撞才能发生化学反应。为使化学反应得以进行，分子活化所需的最低能量称为活化

能，以 E 表示。能量达到或超过活化能 E 的分子成为活化分子。活化分子的碰撞才是发生化学反应的有效碰撞。当温度升高时，分子从外界吸收了能量，活化分子数量急剧增多，化学反应速度加快。

在一定温度下，活化能越大，活化分子数就越少，则化学速度越慢；反之，若活化能越小，化学反应速度就越快。在相同条件下，不同燃料的焦炭的燃烧反应，其活化能是不同的，高挥发分煤的活化能较小，低挥发分煤的活化能较大。各类煤的焦炭按照方程 $C+O_2=CO_2$ 反应的活化能的值（MJ/kmol）分别为：褐煤，92～105MJ/kmol；烟煤，117～134MJ/kmol；无烟煤，140～147MJ/kmol。

对于实际的炉内燃烧过程，认为其反应物的浓度和炉膛压力基本不变，因此化学反应速度主要与温度有关。温度升高时，活化分子数量增多，反应速度随之加快。而且活化能数值越大，温度对反应速度的影响就越显著。实际运行中，提高炉膛温度是加速燃烧反应、缩短燃烧时间的重要方法。

3. 压力对化学反应速度的影响

在反应容积不变的条件下，反应系统压力的增高，说明反应物浓度的增加，因此反应速度加快。化学反应速度与反应系统压力 p 的 n 次方成正比

$$w=k_n x_A^n\left(\frac{p}{RT}\right)^n \tag{4-7}$$

式中 k_n——反应速度常数；

x_A——反应物质 A 的相对浓度，$x_A=C_A/C$，$C=C_A+C_B$；

n——反应级数。

在燃烧技术中，通过提高炉膛压力来提高燃烧化学反应速度，如燃气锅炉和增压流化床燃烧等。

4. 催化反应

如果把少量的催化剂加到反应系统中，使化学反应速度发生变化，则这种作用称为催化作用。凡能改变反应速率而它本身的组成和质量在反应前后保持不变的物质称为催化剂。

催化剂可影响化学反应速度，但化学反应却不能影响催化剂本身。催化剂虽然也可以参加化学反应，但在另一个反应中又被还原，到反应终了时它本身的化学性质并未发生变化。催化作用都有一个共同的特点，即催化剂在一定条件下，仅能改变化学反应的速度，而不能改变反应在该条件下可能进行的限度，即不能改变平衡状态，只能改变达到平衡的时间。从活化能的观点看，催化剂主要是改变了化学反应的途径，从而使化学反应的活化能发生了改变。例如 SO_2 的氧化成 SO_3 的反应是很慢的，但如加入催化剂 NO 或 V_2O_5，就会使反应速度大大提高。

5. 链锁反应

链锁反应可以使化学反应自动连续加速进行。链锁反应的机理是：在化学反应中，由于某种作用（热力活化、光子作用或者某种激发作用），使反应物形成了初始的活化分子，在某些有利的情况下，活化分子能够使化学反应过程开始出现一系列的中间反应，这些中

间反应大都是一些极简单的化学反应。在中间反应过程中，同时会产生一些新的活化分子，形成链，这些活化分子需要的活化能又较少，所以一旦形成了活化链，反应就可以自动连续加速进行，直到反应物质耗尽或链锁中断为止。

链锁反应过程可以分为链的引发、链的传递和链的中断 3 个阶段。根据激发和传递过程中再生的活化分子数目等于或大于消耗的活化分子数目，链锁反应可分为直链反应和支链反应。

氢的燃烧 $O_2+3H_2=2H_2O$ 属于典型的支链反应：

$$H_2+M \longrightarrow 2H+M$$

$$H+O_2 = OH+O$$

$$2OH+2H_2 = 2H_2O+2H$$

$$O+H_2 = OH+H$$

单个链锁环节总的效果是

$$H+3H_2+O_2 \longrightarrow 2H_2O+3H$$

可以看出，一个自由氢参加反应生成两个 H_2O 分子的同时，又生成了 3 个新的自由氢。活化分子产生的速度大于消耗的速度，因而支链反应速度极快。

三、煤粉气流的热力着火

（一）着火温度

着火是指燃料与氧化剂混合从开始缓慢氧化反应，温度升高，到发生不稳定的、激烈的氧化反应而引起燃烧的现象。着火温度即着火发生时的可燃混合物反应系统的温度。着火有热力着火和支链着火两种形式。前者是由于系统内热量积聚，引起化学反应速度按阿累尼乌斯指数关系迅速猛增；而后者是由于燃烧分支链锁反应，使活化中心浓度迅速增加，导致反应速度急剧加速。在实际燃烧过程中，不可能有单纯的支链着火或热力着火，往往是两种同时存在，并相互促进。一般说来，在高温下，热力着火是引起着火的主要因素；而在低温时，支链着火则起主导作用。

当燃烧在自然条件下（温度很低时），尽管和氧接触，只能缓慢氧化而不能着火燃烧。但是当温度提高到一定值后，燃料和氧的反应就会发生自动加速到相当大的程度，而产生着火和燃烧。着火过程有两层意义：一是着火是否可能发生；二是能否稳定着火。只有稳定着火，才能保证燃烧过程持续稳定的进行，否则就可能中途熄火，使燃烧过程中断。

煤粉和空气组成的混合物的着火、熄火以及燃烧过程是否稳定进行，与燃烧过程的热力条件有关。因为在燃烧过程中必然同时存在放热和吸热两个过程，这两个矛盾的过程相互影响，从而造成燃烧过程发生（着火）或停止（熄火）。在实际的煤粉炉中，炉膛四周布置的水冷壁直接吸收火焰的辐射热，因而燃料燃烧时放出的热量，同时向周围介质和炉膛壁面散热。这时，要使可燃物点燃并连续着火，必须使可燃物升温。因此，要实现着火和稳定着火，必须具备两个条件：一个条件是放热量和散热量达到平衡，即放热量等于散热量；另一个条件是放热变化率大于散热变化率。如果不具备这些条件，即使在高温状态下也不能稳定着火，燃烧过程将因火焰熄灭而中断，并不断向缓慢氧化的过程发展。

燃烧室内煤粉空气混合物燃烧时的放热量 Q_1 为

$$Q_1 = k_0 e^{(-E/RT)} C_{O_2}^n V Q_r \tag{4-8}$$

在燃烧过程中向周围介质的散热量 Q_2 为

$$Q_2 = \alpha S(T - T_b) \tag{4-9}$$

式中　C_{O_2}——煤粉或煤（炭粒）反应表面氧浓度；

n——燃烧反应中氧的反应系数；

V——可燃混合物的容积；

R——通用气体常数，J/(kmol·K)；

Q_r——燃烧反应热；

T——燃烧反应物温度，K；

T_b——燃烧室壁面温度，K；

α——混合物向燃烧室壁面的放热系数，等于对流放热系数和辐射放热系数之和；

S——燃烧室壁面面积。

图 4-2 给出了根据式（4-8）和式（4-9）画出的放热量与散热量随温度的变化曲线。放热曲线是一条指数曲线，散热曲线则接近直线。

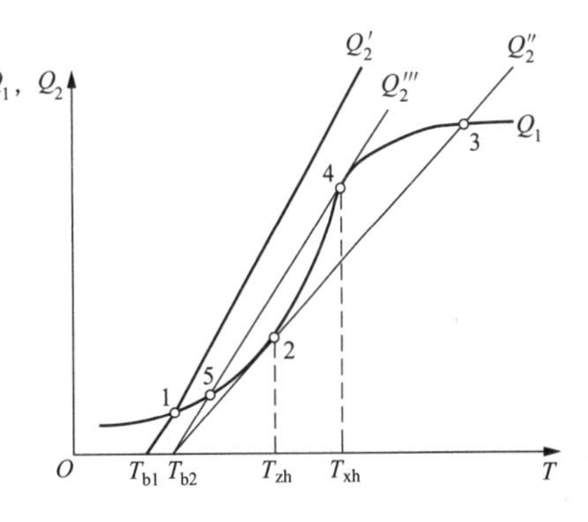

图 4-2　放热量与散热量随温度的变化曲线

（1）若炉内开始时可燃混合物和壁面温度为 T_{b1}，散热曲线为 Q_2'。由图 4-2 可知，反应初期放热量大于散热量，反应系统的温度 T 逐步升高，最后稳定在点 1 上。达到点 1 时，放热量等于散热量，点 1 表示的是一个稳定的低温缓慢氧化状态，在点 1 以前，放热量大于散热量，系统会自动升温达到点 1 状态；点 1 以后，散热量大于放热量，反应系统温度不会上升，就稳定在点 1 上。

（2）如果开始时可燃混合物和壁面温度提高到 T_{b2}，散热曲线则为 Q_2''。由图 4-2 可知，反应初期的放热量大于散热量，反应系统的温度会逐步升高，达到点 2 时，放热量与散热量相等，系统处于平衡状态。但此时点 2 的热平衡状态是不稳定的，因为只要在点 2 所对应的温度基础上再稍微提高系统温度，就会使放热量大于散热量，反应将自动加速而稳定在高温燃烧状态点 3 上。点 2 所对应温度即为着火温度 T_{zh}，点 2 即为热力着火点。

（3）对于处于高温燃烧状态下的反应系统，如果散热加强（或放热减弱），散热曲线则为 Q_2'''。由图 4-2 可知，由于散热量大于放热量，燃烧系统的温度逐步降低，达到点 4 时，放热量与散热量相等，系统处于热平衡状态。但点 4 的热平衡状态也是不稳定的，此时只要系统温度稍微降低，散热量就会超过放热量，反应将自动减速稳定在缓慢氧化状态点 5 上，使燃烧过程中断，即熄火。点 4 所对应的温度即为熄火温度 T_{xh}，点 4 即为热力熄火点。由图可知，熄火温度永远比着火温度高。

应该指出，着火温度和熄火温度并不是常数。燃料着火温度（热力着火点）和熄火温度（热力熄火点）是一个相对于某个热力条件所得到的特征值，切点 2 和 4 的位置会随反应系统热力条件的变化而发生变化，对应的着火和熄火温度也就随之改变。如果反应系统内氧的浓度、压力、燃料活化能、燃料颗粒大小及散热条件改变时，对应的着火温度和熄火温度也就改变。比如，挥发分大的烟煤，活化能小，反应能力强，着火温度低，即使周围散热条件较强，也容易稳定着火；而挥发分很低的无烟煤，活化能大，反应能力低，着火温度高，需要减小周围散热，维持高温状态，才能稳定着火。表 4-1 所示的是不同煤粉气流的着火温度。

表 4-1　　不同煤粉气流的着火温度　　(℃)

测试设备	燃料	着火温度
煤粉气流着火温度测试设备	褐煤 $V_{daf}=50\%$	550
	烟煤 $V_{daf}=40\%$	650
	烟煤 $V_{daf}=30\%$	750
	烟煤 $V_{daf}=20\%$	840
	贫煤 $V_{daf}=14\%$	900
	无烟煤 $V_{daf}=4\%$	1000

同时，燃料燃烧过程中，火焰的稳定性与火焰传播速度关系极大。锅炉燃烧系统的安全运行与火焰传播速度关系密切。火焰传播形式可分为两种：一种是正常的火焰传播；另一种是反应速度失去控制的高速爆炸性燃烧。

正常的火焰传播是指可燃物在某一局部区域着火后，火焰从这个区域向前移动，逐步传播和扩散出去，这种现象就称为火焰传播。在正常的火焰传播过程中，火焰传播速度比较缓慢，燃烧室内压力保持不变。炉内煤粉气流正常燃烧的火焰传播就属于正常的火焰传播。

当炉膛内出现爆炸性燃烧时，火焰传播速度极快，达 1000～3000m/s，温度极高，可达 6000K；压力极大，可达 2.0MPa。爆燃是由于可燃物以极高的速度反应，以至于反应放热来不及散失，使温度迅速升高，压力急剧增大。而压力的急剧增大是由于高温烟气的比体积比未燃烧的可燃混合物的比体积大得多，高温烟气膨胀产生的压力波使未燃混合物绝热压缩，火焰传播速度迅速提高，以致产生爆炸性燃烧。

当火焰正常燃烧时，有时会发生响声，此时，如绝热压缩很弱，不会引起爆炸性燃烧。但当未燃混合物数量增多时，绝热压缩将逐渐增强，缓慢的火焰传播过程就可能自动加速，转变为爆炸性燃烧。

可燃混合物着火时的火焰传播速度即为着火速度。对于不同的燃料，火焰传播速度的差异很大。气体燃料和液体燃料的火焰传播速度远远大于煤粉气流的火焰传播速度。就煤粉气流本身而言，差别也很大。例如，燃用烟煤时的火焰传播速度比贫煤、无烟煤的火焰传播速度要大。因此，烟煤着火后，燃烧比较稳定。但煤粉气流的火焰传播速度受多种因素的影响，其首先决定于燃料中挥发分含量的大小，其次还与水分、灰分、煤粉细度、煤粉浓度和煤粉气流混合物的初温及燃烧温度有关。一般情况下，挥发分大的煤火焰传播速度快，灰分大的煤火焰传播速度小。

（二）着火热

1. 着火热

煤粉空气混合物以射流方式喷入炉膛后，被迅速加热，达到着火温度后开始着火。煤粉气流着火后就开始燃烧，形成火炬，着火以前是吸热阶段，需要从周围介质中吸收一定的热量来提高煤粉气流的温度，着火以后才是放热过程。

为了使煤粉气流被更快加热到煤粉颗粒的着火温度，总是不把煤粉燃烧所需的全部空气都与煤粉混合来输送煤粉，而只是用其中一部分来输送煤粉，这部分空气称为一次风，其余的空气称为二次风和三次风。

煤粉混合物进入炉膛后，将煤粉气流加热到着火温度所需的热量称为着火热。它包括加热煤粉及空气（一次风）、使煤粉气流中水分蒸发和过热所需要的热量。

着火热随燃料的性质（着火温度、燃料水分）和运行工况（煤粉气流的初温、一次风量）的变化而变化。

2. 着火热的来源

煤粉气流着火热来源有两个方面：一方面是卷吸炉膛高温烟气而产生的对流换热，另一方面是炉内高温火焰的辐射换热。通过两种换热，使进入炉膛的煤粉气流的温度迅速提高，达到着火温度并着火燃烧。研究表明，煤粉气流的加热主要依靠高温烟气的对流传热，辐射传热是次要的。

煤粉气流最好在离开燃烧器约 200～300mm 处着火，最多不要超过 500mm。着火太迟，会使火焰中心上移，从而造成炉膛上部结渣，过热蒸汽温度偏高，不完全燃烧损失增加，严重时，还会造成灭火“打炮”，产生严重事故。着火太早也不好，可能烧坏燃烧器，或造成燃烧器附近结渣。

由于煤粉在炉内停留时间太短，只有 2～3s，故组织燃烧时就要使煤粉气流能尽快着火。这样，一方面要尽量降低煤粉的着火热，另一方面就要尽快提供着火热。劣质煤着火燃烧都较为困难，为使煤粉尽快着火，可提高进入炉膛的煤粉气流初温来降低着火热，同时，通过合理组织炉内燃烧工况，尽快供给着火热。

（三）煤粉气流着火的主要影响因素

煤粉空气混合物经燃烧器喷入炉膛后，通过湍流扩散和回流，卷吸周围的高温烟气，同时又受到炉膛四壁及高温火焰的辐射，被迅速加热，热量达到一定温度后就开始着火。煤粉气流的着火温度要比煤的着火温度高一些，煤粉空气混合物较难着火，故燃烧组织的重要任务之一就是要使煤粉能尽快着火。

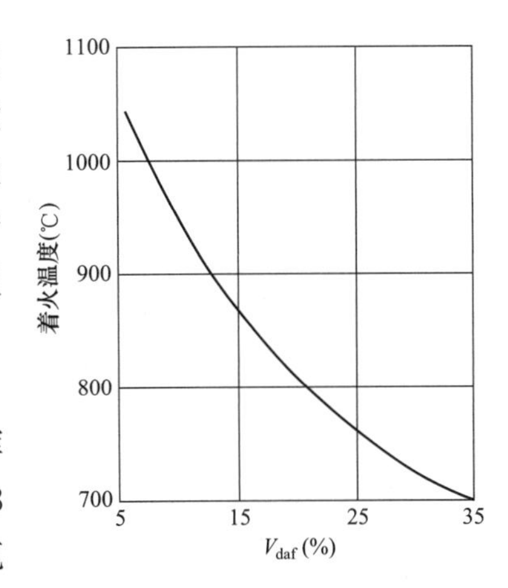

图 4-3 着火温度与 V_{daf} 的关系

1. 燃料性质

燃料性质中对着火过程影响最大的是挥发分，挥发分降低时，煤粉气流的着火温度显著升高（如图 4-3 所示），着火热也随之增大。就是说，必须把煤粉气流加热到更高的温度才能着火。因此，低挥发分的煤着火要困难些，达到着火所需的时间也长些，着火点离开燃烧器喷口的距离自然也拉得长些。

原煤水分增大时，着火热也随之增大。同时由于一部分燃烧热消耗在加热水分并使其汽化和过热上，也降低了炉内烟气温度，从而使煤粉气流卷吸的烟气温度以及火焰对煤粉气流的辐射热都降低，这对着火显然是不利的。

燃料中的灰分在燃烧过程中不但不能放出热量，而且还要吸收热量。特别是当燃用高灰分劣质煤时，由于燃料本身发热值很低，燃料消耗量增加幅度较大。大量的灰分在着火和燃烧过程中要吸收更多的热量，因而使得炉膛内烟气温度降低，煤粉气流着火推迟，而且也使着火稳定性降低。

煤粉细度也会影响煤粉气流的着火温度，煤粉越细，着火越容易。这是因为在同样的煤粉质量浓度下，煤粉越细，进行燃烧反应的表面积就越大，而煤粉本身的热阻却减小。因而在加热时，细煤粉的温升速度要比粗煤粉来得快，这样就可以加快化学反应速度和更快地达到着火。不同细度的煤粉粒子的升温过程如图 4-4 所示。一般总是细煤粉首先着火燃烧。对于难着火的低挥发分无烟煤，将煤粉磨得细些，以加速它的着火过程。

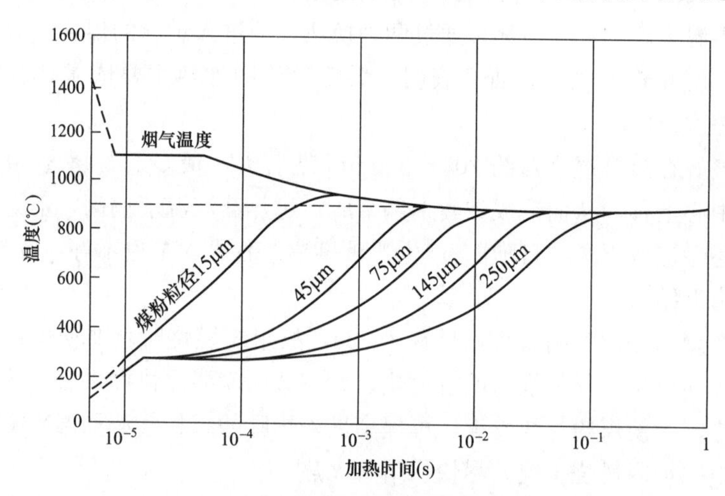

图 4-4 不同细度的煤粉粒子的升温过程

2. 炉内散热条件

从煤粉气流着火的热力条件可知，如果放热曲线不变，减少炉内散热，有利于着火。因此，在实践中为了加快和稳定低挥发分煤的着火，常在燃烧器区域用铬矿砂等耐火材料将部分水冷壁遮盖起来，构成卫燃带。目的是减少水冷壁吸热量，即减少燃烧过程的散热，提高燃烧器区域的温度水平，从而改善煤粉气流的着火条件。敷设卫燃带是稳定低挥发分煤着火的有效措施，但卫燃带区域往往又是结渣的发源地。

3. 煤粉气流的初温

采用高温预热空气作为一次风来输送煤粉，由于提高了煤粉气流的初温，减少了把煤粉气流加热到着火温度所需的着火热，从而加快了着火。因此，在燃用无烟煤、劣质煤和某些贫煤时，广泛采用热风送粉。

4. 一次风量和风速

增大煤粉空气混合物中一次风量，相应地增大了着火热，将使着火过程推迟。减小一次风量，会使着火热显著降低，因而在同样的卷吸烟气量下，可将煤粉气流更快地加热到着火温度。但是，如果一次风量过低，会由于着火燃烧初期得不到足够的氧气而使反应速度减慢，阻碍着火的继续扩展。另外，一次风量还要满足输粉的要求，过小的一次风量会造成煤粉堵塞。

通常一次风量的大小用一次风率表示，一次风率是指一次风量占炉膛出口总风量的百分数。对应于一种煤种，有一个一次风率的最佳值。一次风率主要决定于燃煤种类和制粉系统形式。

除了一次风的数量以外，一次风煤粉气流的出口速度对着火过程也有一定影响。若一次风速过高，则通过气流单位截面积的流量将过大，这势必降低煤粉气流的加热程度，使着火推迟，致使着火距离拉长而影响整个燃烧过程。但一次风速过低时，会引起燃烧器喷口过热燃坏，以及煤粉管道堵粉等故障。最适宜的一次风速与燃用的煤种和燃烧器型式有关。

5. 燃烧器出口煤粉的浓度

燃烧器出口煤粉浓度对煤粉气流的着火具有重要影响，其对着火影响的机理体现在：①在同样的热物理条件下，随煤粉浓度的提高，在煤粉粒子周围建立着火所需挥发分下限浓度的时间变短，因而着火温度下降，着火更快；②煤粉浓度的提高也使得单位质量的煤粉能够获得更多的着火热，煤粉粒子的加热速度更快。提高煤粉浓度对降低煤粉气流的着火温度具有明显的效果。这也正是电站锅炉中广泛采用浓淡燃烧的原因。

6. 锅炉的运行负荷

锅炉负荷降低时，送进炉内的燃料消耗量相应减少，而水冷壁总的吸热量虽然也减少，但减少的幅度较小，相对于单位质量燃料来说，水冷壁的吸热量反而增加了。致使炉膛平均烟温下降，燃烧器区域的烟温也降低，因而对煤粉气流的着火是不利的。当锅炉负荷降到一定程度时，就会危及着火的稳定性，甚至可能熄火。因此，着火稳定性条件常常限制了煤粉锅炉负荷的调节范围，低负荷稳燃常常成为衡量一个锅炉燃烧器性能的重要指标。

着火阶段是整个燃烧过程的关键，要使燃烧能在较短的时间内完成，必须强化着火过程，即保证着火过程能够稳定而迅速地进行。由上述分析可知，组织强烈的烟气回流和燃烧器出口附近煤粉一次风气流与热烟气的激烈混合，是保证供给着火热量和稳定着火过程的首要条件；提高煤粉气流初温，采用适当的一次风量和风速是降低着火热的有效措施；提高煤粉细度和敷设卫燃带是燃用无烟煤时稳定着火的常用方法。

四、煤粉气流的燃烧（焦炭的燃烧）

（一）炭粒的燃烧反应及燃烧过程

在煤粉燃烧过程中，决定燃烧好坏的关键是焦炭的燃烧。这是因为：第一，焦炭中的碳是大多数固体燃料可燃质的主要部分；第二，焦炭着火最晚，燃烧最迟，其燃烧过程是整个燃烧过程中最长的阶段，能决定整个粒子的燃烧时间；第三，焦炭中碳燃烧的放热量占煤发热量的40％（泥煤）～95％（无烟煤），碳的燃烧对其他阶段的进行有决定性的影响。因此，煤的燃烧过程主要是碳的燃烧。

炭粒的燃烧机理是比较复杂的。大多数研究认为，碳与氧作用同时生成CO_2和CO，其反应式为：

$$C + O_2 \longrightarrow CO_2 \tag{4-10}$$

$$2C + O_2 \longrightarrow 2CO \tag{4-11}$$

$$CO_2 + C \longrightarrow 2CO \tag{4-12}$$

$$2CO + O_2 \longrightarrow 2CO_2 \tag{4-13}$$

在煤粉炉中，炉内煤粉处于悬浮状态，煤粉与空气流之间的相对速度很小，可认为焦炭粒子是在静止空气流中进行燃烧的；而在旋风炉和流化床锅炉中，煤粒是在高速空气流的强烈冲刷下进行燃烧的，此时，氧气供应充分，燃烧产物CO_2和CO容易从碳表面被气流吹走，只要温度比较高，其燃烧速度比静止气流下快得多。

反应式（4-10）和式（4-11）称为一次反应，反应式（4-12）和式（4-13）称为二次反应。

炭粒在静止的空气中或炭粒与空气两者无相对运动燃烧时，在温度低于1200℃时，如图4-5（a）所示，按下式反应式进行燃烧反应：

$$4C + 3O_2 \longrightarrow 2CO + 2CO_2 \tag{4-14}$$

此时由于温度较低，在炭粒表面生成的CO_2不能与C发生式（4-12）所示的气化反应。而一氧化碳从炭粒表面向外扩散，途中与氧相遇即发生燃烧，只有与一氧化碳燃烧后剩余的氧才能扩散至炭粒表面。炭粒表面生成的CO_2和CO燃烧生成的CO_2一起向周围环境扩散。

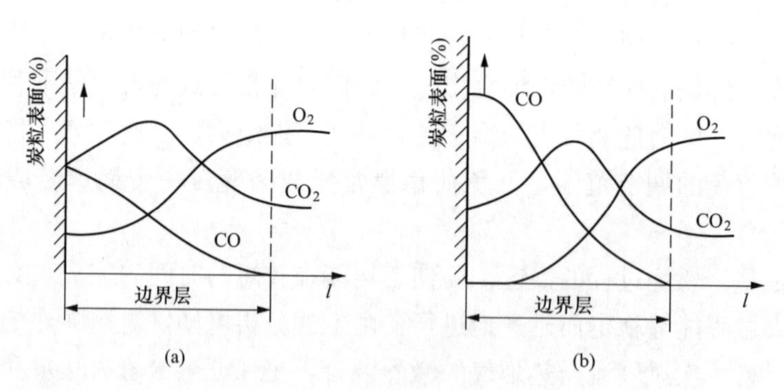

图4-5　炭粒表面燃烧过程

（a）温度低于1200℃；（b）温度高于1200℃

当温度高于1200℃以后，如图4-5（b）所示，炭粒燃烧开始转向如下反应：

$$3C + 2O_2 \longrightarrow 2CO + 2CO_2 \tag{4-15}$$

此时，由于温度升高加速了炭粒表面的反应，同时气化反应也因温度升高而显著进行，因而生成更多的CO。CO向外扩散途中遇到远处向炭粒表面扩散的氧而产生燃烧，并将氧全部消耗掉。反应生成的CO_2同时向炭粒表面和周围环境两方扩散。

实际上炭粒的燃烧是在更为复杂的情况下进行的，除掉上述条件会影响反应进程，整个过程不是等温过程，炭粒的几何形状和结构以及煤中灰分含量等因素也会影响实际的燃烧反应过程。

炭粒的燃烧可理想化为如图 4-6 所示的模型。燃烧着的炽热炭粒子被发生反应的一个边界层所包围，边界层以外是氧化介质的主气流，一般均为强烈紊流状态，故可认为主气流内温度和氧浓度的梯度均等于零。这样，边界层外表面的氧浓度就等于主气流内氧浓度。氧气通过扩散经由边界层输送到炭粒反应表面。

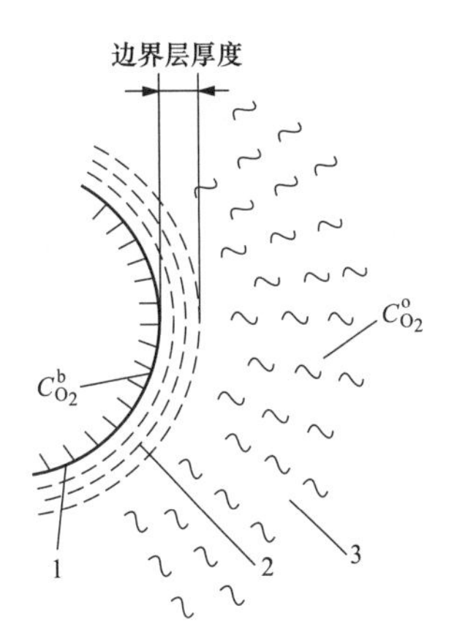

图 4-6 炭粒燃烧模型

1—炭粒反应表面；2—边界层；3—紊流氧化介质

炭粒表面的多相燃烧大致包括如下几个过程：

（1）参加燃烧的氧从周围环境扩散到炭粒的反应表面。

（2）氧被炭粒表面吸附。

（3）在炭粒表面进行燃烧化学反应。

（4）燃烧产物由炭粒表面解吸附。

（5）燃烧产物离开炭粒表面，扩散到周围环境中。

炭粒燃烧速度是指炭粒单位表面上的实际反应速度，它取决于上述过程中进行得最慢的过程。研究指出，吸附和解吸附是比较快的，因而碳的燃烧速度主要决定于氧向炭粒表面的扩散速度和在反应表面上进行的燃烧化学反应速度，最终决定于两者中的较慢者。

1. 氧的扩散速度

炭粒与氧的燃烧化学反应是在炭粒表面进行的，化学反应消耗部分氧后，炭粒反应表面氧浓度 $C^b_{O_2}$ 小于周围介质中的氧浓度 $C^0_{O_2}$，因为这种浓度差，周围环境的氧就不断向炭粒表面扩散。氧扩散过程的快慢可以用氧的扩散速度 W_{ks} 来反映，扩散速度 W_{ks} 可由下式确定：

$$W_{ks}=\alpha_{ks}(C^0_{O_2}-C^b_{O_2}) \tag{4-16}$$

式中 α_{ks}——扩散速度系数；

$C^0_{O_2}$——周围环境中氧的浓度；

$C^b_{O_2}$——炭粒反应表面处氧的浓度。

当气流冲刷直径为 d 的炭粒时，气流和炭粒的相对速度为 w，根据传质理论可知，扩散速度系数 α_{ks} 与 d、W 有如下关系：

$$\alpha_{ks}\propto\frac{W^{2/3}}{d^{1/3}} \tag{4-17}$$

由式（4-16）、式（4-17）可知，氧的扩散速度不仅与氧的浓度差成正比，还与炭粒直径及气流与炭粒的相对运动速度有关。

炭粒燃烧过程中，气流与炭粒的相对速度越大，扰动就越剧烈，氧向炭粒表面的扩散速度就越大，同时，燃烧产物离开炭粒表面扩散出去的速度也增大，使氧的扩散速度进一步加快。炭粒直径越小，单位质量炭粒的表面积越大，与氧的反应面积越大，化学反应消耗氧越多，炭粒表面的氧浓度就会降低，炭粒表面与周围环境的氧浓度差就越大，使氧的扩散速度加快。因此，供应燃烧足够的空气量、增大炭粒与气流的相对速度和减少炭粒直径都可以提高氧的扩散速度。

2. 燃烧化学反应速度

如果认为扩散来的氧全部都在炭粒反应表面参加燃烧反应，那么化学反应速度应为：

$$W_{O_2}^{H}=KC_{O_2}^{b} \tag{4-18}$$

式中 $W_{O_2}^{H}$——以氧的消耗速度来表示的燃烧化学反应速度。

3. 燃烧速度

当燃烧过程稳定时，氧的扩散速度与化学反应速度应该相等，并都等于燃烧速度 W_r，即

$$W_r=W_{O_2}^{H}=W_{ks} \tag{4-19}$$

此时炭粒表面上氧的供应和消耗达到了平衡，炭粒表面的氧浓度固定不变。用 W_r 取代 W_{ks} 和 $W_{O_2}^{H}$，并消去该两式中的 $C_{O_2}^{b}$，炭粒表面燃烧速度的表达式如下：

$$W_r=\frac{1}{\frac{1}{k}+\frac{1}{\alpha_{ks}}}C_{O_2}^{0}=k_zC_{O_2}^{0}$$

式中 k_z——折算速度系数，即

$$k_z=\frac{1}{\frac{1}{k}+\frac{1}{\alpha_{ks}}}$$

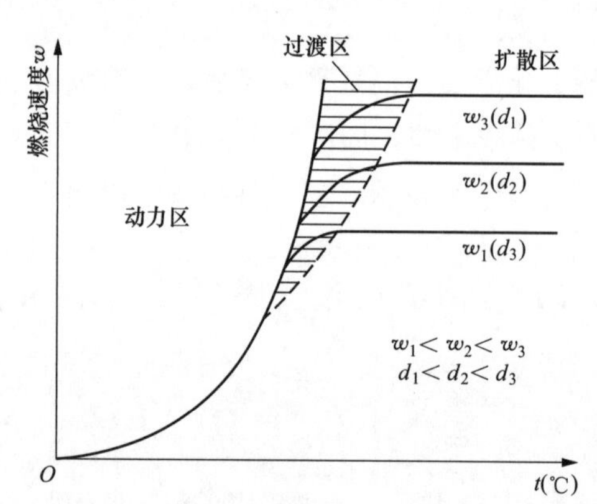

图 4-7 多相燃烧的动力区、扩散区和过渡区

在不同温度下，由于化学反应条件与气体扩散条件的影响不同，燃烧过程可能处于以下三种不同区域如图 4-7 所示：

（1）动力燃烧区。当温度较低时（小于 1000℃），氧的扩散速度远大于化学反应速度，即 $\alpha_{ks}\gg k$，折算速度系数 $k_z\approx k$，燃烧速度主要决定于化学反应速度，这种燃烧反应温度区称为动力燃烧区。在该燃烧区内，提高温度是强化动力燃烧工况的有效措施。

（2）扩散燃烧区。当温度很高时（大于 1400℃），化学反应速度常数 k 随温度的升高而急剧增大，化学反应速度远大于氧的扩散速度，即 α_{ks} 远小于 k，则 $k_z\approx\alpha_{ks}$，由于扩散到炭粒表面的氧远不能满足化学反应的需要，氧的扩散速度已成为制约燃烧速度的主要因素，而与温度关系不大，这种燃烧反应温度区称为扩散燃烧区。在扩散燃烧区内，改善扩散混合条件，加大气流与炭粒的相对速度、减少炭粒直径都可提高燃烧速度。

（3）过渡燃烧区。介于上述两种燃烧区之间的温度区，化学反应速度常数与氧的扩散速度系数处于同一数量级，因而氧的扩散速度与炭粒表面的化学反应速度相差不多，这时化学反应速度和氧的扩散速度对燃烧速度的影响相当。这个燃烧反应温度区称为过渡燃烧

区。在过渡燃烧区内，提高反应系统温度，改善氧的扩散混合条件，强化扩散，才能使燃烧速度加快。

燃烧炭粒直径减小，气流与粒子的相对速度增大，氧向炭粒表面的扩散过程加强，从动力燃烧区过渡到扩散燃烧区的温度将相应提高，如图 4-7 所示。在煤粉锅炉中，只有一些粗煤粉在炉膛的高温区才有可能接近扩散燃烧，在炉膛燃烧中心以外，大部分煤粉是处于过渡区甚至动力燃烧区的，因此，提高炉膛温度和氧的扩散速度都可以强化煤粉的燃烧过程。

（二）完全燃烧的条件

燃烧的完全程度可以用燃烧效率表示。燃烧效率是指输入锅炉的热量扣除掉机械不完全燃烧热损失和化学不完全燃烧热损失的热量后占锅炉输入热量的百分比，用符号 η_r 表示：

$$\eta_r = \frac{Q_r - Q_3 - Q_4}{Q_r} = 100 - q_3 - q_4(\%) \tag{4-20}$$

良好的燃烧过程，即尽量接近完全燃烧，就是在炉内不结渣的前提下燃烧速度快而且燃烧完全，得到最高的燃烧效率。要做到完全燃烧，其原则性条件包括下列几个方面。

1. 供应充足而又合适的空气量

这是燃料完全燃烧的必要条件。空气量常用炉膛的出口处过量空气系数 α_1'' 表示。如果 α_1'' 过小，即空气量供应不足，会增大不完全燃烧热损失，使燃烧效率降低；α_1'' 过大，会降低炉温，也会增加排烟热损失。因此，合适的空气量应根据炉膛出口最佳过量空气系数来供应。

2. 适当高的炉温

通常燃烧反应速度与温度成指数关系，炉温对燃烧过程有着极为重要的影响。炉温高，着火快，燃烧过程易于趋向稳定。但是炉温也不能过分地提高，因为过高的炉温会引起炉内结渣。

3. 空气和煤粉的良好扰动和混合

煤粉燃烧是多相燃烧，燃烧反应主要在煤粉表面进行，燃烧反应速度主要取决于煤粉的化学反应速度和氧气扩散到煤粉表面的扩散速度。因而，要做到完全燃烧，除保证足够高的炉温和供应充分而又合适的空气外，还必须使煤粉和空气充分扰动混合，及时将空气输送到煤粉的燃烧表面上，煤粉和空气接触才能发生燃烧反应。要做到这一点，就要求燃烧器的结构特性优良，一次、二次风混合良好，并有良好的炉内空气动力场。煤粉和空气不但要在着火燃烧阶段充足混合，而且在燃尽阶段也要加强扰动混合。因为在燃尽阶段中，可燃质和氧的数量已经很少，而在煤粉表面可能被二层灰分包裹着，妨碍空气与煤粉可燃质的接触，所以此刻加强扰动混合，可破坏煤粉表面的灰层，增加煤粉和空气的接触机会，有利于完全燃烧。

4. 在炉内要有足够的停留时间

在一定的炉温下，一定细度的煤粉要有一定的时间才能燃尽。煤粉在炉内的停留时间是从煤粉自燃烧器出口一直到炉膛出口这段行程所经历的时间。在这段行程中，煤粉要从着火一直到燃尽，否则将增大燃烧热损失，如果在炉膛出口处煤粉还在燃烧，会导致炉膛出口烟气温度过高，使过热器结渣和超温，影响锅炉运行的安全性。煤粉在炉内的停留时间主要取决于炉膛容积、炉膛截面积、炉膛高度及烟气在炉内的流动速度，即与炉膛容积热负荷和炉膛截面热负荷有关。因此应在锅炉设计中选择合适的数据，在锅炉运行时切忌超负荷运行。

五、低 NO_x 燃烧

氮的各种氧化物统称为 NO_x。氮氧化物排放到大气中，会形成光化学烟雾，造成酸雾沉降和颗粒物污染。二氧化氮是一种温室气体，还会破坏臭氧层。所以，氮氧化物的排放不仅对大气环境质量造成影响，而且对人类健康和生态系统还造成危害。

煤燃烧过程中产生的氮氧化物主要是一氧化氮、二氧化氮及少量的氧化二氮。通常煤粉燃烧温度下，NO 占 90%以上，NO_2 占 5%～10%，N_2O 只占 1%左右。NO_x 分子中的 N 来自燃煤含有的 N 或空气中的 N_2。NO_x 的生成途径共有三种：燃料 NO_x（Fuel NO_x）、热力 NO_x（Thermal NO_x）和快速 NO（Prompt NO_x）。

目前，国内外控制 NO_x 排放的技术措施主要有两大类：

（1）采用低 NO_x 的燃烧技术，通过改变燃烧过程来有效地控制 NO_x 的生成。

（2）尾部烟气脱硝处理，使用选择性催化还原（SCR）和选择性非催化还原（SNCR）两种方式对烟气进行处理，在 NO_x 形成后即被净化。

由于在安装和操作上相对简单、基建成本和运行成本相对较低，低 NO 燃烧技术在许多要求适度降低 NO_x 排放量的情况下成为首选。此外，低 NO_x 燃烧系统也可以作为初步措施与下游的烟气处理技术一起使用。

（一）NO_x 的生成机理

1. 燃料 NO_x

燃料 NO_x 是燃料中的氮在燃烧过程中经氧化而形成的 NO_x。煤中的 N 在燃烧过程中一部分随煤的热分解同挥发分一起析出（β），另一部分则残留在焦炭中（1-β）。煤燃烧生成的 NO_x 由两部分组成：挥发分 NO_x 与焦炭 NO_x。由于随挥发分析出的含 N 中间化合物既是 NO_x 的生成源，又是 NO_x 的还原剂，所以挥发分中的 N 不会全部转变为 NO_x（η_1，挥发分 N 的 NO_x 转变率）。同时，CO 和 C 对已经生成的 NO_x 也具有还原作用，所以焦炭中的 N 也不会全部转变为 NO_x（η_2，焦炭 N 的 NO_x 转变率）。燃料 NO_x 生成过程如图 4-8 所示。

因此，煤 N 转变为 NO_x 的转变率为

$$\eta=\frac{[NO]}{[NO]_{max}}=\beta\eta_1+(1-\beta)r\eta_2 \tag{4-21}$$

式中 [NO]——实际生成的 NO；

$[NO]_{max}$——氮全部氧化成 NO 而得到的最大值。

影响挥发分 N 与焦炭 N 之间分配比例的因素有：煤质特性、热分解温度、加热速度等因素。煤的挥发分含量越高，则挥发分 N 越高；煤的热解温度越高，则挥发分 N 越高；

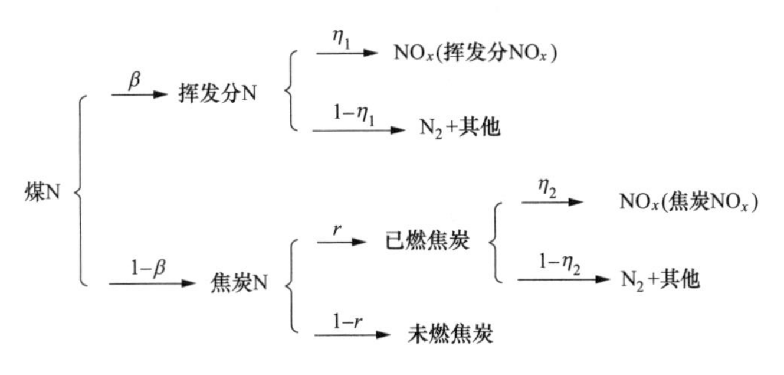

图 4-8 燃料 NO_x 生成过程

加热温度越高，则挥发分 N 越高。

燃料 NO_x 占 NO_x 总量的 80%～90%，而挥发分 NO_x 占燃料 NO_x 总量超过 75%。挥发分 NO_x 在燃烧器出口处的火焰中心生成。由于大部分煤粒中的挥发分在 30～50ms 内析出，当煤粉气流的速度为 10～15m/s 时，挥发分析出的行程小于 1m。要控制该区域中 NO_x 的生成量，就应控制燃料着火初期的过量空气系数。

2. 热力 NO_x

热力 NO_x 是空气中的氮分子在高温条件下，经过氧化而生成的 NO_x。温度越高，NO_x 的生成量越多。热力 NO_x 占 NO_x 总量的 10%～20%。要减少热力 NO_x 就要求燃烧处于较低的燃烧温度水平和过量空气系数，同时要求燃烧中心各处的火焰温度分布均匀。分级配风能沿火焰行程适量、分散送入空气恰好能满足这种需求。

3. 快速 NO_x

快速 NO_x 是空气中的氮分子与 CH、CH_2 等基团反应所形成的含氮化合物经氧化而生成的 NO_x。这部分 NO_x 仅占 NO_x 总量的 5%。

图 4-9 表示了煤粉燃烧过程中不同类型的 NO_x 的生成量与炉膛温度的关系。

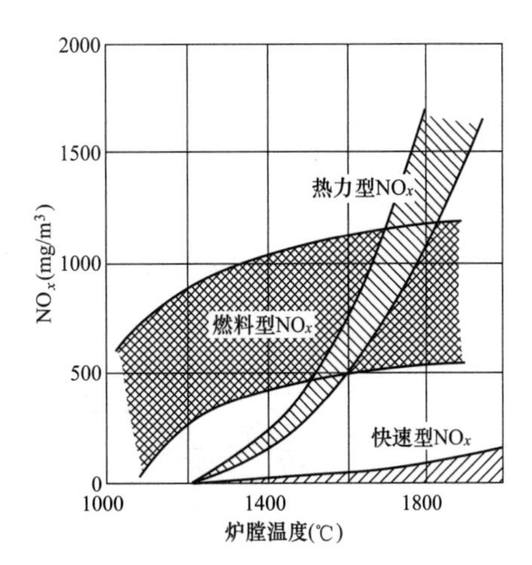

图 4-9 煤粉燃烧中不同类型的 NO_x 生成量与炉膛温度的关系

（二）低 NO_x 燃烧技术

NO_x 生成的一般规律是燃烧环境中的氧气浓度越高，温度越高以及温度场越不均匀，生成量越大。当燃烧温度超过 1000℃，NO_x 开始急剧增加，特别是当燃烧温度高于 1500℃以后，NO_x 生成量随温度按指数规律增加。因此，控制 NO_x 生成的基本途径是：

（1）降低局部过量空气系数和氧浓度，形成富燃料燃烧状态；

（2）在有过量空气的条件下，降低平均温度水平，避免局部高温；

（3）缩短烟气在高温区的停留时间；

（4）设法形成还原性气氛。

NO_x 的控制方法有很多种，但从原理上讲，可大致分为分级燃烧法、再燃烧法、浓淡偏差燃烧法、烟气再循环法、低氧燃烧法等。

1. 分级燃烧法

如图 4-10 所示。将燃烧用的空气分两阶段送入，先将理论空气量的约 80%从燃烧器送入，使燃料在缺氧富燃条件下燃烧，燃料燃烧速度和燃烧温度降低，燃烧生成 CO；而且燃料中 N 将分解生成大量的 HN、HCN、CN、NH_3、NH_2 等，它们相互复合，将已有的 NO_x 还原分解，从而抑制了燃料 NO_x 的生成。然后，将燃烧用空气的剩下部分以二次风形式送入，使燃料进入空气过剩区域燃尽。虽然此时空气量多，但由于火焰温度较低，所以，在第二级内也不会生成较多的 NO_x，因而总的 NO_x 生成量是降低的。

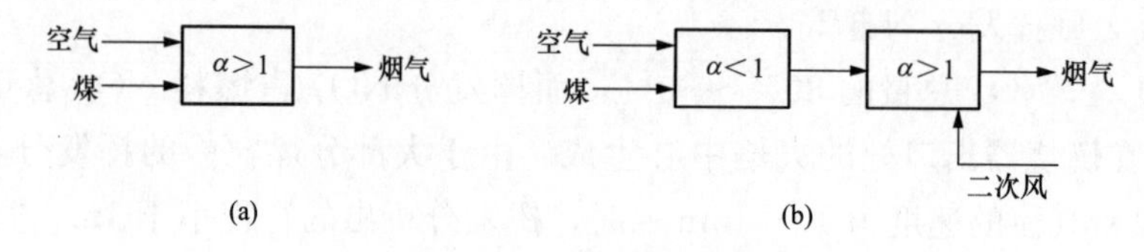

图 4-10　空气分级燃烧原理图

(a) 传统的燃烧配风；(b) 空气分级燃烧

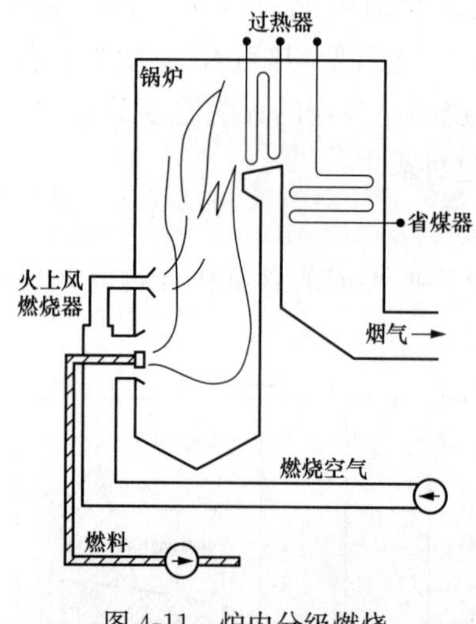

图 4-11　炉内分级燃烧

工程上主要采用两种方式实现燃烧的分级。一种是在燃烧室或炉膛内通过空气喷嘴与燃料喷嘴分别输送的扩散燃烧方式实现炉内分级燃烧，如图 4-11 所示；另一种是在单个燃烧器喷嘴内实现的分级燃烧，如旋流燃烧器内的一、二次风喷嘴分别输送的扩散燃烧方式，如图 4-12 所示。

炉内分级与燃烧器内分级燃烧，其抑制 NO_x 生成的原理上是一致的，有特征明显的四个区域，分别是挥发分析出区、还原性气氛区域、焦炭燃烧区、NO_x 减少区。其中，前两个区域又称为富燃区（Fuel-rich zone）。分级燃烧法可使 NO_x 减少约 40%。

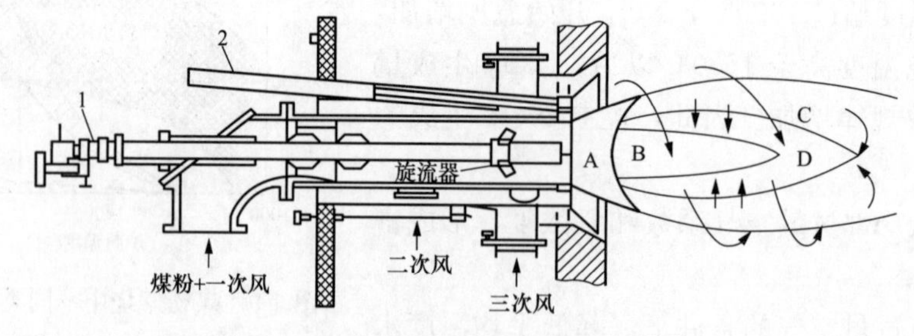

图 4-12　HT-NR 型低 NO_x 燃烧器

A—脱挥发分区；B—烃根生成区；C—氧化区；D—NO，还原区

1—油枪；2—点火器

2. 再燃烧法

再燃烧法的特点是将燃烧分成三个区域，即一次燃烧区、二次燃烧区与燃尽区。一次燃烧区是氧化性或弱还原性气氛（$\alpha \geqslant 1$）；在二次燃烧区，将二次燃料送入还原性气氛（$\alpha < 1$），因而生成碳氢化合物基团，这些基团与一次燃烧区内生成的 NO 反应，最终生成 N_2，这个区域通常称为再燃烧区，二次燃料又称为再燃燃料；最后再送入二次风（$\alpha > 1$），使燃料燃烧完全，称为燃尽区，如图 4-13 所示。这种再燃烧法又称为三级燃烧或燃料分级燃烧。

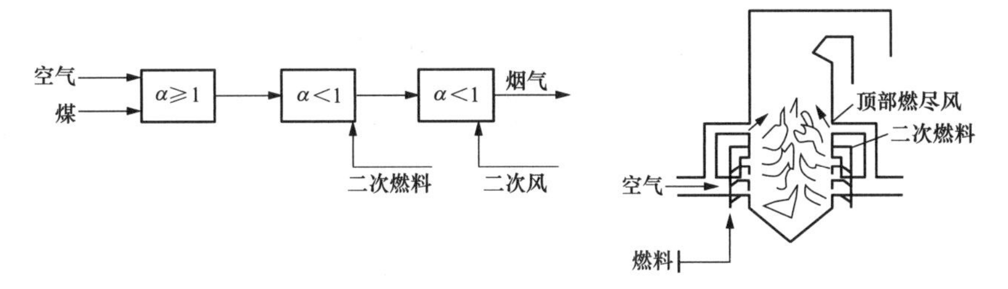

图 4-13 再燃烧法原理图

再燃烧法降低 NO_x 的机理在于二次燃料送入后因在缺氧条件下燃烧，产生较多的 NH_3、HCN、CH、CN 等还原性基团物质，这些物质对已生成的 NO_x 进行还原反应。这种方法可使总的 NO_x 减少 50%或更低。

3. 浓淡偏差燃烧法

浓淡偏差燃烧法是使燃料一部分在过浓状态下，另一部分在过淡状态下进行燃烧。过浓部分因氧气不足，燃烧温度不高，燃料 NO_x 与热力 NO_x 都不高。过淡部分因过量空气系数较大，燃烧温度不高，热力 NO_x 不高。PM 型低 NO_x 燃烧器如图 4-14 所示。

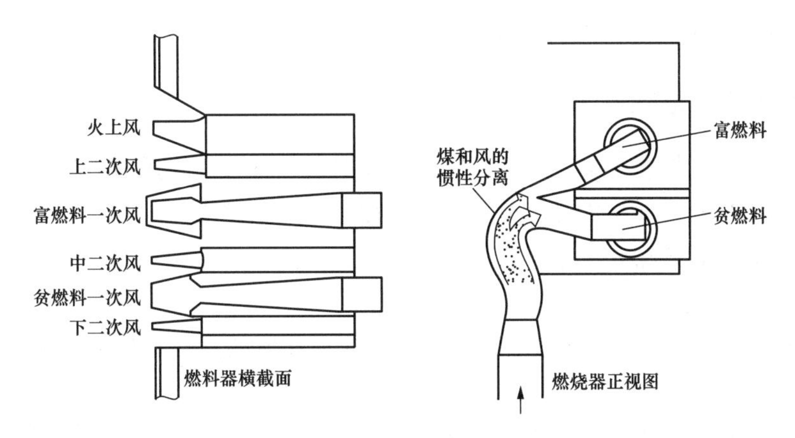

图 4-14 PM 型低 NO_x 燃烧器

实现浓淡偏差燃烧的方法也可以是在总的空气/燃料当量配比不变的情况下，调整两个燃烧器喷嘴中的风煤配比即可，通常是调整上下两层喷嘴对应的给粉机转速或调节一次风门开度。

4. 烟气再循环燃烧法

这是将温度较低的烟气直接或与一、二次风混合后送入炉内的一种燃烧方式。烟气再循环降低 NO_x 生成量的主要原因是有两点：①烟气混入后稀释了反应物中氧气的浓度；②低温烟气混入，降低了炉内燃烧温度。锅炉烟气循环燃烧系统示意如图 4-15 所示。

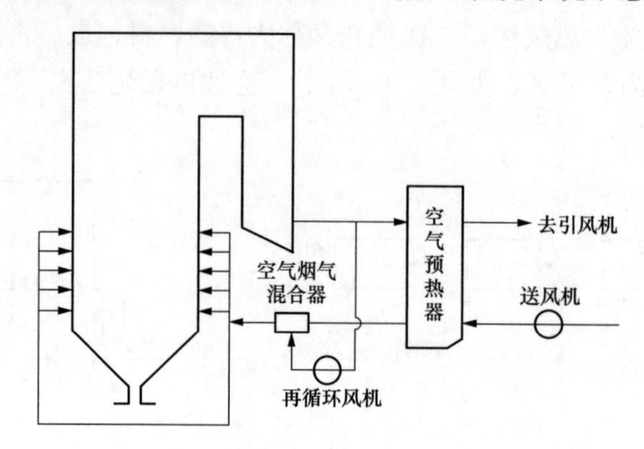

图 4-15 锅炉烟气再循环燃烧系统示意图

5. 低氧燃烧法

低氧燃烧法就是采用较小过量空气系数的一种燃烧技术。由于降低了燃烧烟气中氧的浓度，其最终的 NO_x 生成量下降。低氧燃烧在抑制 NO_x 生成的同时，往往也抑制了燃料的氧化燃烧速度，因此可能降低燃烧效率。低氧燃烧应特别注意以下问题：

(1) 燃料不同，所要求的过量空气系数值也不相同。低质燃料要求较高的过量空气系数，以确保完全燃烧。

(2) 过小的过量空气系数会导致炉内局部出现还原性气氛，容易引起结渣、腐蚀，并导致不完全燃烧损失增大。

(3) 要求准确实现各个燃烧器的风粉匹配。

六、燃烧的氧量控制

燃料的燃烧是指燃料中可燃元素与氧气在高温条件下进行的强烈化学反应过程。当燃烧产物中不含可燃物质时称为完全燃烧，否则称为不完全燃烧。

(一) 燃烧所需空气量

1. 理论空气量与过量空气系数

1kg 收到基煤完全燃烧而又没有剩余氧存在时所需要的空气量称为理论空气量，用符号 V^0 表示，单位为 m^3/kg。

锅炉在实际运行工况中，由于燃烧技术的局限性，燃料在炉内与空气混合的空气动力场不可能达到理想状态。所以燃料在炉内燃烧时所需要的实际空气量 V 往往多于理论空气量 V^0。燃烧时实际供给锅炉的空气量 V 与理论空气量 V^0 之比称之为过量空气系数 α，即：

$$\alpha = \frac{V}{V^0} \tag{4-22}$$

通常所指的过量空气系数是炉膛出口处的值 α_1''，它是一个影响锅炉燃烧工况及运行经济性的重要的指标。选择 α_1'' 作为判断指标，是因为燃料的燃烧过程到炉膛出口处已基本结束。α_1'' 偏小时，炉内的不完全燃烧热损失将增大，α_1'' 偏大时，送入的空气多，虽然对达到完全燃烧有利，但送入的空气越多，烟气体积会越大，锅炉的排烟热损失也越大。因此，存在一个最佳的值，使得锅炉上述热损失之和最小。

锅炉过量空气系数 α_1'' 的最佳值与燃料种类、燃烧方式以及燃烧设备的完善程度有关，一般需经过测试或按运行经验而定。通常推荐的值为：对于煤粉炉 α_1'' 为 1.2～1.3。锅炉设计计算时可按上述推荐值选择，而对正在运行的锅炉，则可应用烟气分析所得结果计算出过量空气系数 α_1''。

2. 漏风系数

锅炉在实际运行工况中，炉膛和对流烟道都处于微负压状态下，炉外的冷空气往往从炉墙的门、孔及受热面的穿墙管缝隙处漏入炉内，使炉内过量空气系数 α 沿烟气流程逐级增大。将烟道内漏入的空气量 ΔV 与理论空气量 V^0 的比值，称为该段烟道的漏风系数，因此漏风系数 $\Delta\alpha$ 可表示为：

$$\Delta\alpha = \frac{\Delta V}{V^0} \tag{4-23}$$

由于漏风现象的存在，致使过量空气系数沿烟气流程一路增大，即由炉膛经各对流受热面、烟道直至烟囱，越向后实际空气量越大。这些漏入的空气，在炉膛内燃料燃烧时可能被利用，但是烟气流过炉膛后，外界漏入的空气由于烟温已经较低，燃料已不再燃烧，所以漏入的空气对燃料燃烧已不起作用，而只能增加烟气体积，加大了排烟热损失和风机的功耗。

锅炉各烟道漏风系数的大小取决于负压的大小及烟道的结构型式。对于正在运行的锅炉，其各部位的漏风系数可根据烟气分析结果，计算出受热面进、出口处的过量空气系数，然后按照式（4-24）计算

$$\Delta\alpha = \alpha' - \alpha'' \tag{4-24}$$

（二）过量空气系数的确定

1. 过量空气系数的计算式

在锅炉运行中，过量空气系数的大小直接影响炉内燃烧的好坏和锅炉排烟热损失的大小。为保证锅炉安全、经济运行，运行中必须准确、迅速地测定过量空气系数，这是燃烧监督的主要手段之一。

过量空气系数的计算式为：

$$\alpha \approx \frac{21}{21 - O_2} \tag{4-25}$$

锅炉正常运行时，过量空气系数与烟气中的氧容积成分 O_2 基本上一一对应，只要测得烟气中的含氧量 O_2，根据式（4-25）就可以知道运行中的过量空气系数。

目前，锅炉采用氧化锆氧量计或磁性氧量计来测量烟气中的含氧量 O_2，用以监督运行中的过量空气系数。

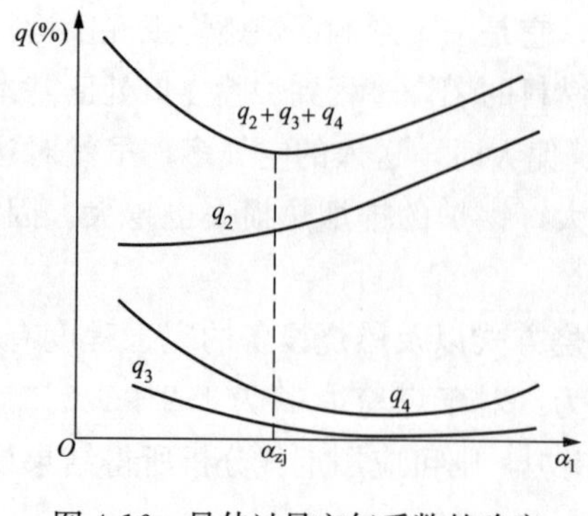

图 4-16 最佳过量空气系数的确定

2. 最佳过量空气系数

排烟容积的大小取决于炉内过量空气系数和锅炉漏风量。过量空气系数和漏风量越小，则排烟容积越小。但过量空气系数的减小，常会引起化学不完全燃烧热损失和机械不完全燃烧热损失的增大。所以，合理的过量空气系数应使$\sum q=q_2+q_3+q_4$最小，这个过量空气系数（α_1''）为锅炉的最佳过量空气系数α_{zj}，如图 4-16 所示。

第二节 直流煤粉燃烧器与切圆燃烧

煤粉燃烧器是燃煤锅炉燃烧设备的主要部件。其作用是：①向炉内输送燃料和空气；②组织燃料和空气及时、充分地混合；③保证燃料进入炉膛后尽快、稳定地着火，迅速、完全地燃尽。

煤粉燃烧器的型式很多。根据燃烧器出口气流特征，煤粉燃烧器可分为直流煤粉燃烧器和旋流煤粉燃烧器两大类。本节仅介绍与瑞金电厂二期锅炉燃烧系统相关的直流煤粉燃烧器及其布置。

一、直流射流的特性

煤粉气流以一定速度，从直流燃烧器的喷口直接射入充满炽热烟气的炉膛。由于炉膛相对较大，而且气流从喷口射出后一般都处于湍流状态，因此，可认为从单个喷口射出的煤粉气流是直流湍流自由射流。

直流湍流自由射流特性如图 4-17 所示。由图可知，射流刚从喷口喷出时，在整个截面上流速均匀并等于初速。射流离开喷口后，周围静止的气流被卷吸到射流中随射流一起运动，射流的截面逐渐扩大，流量逐渐增加，而其流速却逐渐衰减。在射流中心尚未被周

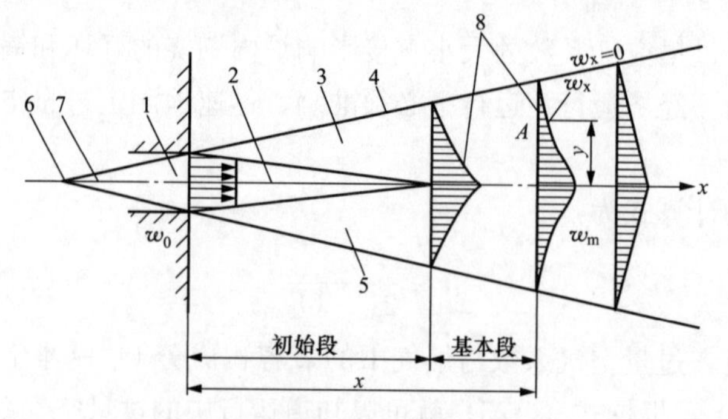

图 4-17 自由射流的结构特性及速度分布

1—喷口；2—射流的等速核心区；3—射流边界层；4—射流的外边界；5—射流的内边界；6—射流源点；7—扩展角；8—速度分布

围气体混入的地方，仍然保持初速 W_0，这个保持初速为 W_0 的三角形区域成为等速核心区。在喷口出口处与等速核心区结束点所在的截面之间的区段称为射流的初始段。射流初始段以后的区段称为射流主体段或基本段。射流主体段内轴线上的流速是低于初速 W_0 的，并沿着流动方向逐渐衰减。射流主体段内轴线上流速 W_m 沿流动方向的变化规律与喷口的形状有关。

直流射流只有轴向速度和径向速度，射流是不旋转的。直流射流的射程比旋转射流的射程长。喷口尺寸越大，初速越高，即初始动能越大，射程越长，表示射流衰减慢，在烟气介质中贯穿能力强，对后期混合有利。集中大喷口比分散的多个小喷口的射流的射程长。

射流卷吸烟气的能力直接影响燃料的着火过程。当喷口流通截面不变时，将一个大喷口分成多个小喷口，由于射流周界面增大，卷吸烟气量也增加。对于矩形截面的喷口，随喷口的高宽比的增大，射流周界面增大，卷吸能力也增大，流速自然会衰减下来。卷吸能力越强，速度衰减越快，射程就越短。

炉膛并非无限大的空间，在炉内有微小的扰动，也会导致射流偏离原有轴线方向发生偏转。射流抗偏转的能力称为射流的刚性。射流的动能越大，刚性越强，越不易发生偏转。对矩形截面喷口，喷口的高宽比越小，刚性越好。在炉内几股射流平行或交叉时，一般是刚性大的射流吸引刚性小的射流，并使其偏转。

二、直流煤粉燃烧器的型式

直流燃烧器通常由一列矩形喷口组成。煤粉气流和热空气从喷口射出后，形成直流射流。根据燃烧器中一、二次风喷口的布置情况，直流煤粉燃烧器主要有两种型式。

1. 均等配风直流煤粉燃烧器

均等配风方式是指一、二次风喷口相间布置，燃烧器的一、二次风喷口通常交替间隔排列，相邻两个喷口的中心间距较小，均等配风直流燃烧器如图 4-18 所示。

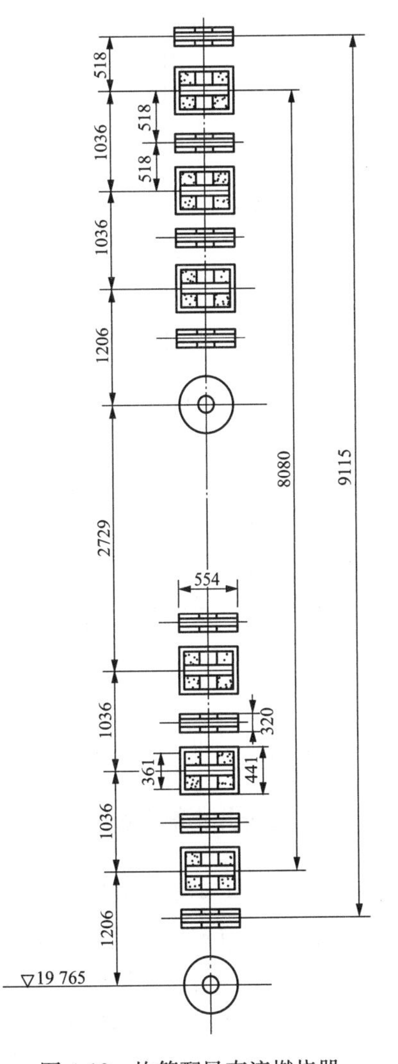

图 4-18 均等配风直流燃烧器

在均等配风方式中，由于一、二次风喷口间距相对较近，一、二次风气流能很快得到混合，使煤粉气流着火后不致由于空气跟不上而影响燃烧，故一般适用于燃烧容易着火的煤，如烟煤、挥发分较高的贫煤以及褐煤。

2. 分级配风直流煤粉燃烧器

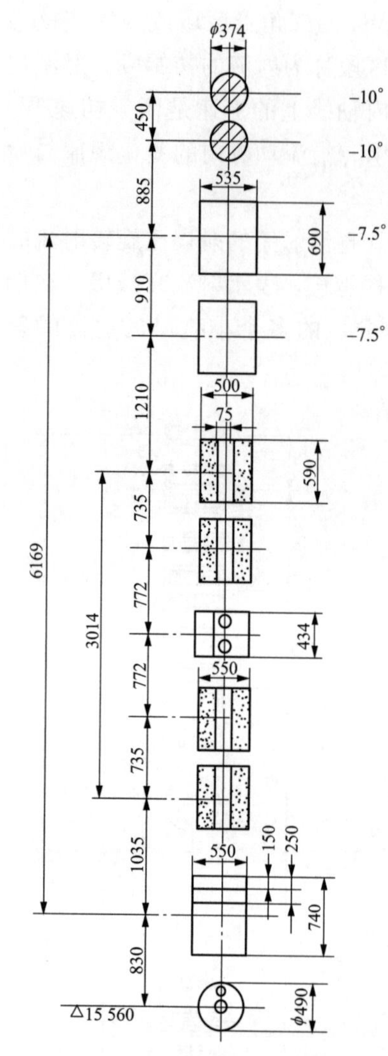

图 4-19　分级配风直流式燃烧器

分级配风直流煤粉燃烧器的特点是：几个一次风喷口集中布置在一起，一、二次风喷口中心间距较大，如图 4-19 所示。这种燃烧器适用于燃烧着火比较困难的煤，如贫煤、无烟煤或劣质煤。

当一次风中携带的煤粉着火比较困难，一、二次风的混合过早，会使火焰温度降低，引起着火不稳定。为了维持煤粉火焰的稳定着火，希望推迟煤粉气流与二次风的混合，所以进一步将二次风分为先后两批送入着火后的煤粉气流中，这种配风方式称为分级配风。分级配风的目的是：在燃烧过程不同时期的各个阶段，按需要送入适量空气，保证煤粉既能稳定着火又能完全燃烧。

一次风集中布置的特点有：①使着火区保持比较高的煤粉浓度，以减少着火热；②燃烧放热比较集中，使着火区保持高温燃烧状态，适用于难燃煤；③煤粉气流刚性增强，不易偏斜贴墙。同时，卷吸高温烟气的能力加强。

一次风集中布置的问题有：①着火区煤粉高度集中，可能造成着火区供氧不足，延缓燃烧进程；②一次风喷嘴附近为高温区，喷嘴易变形，使喷嘴出口附近气流速度分布不均，容易出现空气、煤粉分层现象，为了消除这种现象，有时将一次风分割成多股小射流，使气流扰动增强，提高着火的稳定性；③一次风喷口附近处于高温，且一次风速较低，喷口易烧坏。为了冷却一次风喷口，可在一次风喷口上加装夹心风或周界风。当然，夹心风或周界风也可增强一次风气流卷吸高温烟气的能力。

三、切圆燃烧系统

（一）切圆燃烧的工作原理

切圆燃烧方式采用直流煤粉燃烧器，布置在炉膛四角上，如图 4-20 所示。

煤粉气流在射出喷口时，虽然是直流射流，但当四股气流到达炉膛中心部位时，以切圆形式汇合，形成旋转燃烧火焰，同时在炉膛内形成一个自下而上的旋涡状气流。因而这种燃烧方式称为四角切圆燃烧，见图 4-21 和图 4-22。

切圆燃烧方式的工作原理主要表现为如下几个过程：

（1）煤粉气流卷吸高温烟气而被加热的过程。

（2）射流两侧的补气及压力平衡过程。

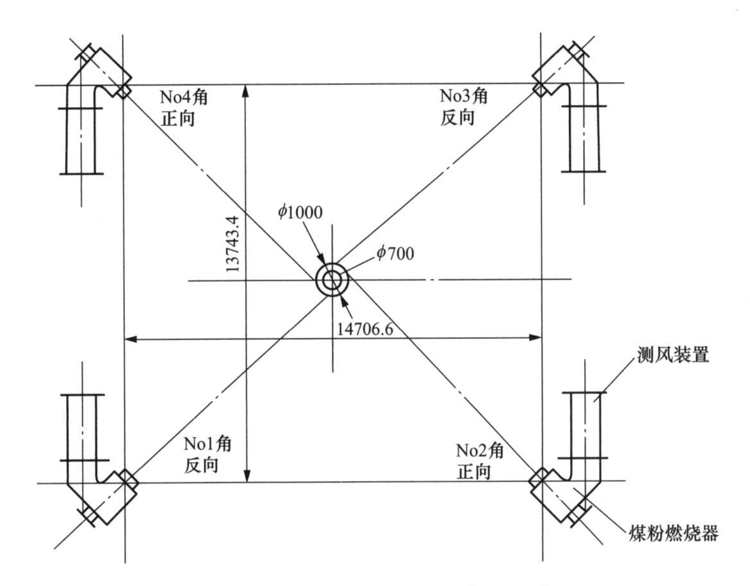

图 4-20　直流煤粉燃烧器四角切圆布置

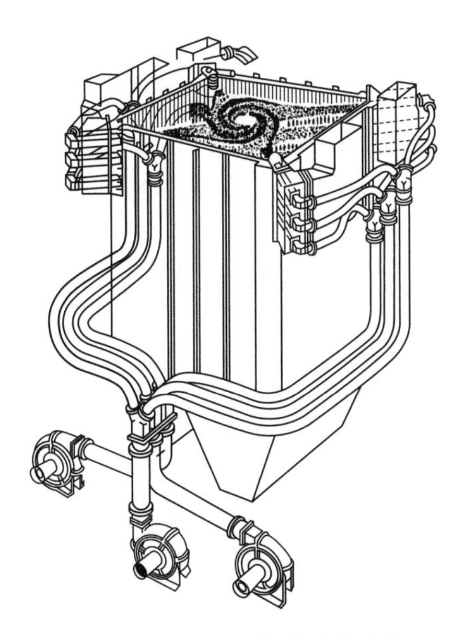

图 4-21　四角切圆燃烧旋转火焰

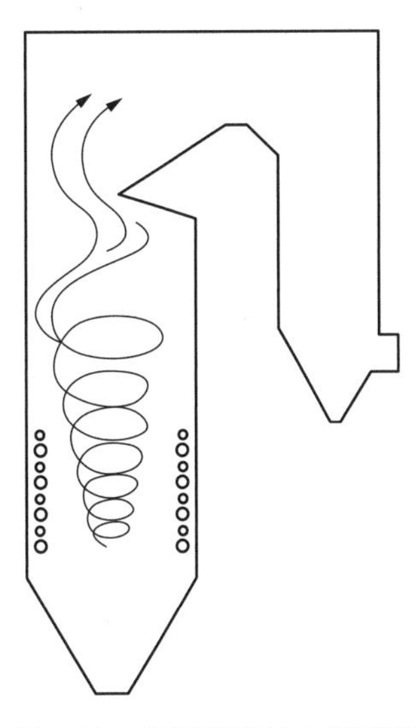

图 4-22　切圆燃烧的火焰形状

（3）煤粉气流的着火过程。

（4）煤粉与二次风空气的混合过程。

（5）气流的切圆旋转过程。

（6）焦炭的燃尽过程。

上述几个过程虽然有先后顺序或某几个过程同时进行，但各过程之间的相互影响是十分显著的。

从燃烧器喷口射出的气流仍然保持着高速流动。由于气流的紊流扩散，带动周围的热烟气一道向前流动，这种现象叫“卷吸”。由于“卷吸”，射流不断扩大，不断向四周扩张。同时，主气流的速度由于衰减而不断减小。正是由于射流的这种“卷吸”作用，将高温烟气的热量源源不断地运输给进入炉内的新煤粉气流，煤粉气流才得到不断加热而升温，当煤粉气流吸收足够的热量并达到着火温度后，便首先从气流的外边缘开始着火，然后火焰迅速向气流深层传播，达到稳定着火状态。

当煤粉气流没有足够的着火热源时，虽然局部的煤粉通过加热也可达到着火温度，并在瞬间着火，但这种着火不能稳定进行，即着火后还容易灭火。这样的着火极易引起爆燃，因而是一种十分危险的着火工况。

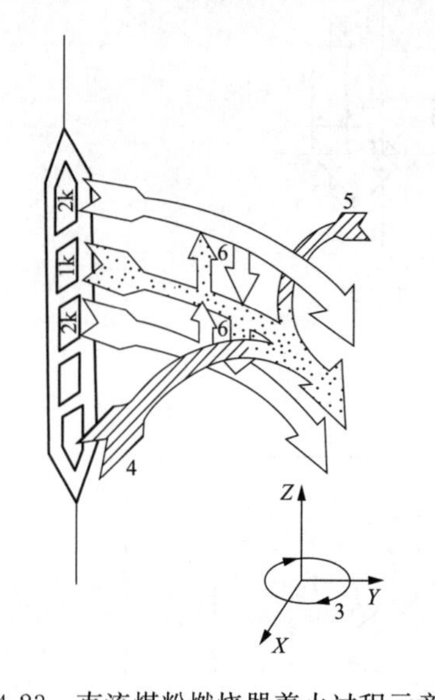

图 4-23　直流煤粉燃烧器着火过程示意图

1k—一次风；2k—二次风；

3—旋转火焰的方向；

4—上游邻角燃烧器送到向火面的高温烟气；

5—背火面卷吸的热烟气；

6—一次风与二次风的混合

在切圆燃烧炉中，四股气流具有“自点燃”作用，即煤粉气流向火的一侧受到上游邻角高温火焰的直接撞击而被点燃，这是煤粉气流着火的主要条件。背火的一侧也卷吸炉墙附近的热烟气，但这部分卷吸获得的热量较少。此外，一次风与二次风之间也进行着少量的过早混合，但这种混合对着火的影响不大。图 4-23 给出了直流煤粉燃烧器在空间的受热着火过程。

煤粉气流着火的热源不仅来自卷吸热烟气和邻角火焰的撞击，而且还来自炉内高温火焰的辐射加热，但着火的主要热源来自卷吸加热，约占总着火热源的 60%～70%。

煤粉气流在正常燃烧时，一般在距离喷口 0.5～1.0m 处开始着火，在离开喷口 1～2m 的范围内，煤粉中大部分挥发分析出并烧完，此后是焦炭和剩余挥发分的燃烧，需要延续 10～20m，甚至更长的距离。当燃料到达炉膛出口处时，燃料中 98%以上的可燃物可以完全燃尽。

（二）切圆燃烧器及其布置

1. 摆动式燃烧器

切圆燃烧直流煤粉燃烧器的喷口可做成固定式的，也可做成摆动式的。图 4-24 为一种摆动式燃烧器。摆动式燃烧器的各喷口一般可同步上、下摆动 20°或 30°，用来改变火焰中心位置的高度，调节再热蒸汽温度，并便于在启动和运行中进行燃烧调节，控制炉膛出口烟温，避免炉膛内受热面结渣。

为了适应煤质的变化，在有些燃烧器上把一次风口做成固定式的，二、三次风口做成摆动式的。这样可以改变二次风和一次风的相交混合位置，以根据煤质变化条件适当推迟或提前一、二次风的混合。这种燃烧器喷口的摆动幅度不能太大，以免一、二次风过早混合，因而对火焰中心位置的调节范围有限，摆动喷口的目的并不是用来调节汽温，而是为了稳定燃烧。

摆动式燃烧器运行中容易出现的问题是：因喷口受热变形，使摆动机构卡死，或摆动不灵活。摆动机构上的传动销磨损或受热太大时，容易被剪断。这时应立即停止摆动，待修复后再投入运行。

从图 4-24 可以看出，摆动式燃烧器的整个外壳做成弯头形，作为二次风箱。二次风通道中都装有单独的调节风门，可调节每个二次风喷口中射出的风量。二次风通道弯头部位装有导流叶片，以保持气流速度分布的均匀性。

摆动式燃烧器一般适用于燃烧烟煤，也可燃烧较易着火的贫煤，但不适于烧难于着火的无烟煤、贫煤、劣质烟煤。这是因为燃烧器喷口向上摆动时，会减弱上游火焰对邻角煤粉气流的引燃作用，使燃烧变得不稳定，燃烧效率降低，炉膛上部受热面结渣。

在大容量锅炉上，采用摆动式燃烧器主要是为了调节再热汽温。但摆动角度必须有一定限度，一般为－20～30℃，汽温调节幅度可达±（40～50)℃。采用摆动式燃烧器的调温方法是：当汽温下降时，喷口向上摆动；当汽温上升时，喷口向下摆动。

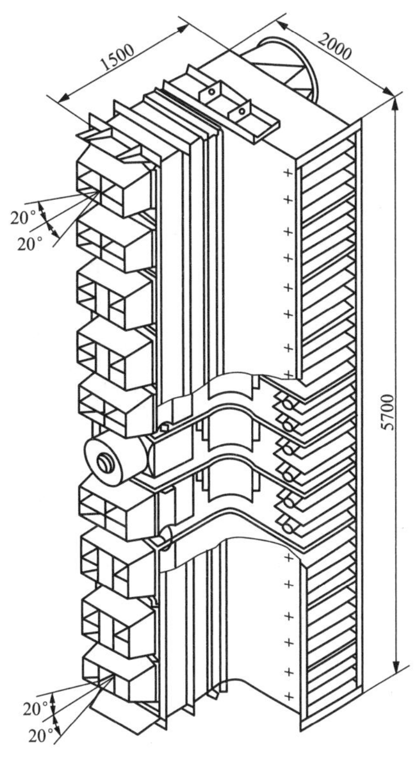

图 4-24　摆动式直流煤粉燃烧器

图 4-25 是两种摆动式燃烧器的喷口结构。喷口内通常装有隔板，隔板对气流具有良好的导向作用，并能防止喷口变形。在和喷口连接的风箱内也可加装附加隔板，它也对气流起导向作用。

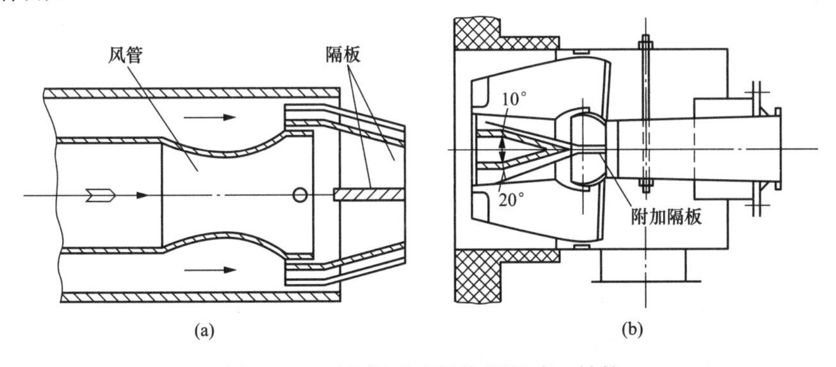

图 4-25　两种摆动式燃烧器的喷口结构

（a）带边缘风的喷嘴结构；（b）组合喷嘴的摆动式燃烧器

图 4-26 和图 4-27 是某 300MW 锅炉的摆动式燃烧器喷口及摆动机构。其工作原理是：气动执行器直接推动摆杆和外拉杆，摆动杆通过传动销将作用力传递给传动臂，再通过键传力给轴，使曲臂转动，再经拉杆将力传给一次风喷口，使其按需要摆动。与此同时，曲臂通过连杆、曲臂、拉杆传力给二次风喷口，使其与一次风喷口同步摆动。

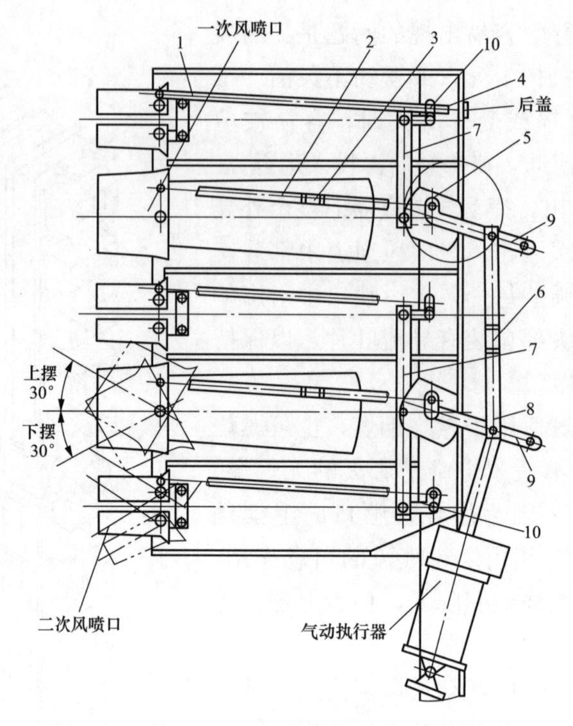

图 4-26　某 300MW 锅炉燃烧器喷口摆动机构

1，2—拉杆；3—调节螺母；4—调节螺母；5—曲臂；6—调节螺母；7—连杆；8—外拉杆；9—摆杆；10—曲臂

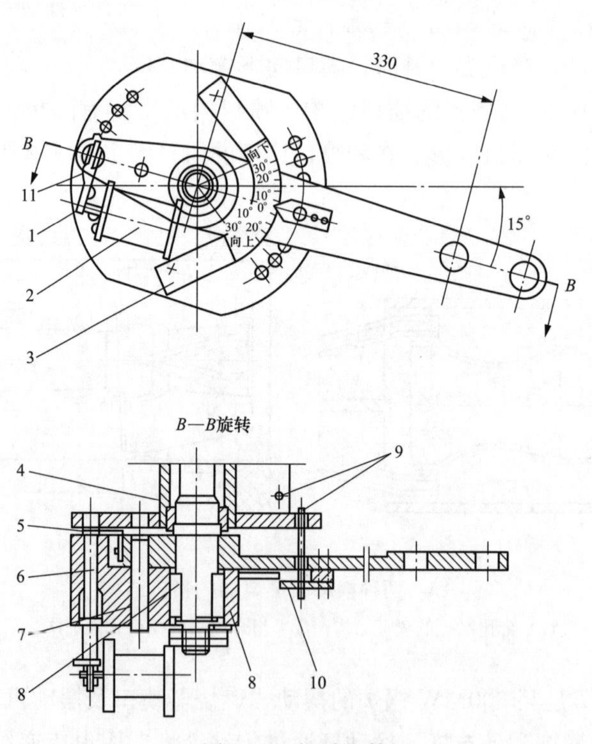

图 4-27　摆动机构

1—压轮；2—压紧装置；3—刻度板；4—轴；5—支撑角钢；6—保险销；
7—传动销；8—传动臂；9—固定销；10—指针；11—底板

摆动式燃烧器的风箱结构和喷口调节机构如图 4-28 所示，调节机构可由远方气动控制，也可由液压传动或电动控制。

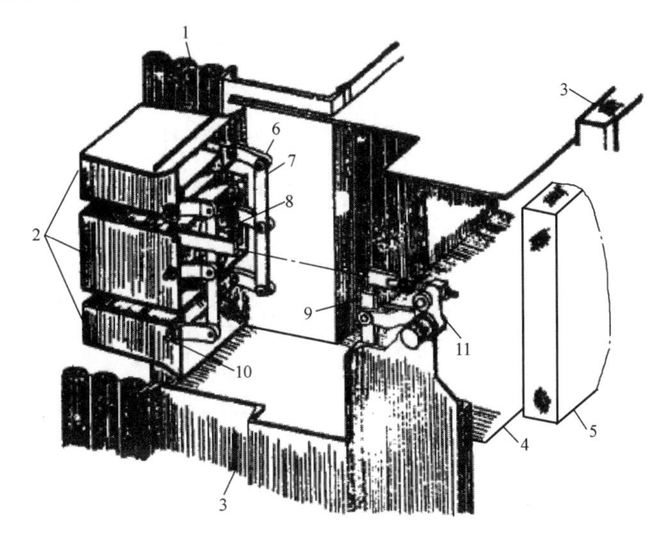

图 4-28　摆动式燃烧器和风箱结构

1—管排；2—喷嘴头部；3—风箱；4—隔板；5—可折的护墙板；6—杠杆；7—联杆；8—传动杆；9—支承板；10—摆动轴；11—油枪

2. 典型燃烧器结构

按照锅炉燃用的煤质，可将燃烧器分为无烟煤型、贫煤及劣质煤型、烟煤型、褐煤型四种，典型燃烧器结构如图 4-29 所示。

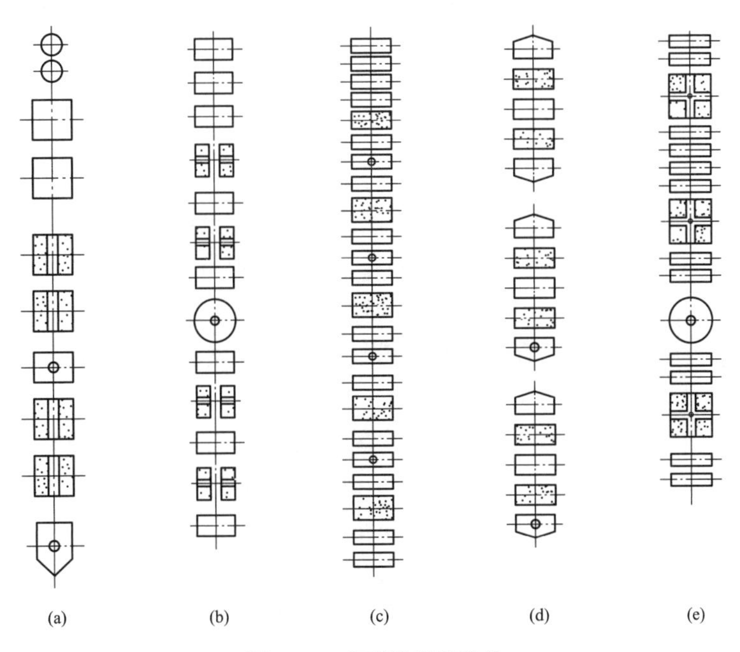

图 4-29　典型燃烧器结构

（a）无烟煤型；（b）贫煤、劣质烟煤型；（c）烟煤型；（d）、（e）褐煤型

3. 典型燃烧器布置

图 4-30 给出了直流燃烧器的典型布置方式。

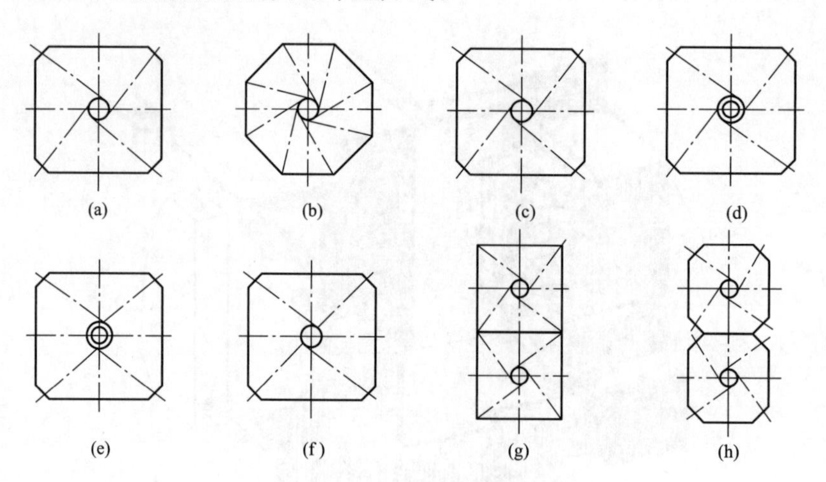

图 4-30　直流燃烧器的典型布置方式

(a) 正四角布置；(b) 正八角布置；(c) 大切角、正四角布置；(d) 同向大小双切圆方式；(e) 正反双切圆方式；(f) 两角相切、两角对冲方式；(g) 双室炉膛切圆方式；(h) 大切角双室炉膛方式

直流燃烧器的布置，直接关系到四角切向燃烧的组织。比较理想的炉内气流流动状况是在炉膛中心形成的旋转火焰不偏斜、不贴墙、火焰的充满程度好、热负荷分布比较均匀。当然，要达到上述要求，还与燃烧器的高宽比和切圆直径等因素有关，甚至还与炉膛负压大小有关。

直流燃烧器的布置不仅影响火焰的偏斜程度，还影响燃烧的稳定性和燃烧效率。例如，上下不等切圆布置时，上层小切圆减弱了切向燃烧方式邻角互相点燃的作用，使着火条件变差。

我国电站在组织四角切圆燃烧方面具有丰富的经验。不少电厂对四角切圆燃烧方式进行了改进，其主要特点有如下几个方面。

(1) 一、二次风不等切圆布置。这种方法是将一、二次喷口按不同角度组织切圆，二次风靠炉墙一侧，一次风靠内侧布置。这种布置方式既保持了邻角相互点燃的优势，又使炉内气流流动稳定、火焰不贴炉墙，因而防止了结渣。但容易引起煤粉气流与二次风的混合不良、可燃物的燃烧不充分。

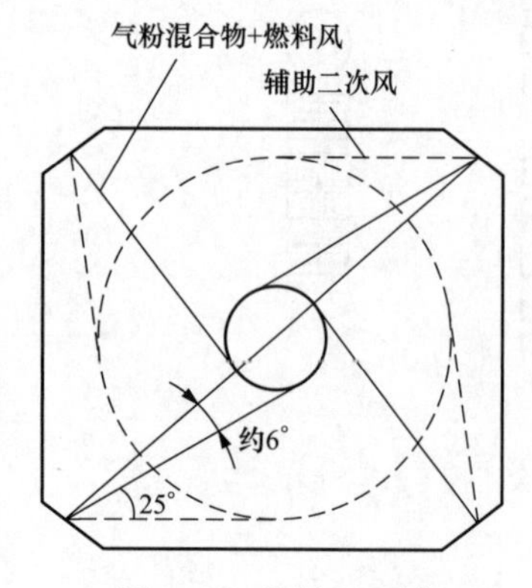

图 4-31　偏转二次风

(2) 一次风正切圆、二次风反切圆布置。这种布置方法可减弱炉膛出口的残余旋转，从而减小了过热器的热偏差，并能防止结渣。

(3) 一次风对冲、二次风切圆布置。这种方法减小了炉内一次风气流的实际切圆直径，使煤粉气流不易贴壁，因而能防止结渣，而且能减弱气流的残余旋转。

(4) 一次风喷口侧边有布置侧边二次风，也称为偏转二次风，如图 4-31 所示。这种方法的特点是在燃料着火后，及时供应二次风，将火焰与炉墙“隔开”，形成一层“气幕”，在水冷壁附近区域造成氧化性气氛，减轻水冷壁的结渣，还可以降低抑 NO_x 的生成量。

（三）切圆燃烧的气流偏斜

采用四角燃烧方式的锅炉，运行中容易发生气流偏斜而导致火焰贴墙，引起结渣以及燃烧不稳定现象。

引起燃烧器出口气流偏斜的主要原因是邻角气流的横向推力和射流两侧的补气条件差异。同时，四角布风不均匀是气流偏斜的主要运行原因。

1. 邻角气流的横向推力

（1）邻角气流的撞击是气流偏斜的主要原因。射流自燃烧器喷口射出后，由于受到上游邻角气流的直接撞击，撞击点越接近喷口，射流偏斜就越大；撞击动量越大，气流偏斜就越严重。

（2）设计（假想）切圆直径的大小是气流偏斜的另一个主要原因。炉内四股气流的相互作用，不仅影响到气流偏斜程度，也影响到假想切圆直径。而切圆直径又影响着气流贴墙、结渣情况和燃烧稳定性。此外，还影响着汽温调节和炉膛容积中火焰的充满程度。当锅炉燃用的煤质变化较大时，切圆直径的调整十分重要。这种情况下，单纯依靠运行调节如果难以见效，就需要对燃烧器和燃烧系统进行技术改造，以适应煤质的变化。

当切圆直径较大时，上游邻角火焰向下游煤粉气流的根部靠近，煤粉的着火条件较好。这时炉内气流旋转强烈，气流扰动大，使后期燃烧阶段可燃物与空气流的混合加强，有利于煤粉的燃尽。但是，切圆直径过大，也会带来下述的问题：

1）火焰容易贴墙，引起结渣；

2）着火过于靠近喷口，容易烧坏喷口；

3）火焰旋转强烈时，产生的旋转动量矩大，同时因为高温火焰的黏度很大，到达炉膛出处，残余旋转较大，这将使炉膛出口烟温分布不均匀程度加大，因而既容易引起较大的热偏差，也可能导致过热器结渣，还可能引起过热器超温。

在大容量锅炉上，为了减轻气流的残余旋转和气流偏斜，假想切圆直径有减小的趋势。同时，适当增加炉膛高度或采用燃烧器顶部消旋二次风（一次风和下部二次风正切圆布置，顶部二次风反切圆布置），对减弱气流的残余旋转，减轻炉膛出口的热偏差有一定的作用，但不可能完全消除。

当然，切圆直径也不能过小，否则容易出现对角气流对撞，火焰推迟，四角火焰的“自点燃”作用减弱，燃烧不稳定，燃烧不完全，炉膛出口烟温升高一系列不良现象，影响锅炉安全运行，或者给锅炉运行调节带来许多困难。

2. 射流两侧的“补气”条件

射流偏斜还受射流两侧“补气”条件的影响。由于射流自喷口射出后仍然保持着高速流动，射流两侧的烟气被卷吸着一道前进，射流两侧的压力就随着降低，这时，炉膛其他地方的烟气就纷纷赶来补充，这种现象称为“补气”。如果射流两侧的补气条件不同，就会在射流两侧形成压差。向火面的一侧受到邻角气流的撞击，补气充裕，压力较高；而背火面的一侧补气条件差，压力较低。这样，射流两侧就形成了压力差，在压力差的作用下，射流被迫向炉墙偏斜，甚至迫使气流贴墙，引起结渣。

燃烧器的高宽比（h_r/b）对射流弯曲变形影响较大。燃烧器的高宽比值越大，射流形状越宽而薄，其“刚性”就越差，因而，射流越容易弯曲变形。

当燃烧器多层布置时，上层气流不断地被卷吸到下层气流中，加上气流受热膨胀的影响，使气流容积流量增大，旋涡直径相应增大，一般可使实际切圆直径膨胀到假想切圆直径的7～8倍。

在大容量锅炉上，由于燃煤量显著增大，燃烧器的喷口通流面积也相应增大，所以喷口数量必然增多。为了避免气流变形和减小燃烧器区域水冷壁的热负荷，将燃烧器沿高度方向拉长，并把喷口沿高度分成2～3组，每组的高宽比不超过6，相邻两组喷口间留有空档（见图4-18），空档相当于一个压力平衡孔。用来平衡射流两侧的压力，防止射流向压力低的一侧弯曲变形。

3. 四角布风不均匀

除了气流的撞击作用和补气条件的影响导致四股气流出现偏斜以外，四角布风不均匀对气流偏斜的影响如图4-32所示。

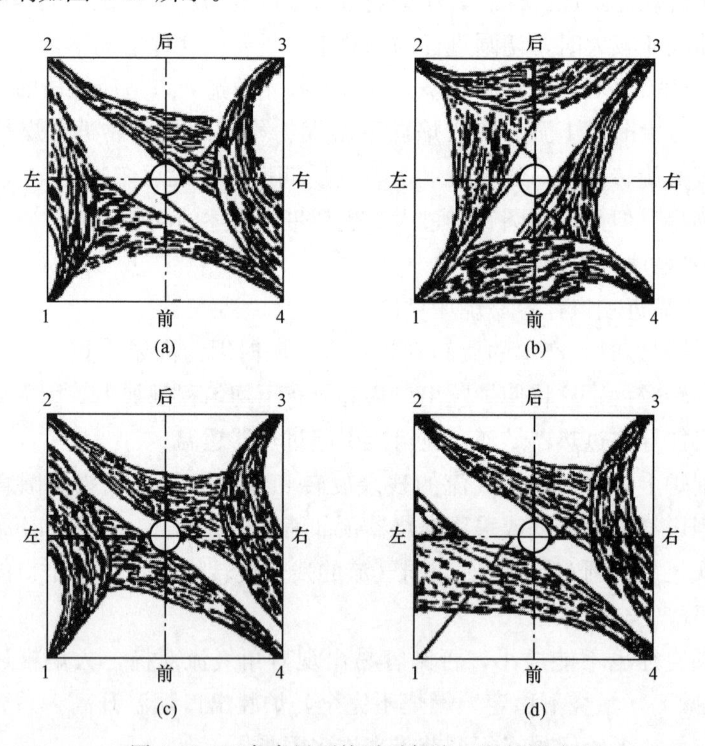

图4-32 四角布风不均时对气流工况的影响

（a）第1角风速降低；（b）第1、2角风速降低；（c）第1、3角风速降低；（d）第1角上翘

（四）切圆燃烧的残余旋转

在四角切圆燃烧锅炉中，燃烧器区域形成的旋转火焰不但旋转稳定、强烈，而且黏性很大。高温烟气流到达炉膛出口的过程中，其旋转强度虽然逐渐减弱，但仍然有残余旋

转。残余旋转不但造成炉膛出口处的烟温偏差，而且造成烟速偏差。气流逆时针方向旋转时，右侧烟温高于左侧烟温，右侧烟速高于左侧烟速；气流顺时针方向旋转时，左侧烟温高于右侧烟温，左侧烟速高于右侧烟速。一般烟温偏差达100℃左右，偏差严重的甚至达到300℃。

（五）切圆燃烧的配风

在锅炉燃烧设备和煤质一定的条件下，一次风与二次风的调节就成为决定着火和燃尽过程的关键。一次风与二次风的工作参数用风量、风速和风温来表示。

1. 一次风量

一次风量主要取决于煤质条件。当锅炉燃用的煤质确定时，一次风量对煤粉气流着火速度和着火稳定性的影响是主要的。一次风量越大，煤粉气流加热至着火所需的热量就越多，即着火热越多。这时，着火速度就越慢，因而，距离燃烧器出口的着火位置延长，使火焰在炉内的总行程缩短，即燃料在炉内的有效燃烧时间减少，导致燃烧不完全。显然，这时炉膛出口烟温也会升高，不但可能使炉膛出口的受热面结渣，还会引起过热器或再热器超温等一系列问题，严重影响锅炉安全经济运行。

对于不同的燃料，由于着火特性的差别较大，所需的一次风量也就不同。应在保证煤粉管道不沉积煤粉的前提下，尽可能减小一次风量。显而易见，一次风量应该既能满足煤粉中挥发分着火燃烧所需的氧量，又能满足输送煤粉的需要。如果同时满足这两个条件有矛盾，则应首先考虑输送煤粉的需要。例如，对于贫煤和无烟煤，因挥发分含量很低，如按挥发分含量来决定一次风量，则不能满足输送煤粉的要求，为了保证输送煤粉，必须增大一次风量。但因此却增加了着火的困难，这就要求加强快速与稳定着火的措施，即提高一次风温度，或采用其他稳燃措施。

一次风量通常用一次风量占总风量的比值表示，称为一次风率。一次风率的推荐值列于表4-2。

表4-2　　一次风率的推荐值

煤种	无烟煤	贫煤	烟煤		劣质烟煤		褐煤
			$20\%<V_{daf}<30\%$	$V_{daf}>30\%$	$V_{daf}<30\%$	$V_{daf}>30\%$	
乏气送粉		20～25	25～30	25～35	—	25	20～45
热风送粉	15～20	20～25	25～40	25～45	20～25	25～30	40～45

2. 一次风速

在燃烧器结构和燃用煤种一定时，确定了一次风量就等于确定了一次风速。一次风速不但决定着火燃烧的稳定性，而且还影响着一次风气流的刚度。一次风速过高，会推迟着火，引起燃烧不稳定，甚至灭火。如前所述，任何一种燃料着火后，当氧浓度和温度一定时，具有一定的火焰传播速度。当一次风速过高，大于火焰传播速度时，就会吹灭火焰或者引起“脱火”。即便能着火，也可能产生其他问题。因为较粗的煤粉惯性大，容易穿过剧烈燃烧区而落下，形成不完全燃烧。有时甚至使煤粉气流直冲对面的炉墙，引起结渣。

当然，一次风速过低，对稳定燃烧和防止结渣也是不利的。原因在于：

（1）煤粉气流刚性减弱，易弯曲变形，偏斜贴墙，切圆组织不好，扰动不强烈，燃烧缓慢。

（2）煤粉气流的卷吸能力减弱，加热速度缓慢，着火延迟。

（3）气流速度小于火焰传播速度时，可能发生“回火”现象，或因着火位置距离喷口太近，将喷口烧坏。

（4）易发生空气、煤粉分层，甚至引起煤粉沉积、堵管现象。

（5）引起一次风管内煤粉浓度分布不均，从而导致一次风射出喷口时，在喷口附近出现煤粉浓度分布不均的现象，这对燃烧也是十分不利的。

四角布置燃烧器配风风速的推荐值列于表4-3中。

表4-3　四角布置燃烧器配风风速的推荐值

煤种	无烟煤	贫煤	烟煤	褐煤
一次风出口速度（m/s）	20～25	20～30	25～35	25～40
二次风出口速度（m/s）	40～55	45～55	40～60	40～60
三次风出口速度（m/s）	50～60	55～60	35～45	35～45

3. 一次风温

一次风温对煤粉气流的着火、燃烧速度影响较大。提高一次风温，可降低着火热，使着火位置提前。运行实践表明，提高一次风温还能在低负荷时稳定燃烧。有的试验发现，当煤粉气流的初温从20℃提高到300℃时，着火热可降低60%左右。显而易见，提高一次风气流的温度对煤粉着火十分有利。因此，提高一次风温度是提高煤粉着火速度和着火稳定性的必要措施之一。我国电厂在燃用无烟煤时，为了使煤粉气流的初温尽可能接近300℃，热空气温度提高到350～420℃。

根据煤质挥发分含量的大小，一次风温既应满足使煤粉尽快着火，稳定燃烧的要求，又应保证煤粉输送系统工作的安全性。一次风温超过煤粉输送的安全规定时，就可能发生爆炸或自燃。当然，一次风温太低对锅炉运行也不利。除了推迟着火，燃烧不稳定和燃烧效率降低之外，还会导致炉膛出口烟温升高，引起过热器超温或汽温升高。

4. 二次风量及二次风速

煤粉气流着火后，二次风的投入方式对着火稳定性和燃尽过程起着重要作用。对于大容量锅炉，尤其要注意二次风穿透火焰的能力。

当燃用的煤质一定时，一次风量就被确定了，这时二次风量随之确定。对于已经运行的锅炉，由于燃烧器喷口结构未变，故二次风速只随二次风量变化。

二次风是在煤粉气流着火后混入的。由于高温火焰的黏度很大，二次风必须以很高的速度才能穿透火焰，以增强空气与焦炭粒子表面的接触和混合，故通常二次风速比一次风速提高一倍以上。推荐的二次风速见表4-3。实际运行中，二次风速应根据具体情况决定，不必一定要符合推荐值。

锅炉运行中，重要的问题是如何根据煤质和燃烧器的结构特性以最佳方式投入二次风。我国火电厂运行人员总结了“正塔型”“倒塔型”和“腰鼓型”的配风方式。“正塔型”是指二次风量自下而上依次递减；“倒塔型”则相反；“腰鼓型”指两头小，中间大，即上、下二次风量小，而中间二次风量大。一般认为，在燃用烟煤及烟煤类混煤时，宜采用均匀配风方式，但在有些锅炉上的实践表明，采用“腰鼓型”配风方式燃烧效率高。在燃用无烟煤、贫煤时，“倒塔型”配风方式的着火稳定性和燃烧效率比较高。在燃用烟煤或与烟煤性质相近的混煤时，采用“正塔型”配风方式时，炉膛出口烟温低于“倒塔型”的情况。

运行经验表明，“正塔型”配风能托起颗粒较粗的煤粉，防止煤粉离析，可有效地降低灰渣含碳量。

可见，配风方式不仅影响燃烧稳定性和燃烧效率，还关系到结渣、火焰中心高度的变化、炉膛出口烟温的控制。从而，进一步影响过热汽温与再热汽温。因此，运行人员可根据煤质和燃烧设备本身的条件，在运行中不断摸索经验、合理组织燃烧器的配风，以适应运行煤质多变的需要。

5. 二次风温

从燃烧角度看，二次风温越高，越能强化燃烧，并能在低负荷运行时增强着火的稳定性。但是二次风温的提高受到空气预热器传热面积的限制，传热面积越大，金属耗量就越多，不但增加投资，而且将使预热器结构庞大，不便布置。热风温度的推荐值列于表 4-4。

表 4-4　　热风温度的推荐值

燃料	无烟煤	贫煤 劣质烟煤	褐煤		烟煤 洗中煤
			热风干燥	烟气干燥	
热风温度（℃）	380～430	330～380	350～380	300～350	280～350

6. 周界风

在一次风喷口外缘，有时布置有周界风。周界风的作用如下。

（1）冷却一次风喷口，防止喷口烧坏或变形。

（2）少量热空气与煤粉火焰及时混合。由于直流煤粉火焰的着火首先从外边缘开始，火焰外围易出现缺氧现象，这时周界风就起着补氧作用。周界风量较小时，有利于稳定着火；周界风量太大时，相当于二次风过早混入一次风，因而对着火不利。

（3）周界风的速度比煤粉气流的速度要高，能增加一次风气流的刚度，防止气流偏斜，并能托住煤粉，防止煤粉从主气流中分离出来而引起不完全燃烧。

（4）高速周界风有利于卷吸高温烟气，促进着火，并加速一、二次风的混合过程。但周界风量过大或风速过小时，在煤粉气流与高温烟气之间形成“屏蔽”，反而阻碍加热煤粉气流。故当燃用的煤质变差时，应减少周界风量。

周界风的风量一般为二次风量的 10%或略多一些，风速为 30～40m/s，风层厚度为 15～25mm。

7. 夹心风与十字风

在一次风喷口中央，有时布置有夹心风。夹心风有如下 4 个作用。

(1) 补充火焰中心的氧气，同时也降低了着火区的温度，而对一次风射流外缘的烟气卷吸作用没有明显的影响。

(2) 高速的夹心风提高了一次风射流的刚度，能防止气流偏斜，而且增强了煤粉气流内部的扰动，这对加速外缘火焰向中心的传播是有利的。

(3) 夹心风速度较大时，一次风射流扩展角减小，煤粉气流扩散减弱，这对于减轻和避免煤粉气流贴壁，防止结渣有一定作用。

(4) 可作为变煤种、变负荷时燃烧调整的手段之一。

如前所述，周界风或夹心风主要是用来解决煤粉气流高度集中时着火初期的供氧问题。数量约占二次风量的10%～15%。实际运行中，由于漏风，周界风或夹心风的风率可达20%以上。在燃用无烟煤、贫煤或劣质煤时，周界风或夹心风的速度比较高，约为50～60m/s；在燃用烟煤时，周界风的速度约为30～40m/s，主要是为了冷却一次风喷口。

燃烧褐煤的燃烧器一次风喷口上一般布置有十字风，其作用类似于夹心风。

实践表明，周界风和夹心风使用不当时，对煤粉着火产生不利影响。一次风口中周界风、夹心风、十字风的布置如图 4-33 所示。

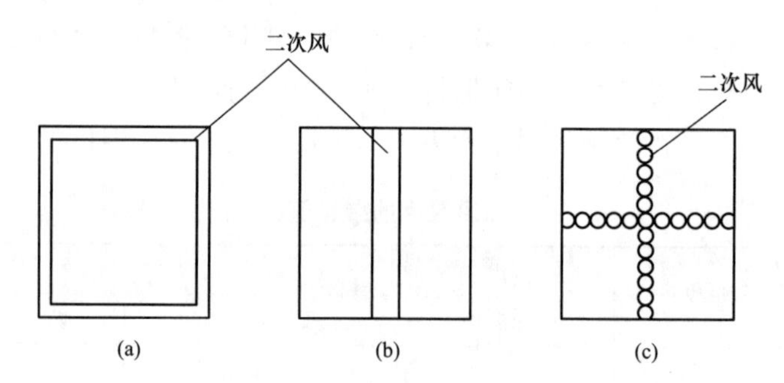

图 4-33 一次风口中周界风、夹心风、十字风的布置

(a) 周界风；(b) 夹心风；(c) 十字风

第三节 炉 膛

一、炉膛的作用及其要求

煤粉炉按照排渣方式不同可分为两种：一种是将灰渣在固体状态下由炉中清除出去，称为固态排渣煤粉炉；另一种是将灰渣在熔化的液态下由炉中清除出去，称为液态排渣煤粉炉。目前，大型电站锅炉普遍采用固态排渣煤粉炉。固态排渣煤粉炉的典型炉膛结构如图 4-34 所示。

它是一个由炉墙围成的长方体空间，其四周布满水冷壁，炉底是由前后水冷壁管弯曲而成的倾斜冷灰斗。炉顶一般是平炉顶结构，高压以上锅炉在炉顶布置顶棚管过热器，在炉膛上部悬挂有屏式过热器，炉膛后上方为烟气出口。为了改善烟气对屏式过热器的冲刷，充分利用炉膛容积并加强炉膛上部气流的扰动，炉膛出口的下部有后水冷壁弯曲而成的折焰角。煤粉和空气在炉内强烈混合燃烧，火焰中心温度可达1500℃以上，水冷壁吸热使烟温逐渐下降，在水冷壁及炉膛出口处的烟温一般降至1000℃左右，烟气中的灰渣冷凝成固态，冷灰斗区域的温度更低。燃烧生成的灰渣，绝大部分以飞灰的形式随烟气排出炉外，剩下一小部分以粗渣的形式落入冷灰斗排出。

炉膛既是燃烧空间，又是锅炉的换热部件，它的结构直接影响锅炉的工作。为此，炉膛应满足以下基本要求：

（1）具有足够的空间和合理的形状，能够合理组织燃料的燃烧，减小不完全燃烧热损失。

（2）具有合理的炉内温度场和良好的炉内空气动力特性，满足燃烧过程的需要，能保证足够高的炉温，使火焰在炉内有较好的充满程度，减少炉内死滞旋涡区，保证燃料在炉内稳定着火燃烧；能够避免火焰冲击炉墙造成结渣。

（3）能布置足够的受热面，可以将炉膛出口烟温降到允许的数值，保证炉膛出口及其后面的受热面不结渣。

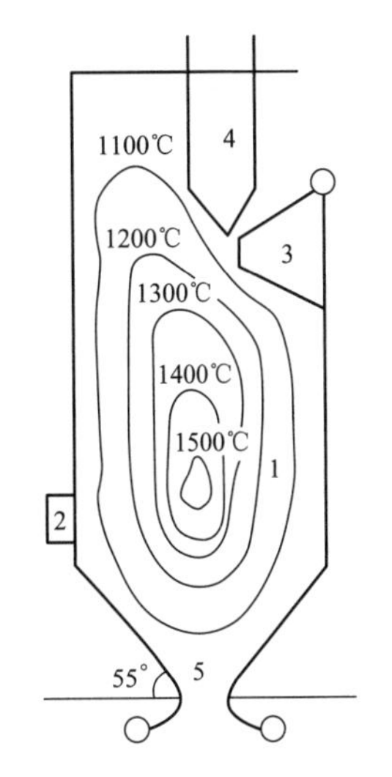

图 4-34 固态排渣煤粉炉的形状及温度分布

1—等温线；2—燃烧器；3—折焰角；4—屏式过热器；5—冷灰斗

二、炉内工作的主要影响因素

1. 热负荷

（1）炉膛容积热负荷。

炉膛容积热负荷是指在单位时间内、单位炉膛容积内，燃料燃烧放出的热量，用 q_V 表示，单位为 kW/m^3。

$$q_V = \frac{BQ_{ar.net}}{V} \tag{4-26}$$

式中 V——炉膛容积，m^3；

B——燃煤量；

$Q_{ar.net}$——燃料的低位发热量。

炉膛容积热负荷一般用来表示燃料在炉内的停留时间，也能代表炉内的温度水平。炉膛容积热负荷过大，说明在单位时间、单位炉膛容积内燃烧了过多的燃料，产生的烟气量大，烟气流速过高，一部分燃料来不及完全燃烧就被排出炉外，即燃料在炉内的停留时间缩短，这就表明炉膛容积过小。此时，由于炉内所能布置的水冷壁受热面太少，烟气到达炉膛出口时得不到充分冷却，因此炉膛出口烟温升高，使炉膛上部受热面结渣。

炉膛容积热负荷随着锅炉容量增加而下降。燃煤量增大，要保证燃料在炉内有足够的停留时间，就必须增大炉膛容积，同时又要有足够的水冷壁来冷却烟气。但是炉膛容积与几何尺寸的三次方成正比，而炉膛壁面积与几何尺寸的二次方成正比，因而容积的增长速度大于壁面积的增长速度，为了布置足够的水冷壁，炉壁容积相应增长得多。因此，当锅炉容量增大时，炉膛容积热负荷呈下降趋势。

（2）炉膛截面热负荷。

炉膛截面热负荷是指在单位时间内、单位炉膛横截面面积上，燃料燃烧放出热量，用 q_A 表示，单位为 kW/m^2。

$$q_A = \frac{BQ_{ar,net}}{A} \tag{4-27}$$

式中 A——炉膛截面积，通常用燃烧器区域的炉膛水平截面面积表示，m^2。

炉膛截面热负荷是影响燃烧器区域温度水平的主要特性参数。当锅炉容量和参数一定时，炉膛截面热负荷值越大，表示炉膛周界越小，所能布置的水冷壁管子根数也就越少，在燃烧器区域，由于燃烧放热比较集中，如果没有足够的水冷壁吸收燃烧释放的热量，就会导致火焰温度很高，以至于灰渣靠近炉壁时，不能得到充分冷却，就会引起结渣。但较高的温度有利于稳定着火。相反，炉膛截面热负荷越小，表明炉膛周界越大，能够布置的水冷壁管数目增加，这时有利于减轻结渣，但由于燃烧区域的温度水平低，不利于稳定着火。因此，对于着火性能比较差，而灰熔点比较高的低反应煤，希望选择较大的炉膛截面热负荷值；对于灰熔点比较低，而着火性能比较好的煤，希望选择较小的炉膛截面热负荷值。

炉膛截面热负荷值随着锅炉容量的增加而增加。这是因为当容量增加时，虽然炉膛横断面积增大，但相对于单位蒸发量的炉膛横截面面积减小，故炉膛截面热负荷增加。控制炉膛截面热负荷值，主要是为了取得适当的燃烧器区域的热负荷，而影响燃烧器区域热强度的因素还要考虑燃烧器区域的壁面热负荷。

（3）燃烧器区域壁面热负荷。

燃烧器区域壁面热负荷是指在单位时间内、燃烧器区域的单位炉壁面积上，燃料燃烧放出的热量，以 q_r 表示。

$$q_r = \frac{BQ_{ar.net}}{2(a+b)h_r} \tag{4-28}$$

式中 a，b——炉膛的宽度和深度；

h_r——燃烧器的高度。

q_r 值越大，说明火焰越集中，燃烧器区域的温度水平就越高，这对燃料稳定着火是有利的，但容易造成燃烧器区域的壁面结渣。

q_A 与 q_r 对调整燃烧器区域的热强度是共同起作用的，由于炉膛周界受燃烧稳定性和蒸发受热面布置的限制无法调整时，需要燃用结渣性强的煤，可适当降低燃烧器区域壁面热负荷值。沿炉膛高度方向将燃烧器拉长，或增大燃烧器喷口的间距，即可降低燃烧器区域的壁面热负荷。

2. 结渣

（1）受热面结渣的形成过程。

在煤粉炉的炉膛中，燃烧形成的熔融灰渣黏结在受热面上，并积聚发展成一层硬结的灰渣层，这个现象便称为结渣。发生结渣的部位通常在燃烧器区域水冷壁、炉膛折焰角、屏式过热器及其后面的对流受热面等处，有时炉膛下部的冷灰斗处也会发生结渣。

（2）结渣的危害。

结渣的危害是相当严重的，根据运行经验，可归纳为下述几个方面：

1）使炉内传热变差；

2）炉膛出口的受热面超温；

3）炉膛内未结渣的受热面金属表面温度升高，引起高温腐蚀；

4）排烟温度提高，锅炉效率降低；

5）结渣严重时，大块渣落下，可能扑灭火焰或砸坏炉底水冷壁，造成恶性事故。

（3）影响受热面结渣的主要因素。

受热面结渣过程与多种复杂因素有关，但任何原因的结渣都由两个基本条件构成：一是火焰贴近炉墙时，烟气中的灰仍呈熔化状态；二是火焰直接冲刷受热面。但是，与这两个条件相关的具体因素十分复杂。这些因素是：

1）灰的特性。灰特性主要表现在三个方面：一是灰的熔点温度；二是灰的黏性；三是灰的组成成分。一般灰熔点低的煤容易结渣，同时，低灰熔点的灰分通常黏附性也强，因而增加了结渣的可能性。

2）炉膛温度水平。炉内燃烧器区域的温度越高，煤灰越容易达到软化或熔融状态，结渣的可能性就越大。锅炉负荷越高，送入炉内的热量也越多，结渣的可能性也越大。

3）运行调节不当。实际运行中，造成火焰贴墙，形成死旋涡区并出现还原性气氛，锅炉超负荷运行、炉膛漏风严重、送风量过大、风煤配合不当，以及煤粉细度过大等，都可能导致结渣。

（4）防止受热面结渣的基本条件。

一是炉内应布置足够的受热面来冷却烟气，使烟气贴近受热面时，烟气温度降低到灰的熔点温度以下；二是组织一、二次风形成良好的气流结构，保证火焰不直接冲刷受热面。

3. 火焰充满度

在组织与调整燃烧时，应同时注意组织好炉内气流的流动，确保火焰在整个炉膛容积内具有较高水平的充满程度，减少气流的死滞旋涡区域。因为死滞旋涡区的存在会给锅炉运行带来下述问题。

（1）炉膛容积利用不好，减少了烟气的有效流通截面，使局部烟速提高，缩短了燃料燃烧时间或炉内的停留时间，降低了燃烧效率。此外，在死滞旋涡区，还常常出现受热面积灰现象。

（2）造成热偏差。因为火焰充满度影响着炉内温度场分布，进而影响到火焰和水冷壁之间的换热能力，不但使水冷壁吸热不均，水循环处于不利条件，还会使炉膛出口烟温偏离正常值，引起过热器热偏差增大，导致过热器超温。

但是，在保证有较好的火焰充满度的前提下，同时也应避免火焰冲墙，以免造成结渣和受热面过热的问题。

4. 炉膛负压

煤粉炉通常采用负压燃烧，炉内压力比外界大气压力低 20～60Pa。

正常的炉膛负压是依靠调节送风机和引风机的挡板开度实现的，但主要是靠调节引风机的挡板开度来控制的。如果引风机出力不足或挡板调节失灵时，炉内就可能出现正压状态。此时，烟气或火焰向外泄漏，不仅污染工作环境，而且还会威胁设备和人身的安全。但是，过大的负压也会带来危害。

（1）炉膛负压太大，说明引风机抽吸力过大，炉内气流就会明显上翘，火焰中心上移，炉膛出口烟温升高，引起汽温升高或过热器结渣。

（2）气流上翘，火焰行程缩短，导致不完全燃烧热损失增大。

（3）对于四角切圆燃烧煤粉炉，由于气流上翘，使四股气流的相互作用变差，甚至切圆形成不好，煤粉气流相互点燃的作用变弱，燃烧变得不稳定，如果煤质着火性能差，还会导致灭火。

（4）造成漏风增大，烟气体积增加，烟气流速相应升高，会使排烟热损失增加；受热面磨损加剧；炉膛温度降低，影响燃烧稳定性；火焰向上运动速度增大，一部分燃料未来得及完全燃烧就被排出炉外，造成不完全燃烧热损失增大等一系列不良影响。

（5）炉膛负压急剧升高时，还可能发生炉膛内爆事故。炉膛内爆是指燃烧的火焰突然熄灭，使炉膛风压骤降，形成真空状态，炉内外的压差使炉墙受到空气侧向内的巨大推力，此现象称为内爆。

5. 炉膛出口烟温

对于布置有后屏受热面的大容量锅炉，炉膛出口烟气温度是指后屏进口的烟温。炉膛出口烟气温度直接影响锅炉的正常工作，它的影响体现在可靠性和经济性两个方面。

从可靠性方面考虑，炉膛出口烟温过高，可能会使炉膛出口受热面出现结渣和高温腐蚀，或使高温过热器超温，故炉膛出口烟温不能太高；从经济性方面考虑，炉膛出口烟温要考虑锅炉整体的传热效率和金属消耗，太低或太高的炉膛出口烟温都会降低锅炉的经济性。技术经济分析认为，煤粉锅炉炉膛出口烟温 $\theta_1''=1200\sim1250$℃时，炉膛辐射传热量与烟道对流传热量的分配比例可使锅炉受热面的金属耗量最少，经济性最好。对于燃煤锅炉，炉膛出口烟温主要受热面工作可靠性的限制，应以受热面不结渣作为确定炉膛出口烟温的基准，在保证不结渣的条件下可使炉膛出口烟温尽量选高一些。

第四节　等离子体点火技术

煤粉炉点火装置主要是在锅炉启动时，利用它来点燃主燃烧器的煤粉气流。另外，当锅炉机组在较低负荷下运行，或当燃煤质量变差时，由于炉膛温度降低危及煤粉着火的稳定性、炉内火焰发生脉动以至有熄火危险时，也用点火装置来稳定燃烧或作为辅助燃烧设备。

为节约锅炉在启动过程和低负荷时的燃油量，国内大型锅炉广泛采用等离子点火技术。

一、等离子体点火的工作原理

在一定输出直流电流（280～350A）条件下，当等离子点火器的阴极同阳极接触后，形成回路，整个系统具有抗短路的能力且电流恒定不变。当阴极在电机拖动下缓缓离开阳极时，在阴极和阳极之间形成电弧。压缩空气通过电弧而被电离为高温空气等离子体（Plasma），其能量密度高达10^5～10^6W/cm^2。通电线圈产生强磁场，将等离子体压缩，并由压缩空气吹出阳极，进入煤粉燃烧器点燃煤粉。

等离子体内含有大量的化学活性的粒子，如原子（C、H、O）、原子团（OH、H_2、O_2）、离子（O^{2-}、H^+、OH^-、O^-）和电子等，可加速热化学转换，促进燃料完全燃烧。除此之外，等离子体通常情况下可提高煤粉20%～80%的挥发分，即等离子体有再造挥发分的效应，这对于点燃低挥发分煤粉、强化燃烧有特别的意义。

二、等离子点火器

等离子点火器如图4-35所示。等离子点火器主要由等离子发生器、冷却水系统、压缩空气（载体风）系统和电源系统四部分组成。等离子点火器的外形如图4-36所示。

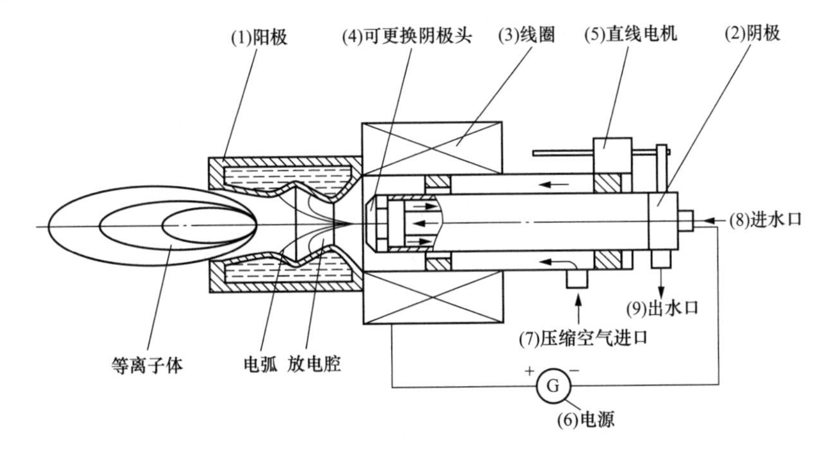

图4-35　等离子点火器

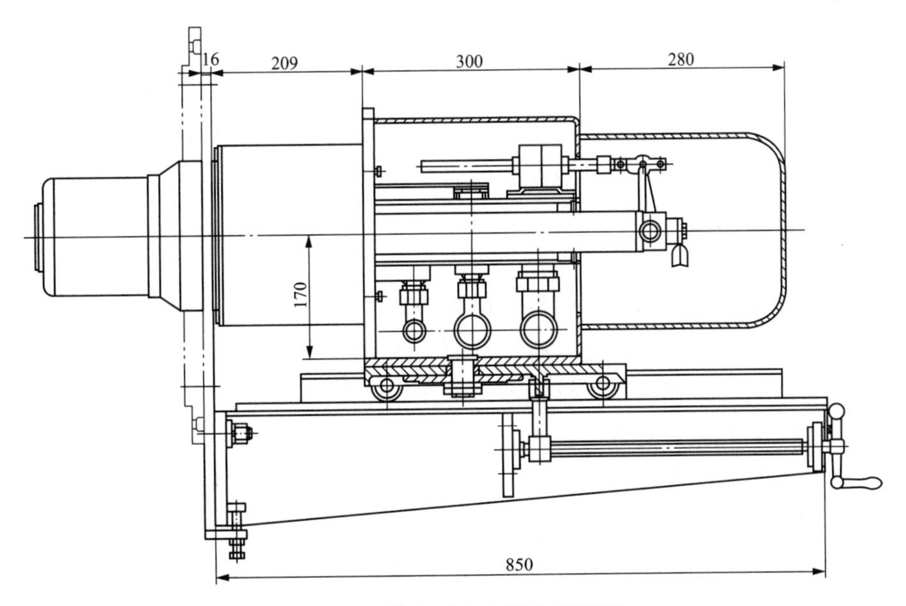

图4-36　等离子点火器的外形图

1. 等离子发生器

等离子发生器是用来产生高温等离子电弧的装置，主要由阴极组件、阳极组件和线圈组件三大部分组成。其中，阴极材料采用高导电率的金属材料或非金属材料制成。阳极由高导电率、高导热率及抗氧化的金属材料制成，它们均采用水冷方式，以承受电弧高温冲击。线圈在高温250℃情况下具有抗2000V的直流电压击穿能力。电极之间的空气电离形成具有高温导电特性等离子体，其中带正电的离子流向电源负极形成电弧的阴极，带负电的离子及电子流向电源的正极形成电弧的阳极。

2. 冷却水系统

由于等离子发生器产生的电弧弧柱温度通常在5000～10000K范围内，分别发送和接收电子的阴极和阳极处于高温环境，而稳定电弧的线圈长时间通电也会产生热量，因此，等离子发生器的阴极、阳极以及线圈必须通过水冷的方式来进行冷却，否则很快会被烧毁。通过大量实验总结出为保证好的冷却效果，需要冷却水以高的流速冲刷阳极和阴极，因此需要保证冷却水不低于0.3MPa的压力。另外，冷却水温度不能高于30℃，否则冷却效果差。为减少冷却水对阳极和阴极的腐蚀，要采用电厂的化学除盐水，即采用闭式水来冷却。

3. 压缩空气（载体风）系统

压缩空气是等离子电弧的介质，等离子电弧形成后，通过线圈形成的强磁场的作用压缩成为压缩电弧，需要压缩空气以一定的流速吹出阳极才能形成可利用的电弧。因此，等离子点火系统需要配备压缩空气系统，压缩空气的要求是洁净的而且是压力稳定的。等离子点火装置入口的压缩空气压力要求在0.02MPa左右，每台等离子装置的压缩空气流量为1.0～1.5m^3/min。

根据电厂现场情况的不同，压缩空气（载体风）系统通常采用以下两种方式：

（1）电厂的仪用压缩空气。

（2）另设高压离心风机（或罗茨风机）提供高压风（空气）。

4. 电源系统

电源系统的主要任务就是将交流电转换成直流电，提供给等离子发生器产生，并维持等离子电弧的稳定。其基本原理是通过三相全控桥式晶闸管整流电路将三相交流电源变为稳定的直流电源，由隔离变压器和电源柜两大部分组成。

三、等离子燃烧器

等离子燃烧器是借助等离子发生器的电弧来点燃煤粉的煤粉燃烧器，与以往的煤粉燃烧器相比，等离子燃烧器在煤粉进入燃烧器的初始阶段就用等离子弧将煤粉点燃，并将火焰在燃烧器内逐级放大，属内燃型燃烧器，可在炉膛内无火焰状态下直接点燃煤粉，从而实现锅炉的无油启动和无油低负荷稳燃。

等离子燃烧器是浓淡型煤粉燃烧器，由煤粉浓缩器、一级煤粉燃烧室、二级煤粉燃烧室和周界冷却风组成。等离子燃烧器的燃烧机理如图4-37所示。

根据高温等离子体有限能量不可能同无限的煤粉量及风速相匹配的原则设计等离子燃烧器，它是应用多级放大的原理，使系统的风粉浓度、气流速度处于一个十分利于点火的

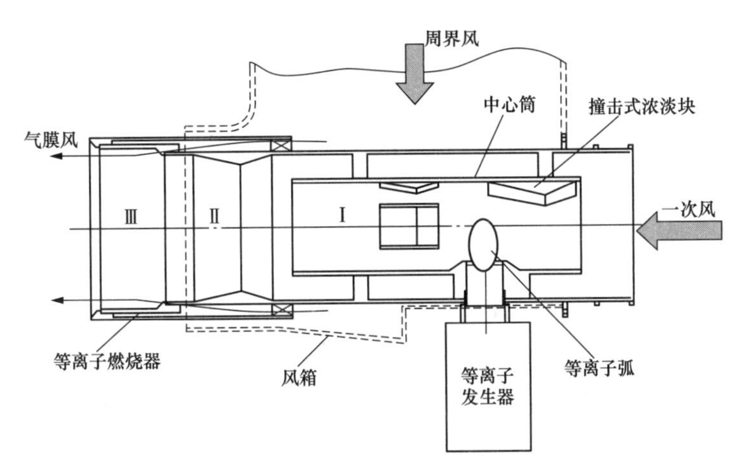

图 4-37 等离子燃烧器的燃烧机理示意图

工况条件，从而完成一个持续稳定的点火、燃烧过程。实验证明，运用这一原理及设计方法使单个燃烧器的出力可以从 2t/h 扩大到 10t/h。

在建立一级点火燃烧过程中，将经过浓缩的煤粉垂直送入等离子火炬中心区，10 000℃的高温等离子体同浓煤粉的汇合及所伴随的物理化学过程使煤粉原挥发分的含量提高了 80%，其点火延迟时间不大于 1s。另外，加设第一级气膜冷却技术避免煤粉的贴壁流动及挂焦，同时又解决了燃烧器的烧蚀问题。该区称为第一区。

第二区为混合燃烧区，在该区内一般采用“浓点浓”的原则，环形浓淡燃烧器的应用将淡粉流贴壁而浓粉掺入主点火燃烧器燃烧。这样做的结果既利于混合段的点火，又冷却了混合段的壁面。

第三区为强化燃烧区，在一、二区内挥发分基本燃尽，为提高疏松炭的燃尽率采用提前补氧强化燃烧措施。提前补氧的原因在于提高该区的热焓进而提高喷管的初速，达到加大火焰长度提高燃尽度的目的，所采用的气膜冷却技术也达到了避免结焦的目的。

等离子燃烧器的高温部分采用耐热铸钢，其余和煤粉接触部位采用高耐磨铸钢。

等离子燃烧器具有以下特点：

(1) 冷炉状态下，采用逐级放大引燃方式，实现无油点燃大量煤粉的目的。

(2) 在锅炉启停阶段，电除尘可投入，环境污染小。

(3) 等离子点火煤粉燃烧器既可用作冷炉点火、低负荷稳燃，在正常运行时也可以用作主燃烧器。

四、等离子点火系统

等离子点火系统由等离子燃烧器、冷炉制粉热风系统、监测与控制系统三部分组成。等离子燃烧器如前所述，下面介绍冷炉制粉热风系统和监测与控制系统。

1. 冷炉制粉热风系统

冷炉制粉热风系统的主设备是冷风蒸汽加热器或者冷风燃油加热器，其原则性系统示意分别如图 4-38 和图 4-39 所示。

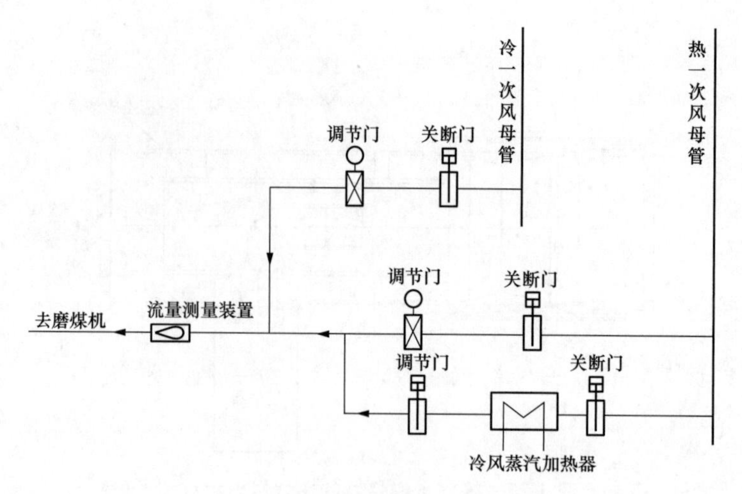

图 4-38 冷风蒸汽加热原则性系统

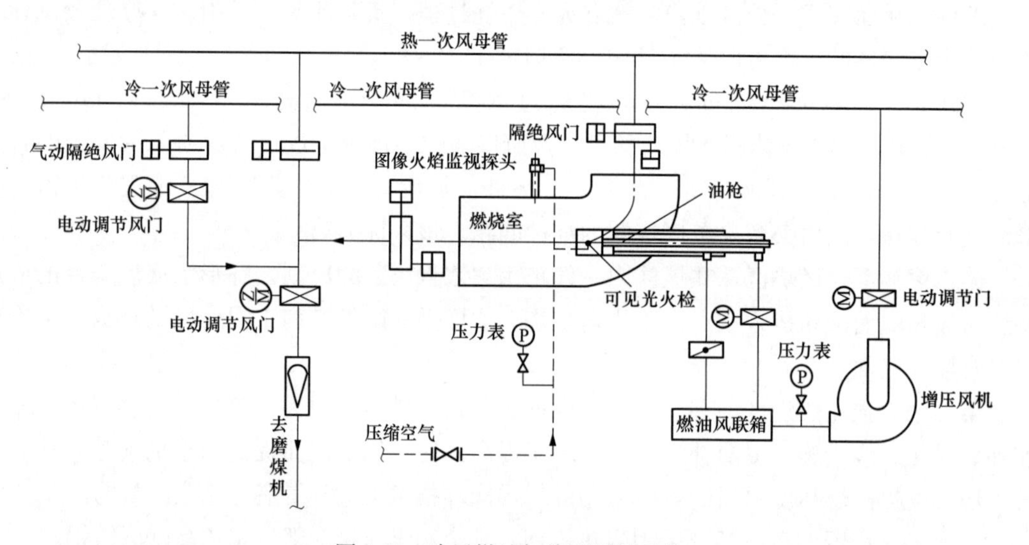

图 4-39 冷风燃油加热原则性系统

2. 监测与控制系统

监测与控制系统简称监控系统，主要包括一次风速在线监测、燃烧器壁温监测、火焰电视、DCS 系统、就地控制箱、保护系统等，等离子点火系统示意图如图 4-40 所示。

(1) 风粉在线检测。为了在等离子燃烧器运行时能够监测一次风速，控制一次风速在设计范围，在一次风管加装一次风速测量系统。

(2) 壁温测量。为了确保等离子燃烧器的安全运行，在燃烧器的相应位置安装了监视壁面温度的热电偶。热电偶的安装位置是根据等离子燃烧器工作状态下的温度场确定的。

(3) 图像火焰监视。将煤粉燃烧器的火焰直观地显示给运行人员将对锅炉的安全运行及燃烧调整有极大的帮助。等离子点火系统中为每个等离子点火燃烧器配置了一支高清晰图像火检探头。每只探头均需通入冷却风，一方面冷却 CCD 和镜头，另一方面冷却风通过探头前端冷却风喷射机构，可避免飞灰、焦块污染镜头。

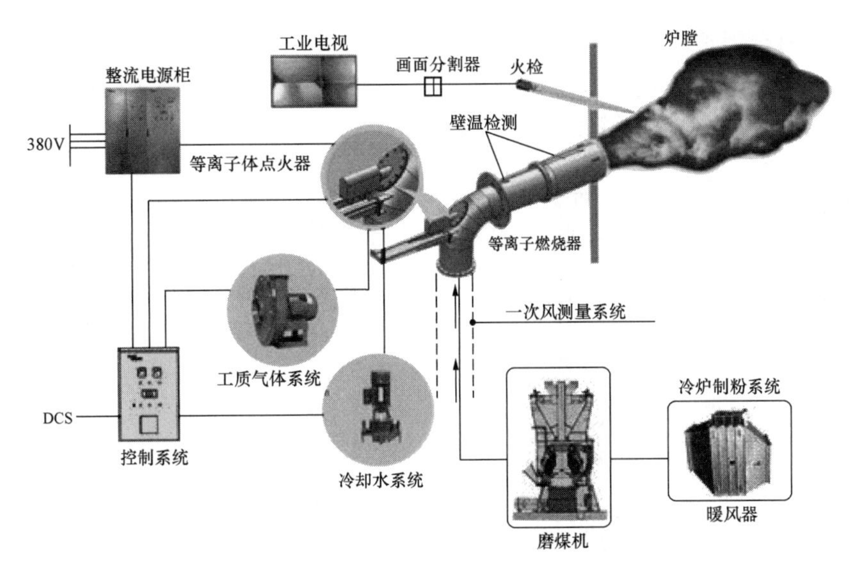

图 4-40　等离子点火系统示意图

第五节　瑞金电厂二期锅炉燃烧系统

一、概况

瑞金电厂二期锅炉燃烧系统采用中速磨冷一次风机正压直吹制粉系统，每炉配 6 台磨煤机，其中 5 台运行，1 台备用（在 BMCR 工况下）。每台磨煤机出口的 4 根煤粉管道在燃烧器前通过一个 1 分 2 的煤粉分配器，分成 8 根煤粉管道，进入 4 个角燃烧器的 2 层煤粉喷嘴中。磨煤机出口煤粉管道直径 $\phi 710 \times 10$，进燃烧器煤粉管道直径 $\phi 510 \times 10$。锅炉燃烧系统图参见图 3-16。

燃烧器的布置采用空气分级低 NO_x 四角切圆燃烧技术，设置分组布置的燃烧器风箱。燃烧器风箱在炉膛的四角从下到上分为独立的 4 组，下 2 组是主燃烧器风箱，上 2 组是燃尽风风箱。

主燃烧器风箱每组有 6 层结构固定的煤粉喷嘴，每个喷嘴四周布置燃料风（周界风），对应 3 台磨煤机。每台磨煤机对应的相邻 2 层煤粉喷嘴的上方布置 1 个组合喷嘴，之间布置 1 层辅助风喷嘴，均预置水平偏角。一次风煤粉喷嘴对冲，辅助风喷嘴偏置采用顺时针偏角，是启旋二次风。

燃尽风风箱每组有 4 层喷嘴，低位燃尽风（BAGP）和高位燃尽风（UAGP）喷嘴均为逆时针偏角，是消旋二次风。

在锅炉两侧布置有燃烧器连接风道（大风箱），风速较低，保证四角风量分配的均匀性。AGP 燃烧器由单独的连接风道供风，在连接风道上设计布置有 AGP 风量测量装置，便于控制调节 AGP 风量。

燃烧器每层风室均配有相应的二次风门挡板。每角主燃烧器配有 30 只风门挡板，相应配有 24 只电动执行机构，其中对应每台磨煤机的 2 层煤粉风室的燃料风由一只电动执行机构通过连杆进行控制；每角 AGP 燃烧器配有 8 只风门挡板，相应配有 8 只电动执行机构。这样，每台锅炉共配有 128 只电动执行机构，按照机炉协调控制系统（CCS）和炉膛安全监视系统（FSSS）的指令进行操作。在一般情况下，同一层四组燃烧器的风门挡板应同步动作。锅炉燃烧配风系统如图 4-41 所示。

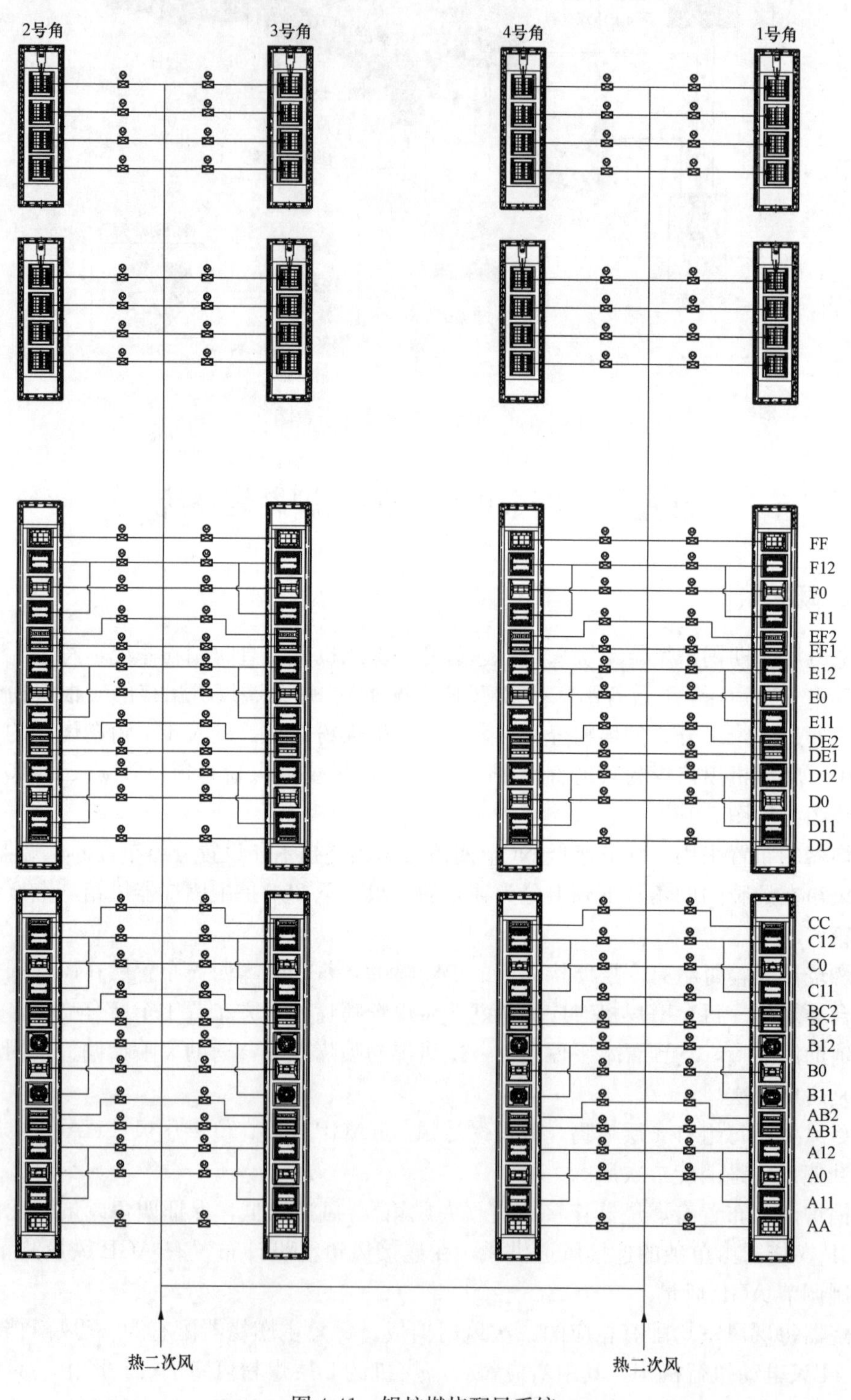

图 4-41 锅炉燃烧配风系统

锅炉点火采用一层等离子点火方式，等离子点火系统技术参数见表 4-5。等离子点火系统对应 B 磨煤机的 B1、B2 层共 8 只煤粉燃烧器，如图 4-42 所示。

表 4-5 等离子点火系统技术参数

参数名称	规范	单位	参数名称	规范	单位
隔离变压器					
型号	SGC9-200/0.38/0.38		额定电压	0.38/0.38	kV
型式	树脂浇注干式隔离变压器		额定容量	200	kVA
等离子燃烧器					
型号	ZRH710/9YM		最大出力	8.0（等离子点火状态）	t/h
材质	耐热合金钢+耐磨合金钢		燃烧器最大阻力（点火时）	500	Pa
最小出力	3.0	t/h	煤粉浓度	0.25～0.4	kg/kg
冷却水泵			配用电机		
型号	DFLH100-200		型号		
型式	离心式		额定功率		kW
额定流量	100	m^3/h	额定电压		V
扬程	50	$m(H_2O)$	额定电流		A
功率	22	kW	转速		r/min
转速	1497	r/min	功率因素		
等离子点火器					
型号	DLZ-200		数量	8(4 角/层，共 2 层)	个
载体空气压力	5～10	kPa	冷却水压力	0.4～0.8	MPa
单台载体风量	60	m^3/h	单台冷却水量	8	t/h
单台吹扫风量	50	m^3/h	冷却水温升	<3.5	℃
冷却水温	<40	℃	燃烧器壁温	<400	℃
额定电流	300	A			
等离子暖风器					
暖风器布置方式	水平布置		入口冷风温度	20	℃
加热蒸汽温度	280	℃	出口热风风温	160	℃
加热蒸汽压力	0.8	MPa	风侧阻力	400	Pa
载体风机			配用电机		
型式	单吸双支撑离心风机		型号	YE3	
型号	2JWT-7A		额定功率	15	kW
数量	2	台	额定电压	380	V
风压	16 000～17 200	Pa	额定电流	27.9	A

锅炉保留三层高能电火花—轻油—煤粉点火油系统。油系统设计容量为锅炉 10%BMCR，A、B、C 层各布置 4 支共 12 支机械雾化油枪，炉前燃油系统如图 4-43 所示。

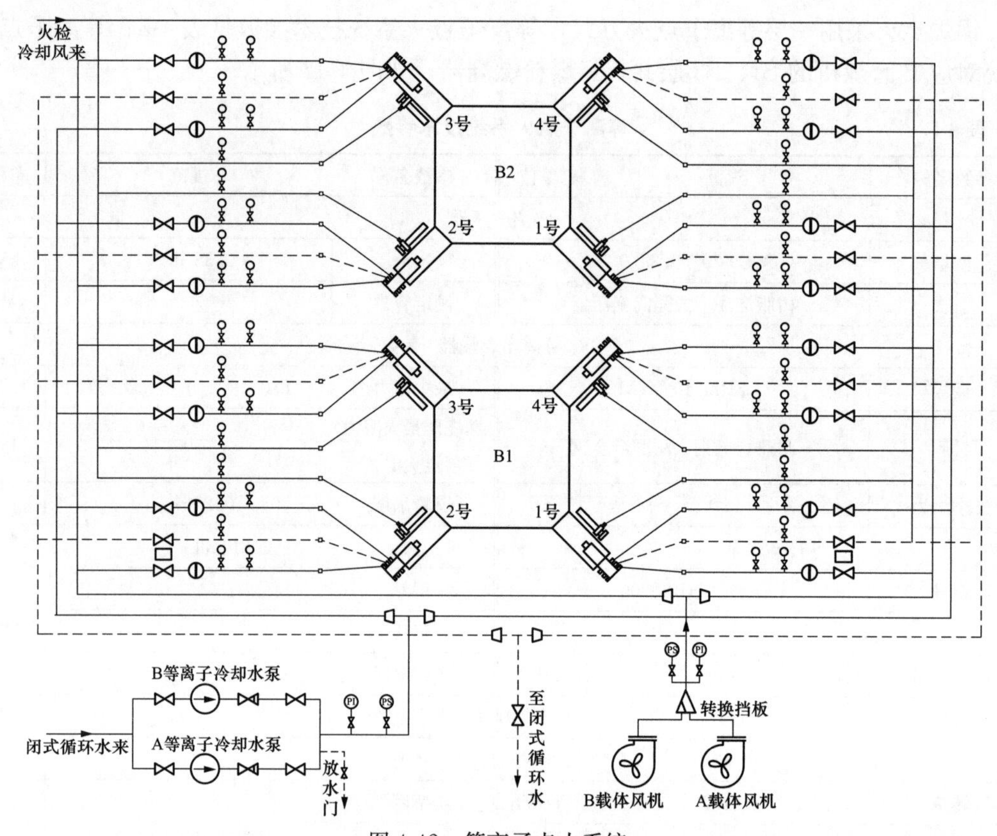

图 4-42　等离子点火系统

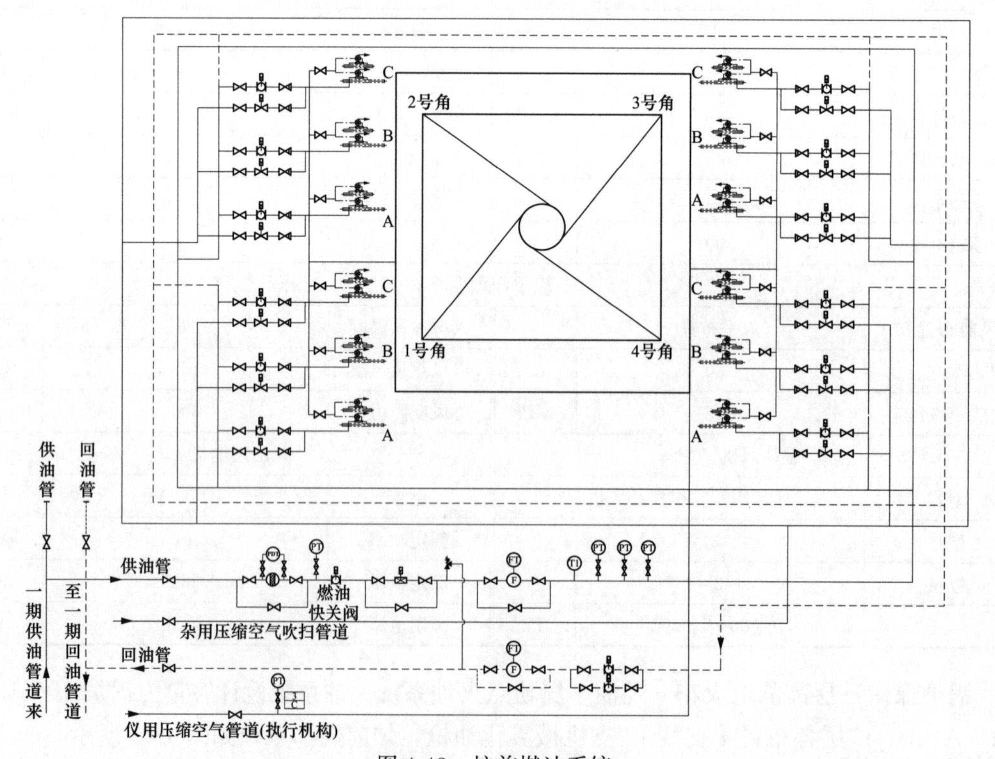

图 4-43　炉前燃油系统

二、燃烧器设计参数与投入方式

燃烧器的主要设计参数和锅炉不同负荷时燃烧器的投入方式分别见表 4-6 和表 4-7。

表 4-6　燃烧器设计参数

<table>
<tr><th>序号</th><th colspan="2">项目</th><th>单位</th><th colspan="2">数值</th></tr>
<tr><td>1</td><td colspan="2">单只煤粉喷嘴输入热</td><td>kJ/h</td><td colspan="2">198.3×10⁶</td></tr>
<tr><td>2</td><td colspan="2">一次风速度（喷口速度）</td><td>m/s</td><td colspan="2">28.6</td></tr>
<tr><td>3</td><td colspan="2">一次风温度</td><td>℃</td><td colspan="2">83</td></tr>
<tr><td>4</td><td colspan="2">一次风率</td><td>%</td><td colspan="2">19.32</td></tr>
<tr><td>5</td><td colspan="2">二次风速度</td><td>m/s</td><td colspan="2">59.5</td></tr>
<tr><td>6</td><td colspan="2">二次风温度</td><td>℃</td><td colspan="2">350</td></tr>
<tr><td rowspan="3">7</td><td rowspan="3">二次风率</td><td>燃尽风</td><td rowspan="3">%</td><td rowspan="3">76.68</td><td>40</td></tr>
<tr><td>周界风</td><td>10</td></tr>
<tr><td>其他二次风</td><td>26.68</td></tr>
<tr><td>8</td><td colspan="2">燃烧器一次风阻力</td><td>kPa</td><td colspan="2">0.6</td></tr>
<tr><td>9</td><td colspan="2">燃烧器二次风阻力</td><td>kPa</td><td colspan="2">1</td></tr>
<tr><td>10</td><td colspan="2">相邻煤粉喷嘴中心距</td><td>mm</td><td colspan="2">1583/1709</td></tr>
</table>

表 4-7　锅炉不同负荷时燃烧器的投入方式（设计煤种）

运行方式	锅炉负荷 MCR
6 磨运行	80%～100%
5 磨运行	60%～100%
4 磨运行	45%～80%
3 磨运行	35%～60%
2 磨运行 （等离子运行/常规油运行）	10%～40%

注　1 台磨运行对应燃烧器二层 8 只煤粉喷嘴投运。

三、二次风挡板控制

（一）控制原则

燃烧器各层二次风门挡板用来调节总二次风量在每层风室中的分配，以保证良好的燃烧工况和指标。二次风门挡板如图 4-44 所示。

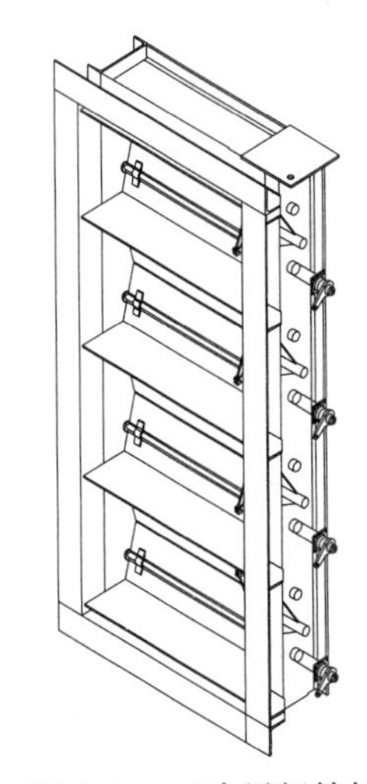
图 4-44　二次风门挡板

二次风门挡板动作是否正常，直接关系到锅炉能否正常运行，因此锅炉安装完毕或每次检修之后，应将炉膛两侧的大风箱内部清理干净，不允许留有碎铁杂物，以免吹入挡板和喷嘴处，造成卡涩。此外，应检查挡板的实际开度与外部指示是否一致，动作是否灵活。如挡板动作失灵，应先将气动执行器解开，分别检查是执行器的问题，还是挡板本身卡涩，从而采取不同的对策。

当风门挡板全关时，挡板结构仍留有10%左右的流通空隙，这是为了避免挡板全关时燃烧器喷嘴过热而被烧坏，所以是正常的保护措施，不应被视为“设计缺陷”而人为地将其堵去。

燃烧器二次风门挡板的控制原则如表 4-8 所示。

表 4-8　　燃烧器二次风门挡板控制原则

代号	名称	炉膛吹扫	点火	单烧煤
UAGP4	高位燃尽风	关	关	开度为总测量空气量的函数
UAGP3	高位燃尽风	关	关	开度为总测量空气量的函数
UAGP2	高位燃尽风	关	关	开度为总测量空气量的函数
UAGP1	高位燃尽风	关	关	开度为总测量空气量的函数
BAGP4	低位燃尽风	关	关	开度为总测量空气量的函数
BAGP3	低位燃尽风	关	关	开度为总测量空气量的函数
BAGP2	低位燃尽风	关	关	开度为总测量空气量的函数
BAGP1	低位燃尽风	关	关	开度为总测量空气量的函数
FF/DD/CC 层	二次风	吹扫位	置为 ΔP 控制	
F1/F2 层煤	燃料风	开度为给煤机 F 转速的函数；给煤机 F 停运 50 秒后则关		
FO 层	二次风	吹扫位	当锅炉负荷小于 30%时，置为 ΔP 控制。负荷大于 30%且 F 磨停则关，否则置为 ΔP 控制	
EF1/EF2 层	二次风	吹扫位	当锅炉负荷小于 30%时，置为 ΔP 控制。负荷大于 30%且 E/F 磨均停则关，否则置为 ΔP 控制	
E1/E2 层煤	燃料风	开度为给煤机 E 转速的函数；给煤机 E 停运 50 秒后则关		
EO 层	二次风	吹扫位	当锅炉负荷小于 30%时，置为 ΔP 控制。负荷大于 30%且 E 磨停则关，否则置为 ΔP 控制	
DE1/DE2 层	二次风	吹扫位	当锅炉负荷小于 30%时，置为 ΔP 控制。负荷大于 30%且 D/E 磨均停则关，否则置为 ΔP 控制	
D1/D2 层煤	燃料风	开度为给煤机 D 转速的函数；给煤机 D 停运 50 秒后则关		
DO 层	二次风	吹扫位	当锅炉负荷小于 30%时，置为 ΔP 控制。负荷大于 30%且 D 磨停则关，否则置为 ΔP 控制	
C1/C2 层煤	燃料风	开度为给煤机 C 转速的函数；给煤机 C 停运 50 秒后则关		
CO 层	二次风	吹扫位	当锅炉负荷小于 30%时，置为 ΔP 控制。负荷大于 30%且 C 磨停则关，否则置为 ΔP 控制	
BC1/BC2 层	二次风	吹扫位	当锅炉负荷小于 30%时，置为 ΔP 控制。负荷大于 30%且 B/C 磨停则关，否则置为 ΔP 控制	
B1/B2 层煤	燃料风	开度为给煤机 B 转速的函数；给煤机 B 停运 50 秒后则关		
BO 层	二次风	吹扫位	当锅炉负荷小于 30%时，置为 ΔP 控制。负荷大于 30%且 B 磨停则关，否则置为 ΔP 控制	

续表

代号	名称	炉膛吹扫	点火	单烧煤
AB1/AB2 层	二次风	吹扫位	当锅炉负荷小于 30%时，置为 ΔP 控制。负荷大于 30%且 A/B 磨均停则关，否则置为 ΔP 控制	
A1/A2 层煤	燃料风	开度为给煤机 A 转速的函数；给煤机 A 停运 50 秒后则关		
AO	二次风	吹扫位	当锅炉负荷小于 30%时，置为 ΔP 控制。负荷大于 30%且 A 磨停则关，否则置为 ΔP 控制	
AA 层	二次风	吹扫位	当锅炉负荷大于 30%且 A 磨停则关，否则开度为给煤机 A 转速的函数，按照实际运行经验尽量开大	

（二）函数关系

1. 燃料风挡板与 AA 层二次风挡板

A1、A2 层、B1、B2 层、C1、C2 层、D1、D2 层、E1、E2 层、F1、F2 层燃料风挡板的开度，按运行或停运函数关系分别控制。

运行时的开度是本层给煤机转速的函数，以调节一次风气流着火点；另外，AA 层二次风挡板也是给煤机 A 转速的函数。

为了防止煤粉喷嘴烧坏，在保证正常着火点的前提下，燃料风挡板开度应该按照表 4-9 中的数据执行，尽量开大。因为本工程采用空气分级低 NO_x 燃烧系统，燃料风占二次风的比例相对较低，如果燃料风挡板开度过小，容易造成喷嘴烧坏。

表 4-9　投运煤粉喷嘴燃料风挡板开度与给煤机转速的函数关系

燃料风挡板开度（%）	10	10	100	100	100
给煤机转速（%）	0	50	80	100	105

为了保护停运燃烧器不过热烧坏，停运燃烧器挡板开度应随锅炉总空气流量的改变而作相应的调整，停运燃烧器挡板开度与总空气测量流量间的函数关系见表 4-10。

表 4-10　停运燃烧器挡板开度与总空气测量流量间的函数关系

停运燃烧器挡板开度（%）	0	20	20	20	25	25
总空气测量流量（%BMCR）	0	50	60	70	80	105

2. 二次风挡板

AO、AB1、AB2、BO、BC1、BC2、CO、CC、DD、DO、DE1、DE2、EO、EF1、EF2、FO、FF 层二次风挡板的开度，用燃烧器大风箱与炉膛出口压差 ΔP 来控制，该压差是总空气测量流量的函数。

二次风挡板的开度调节应按照燃烧器大风箱/炉膛出口压差（ΔP）的函数关系（表 4-11），其中，燃烧器大风箱压力取值为主燃烧器四角四个压力测点测量值的平均值。

表 4-11　总空气测量流量与燃烧器大风箱/炉膛出口压差（ΔP）的函数关系

压差（Pa）	380.8	381	635	1016	1016
总空气测量流量（%BMCR）	0	30	50	60	105

3. 燃尽风挡板

燃尽风的二次风挡板是锅炉总空气流量的函数（表 4-12），主要用于控制锅炉 NO_x 排放。

表 4-12　　总空气测量流量与燃尽风间的函数关系

BAGP1 挡板开度	0	0	20	100	100
总空气测量流量（%BMCR）	0	40	47	52.5	105
BAGP2 挡板开度（%）	0	0	80	100	100
总空气测量流量（%BMCR）	0	47	54	60	105
BAGP3 挡板开度（%）	0	0	80	100	100
总空气测量流量（%BMCR）	0	54	60	67.5	105
BAGP3 挡板开度（%）	0	0	80	100	100
总空气测量流量（%BMCR）	0	60	67	72.5	105
UAGP1 挡板开度（%）	0	0	80	100	100
总空气测量流量（%BMCR）	0	67	74	76.5	105
UAGP2 挡板开度（%）	0	0	80	100	100
总空气测量流量（%BMCR）	0	74	80	82.5	105
UAGP3 挡板开度（%）	0	0	80	100	100
总空气测量流量（%BMCR）	0	80	86	88.5	105
UAGP4 挡板开度（%）	0	0	80	100	100
总空气测量流量（%BMCR）	0	86	92.5	95	105

四、燃烧器结构特点

1. 煤粉喷嘴

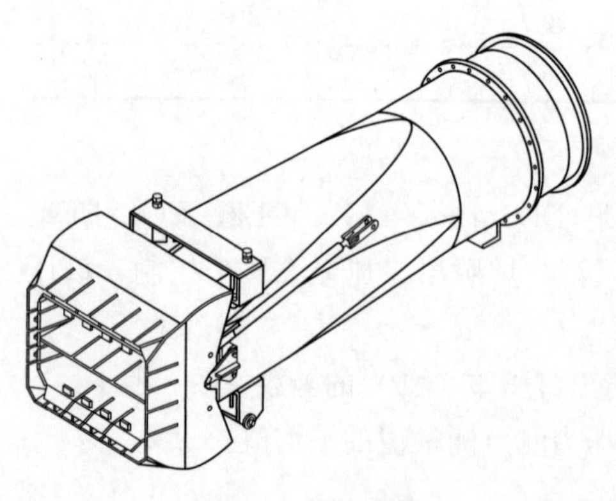

图 4-45　煤粉喷嘴

煤粉喷嘴由喷管与喷嘴两部分组成（图 4-45），同处于燃烧器箱壳的煤粉风室中。煤粉喷嘴通过在喷嘴出口的上下两端布置稳燃齿，使挥发分在富燃料的气氛下快速着火，保持火焰稳定，从而有效降低 NO_x 的生成，延长焦炭的燃烧时间。

煤粉喷嘴用销轴与煤粉喷管装成一体，故更换喷嘴必须将整个煤粉喷管从燃烧器箱壳中抽出才能进行。

2. 二次风喷嘴

二次风喷嘴包含直吹二次风喷嘴（图 4-46）、偏置二次风喷嘴（图 4-47）以及燃尽风喷嘴（图 4-48）。

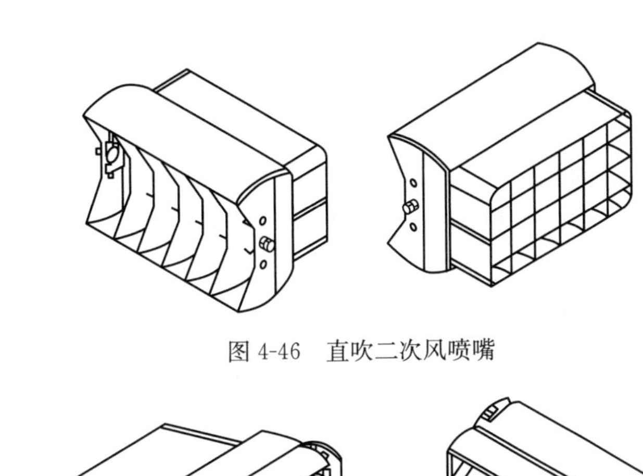

图 4-46　直吹二次风喷嘴

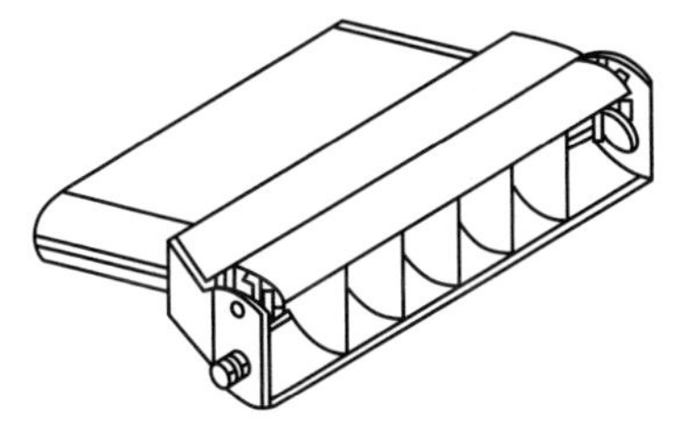

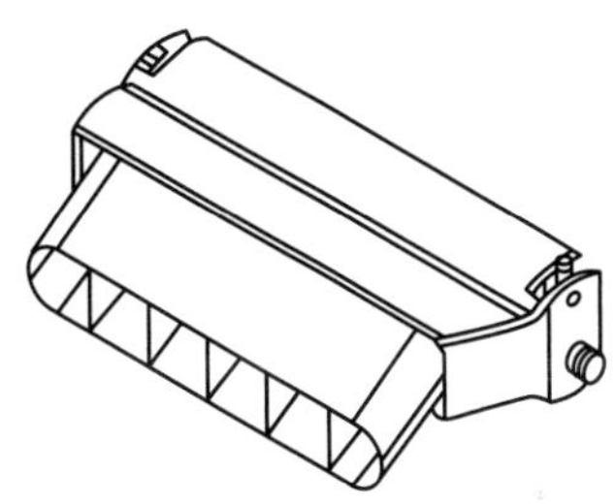

图 4-47　偏置二次风喷嘴

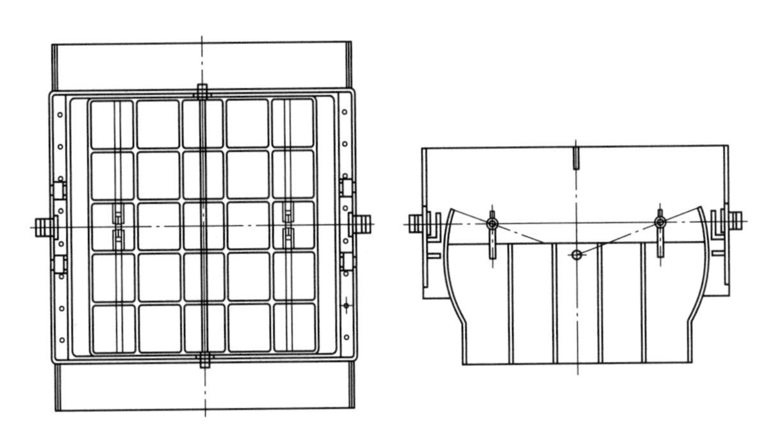

图 4-48　燃尽风喷嘴

3. 端部风喷嘴

在每组主燃烧器上部和下部均设计有端部二次风，端部二次风可以保证两组主燃烧器自成一个完整的整体，有效的调整两组主燃烧器的燃烧配风，同时尽量包裹相邻层的煤粉火焰，防止煤粉火焰刷墙，以及由此引起的结焦和高温腐蚀。

下组主燃烧器的最下部的端部二次风采用增大的二次风风量设计，通入比较多的下部空气，以降低大渣含碳量。

4. 燃尽风喷嘴

炉膛出口烟温偏差是炉膛内的流场造成的。通过对目前运行的燃煤机组烟气温度和速度数据分析发现，在炉膛垂直出口断面处的烟气流速对烟温偏差的影响要比烟温的影响大得多。因此，烟温偏差是一个空气动力现象。

炉膛出口烟温偏差与旋流指数之间存在着联系。该旋流指数代表着燃烧产物烟气离开炉膛出口截面时的切向动量与轴向动量之比（较高的旋流指数意味着较快的旋流速度）。旋流值可以通过一系列手段减小，诸如减小气流入射角，布置低位燃尽风喷嘴和高位燃尽风喷嘴，燃尽风反切一定角度，以及增加从燃烧器区域至炉膛出口的距离等，使进入燃烧器上部区域气流的旋转强度得到减弱乃至被消除。高位燃尽风和低位燃尽风的水平调整对燃烧效率也有影响，要通过燃烧调整得到一个最佳的角度。

图 4-49 表示了可水平调整摆角的燃尽风喷嘴设计，摆角可水平调整－25°～＋25°。

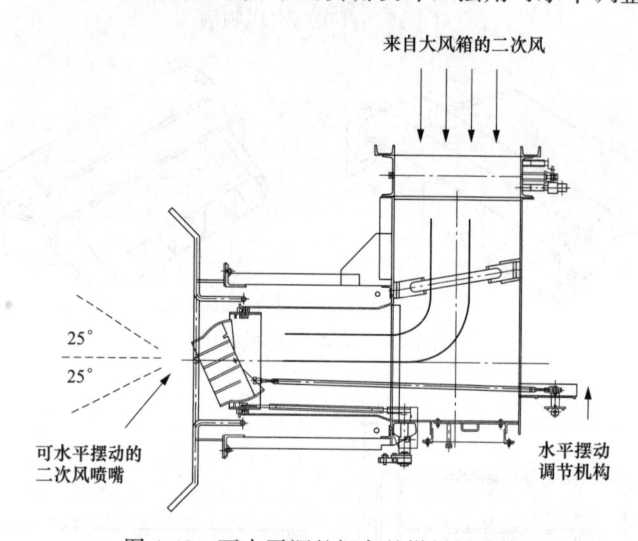

图 4-49　可水平调整摆角的燃尽风喷嘴

1、3 号角燃尽风喷嘴水平调整：当调节摇臂从 0 位向“＋”方向转动时，也就是向炉外方向拉出时，表示燃尽风喷嘴与燃烧器的安装中心线的夹角由 0°逐步增加，而且增加的方向与火球旋转方向相同，反之则相反。

2、4 号角燃尽风喷嘴水平调整：当调节摇臂从 0 位向“＋”方向转动时，也就是向炉内方向推进时，表示燃尽风喷嘴与燃烧器安装中心线的夹角由 0°逐步增加，而且增加的方向与火球旋转方向相同，反之则相反。

5. 燃烧器与煤粉管道的连接

由于煤粉管道的设计对燃烧器有一定的影响，要求在连接至燃烧器入口弯头的煤粉管道上采用恒力弹簧吊架支吊，不允许煤粉管道的重量传递到燃烧器的一次风管上。

安装在煤粉管道上的煤闸门，在检修时可以起到隔断的作用。

6. 箱壳

箱壳的作用主要是将燃烧器的各个喷嘴固定在需要的位置，并将来自大风箱的二次风通过喷嘴送入炉膛。同时，箱壳也是喷嘴摆动传动系统的基座。整个燃烧器与锅炉的连接是通过箱壳与水冷套的连接来实现的，由于水冷壁管温度与箱壳内的热风温度不等，尤其是在升炉和停炉过程中各自的温度变化差异较大，在箱壳与水冷壁之间会产生相对位移。为了避免应力过大，造成水管和箱壳损坏，只有连接法兰中部的螺栓是完全紧固的，上部与下部的连接螺栓均保留有 1/4～1/2 圈的松弛，燃烧器法兰上这部分螺孔又做成长圆孔，允许箱壳与水冷套之间有一定的胀差。

为了便于维修人员进入箱壳检查，箱壳各风室的侧面均设置了检查门盖。箱壳是薄壳结构，壳板厚度仅10mm，为了具有足够的刚性，在风室之间设置了斜拉撑。箱壳的变形对燃烧器的正常工作影响很大，运行过程中应予以足够的关注，经常检查。

7. 护板及护板框架

燃烧器在检修门孔处和一次风室连接法兰处安装了外护板及护板框架，便于将来工地检修时拆卸。

在燃烧器箱壳上，除了侧边的检查门盖外，还有后部与一次风喷管及油燃烧器装置相连的内护板，都用螺栓盖在箱壳开孔处。

检查门盖的保温层，用螺栓装在护板框架上，在打开检查门盖或拆卸内护板前，须先将其外护板及保温层拆下。

检查门盖及内护板与箱壳壁板之间具有相同的温度，不存在胀差的问题；由于外护板的温度接近环境温度，故它与其框架的结构必须考虑与燃烧器箱壳之间的胀差。燃烧器的检修维护必须记住这一点，避免因胀差得不到补偿而损害设备。

五、燃烧系统设计特点

1. 空气分级低 NO_x 切向燃烧系统

空气分级低 NO_x 切向燃烧系统在降低 NO_x 排放的同时，着重考虑提高锅炉不投油低负荷稳燃能力和燃烧效率。通过技术的不断更新，该燃烧系统在防止炉内结渣、高温腐蚀和降低炉膛出口烟温偏差等方面，同样具有独特的效果。

（1）具有优异的不投油低负荷稳燃能力。空气分级低 NO_x 燃烧系统设计的理念之一是建立煤粉早期着火，本工程设计采用了快速着火煤粉喷嘴，这样就能大大提高锅炉的低负荷稳燃能力，同时具有很强的煤种适应性。根据设计、校核煤种的着火特性，选用快速着火煤粉喷嘴，在煤种允许的变化范围内可以确保煤粉及时着火、稳燃，燃烧器状态良好，并不被烧坏。

（2）具有良好的煤粉燃尽特性。空气分级低 NO_x 燃烧系统具有良好的煤粉燃尽特性。煤粉的早期着火提高了燃烧效率。通过在炉膛的不同高度布置BAGP和UAGP，将炉膛分成五个相对独立的部分：初始燃烧区，NO_x 还原区1和燃料燃尽区1，NO_x 还原区2和燃料燃尽区2。在每个区域的过量空气系数由三个因素控制：总的AGP风量，BAGP和UAGP风量的分配以及总的过量空气系数。这种改进的空气分级方法通过优化每个区域的过量空气系数，在有效降低 NO_x 排放的同时能最大限度地提高燃烧效率。

采用可水平摆动的BAGP以及UAGP设计，能有效调整两级燃尽风和烟气的混合过程，降低飞灰含碳量和一氧化碳（CO）含量。

另外，在下组主燃烧器最下部采用比较大的风量的端部风喷嘴设计，通入部分空气，以降低大渣含碳量。这样的设计对 NO_x 的控制没有不利影响。

（3）有效防止炉内结渣和高温腐蚀。空气分级低 NO_x 燃烧系统采用预置水平偏角的辅助风喷嘴设计，把火球裹在炉膛中心区域，而燃烧区域上部及四周的水冷壁附近形成富空气区，能有效防止炉内沾污、结渣和高温腐蚀。

（4）降低炉膛出口烟温偏差。采用可水平摆动调节的高位和低位燃尽风喷嘴设计，调整减小切向燃煤机组炉膛出口气流的残余旋转，达到降低炉膛出口烟温偏差的目的。

2. 对冲同心正反切圆燃烧设计

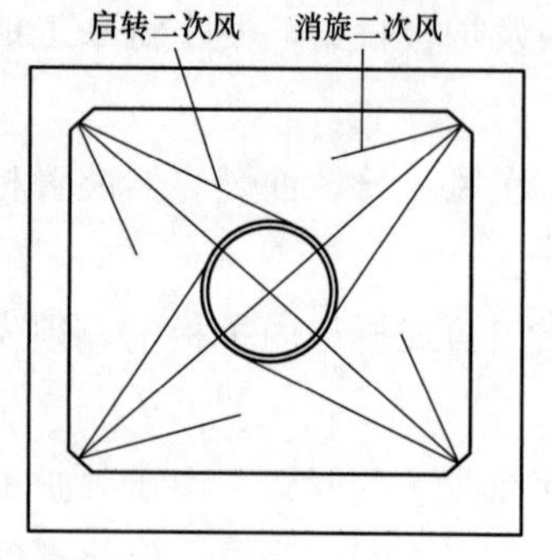

图 4-50　对冲同心正反切圆燃烧系统示意图

锅炉采用对冲同心正反切圆燃烧系统，它用二次风偏置角的概念代替了传统假想切圆的概念，也即一次风（包括周界风）的假想风切圆直径接近于 0，主燃烧器风箱的辅助风形成正切的假想切圆，实现起旋的作用，而紧凑燃尽风和分离燃尽风形成反切的假想切圆，实现消旋的作用。对冲同心正反切圆燃烧系统示意图如图 4-50 所示。

本燃烧系统中，偏置二次风气流实现了水平方向空气分级，在初始燃烧阶段推迟了空气和煤粉的混合，减少了 NO_x 的形成。由于一次风煤粉气流被偏转的二次风气流裹在炉膛中央，形成富燃料区，在燃烧区域及上部四周水冷壁附近则形成富空气区，这样的空气动力场结构减少了灰渣在水冷壁上的沉积，并使灰渣疏松，减少了墙式吹灰器的使用频率，提高了下部炉膛的吸热量。水冷壁附近氧量的提高也降低了水冷壁高温腐蚀的倾向。

3. 防止炉内结渣以及高温腐蚀

针对本工程设计煤种具有中等沾污特性、中等结渣倾向、严重磨损特性，为防止炉内结渣本工程采用的主要措施有：

（1）组织良好炉膛空气动力场，防止火焰直接冲刷水冷壁。

（2）采用较大的炉膛截面尺寸，合适的炉膛热力参数。

（3）对冲同心正反切圆燃烧系统设计，一次风煤粉指向炉膛中心，假想切圆直径为零，燃烧切圆控制尽量小，防止煤粉气流冲刷水冷壁形成高温结渣氛围。

（4）部分辅助风以较大的偏置角送入炉膛，同时保证有较高穿透力的流速，提高燃烧区域内水冷壁壁面的含氧量。

（5）12 层煤粉喷嘴分 2 组布置，燃烧器各层一次风间距较大，降低了燃烧器区域壁面热负荷。

（6）两级燃尽风的布置优化炉膛燃烧区域的空气动力场，使燃烧火球在垂直方向相对拉伸，更有效地降低了燃烧器区域壁面热负荷，防止燃烧区域温度过高。

（7）采用快速着火煤粉喷嘴，与偏置辅助风共同形成了“风包粉”的平面流场，可以有效地防止炉内结渣和高温腐蚀。

4. 降低 NO_x 的排放浓度

本工程燃烧器的设计、布置考虑降低 NO_x 的排放浓度不超过 150mg/m^3（O_2＝6％）的措施有：

（1）对冲同心正反切圆燃烧系统的设计。

(2) 燃烧器分组布置。

(3) 采用两级燃尽风实现对燃烧区域过量空气系数的多级控制。

(4) 偏置辅助风和两级燃尽风形成的燃烧区域水平方向的空气分级。

(5) 快速着火煤粉喷嘴的设计。

5. 实现低负荷稳燃

本工程燃烧器的设计、布置考虑实现不投油最低稳燃负荷的措施有:

(1) 快速着火煤粉喷嘴设计。

(2) 低负荷时相邻两层煤粉喷嘴投入运行。

(3) 煤粉细度达到设计值。

需要指出的是,为保证燃烧器的正常摆动,要求在燃烧器安装过程中(起吊就位后),必须在现场进行喷嘴角度的重新调整,并参加冷态摆动的试运转。燃烧器每次检修以后,也应调整喷嘴的实际角度并进行冷态试运转。

第五章　锅炉烟风系统

锅炉烟风系统由烟气系统和空气系统两部分组成，是锅炉重要的辅助系统。该系统连续不断地给锅炉燃烧提供空气，并按燃烧的要求分配风量，同时使燃烧生成的含尘烟气流经各受热面和烟气净化装置后，由烟囱及时地排至大气。

第一节　锅炉烟风系统流程

一、概述

锅炉烟风系统按平衡通风设计，烟气侧的所有部件设计在负压运行，空气侧的所有系统部件设计在正压运行。平衡通风方式使炉膛和烟道的漏风量不会太大，保证锅炉较高的经济性，并防止炉内高温烟气外冒，保障运行人员的安全。

大型超（超）临界机组的锅炉烟风系统示意图如图 5-1 所示，其主要设备是：风机和空气预热器，即 2 台动叶可调轴流式一次风机，2 台动叶可调轴流式送风机，2 台静叶可调轴流式引风机和 2 台回转式空气预热器。

一次风机和送风机将空气送往两台空气预热器，锅炉的热烟气将其热量传给空气。热一次风与部分冷一次风混合后进入磨煤机，然后通过煤粉燃烧器喷入炉膛；热二次风进入燃烧器风箱，然后通过二次风调节挡板经煤粉燃烧器喷入炉膛。在引风机的作用下，煤粉燃烧产生的热烟气流过各锅炉受热面后，经两个烟道进入空气预热器，然后流经电除尘器和脱硫塔，最后通过烟囱排向大气。

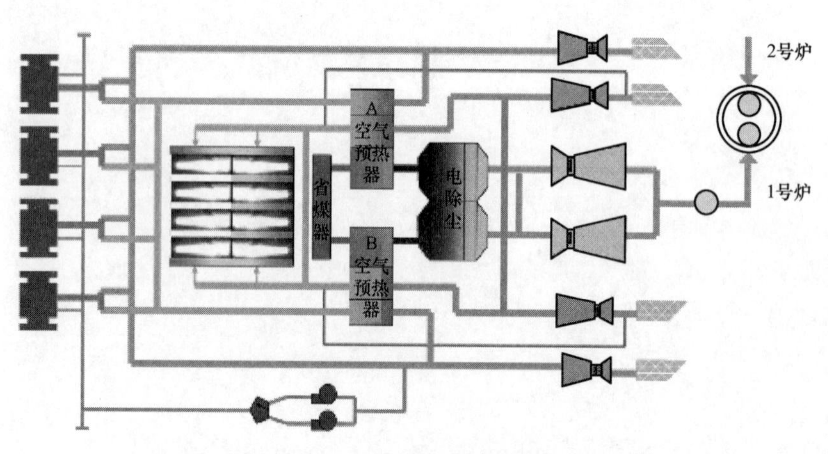

图 5-1　锅炉烟风系统示意图

二、瑞金电厂二期锅炉烟风系统

瑞金电厂二期锅炉烟风系统如图 5-2 所示。其中，烟气系统包括烟道系统和烟气再循环系统，空气系统包括一次风温系统、二次风系统、密封风系统、火焰检测冷却风系统、冷炉制粉热风系统等。

系统主设备是 2×50％四分仓回转式空气预热器，2×50％双级动叶可调轴流式引风机，2×50％单级动叶可调轴流式送风机，2×50％单级动叶可调轴流式一次风机，2×100％离心式高温烟气再循环风机。

在空气预热器一次风、二次风入口风道上设置暖风器，利用锅炉排烟热量将冷一次风温和冷二次风温分别加热至 70℃左右，不设热风再循环管道。

（一）烟气系统

1. 烟道系统

在引风机的作用下，炉膛热烟气向上垂直流过炉膛上方布置的过热器、再热器和主省煤器受热面，通过一台 SCR 脱硝装置进一步降低 NO_x 排量，流经分级省煤器后分 3 路：80％烟气分别进入两台空气预热器烟气仓，在空气预热器中利用烟气热量使一、二次风得到加热；15％烟气进入空气预热器旁路烟道，烟道内布置高压和低压省煤器；5％烟气进入旁路烟道蒸发单元实现脱硫废水零排放。3 路烟气在空气预热器出口烟道混合，通过低低温省煤器、静电除尘器、引风机和 WFGD 后经烟囱排向大气。

本工程在锅炉上部的对流烟井隔墙上方设置隔板，隔墙和隔板作为一体把炉膛上部（低温再热器起至炉膛出口）分隔为两个烟道，前烟道布置一次低温再热器，后烟道布置二次低温再热器，通过调节挡板可以调节前后烟道的烟气量。

每台锅炉设置 2 台 50％容量的动叶可调轴流式引风机，风量裕量按设计煤种取 10％，另加 15℃温度裕量，压头裕量取 20％。

为使单台引风机故障时，静电除尘器不退出运行，在两台静电除尘器出口烟道上，设有联络烟道及电动隔离风门。正常运行时，联络烟道也起平衡烟气压力的作用。

在引风机出口装有严密的挡板风门，作隔离用。

2. 烟气再循环系统

烟气再循环调温的原理是利用锅炉尾部的部分冷烟气（分级省煤器后烟气），通过再循环风机从炉膛下部送入，降低炉内的燃烧温度，以降低炉膛的辐射换热量，使带入对流受热面的热量升高，同时增大对流受热面的烟气流速，提高对流换热系数，从而最终改变锅炉辐射与对流受热面的吸热量比例，达到调节汽温的目的。

炉膛温度随再循环烟气量增加而降低，使辐射吸热量减少，但炉膛出口的烟气温度变化不大，而对流受热面的吸热量却随烟气量增加而增加。

本工程烟气再循环系统的流程如下：从分级省煤器后、空气预热器前的左右侧烟道各抽一路烟气，两路烟气在中心合并，而后向下至再循环烟气混合室，再接入混合室下方锅炉左右侧所设置的各一台离心式再循环风机。风机进、出口设置关闭挡板，风机出口送入锅炉左右侧各一路烟道最终送入水冷壁冷灰斗上沿下，从左右侧墙喷入炉膛。左侧风机对应左侧 8 个喷口，右侧风机对应右侧 8 个喷口，左右侧风机出口风道之间设置联络风道。

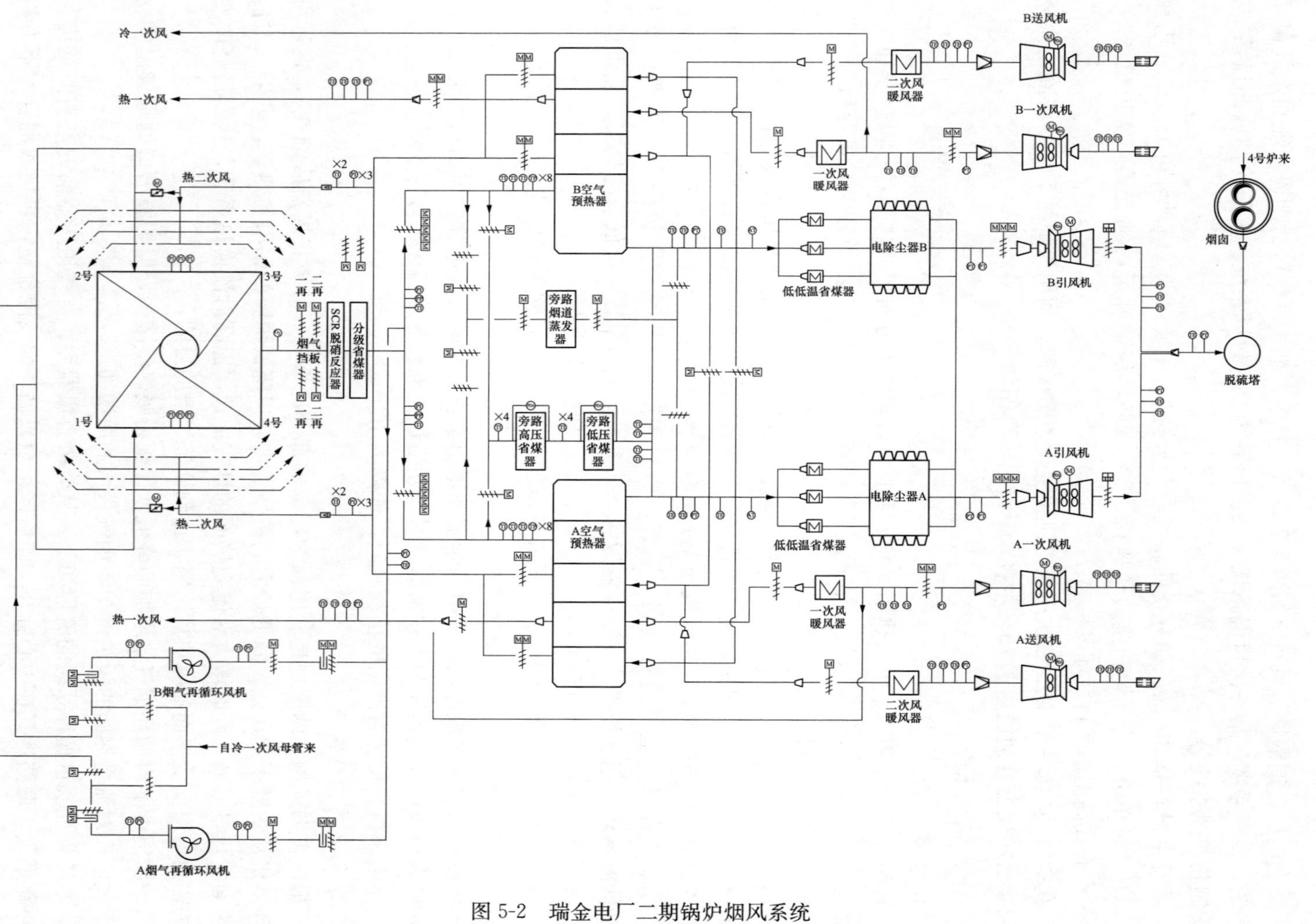

图 5-2 瑞金电厂二期锅炉烟风系统

风机后设备密封采用冷二次风作为气源。

为使锅炉再循环风机停运时，其后的再循环烟道具有较好的安全性，采用热二次风作为烟道冷却风，布置于锅炉两侧再循环烟气支管上，用以冷却相应的烟道与冷灰斗处喷口。

烟气再循环风机布置示意图如图5-3所示。

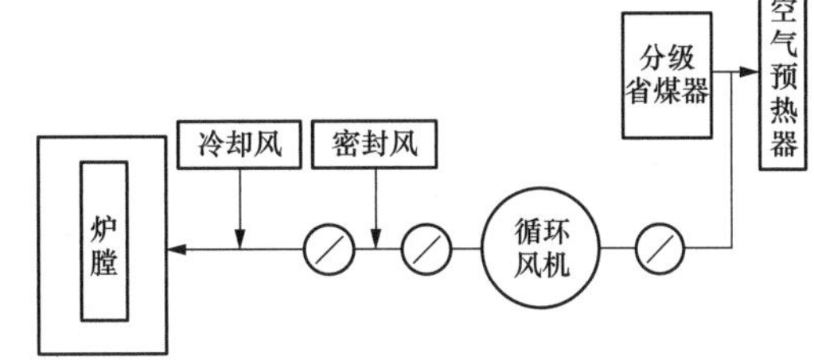

图5-3　烟气再循环风机布置示意图

（二）空气系统

1. 一次风系统

一次风系统主要提供磨煤机原煤干燥和煤粉输送所需的热风、磨煤机调温风（冷风）、磨煤机（经密封风机升压后接入）及给煤机的密封风。磨煤机调温风直接从一次风机出口引出，与热一次风在每台磨煤机进风口前混合，以保证煤在磨煤机内适度干燥，同时避免煤粉在磨煤机或送粉管道中燃烧。

每台锅炉设置2台50%容量的动叶可调轴流式一次风机。一次风机的风量裕量取20%，另加温度裕量，按夏季通风室外计算温度41.2℃确定，压头裕量取20%。轴流一次风机采用入口消音器及本体隔音包覆来降低噪声。

空气预热器出口的热一次风和调温用冷一次风均设置母管。

2. 二次风系统

二次风系统提供锅炉燃烧所需的空气。二次风冷风经送风机升压后进入四分仓空气预热器，经空气预热器加热后的热二次风进入锅炉的二次风大风箱。

每台锅炉设置2台50%容量的动叶可调轴流式送风机。送风机的风量裕量为5%，另加温度裕量，按夏季通风室外（41.2℃）计算温度，并不小于BMCR工况的风量，压头裕量取15%。轴流送风机采用入口消音器及本体隔音包覆来降低噪声。

为使两台风机出口风压平衡，在风机出口关断门后，设有联络风道和电动隔离风门。

3. 密封风系统

密封风系统提供磨煤机、给煤机以及磨煤机出口阀的密封风，防止煤粉外漏。

为了充分利用冷一次风的风压，磨煤机密封风从一次风机出口的母管上引出接入密封风机进口，经增压后进入各台磨煤机的密封风接口。磨煤机密封系统采用每台锅炉配两台容量各为100%的离心式密封风机，其中一台运行，一台备用。密封风机的风量裕量不低于10%，另加稳定裕量，压头裕量不低于20%。密封风机由磨煤机制造厂配套供应。

给煤机、磨煤机出口阀的密封风从一次风机出口的母管上引出，接入给煤机密封风母管后再接入各给煤机、磨煤机出口阀的密封风接口。

4. 火焰检测冷却风系统

火焰检测冷却风系统向炉膛电视摄像机、泄漏探测器、导管和火焰监测器提供冷却风和清扫风。

正常运行时，每台锅炉的火检冷却风由冷一次风提供，另设置一台容量为100%容量的火检冷却风机作为备用。火检冷却风机采用就地吸风方式，冷却风机及系统由FSSS的火检系统配套。

5. 冷炉制粉热风系统

冷炉制粉热风系统在锅炉冷炉点火时向B磨煤机提供磨煤热风。

暖风器的风源是从空气预热器出口热一次风母管上引出，接入暖风器进口，经加热后接入 B 磨煤机的热风接口。

暖风器的热源从辅助蒸汽母管上引来，其疏水接至集水箱。

（三）烟温测量与四管泄漏检测

1. 红外烟温测量装置

锅炉红外烟温测量装置型号为 IV2000VA6FSG06SSSC，可监测 121～1650℃烟气温度。锅炉红外烟温测量装置布置在炉膛出口左右侧，高温过热器出口左右侧，一、二次低温再热器进口右侧，一、二次低温再热器出口右侧，共 8 套。

2. 四管泄漏检测装置

锅炉设置泄漏检测装置监视省煤器、水冷壁、过热器、再热器运行情况，分左右墙平均布置，共 12 层 48 个测点。锅炉四管泄漏装置位置如图 5-4 所示。

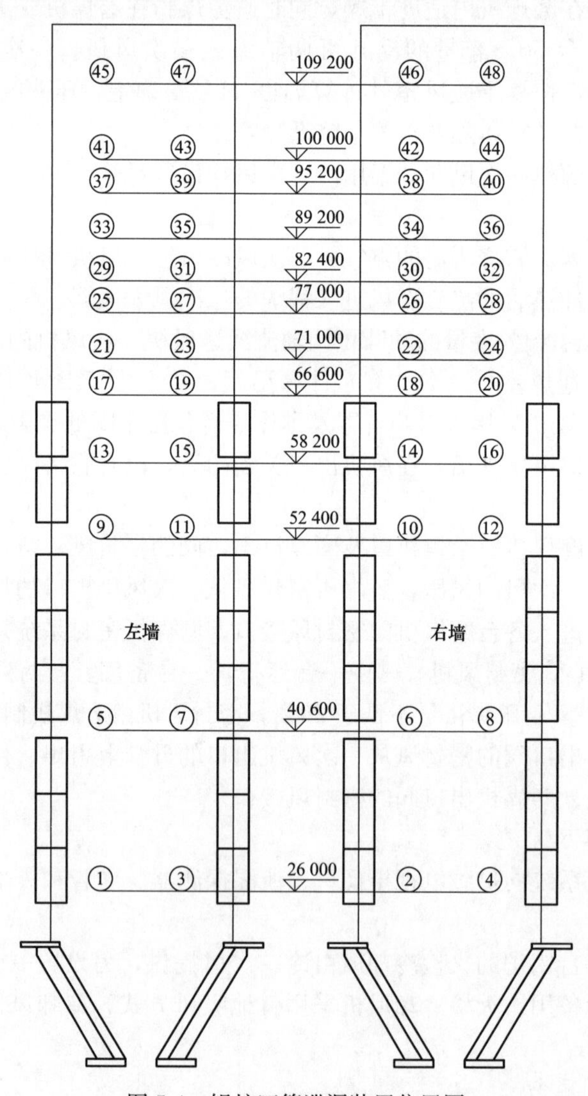

图 5-4　锅炉四管泄漏装置位置图

第二节　空气预热器

一、空气预热器的作用与分类

空气预热器（简称空预器）是利用锅炉尾部烟气热量来加热煤粉及其燃烧所需空气的热交换设备。它利用了烟气余热，使排烟温度降低，提高了锅炉热效率。同时，被加热的空气减少了着火所需热量，强化了着火和燃烧过程，减少了燃料燃烧的不完全燃烧热损失，使锅炉热效率进一步得到提高。空气预热器已成为现代大型火电厂锅炉中必不可少的主要设备之一。

空气预热器按其换热方式，可分为传热式和蓄热式（再生式）两大类。其中，传热式是指空气和烟气各有自己的通路，热量连续地通过传热面由烟气传给空气；蓄热式是烟气和空气交替通过受热面，当烟气通过此受热面时，受热面金属被加热而将热量蓄积起来，当空气通过时，金属将热量释放并加热空气，这样反复交替，故又称为再生式空气预热器。

现代电站锅炉中，最常用的传热式空气预热器是管式空气预热器；蓄热式的是回转式空气预热器。其中，管式空气预热器可分为立式（烟气在管中流过）和卧式（烟气在管外流过）两种，回转式空气预热器可分为受热面旋转（容克式）和风罩旋转（罗特缪勒式）两种。如图5-5所示。

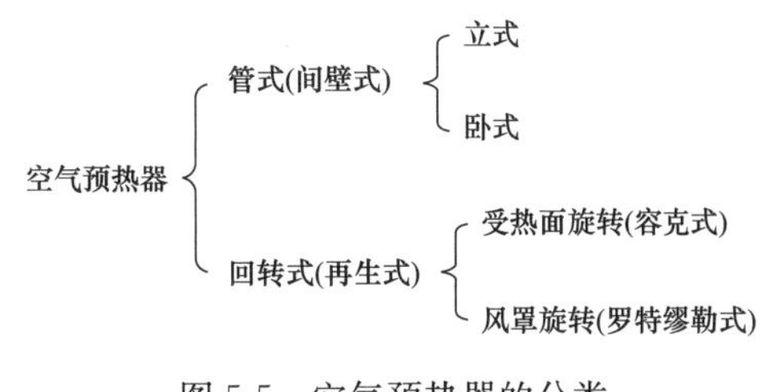

图5-5　空气预热器的分类

大型火电厂锅炉常采用回转式空气预热器。与管式空气预热器相比，回转式空气预热器具有结构紧凑、节省钢材、耐腐蚀性好和受热面受到磨损和腐蚀时不增加空气预热器的漏风量等优点。这是因为，在相同体积内，回转式空气预热器可布置的受热面面积是管式空气预热器面积的6～8倍，而且采用的是比管式管壁更薄的波形钢板。在相同烟温条件下，回转式空气预热器受热面的壁温比管式的高，而且可以采用耐腐蚀材料，因此，腐蚀相对较轻。回转式空气预热器最大的缺点是漏风量较大及对密封结构要求较高。

本节仅介绍与瑞金电厂二期锅炉相关的受热面回转（容克式）空气预热器。

二、容克式空气预热器

（一）空气预热器结构

容克式空气预热器的结构如图5-6所示。它是由圆筒形转子、固定的圆筒形外壳及传动装置、密封装置等组成。

转子是装载传热元件并能旋转的圆柱形部件，主要包括轴、中心筒、外圆筒、隔板和传热元件等。中心筒与外圆筒之间从上到下用隔板沿径向以转子圆心角15°或30°等分成24或12个互不相通的独立扇形部分，每个扇形部分再用切向隔板分隔成若干个扇形仓格，

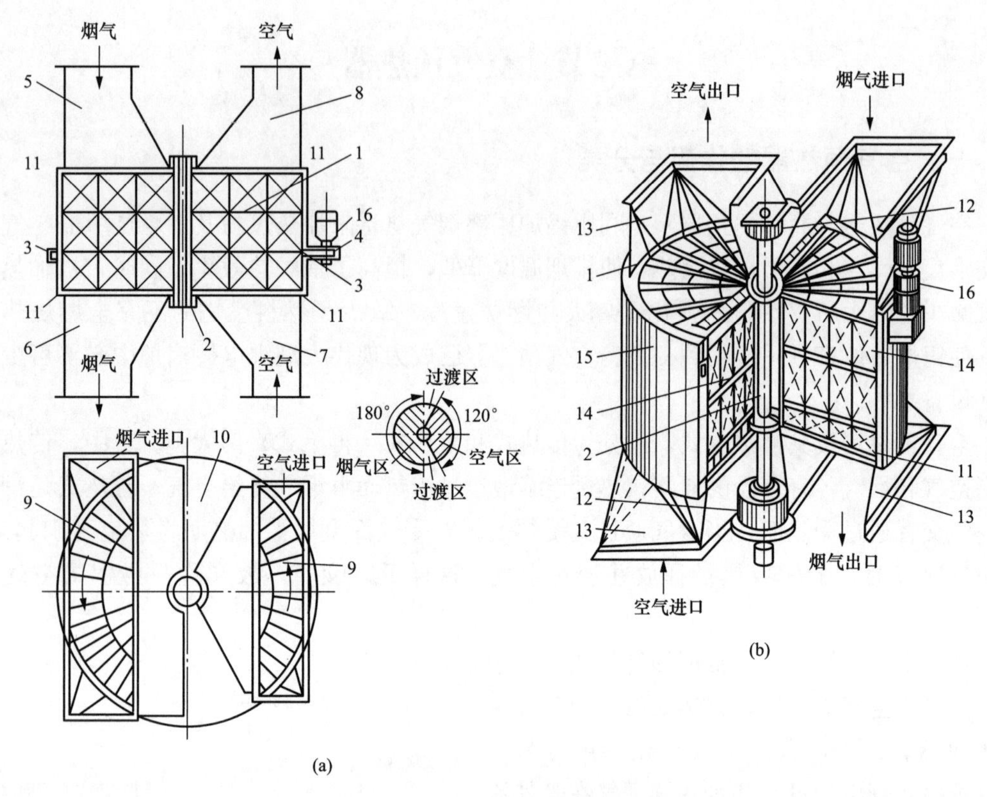

图 5-6　容克式空气预热器的结构

(a) 剖面图；(b) 立体示意图

1—转子；2—轴；3—环形长齿条；4—主动齿轮；5—烟气入口；6—烟气出口；7—空气入口；8—空气出口；9—径向隔板；10—过渡区；11—密封装置；12—轴承；13—管道接头；14—受热面；15—外壳；16—电动机

仓格内装满了厚度为 0.5～1.25mm 的波浪形薄钢板和固定板传热元件。波浪形薄钢板和定位板间隔放置，以保持烟气和空气流通间隙及均匀流速，空气预热器的波纹板如图 5-7 所示。为了提高换热效果，波纹板的斜纹方向应与气流方向呈 30°角，且两板的波纹顺向相同。

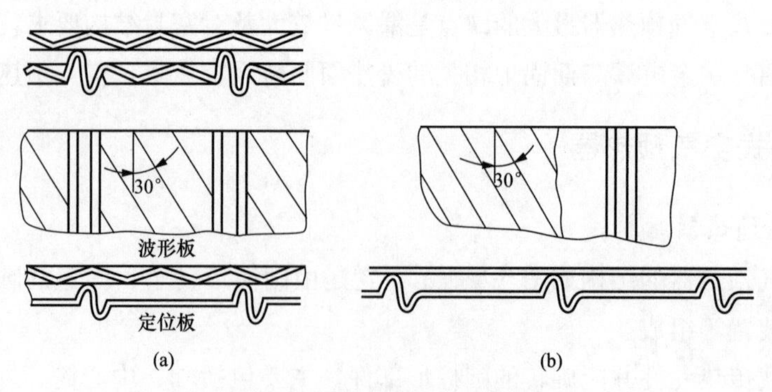

图 5-7　空气预热器的波纹板

(a) 高温段波形板；(b) 低温段波形板

每个仓格又分若干层，由于冷、热端的低温腐蚀状况不同，设计中可采用不同的板型。为了防止低温段积灰和堵灰，还可将波形板的波形放大，定位板则采用平板结构。

一般蓄热板分三层安装。最上部一层称为热端，中间一般也称为中间热端，最下部一层称为冷端。冷端由于烟气温度较低，容易发生低温腐蚀和黏聚性积灰。现代大容量锅炉的回转式空气预热器上、中两部分采用厚度 0.6mm 普通钢板制造的波形板；而下部则采用厚度为 1.2mm 的耐腐蚀钢板或其他耐磨蚀材料制造的蓄热板。

中心筒的上、下端分别与导向端轴和支承端轴连接，转子的重量通过下部端轴支承在下方的推力向心球面滚柱轴承上，上部端轴通过滚子轴承进行导向定位。润滑油循环系统对支承轴承和导向轴承进行润滑，系统中设有冷却器、滤网等。

外壳一般由圆形或多边形筒体、上下端板、上下扇形板组成。外壳上端板、下端板与转子之间有扇形隔板相隔，将转子上、下部空间分为两部分，同时，外壳上、下端板上各有两个连接方箱，一个与烟道连接，另一个与风道连接，因而转子的一侧通过烟气，另一侧通过空气。由于烟气的容积流量比空气大，故烟气的通流截面占转子总的通流截面 40％～50％，空气通流截面占 30％～40％，其余截面为扇形隔板所占，作为两部分间的密封部分。我国生产的回转式空气预热器，在转子全圆周中，烟气通流截面所占圆心角为 165°，空气流通截面所占圆心角为 135°，密封部分所占圆心角为 2×30°。

上述空气预热器的转子截面分为烟气和空气两个流通区，所以又称为两分仓回转式空气预热器。

（二）三分仓与四分仓结构

当锅炉采用冷一次风机制粉系统时，由于燃烧所需要的一次风和二次风的风温、风压的不同，此时空气预热器采用了三分仓结构，其示意图如图 5-8 所示。在三分仓空气预热器中，烟气流通截面一般占圆心角 165°，一次风占 50°～55°（我国的标准化角度为 35°和 50°)。二次风占 95°～100°，其余被三个密封仓所占，各为 15°，三分仓圆心角的分配如图 5-9 所示。

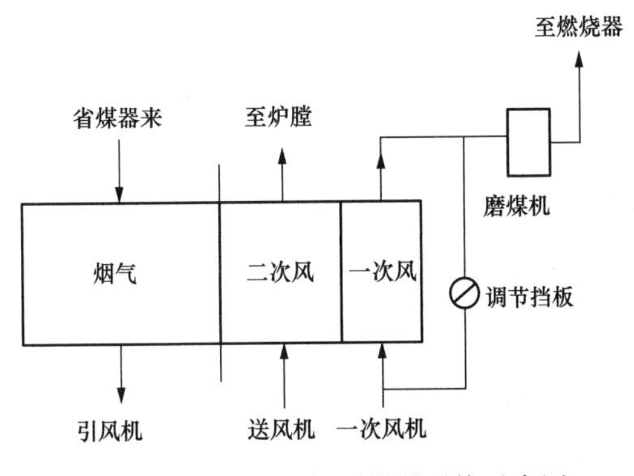

图 5-8 三分仓空气预热器系统示意图

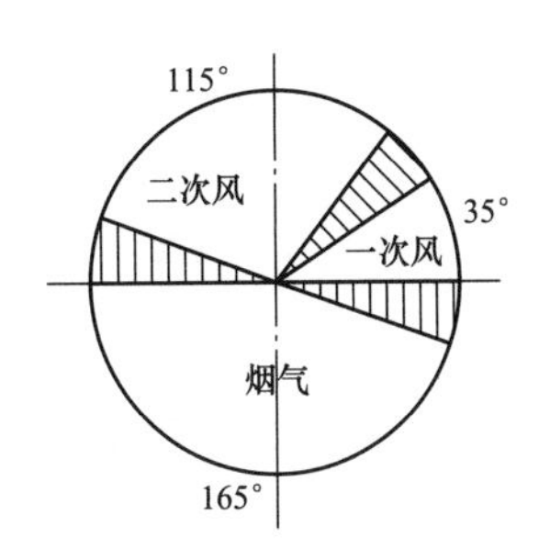

图 5-9 三分仓圆心角的分配

三分仓空气预热器的结构及其组成部件如图 5-10 和图 5-11 所示。

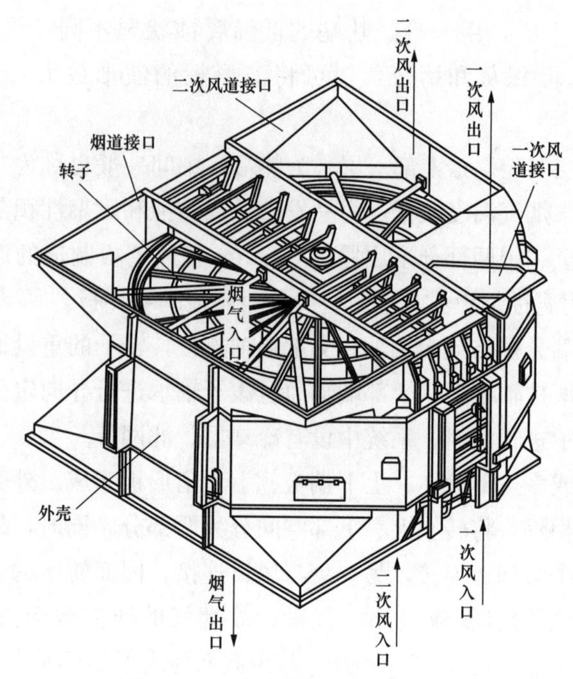

图 5-10　三分仓空气预热器的结构

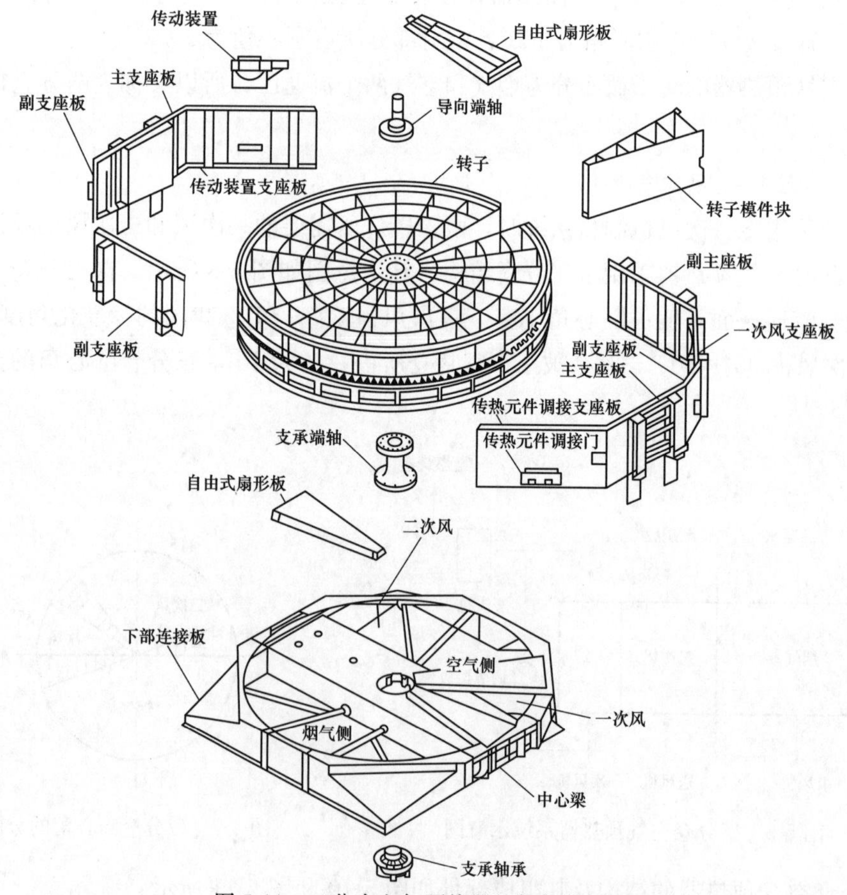

图 5-11　三分仓空气预热器的部件分解图

随着火力发电机组向大型化，高参数化方向发展，电站锅炉空气预热器技术有了长足进步。为了进一步简化烟风系统，降低漏风率，在三分仓空气预热器的基础上，开发了四分仓空气预热器，并在大型燃煤锅炉尤其是CFB锅炉中得到了广泛应用。

四分仓空气预热器的主要特点是将一次风仓置于左、右2个压头较低的二次风仓的中间，以有效减小压差漏风。四分仓空气预热器示意图如图5-12所示。

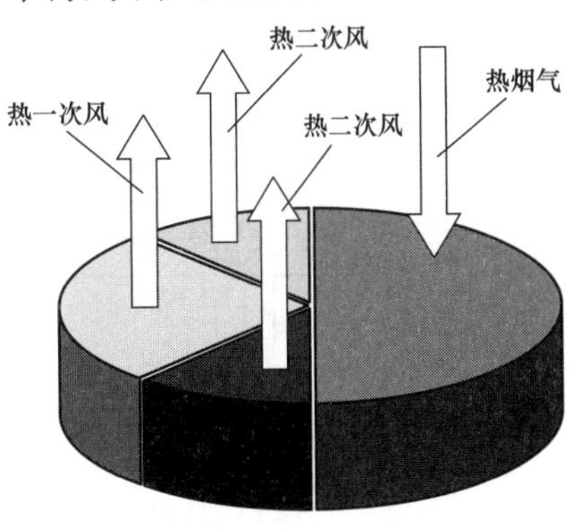

图5-12 四分仓空气预热器示意图

（三）密封装置

由于容克式空气预热器转动部分和静止部分（外壳、扇形隔板）之间存在着间隙，空气侧的压力又高于烟气侧，故在压差的作用下，空气能经过转子与外壳或扇形隔板之间的间隙而漏入烟气中，该漏风称为压差漏风。此外，旋转的受热面将存在于传热元件空隙间的空气或烟气携带到烟气侧和空气侧，这种漏风称为携带漏风。由于转子的转速很低，只有1～4r/min，所以携带漏风很少。压差漏风是造成回转式空气预热器漏风的主要原因。为了防止空气漏入烟气中，在动、静之间就需设置良好的密封装置，一般设有径向密封、环向密封、轴向密封。

径向密封是转子端面与静止外壳上、下扇形隔板之间的密封，其作用是减小或防止空气穿过转子端面与扇形隔板之间的密封区漏入烟气通道。径向密封装置的结构如图5-13所示。它是在转子的每块径向隔板的上、下两端都装有带密封头的弹簧钢片。为了避免噪声和电动机功率过大，弹簧钢片与扇形隔板不直接接触，留有很小的间隙。当任一仓格经过过渡区时，弹簧钢片就与外壳上的扇形板构成密封。

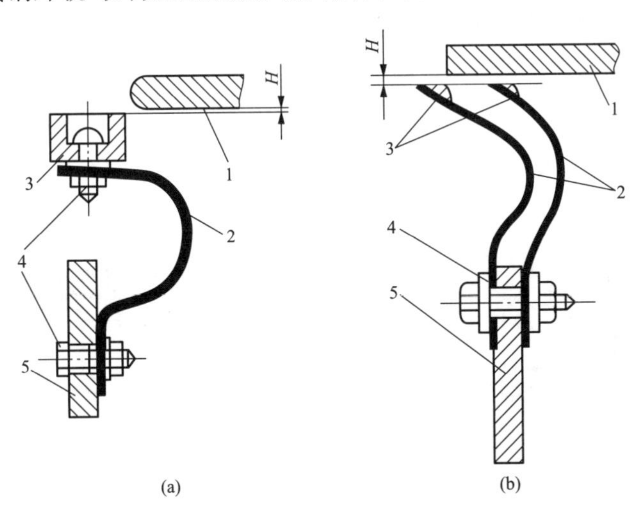

图5-13 径向密封装置

（a）单密封头弧形板结构；（b）双密封头弧形板结构

1—扇形隔板；2—弧形密封板；3—密封头；4—螺栓；5—径向隔板

环向密封分外环向密封和内环向密封。外环向密封的结构如图5-14所示，其密封元件装在转子外围圆周的上、下端，其作用是防止空气通过转子外围圆周的上、下端面与外壳顶、底板之间的环向空隙漏入烟气侧。内环向密封元件装在转子中心筒（或中心轴）圆周上、下端，其作用是防止空气通过转子中心筒（或中心轴）的上、下端面漏入烟气侧。内环向密封结构如图 5-15 所示。

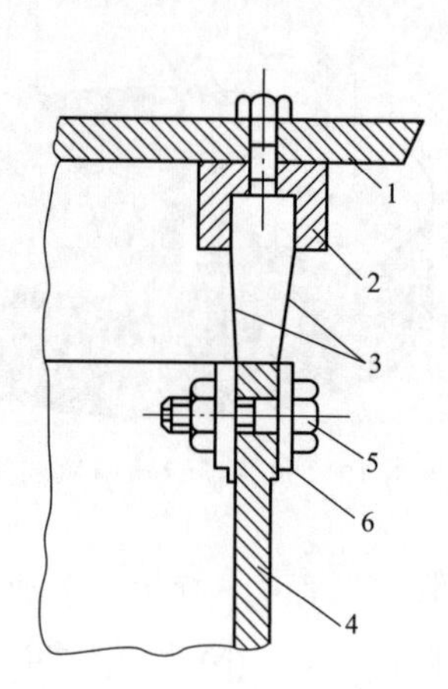

图 5-14 外环向密封结构

1—顶板或底板；2—密封槽；3—弹簧钢片；4—转子外圆筒；5—螺栓；6—压板

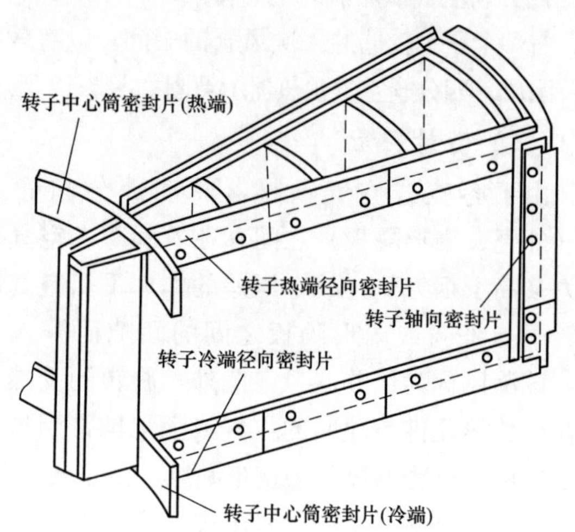

图 5-15 内环向密封结构

轴向密封是转子外围与外壳之间沿整个转子高度（即轴向）设置的密封，其结构如图 5-16 所示。轴向密封装置的作用是当外环向密封损坏时，防止空气通过转子外围板和外壳之间的空隙漏入烟气侧。轴向密封片被固定在转子外围对应于每块径向隔板的位置上，其自由端与外壳圆筒接触构成密封。轴向密封片也可以固定在外壳圆筒上。

运行时，空气预热器上端的烟气温度、空气温度都比下端高，转子上端的径向膨胀量大于下端，再加上转子重量的影响，转子就会产生如图 5-17 所示的蘑菇状变形，导致扇

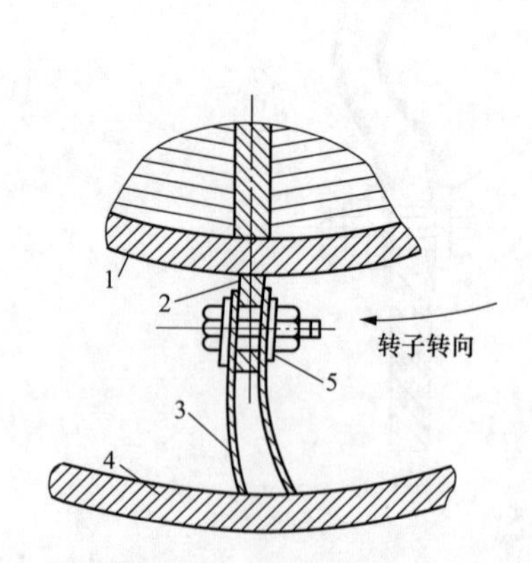

图 5-16 轴向密封结构

1—转子外围；2—轴向密封支撑板；3—弹簧钢板；4—外壳圆筒；5—压板

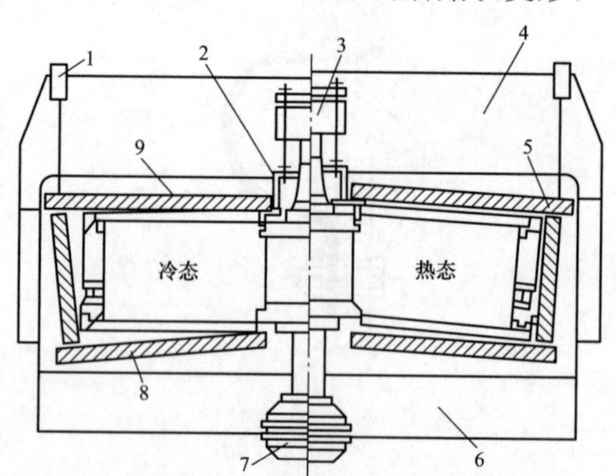

图 5-17 空气预热器的热态变形示意图

1—执行机构；2—中心密封筒；3—导向轴承；4—上梁；5—轴向密封装置；6—下梁；7—推力轴承；8—下扇形板；9—上扇形板

形隔板与转子之间的间隙增大，加重漏风。为了减小热态时的径向间隙，现在大型空气预热器的热端扇形板采用了图 5-18 所示的可弯曲结构。每块扇形板有三个支点，其中靠近轴中心的一点支吊在转子的中心密封筒上，后者吊挂在导向轴承的座套上，可随主轴的膨胀而一起上下移动。

为了保证热态间隙，现代锅炉的空气预热器对热端径向密封采用了较先进的自动跟踪密封系统，如图 5-19 所示的执行机构部分。其设计原理是采用可弯曲密封板，在密封板的外端施加一个外力即执行机构，使密封板弯曲变形，变形曲线与转子蘑菇状变形相吻合。可弯曲密封板的漏风控制装置是接触式传感器，传感器探头周期性探测转子热态变形后的热端径向密封开度，根据所测得的间隙值与整定的间隙值相比较，将比较结果用电信号输出给驱动装置，产生一个力使可弯曲密封板变形，并使变形曲线与转子产生的热态变形曲线相吻合，使空气预热器在各种运行工况下密封板与径向密封片之间都能保持额定间隙，即扇形板外侧的两个支点，通过吊杆与控制系统中的电动执行机构相连，在电动执行机构的驱动下，使扇形板外侧作缓慢地升降，以保持径向密封的间隙在 1mm 以内，最大不超过 3.5mm。

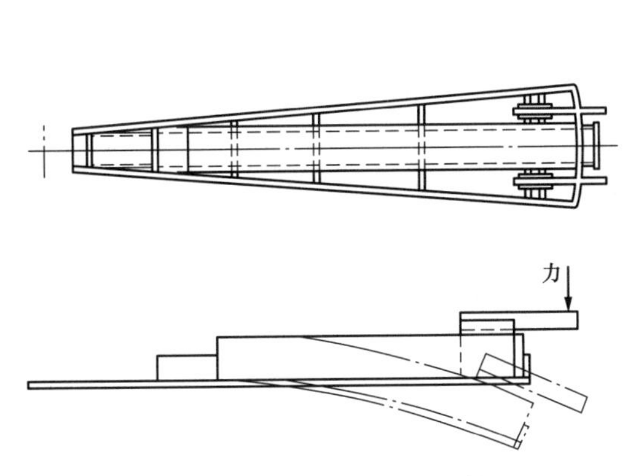

图 5-18　可弯曲扇形板结构

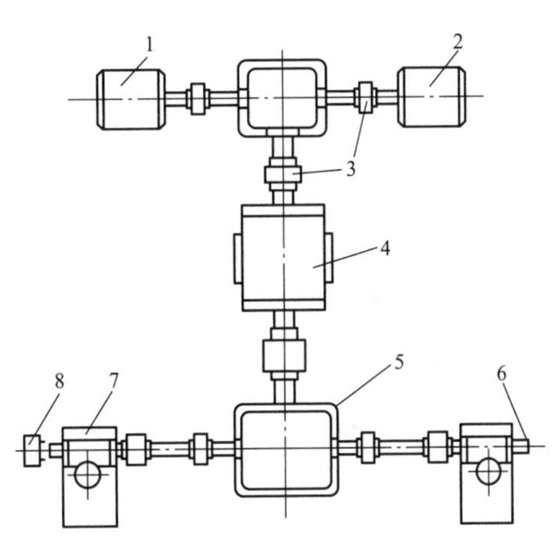

图 5-19　可弯曲扇形板传动部件平面布置

1—工作电动机；2—备用电动机；3—联轴器；4—齿轮减速箱；5—三通齿轮箱；6—手柄位置；7—螺钉千斤顶；8—转动限位开关位置

可弯曲扇形板的外力由传动连接装置中的千斤顶施加，千斤顶由传动装置驱动。每块扇形板有一套传动装置。每套传动装置有两台电动机，一台工作，另一台备用。电动机通过三通齿轮箱、减速器后，再经三通齿轮箱同时控制两只千斤顶，使两只千斤顶同步调节，保证扇形板同步移动，防止发生倾斜使漏风量增大。

每台空气预热器配置一套电驱动装置，该装置采用双动力源。除此之外，还配有采用保安电源的辅助驱动装置和手动盘车装置，以供厂用电中断或清洗预热器及检修时使用。空气预热器的驱动有围带传动和中心传动两种方式。

三、空气预热器的低温腐蚀及对策

烟气当中的水蒸气和硫酸蒸汽进入低温受热面时，与温度较低的受热面金属接触，并可能发生凝结而对金属壁面造成腐蚀。金属温度较低的回转式空气预热器冷端，是容易发生低温腐蚀的部位，低温腐蚀将使金属穿孔，使大量空气漏入烟气中，造成送风量不足、炉内不完全燃烧、热损失增加、锅炉热效率降低。

（一）影响低温腐蚀的主要因素

1. SO_3 的形成

燃料当中的硫在燃烧时形成 SO_2，在高温下，被分解的自由氧原子与 SO_2 作用生成 SO_3。因此，火焰温度越高、过量空气系数较大，生成的 SO_3 也会越多。而 SO_3 与水蒸气作用会形成硫酸蒸汽。烟气中硫酸蒸汽的凝结温度称为酸露点或烟气露点。当金属温度低于或接近酸露点时，硫酸蒸汽就会凝结下来腐蚀金属，并可能大量黏灰，形成堵灰。

烟气当中的硫酸蒸汽主要来自燃烧反应形成的 SO_3，以及灰中硫酸盐分解形成的 SO_3，但后者较少，是次要因素。烟气中 SO_3 的含量往往代表了对受热面腐蚀的性能，并随着燃料中硫含量的增加，烟气中 SO_3 含量也增加。

2. 烟气露点

由于烟气中水蒸气含量一般为 10%～15%，其分压力为 0.01～0.012MPa，水蒸气的露点温度仅为 45～54℃。因此，现代锅炉正常排烟温度的范围内一般不会发生水蒸气的凝结。酸露点（或烟气露点）比水露点高得多，而且烟气中硫酸蒸汽含量越高，其酸露点也越高，可达 140～160℃，甚至更高。烟气对受热面的腐蚀常用酸露点的高低来表示，酸露点越高，说明在较高烟温下硫酸蒸汽即可凝结，腐蚀也就越严重。而酸露点与燃料中含硫量及单位时间内送入锅炉内总的硫量有关，两者对酸露点的影响综合起来，可以用收到基折算硫分 $S_{ar,zs}$ 来表示。显然，$S_{ar,zs}$ 值越高，燃烧生成的 SO_2 越多，而 SO_3 也将随之增高，并使烟气露点温度升高。不同燃料、不同燃烧方式下，烟气露点与折算硫分关系的工业试验结果如图 5-20 所示。

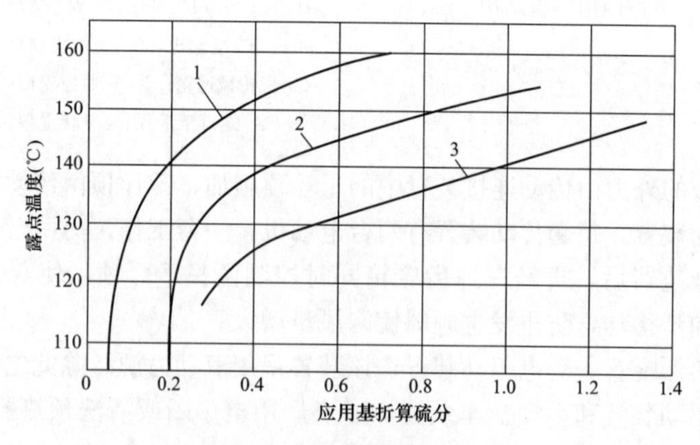

图 5-20　烟气露点与折算硫分的关系

1—燃油炉；2—链条炉；3—煤粉炉

由图 5-20 可知，燃用固体燃料时，烟气中飞灰粒子所含的钙和其他碱金属化合物可吸收部分硫酸蒸汽，从而降低了烟气中硫酸蒸汽的浓度，使烟气露点也有所降低。综合考虑燃料特性及燃烧方式影响的烟气露点温度的经验公式为

$$t_{sld}=t_{sl}+\frac{125\sqrt[3]{S_{ar,zs}}}{1.05\alpha_{fh}\cdot A_{ar,zs}} \tag{5-1}$$

式中　t_{sld}、t_{sl}——烟气露点和水露点温度，℃；

$S_{ar,zs}$、$A_{ar,zs}$——煤的收到基折算硫分和灰分，%；

α_{fh}——飞灰系数，对煤粉炉，取 $\alpha_{fh}=0.85$。

当受热面金属温度低于烟气露点温度时，硫酸蒸汽将在金属表面凝结而引起腐蚀。运行中，应使金属温度比烟气露点高 10～20℃，可以减轻腐蚀，但这将引起排烟温度升高，并使锅炉热效率下降。

3. 硫酸浓度和凝结酸量

烟气中 SO_3 所占的容积虽然很小，但只要少量的硫酸蒸汽存在，就会使烟气露点明显升高，这就使得硫酸蒸汽更容易凝结。刚开始凝结时，凝结液中硫酸浓度很大，随着一部分硫酸蒸汽凝结下来，烟气中硫酸蒸汽浓度会有所下降，烟气露点也随之降低。随后，凝结的硫酸浓度也跟着下降。因此，受热面上凝结的硫酸浓度是随温度降低而逐渐降低的。

硫酸浓度对受热面的腐蚀速度的影响如图 5-21 所示，即开始凝结时产生的浓硫酸对钢材的腐蚀作用较轻，当浓度下降至 56%时，腐蚀速度达最高。随着硫酸浓度进一步降低，腐蚀速度也逐渐降低。

实验和实践均表明，单位时间在管壁上凝结的硫酸量也是影响腐蚀速度的主要因素之一。一般当凝结酸量增加时，腐蚀速度也随之加快。凝结酸量和腐蚀速度均与受热面金属温度有关，如图 5-22 所示。由图可知，受热面金属温度不仅会影响硫酸的凝结量，而且随着金属温度升高，化学反应速度将加快，腐蚀速度也会增加。

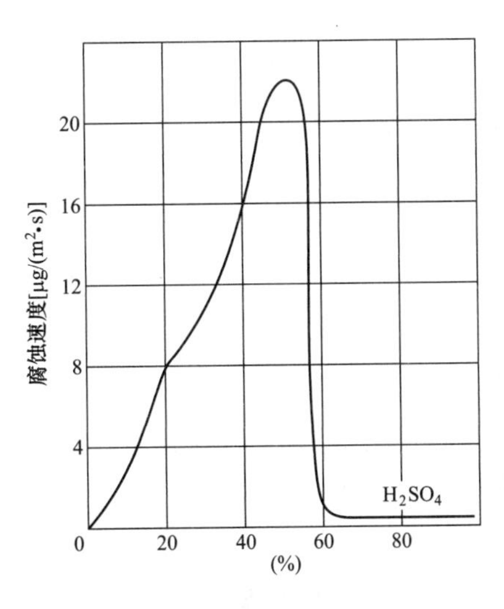

图 5-21　硫酸浓度对碳钢腐蚀速度的影响

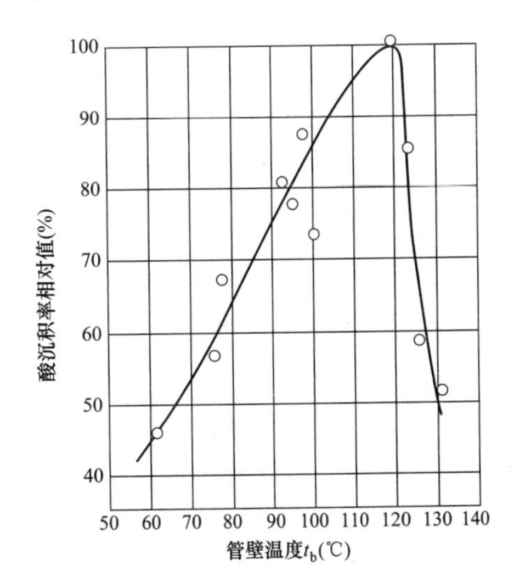

图 5-22　凝结酸量与壁温的关系

4. 受热面金属温度的影响

实际上，受热面金属实际的腐蚀速度与硫酸蒸汽的凝结浓度和数量有关，而这又与金属壁面温度有关。图 5-23 为某台煤粉锅炉的尾部受热面腐蚀速度与管壁温度的关系。

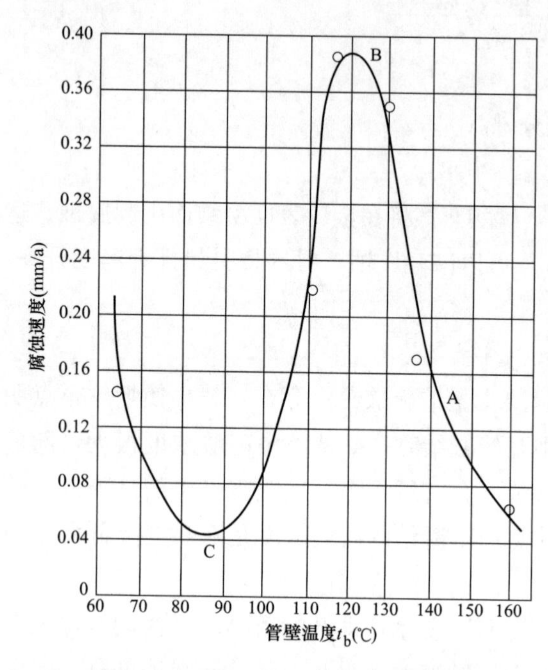

图 5-23 腐蚀速度与管壁温度的关系

图中，A 点为受热面金属壁温达烟气露点时，硫酸蒸汽开始凝结，但由于酸量较少，且硫酸浓度较高，虽然壁温较高，而腐蚀速度较低；B 点为壁温降低而硫酸凝结量多且浓度也降低、腐蚀速度逐渐达最大的强烈腐蚀浓度区；随着壁温降至 C 点，凝结硫酸量减少，且浓度也降至弱腐蚀浓度区，此区腐蚀速度达到最低。当壁温降至水露点时，除硫酸蒸汽外，水膜与烟气中 SO_2 作用，会生成亚硫酸溶液 H_2SO_3，而且烟气中盐酸 HCl 也会溶于水中，它们均会对金属造成腐蚀作用。因此，虽然金属壁温较低，但腐蚀速度又加快。

因此，腐蚀最严重的区域分为两个：一个是壁温在水露点附近的区域；另一个是金属壁温约低于酸露点 15℃附近的区域。在水露点和酸露点之间金属壁温不太高的区域，有一个腐蚀较轻的安全区，此区域内腐蚀速度较低。

对回转式空气预热器，烟气出口部分金属受热面温度最低，为低温腐蚀较为严重区。其金属最低壁面温度可按下式计算

$$t_{\mathrm{b}}^{\min} \approx \frac{x_{\mathrm{y}} + \theta_{\mathrm{py}} + x_{\mathrm{k}} t_{\mathrm{k}}'}{x_{\mathrm{y}} + x_{\mathrm{k}}} \tag{5-2}$$

式中 x_y、x_k——烟气和空气流通截面占总流通截面的份额；

θ_{py}——排烟温度,℃；

t_k'——低温段空气预热器空气入口温度,℃。

（二）减轻和防止低温腐蚀的措施

1. 提高空气预热器金属壁面温度

提高空气预热器壁温可减少硫酸蒸汽凝结量并减缓低温腐蚀。由式（5-2）可知，壁温提高，则需要提高排烟温度和入口空气温度，这将使排烟热损失提高，并使锅炉热效率降低。实际上，提高空气预热器壁温最常用的方法是提高入口空气温度，常采用如下几种方法。

(1) 热风再循环。将空气预热器出口的部分热风通过管道再送回空气预热器入口，使空气预热器入口空气温度升高，并提高金属壁面温度，如图 5-24（a）、(b）所示。

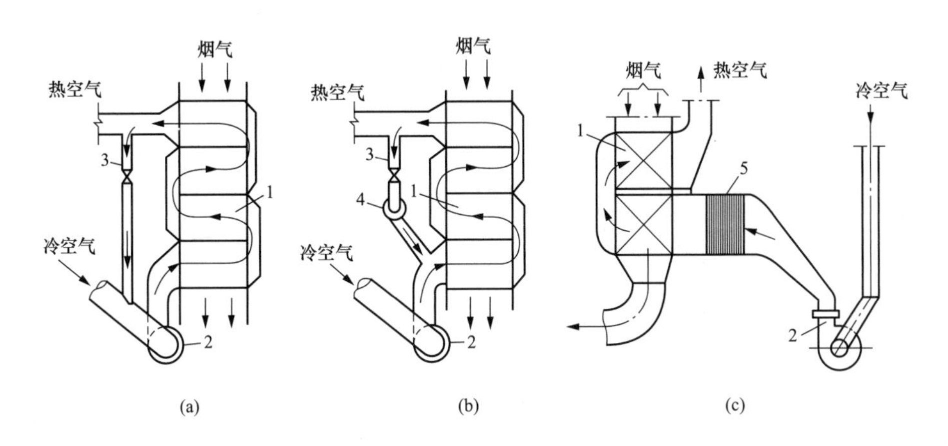

图 5-24 热风再循环及暖风器系统

(a) 利用送风机再循环；(b) 利用再循环风机；(c) 加装暖风器

1—空气预热器；2—送风机；3—调节挡板；4—再循环风机；5—暖风器

图 5-24 所示为管式空气预热器系统，但对回转式空气预热器也同样适用。此方法可使冷空气温度达到 50～65℃，使锅炉效率下降的不太多。对燃用高硫煤的锅炉，当烟气露点温度较高时，此方法可能不会满足空气温度需要提高的程度，否则锅炉效率将会下降较多。

(2) 加暖风器。在空气预热器和送风机之间加装暖风器作为前置式空气预热器，如图 5-24 (c) 所示。暖风器是利用汽轮机抽汽加热空气的管式加热器，通过调节蒸汽流量来改变空气出口温度，而暖风器出口处蒸汽应全部凝结成水。这种方法也会使排烟温度提高，锅炉热效率下降。但由于它利用了汽轮机的抽汽，减少了汽轮机的冷源损失，提高了热力系统的热经济性，也即提高了循环热效率，使全厂经济性下降不多。无论是采用热风再循环，还是采用暖风器，均会使风机电耗增加。

2. 采用热管式空气预热器

热管式空气预热器是近年来在一些火电厂采用的新设备，目前主要采用重力式热管。热管外壳是能承受一定压力的细长圆钢管，管内保持约 10^{-14} Pa 的真空度，管内充有一定量的水作为传热介质。当烟气对热管加热时，管中水受热蒸发并在放热段放热，蒸汽凝结成水又流回加热段再次吸热蒸发，反复循环。热管可以垂直布置或倾斜布置。

图 5-25 是热管作为管式空气预热器的前置式预热器，也可以用热管将管式空气预热器最下面一个置换段受热面全部用热管式空气预热器代替，这样，烟气侧和空气侧漏风量几乎为零。这是因为，热管是紧密固定在烟气通道和空气通道之间的隔板上，空气侧不易发生腐蚀，烟气侧有个别热管腐蚀损坏也不会造成漏风。热管空气预热器一般故障较少，运行时间长，但造价较贵。图 5-26 的方式既可用于管式空气预热器作为置换段，也可以代替回转式空气预热器。国外某台锅炉用热管式空气预热器代替回转式空气预热器后，5 年内基本无泄漏和故障。

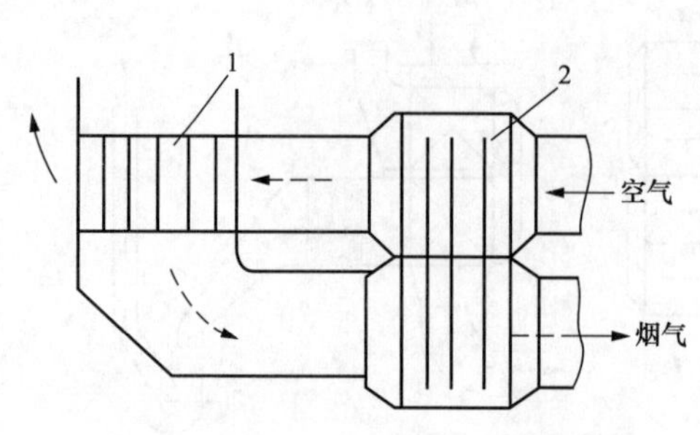

图 5-25 前置式热管空气预热器系统

1—管式空气预热器；2—热管式空气预热器

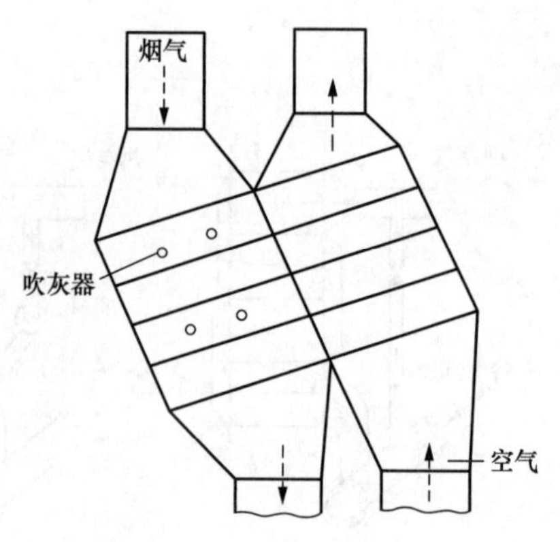

图 5-26 热管空气预热器

3. 采用耐腐蚀材料

为减轻空气预热器冷端受热面的低温腐蚀，在燃用高硫分燃料的锅炉中，回转式空气预热器的冷端受热面可采用耐腐蚀的搪瓷、陶瓷或玻璃等材料制造。采用引进技术制造的回转式空气预热器的冷端受热面，大多采用耐腐蚀的低合金钢材 CORTEN 钢制造，并将底部框架制成可以拆除式，以便于更换和检修冷端受热面。

4. 采用低氧燃烧

在保证完全燃烧或不降低锅炉燃烧效率的条件下，适当降低燃烧所用的空气量，即低过量空气系数的燃烧，这可使烟气中过剩氧减少，从而生成的 SO_3 容积减少，使烟气露点降低，减轻低温腐蚀。国外在燃油锅炉中已经将过量空气系数降至 1.05 或更低。燃煤锅炉采用此方法则需采用配风更加合理的燃烧器和较先进的自动控制装置，否则，可能引起不完全燃烧热损失增加。减少锅炉各处的漏风也是减少烟气中剩余氧的重要措施，也会不同程度地减轻腐蚀。

5. 采用降低露点或抑制腐蚀的添加剂

目前，使用添加剂的方法在燃油锅炉和沸腾炉中已经取得了一定的效果。可用粉状石灰石混入燃料中，直接吹入炉膛内燃烧，使烟气中 SO_3 与石粉发生反应，生成 $CaSO_4$ 和 $MgSO_4$，使烟气中硫酸蒸汽分压力下降并减轻腐蚀。但反应生成的硫酸盐为松散粉尘，会使受热面污染加重，影响传热效率。而烟气中粉尘增加使受热面磨损加重，应采取相应的吹灰和防磨措施。

6. 燃料脱硫

煤中硫化物有相当部分以黄铁矿的形态存在，可在煤粉制备前利用重力分离方法将其分离出来，以减少煤中的含硫量。因为有机硫难以去除，所以这种方法只能除去煤中一部分硫。燃料的其他脱硫技术尚在研究中。

应指出的是，采用回转式空气预热器也是一个减轻腐蚀的措施。因为它是烟气和空气交替冲刷受热面，当烟气通过时，有硫酸蒸汽在受热面上凝结；而空气通过时，不但没有硫酸蒸汽的凝结，反而因空气中水蒸气分压力低使凝结在受热面上的硫酸蒸发，使凝结酸量减少，而且因为空气是在吸热而使壁温下降，酸液对腐蚀速度也在降低，使腐蚀有所减轻。

四、空气预热器的堵灰及对策

（一）堵灰机理

硫酸蒸汽在受热面上的凝结，不仅会造成低温腐蚀，而且还会造成受热面积灰，严重时造成堵灰，使通风电耗增加、漏风量增加，导致锅炉效率降低。运行实践表明，腐蚀和积灰是互相影响的，而且是相互促进的。因为当烟气或受热面壁温达露点时，受热面上开始结露，烟气中灰粒子便更容易黏在受热面上形成积灰。这种积灰过程称为黏聚性积灰。而凝结的酸液与积灰发生化学反应，引起灰硬化，严重时就会堵塞通道，形成堵灰。用吹灰器已难以清除。此时，通风阻力增加、受热面吸热率降低、排烟温度升高，锅炉效率下降，严重时会造成堵灰面积过大而需要停炉清除堵灰。

灰的沉积物中，大部分可溶性物质为铝、钙和铁的硫酸盐，其中的硫酸铝和硫酸钙是由热浓硫酸作用而形成的。硫酸铁主要是硫酸与灰中氧化铁反应生成，也包括受热面氧化铁层及钢材本身被硫酸腐蚀的产物。

在黏结反应中，少量的碱金属硫酸盐也起一定的作用，但不是主要作用。研究表明，当灰沉积物中硫酸盐平均含量为25%，受热面上硫酸沉积率为1mg/s时，运行1000h后，受热面上灰沉积物厚度可达5～6mm。如果灰沉积物中含有过量酸，则沉积灰层相对潮湿松软，可用水冲洗除掉。当空气预热器由于积灰或其他原因使烟温增高，则沉积层中过量酸会蒸发，使灰干燥，形成难以用吹灰方法清除的灰层，造成堵灰。

此外，在锅炉启动和停炉过程中，空气预热器冷端壁面温度较低，有时达到水露点，甚至更低，使金属表面结露，积灰量增加。此时，由于烟气量较少、烟气流速较低，进一步使积灰加重。若启、停过程中投油稳燃时，处于煤油混烧阶段，燃烧不充分时产生的油垢将在受热面上黏结，也会促进积灰过程的加剧。

（二）防止和减轻堵灰的措施

1. 提高受热面的温度

设法提高空气预热器受热面的温度是防止烟气在受热面上结露、避开低温腐蚀和减缓空气预热器沾污的最有效手段之一。如上节所述的热风再循环、加暖风器、燃料脱硫和采用前置式热管空气预热器等方法，均可减轻积灰。国内外的锅炉制造厂根据实践经验总结出了不同燃烧方式时，受热面允许的最低温度和燃料含硫量的关系曲线，如图5-27所示。

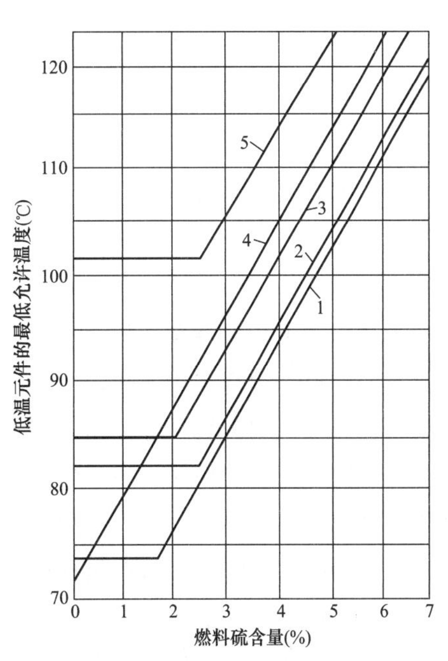

图5-27 回转式空气预热器低温端受热面的最低允许温度

1—低挥发分烟煤煤粉炉；2—高挥发分烟煤煤粉炉；3—不含钒重油炉；4—燃气炉；5—含钒重油炉（灰中V_2O_5含量在35%以上）

只要受热面在任何工况和季节条件下，均保持受热面壁温不低于图5-27中允许值，受热面的低温腐蚀和积灰将相对较轻。在锅炉启动或停炉时，采用热风再循环或者投入暖风器，也可以将两种方式结合使用，根据国内外经验，可以有效地减轻腐蚀和积灰。图 5-28 为采用 10%热风再循环时，回转式空气预热器沾污明显减轻的情况。

因此，只要将空气预热器进口空气温度提高到 80～100℃，受热面的沾污和腐蚀问题则可基本解决。

2. 空气预热器的吹灰

为了减轻积灰，在预热器烟气侧上、下端一般均装有吹灰器和清洗装置。吹灰器在运行中定期投入吹灰，常用的吹灰介质为过热蒸汽或压缩空气。在不带负荷时，可用清洗装置冲洗，冲洗介质为水。空气预热器吹灰器分为横向往复式和伸缩式，图 5-29 为吹灰器的一种布置方式。正常运行时，一般 8h 吹灰一次。

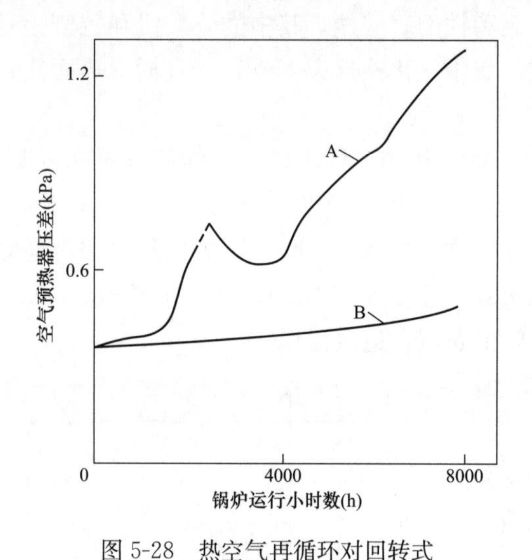

图 5-28 热空气再循环对回转式预热器沾污的影响

A—无再循环（严重沾污）；B—有再循环（不沾污）

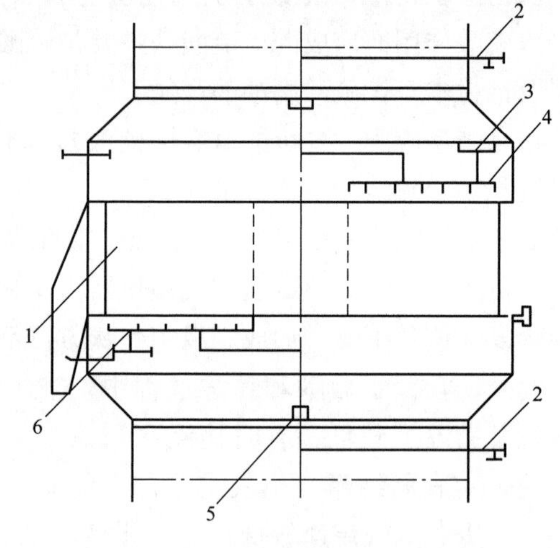

图 5-29 空气预热器的吹灰装置

1—静子；2—蒸汽管；3—曲柄连杆装置；4—上部吹灰器；5—密封装置；6—下部吹灰器

吹灰介质中的水分在吹灰时将会引起空气预热器积灰加重，实际运行中发现比不吹灰时积灰更严重。运行实践证明，用湿蒸汽吹灰的受热面，每隔数月就需要用水冲洗一次。当改用过热蒸汽吹灰后，可长达 3 年不需用水冲洗空气预热器。

在锅炉冷态启动期间，为减少空气预热器受热面的沾污，只有当吹灰蒸汽高于 300℃时才允许投入吹灰器。当锅炉自产蒸汽温度不能满足上述条件时，可采用启动锅炉的蒸汽作为吹灰介质，否则不能投入吹灰器。投入吹灰器前，汽源和蒸汽管道应先疏水，保证介质完全干燥。

对采用压缩空气吹灰的锅炉，压缩空气应经脱水，否则可能引起受热面沾污。在锅炉启动期间，只有当空气预热器的受热面被加热至某一规定的温度水平之后，才能投入空气吹灰器，否则，可能发生由于吹灰引起的受热面过度冷却，严重时，会造成回转式空气预热转子变形而使漏风量增加，并可能造成水蒸气凝结而使受热面沾污加重。一般要求空气出口温度达 150℃时，才允许投入空气吹灰器。

3. 空气预热器的水冲洗

回转式空气预热器的冷端和热端均装有固定式多喷嘴水冲洗装置，该装置既可装在空气侧，也可以装在烟气侧。水冲洗一般在锅炉停炉检修期间进行，在转速降至 0.25r/min 条件下冲洗 60h 后，可将灰沉积物冲洗干净。

对回转式空气预热器，也可以在锅炉降负荷条件下，解列其中一台回转式空气预热器，进行冲洗。此时，可利用尾部烟道中的挡板，将一台空气预热器隔开，降低转速后，进行冲洗。冲洗完毕后，用同样方法对另一台空气预热器进行冲洗。

第六章　锅炉吹灰系统

锅炉运行一段时间后，烟气中的部分固体颗粒由于各种原因会沉积在各级受热面上，造成受热面的结渣、积灰，甚至堵灰，从而降低锅炉的传热效率，增大烟道阻力，严重时会迫使锅炉计划外停炉。因此，在锅炉运行中必须维持受热面的清洁。

吹灰系统的作用就是有效地除去受热面烟气侧的沉积物，保持受热面的清洁。吹灰系统是锅炉机组一个重要的辅助系统，它主要由吹灰管道系统、吹灰器和吹灰程控系统组成。

第一节　吹灰管道系统

吹灰管道系统是为所有吹灰器提供吹灰介质的输送管路，是吹灰系统的重要组成部分之一。该系统的合理设计、布置、安装以及运行中正确的操作和控制对于充分发挥各个吹灰器的作用有着重要的意义。

吹灰管道系统包括从锅炉吹灰汽源出口开始到每台吹灰器和疏水阀之间的全部管道、阀门及其他附件。具体地说，吹灰管道系统主要包括：主辅汽源电动截止阀、减压站、安全阀、止回阀、疏水阀、压力/温度/流量测量装置、管道以及管道的固定和支吊装置等。

一、减压站

通常情况下，大型电站锅炉都没有满足吹灰要求的抽汽点，只能选用参数较高的过热器或再热器的汽源，这样就必须经过减压站减压后方可满足吹灰参数的要求。经减压站减压后蒸汽压力减至约 2MPa（视工况要求而定），然后送至各吹灰器。吹灰器前的压力为 1.2～1.5MPa。系统一般设置 2 个吹灰减压站，分别用于锅炉本体吹灰和空气预热器吹灰。

吹灰汽源减压站由减压阀及其控制装置组成，主要作用如下：

（1）在对吹灰管路暖管时，自动使减压阀保持一个较小的开度，以避免过多的蒸汽进入管道对系统中的设备造成过大的热冲击。

（2）在吹灰过程中，自动调节并维持吹灰管道中合适的蒸汽压力。

二、疏水装置

吹灰管道上设置的疏水装置用以保证排除吹灰管道中的冷凝水或湿蒸汽，从而使吹灰工作更可靠、经济和有效。吹灰系统疏水阀的种类较多，主要有气关式膜式疏水阀、电动疏水阀、电动疏水阀并联热力疏水阀等三种。

1. 气关式膜式疏水阀

如图 6-1 所示的气关式膜式疏水阀由气动温度控制器自动控制疏水阀启闭。

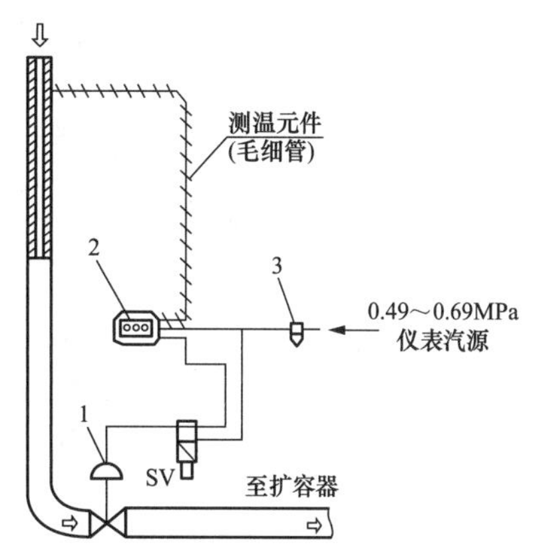

图 6-1　气关式膜式疏水阀

1—疏水阀（执行器）；2—疏水温度控制器；3—空气过滤减压阀

当管道系统内的蒸汽温度低于温度控制器的设定值时，温度控制器输出一个较弱的气动压力信号，该气动压力不能克服执行器弹簧力的作用，故阀门仍然保持开启状态，这样系统内已变冷的蒸汽或冷凝水就被排放。阀门开度大小与蒸汽温度偏离设定值大小成正比，吹灰介质温度过低时，疏水阀全开，同时，装在阀门上的开向极限开关动作，反馈程控指令“不能吹灰”，正在投运的吹灰器则立即退回。待冷凝水排放后，系统内蒸汽温度逐渐升高，与温度控制器的温度设定值偏差减小，使温度控制器输出的气动压力信号逐渐增大，则疏水阀的开度随之关小。当系统内蒸汽温度大于温度控制器的设定值时，温度控制器输出较强的气动压力信号，该气压便克服执行器弹簧力的作用，而使阀门关闭。当疏水阀全关时，装在阀门上的极限开关动作，这时吹灰管道系统内的蒸汽温度达到设定值。当系统压力也达到或高于低压开关设定值时，程控则指令投运吹灰器。

值得注意的是，由于空气预热器吹灰用汽源在机组负荷小于 10%MCR（仅为推荐值）时，使用的通常是从启动锅炉来的辅助汽源，该汽源的温度通常较低，无论怎样也达不到或超过空气预热器吹灰管道系统疏水阀配用的温度控制器设定值而使疏水阀关闭。这时，程序控制器将解列温度控制器对疏水阀开关的控制，改由三通电磁阀直接控制疏水阀的启闭，直到机组负荷大于 10%MCR 改换空气预热器吹灰用主汽源，程序控制器才解列三通电磁阀对疏水阀的直接控制，恢复温度控制器对气动疏水阀的控制功能。

2. 电动疏水阀

由于电动疏水阀启闭由程控指令实现，因此，运行人员可以根据运行经验和实际需要建立有效的疏水控制程序，定期、定时开关电动疏水阀，实现有效疏水的目的。

3. 电动疏水阀并联热力疏水阀

电动疏水阀的工作原理是：由动圈式温度指示调节仪反馈阀门启闭信号给程控，程序控制器便指令电动疏水阀启闭。当吹灰系统启动时，由于系统温度较低，暖管所产生的冷凝水量较大，打开电动疏水阀疏水，当系统内介质温度达到动圈式温度指示调节仪设定值时，反馈程控指令关闭电动疏水阀。电动疏水阀并联热力疏水阀如图 6-2 所示。

热力疏水阀的启闭是自动的，当蒸汽具有 1～5℃的过热度时自动关闭。吹灰过程中，蒸汽滞留、散热会降低蒸汽温度，直至变成饱和蒸汽或水，只要系统内有饱和蒸汽或水，热力疏水阀就自动打开排放，这就使得吹灰蒸汽的品质能得到保证。

当管道系统内吹灰介质温度低于动圈式温度指示调节仪设定值时，程序控制器则指令不应投吹灰器，正在投运的吹灰器应立即退回，然后程序控制器打开电动疏水阀疏水。待

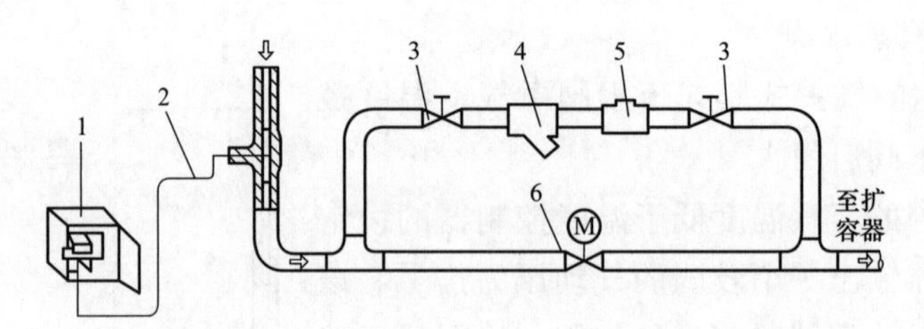

图 6-2 电动疏水阀并联热力疏水阀

1—动圈式温度指示调节仪；2—热电偶及补偿导线；

3—截止阀；4—过滤器；5—热力疏水阀；6—电动疏水阀

管道系统内蒸汽温度恢复正常后，恢复吹灰程序。锅炉吹灰系统中疏水门动作的温度设定值通常在 300℃左右。

当空气预热器吹灰需用辅助汽源时，吹灰程序控制器解列温度指示调节仪对电动疏水阀启闭的控制，改由程序控制器直接控制电动疏水阀的启闭。

三、流量开关

流量开关的作用是，在吹灰过程中防止管道中的吹灰介质流量不足而导致的吹灰枪管不能得到很好的冷却，以至烧坏、变形，所以，流量开关是保证吹灰系统可靠运行的部件之一。

流量开关控制吹灰流量的原理是：根据吹灰的要求，调整好流量开关的设定值，当吹灰器投运时，在吹灰器本体阀门开启 5s 后，如果实际的吹灰介质流量达到了吹灰枪的最小冷却流量（最小设定值），则流量开关触点闭合，吹灰可以继续下去。否则，反馈程控指令将紧急退回正在运行的吹灰枪。

四、压力开关

压力开关位于吹灰减压阀之后的吹灰蒸汽管道上，其作用是防止管道中吹灰介质压力过低而导致吹灰枪管损坏的故障。和流量开关一样，压力开关也是保障系统和设备安全运行的部件之一。

压力开关控制吹灰压力的过程：在压力开关上设定一个吹灰介质所允许的最低值，当减压阀后的压力低于该值（即表示吹灰压力不足）时，反馈程控指令吹灰器不能投入运行；若有正在运行的吹灰器，则程控指令退回该吹灰枪管。只有减压阀后的压力达到或超过压力开关的设定值时，才能够投入吹灰器的运行。

五、吹灰管道系统的特点

总的来说，吹灰管道系统具有下列特点：

（1）吹灰介质从锅炉过热器或再热器系统抽取高参数的蒸汽，使吹灰蒸汽具有较高的过热度。通常设置吹灰管路减压站，能够满足锅炉本体吹灰器在大于 70%BMCR 以及变工况下进行吹扫。辅助汽源站是为锅炉启动时供空气预热器吹灰而设置的。

（2）管路采用对称布置，单线强制疏水形式。这种布置基本上消除了冷凝水滞留的“死端”，保证了吹扫蒸汽具有足够的过热度，减少了对锅炉管束的磨损。

（3）吹灰管路减压站采用气动调节阀作为主减压阀，具有既能关闭汽源，又能调节管路吹灰蒸汽的压力和流量的功能。通过程控系统对气动调节阀附带智能定位器的控制，使调节阀具有运行和关闭的功能，并且气动调节阀所带的定位器可响应 DCS 信号，使调节阀分别在一定范围内调节压力设定值和喷水量。

（4）管路疏水装置采用由温度控制的热力疏水阀，使得吹扫蒸汽保持一定的过热度，从而改变了只利用重力原理来疏水而不能疏汽的状态。

（5）管路上安装的流量报警装置设定的最小值，以保护高温烟区的吹灰器的吹灰管不被高温损坏。

（6）管路系统采用各种形式的膨胀节和固定、导向及悬吊装置，以保证管路具有热补偿能力和充分的挠性。

第二节 吹 灰 器

吹灰器是吹灰系统的主设备，是利用流体作为吹灰介质，通过喷嘴的作用，形成高速射流，来吹扫锅炉受热面烟气侧沉积物的一种锅炉辅机。

吹灰介质可选用过热蒸汽、饱和蒸汽、排污水或压缩空气。但是，由于水滴会造成对管子的侵蚀，并会引起管壁温度发生剧烈的变化而影响管子的强度和工作可靠性，而设置压力较高的压缩空气系统，投资费用又较大，所以大型电站锅炉较多采用过热蒸汽作为吹灰介质而不选择饱和蒸汽、排污水或压缩空气。尤其是中间再热锅炉，它可以利用再热器进口蒸汽作为某些吹灰器吹灰介质的汽源，因为该处蒸汽的压力和温度能较好满足吹灰蒸汽参数的要求，使吹灰设备的制造和使用都比较经济和安全。进入吹灰器的过热蒸汽压力一般为 1～2MPa。

单台吹灰器所能吹扫的面积是有限的；不同种类的吹灰器又具有不同的吹扫功能。锅炉各级受热面面积不等、布置的位置不同，工作条件不同，结构也不同，因此，应根据受热面的具体工作情况及其积灰或结渣的可能程度，分别布置适量的、不同种类的吹灰器，同时拟定合理的吹灰制度，并认真执行。

每一台锅炉上都安装有数量较多的吹灰器，用来保证锅炉各处受热面的清洁。炉膛采用短吹灰器对水冷壁进行吹扫；烟道则采用长伸缩吹灰器对过热器和再热器等受热面进行吹扫。一般将炉膛吹灰与烟道吹灰系统称为锅炉本体吹灰。另外，在两台回转式空气预热器上安装其专门的吹灰器。

吹灰器虽然种类很多，但工作机理基本相同，都是利用吹灰介质在吹灰器喷嘴出口形成的高速射流冲刷锅炉受热面上积灰的。当射流的冲击力大于灰粒与灰粒之间或与管壁之间的黏着力时，灰粒便脱落，其中多数颗粒被烟气带走，少量的大颗粒或灰块被带至灰斗或烟道上。

一、炉膛吹灰器

炉膛水冷壁或其他壁面一般选用短伸缩式吹灰器。这种吹灰器的特点是：吹灰管前行到位后行走停止（伸缩行程较短），喷嘴作 360°旋转吹扫；之后吹灰管反向旋转，后退至喷嘴头部于炉墙内停止。吹灰器与炉墙通过安装法兰进行连接，其重量由水冷壁承受，热态时随水冷壁的膨胀一起同步位移。炉膛吹灰器结构大同小异，现以 IR-3D 型炉膛吹灰器为例介绍其主要结构和工作过程。

IR-3D 型炉膛吹灰器是一种短伸缩式吹灰器，主要用于吹扫炉膛水冷壁上的积灰和结渣。该型号的吹灰器采用单喷嘴前行到位后定点旋转吹扫的工作方式。另外，可根据积灰和结渣的性质和锅炉不同部位的吹灰要求对吹扫弧度、吹扫圈数和吹扫压力进行相应地调整，以达到最理想的吹扫效果。

IR-3D 型炉膛吹灰器主要由吹灰器阀门（鹅颈阀）、内管（供汽管）、吹灰枪管（螺纹管）及喷嘴、导向杆系统、前支承系统、驱动系统以及电气控制机构等部分组成，如图 6-3 和图 6-4 所示。

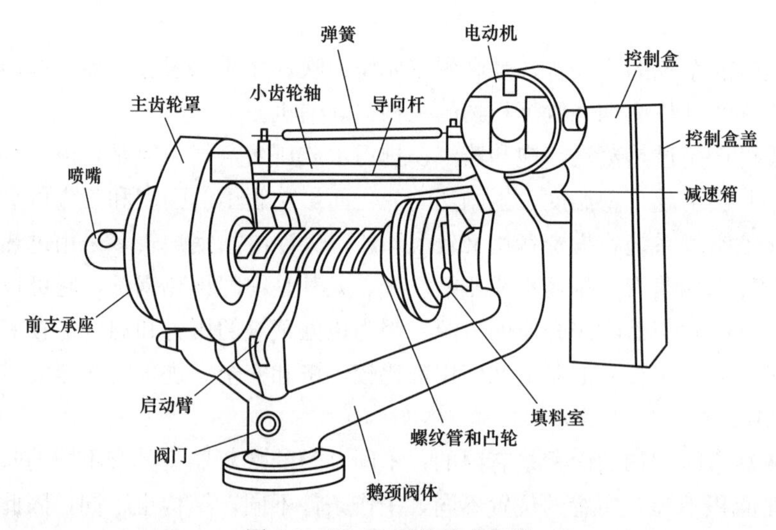

图 6-3 IR-3D 型炉膛吹灰器

1. 吹灰器阀门（鹅颈阀）

鹅颈阀是控制吹灰介质进入吹灰器的阀门，位于吹灰器的下部，因其形如鹅颈，俗称鹅颈阀。

鹅颈阀与不锈钢内管（供汽管）连在一起，输送吹灰介质（蒸汽）经过螺纹管到喷嘴。阀门内有压力调节装置，可根据现场的吹灰要求，进行压力调整。

阀门上装有启动臂。运行中，由安装在螺纹管上的凸轮操纵启动臂，控制该阀门的开启和关闭。当阀门开启后，吹扫介质就被输送到装在吹灰器螺纹管端部的喷嘴，随即开始进行吹扫。

鹅颈阀上还设有单向空气阀，以防止炉内腐蚀性烟气进入吹灰器，吹灰器停用时打开，利用炉内负压抽吸空气进入吹灰器。一旦吹灰器阀门打开，在吹扫介质压力的作用下

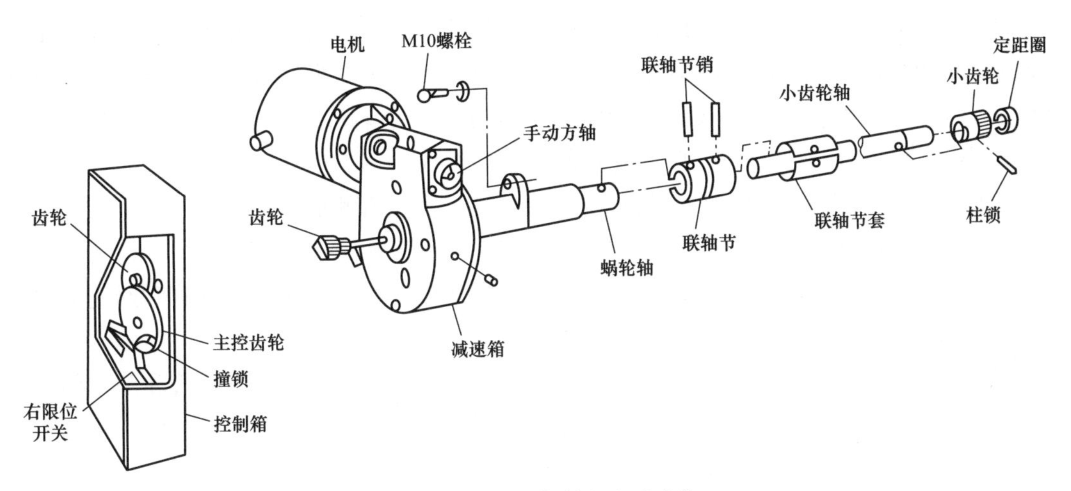

图 6-4　电机、控制盒和减速箱

将空气阀关闭。

鹅颈阀也是吹灰器的主要支承部件，吹灰器全部部件的重量都支承在该阀上。

2. 内管（供汽管）

内管是表面高度抛光的不锈钢管供汽管，与鹅颈阀连接，其作用是将吹灰介质输送到吹灰枪管。

3. 吹灰枪管与喷嘴

吹灰枪管输送吹灰介质至喷嘴，是一根外面加工有螺纹的管子，一般称螺纹管。螺纹管上装有随之运动的凸轮，当螺纹管运动到一定位置时，凸轮将鹅颈阀打开，则吹扫介质进入吹灰枪。吹灰枪管的伸缩运动自动打开和关闭鹅颈阀。

螺纹管的前端加工有内螺纹，并通过内螺纹与喷嘴连接。螺纹管的后端是填料室，用以装入填料，实施吹灰枪管与内管间的密封，从而保证吹灰蒸汽顺利的输送。吹灰器工作时的伸缩运动是靠螺纹管外表面上的双头螺旋槽来完成的，所以它既是此吹灰器的吹灰枪，也是传动部件。

4. 支承导向系统

吹灰器的上部安装支承板，支承板上安装有控制凸轮的导向杆和靠弹簧复位的前后棘爪。

5. 驱动系统

驱动系统为吹灰枪的伸缩及旋转提供动力。IR-3D 型吹灰器的驱动系统由电动机、蜗轮箱（一般减速比为 1∶60）和一组开式传动的齿轮及驱动销和螺纹管等组成。吹灰器的旋转和伸缩运动最终通过两个驱动销和螺纹管来完成。螺纹管伸缩时不旋转，旋转时不伸缩。

6. 电气控制机构

电气控制机构可以调节吹灰器吹扫的圈数和提供吹灰终了信号。

电气控制机构位于吹灰器后端，箱内装有行程开关。行程开关由蜗轮轴传动的齿轮系控制。改变主控制齿轮上撞销的位置，可以调整吹灰器的吹扫圈数和吹灰角度。

IR-3D型炉膛吹灰器由自身或遥控按钮或操作盘控制。吹灰时，按下启动按钮，电源接通，减速传动机构驱动前端大齿轮顺时针方向转动，大齿轮带动喷头、螺纹管及后部的凸轮同方向转动。转动一定角度后，凸轮的导向槽导入后棘爪和导向杆，凸轮、螺纹管及喷头不再转动而沿导向杆前移，喷头及螺纹管伸向炉膛内。

当螺纹管伸到前极限位置时，凸轮脱开导向杆，拨开前棘爪，带动喷嘴、螺纹管一起再随大齿轮转动。随之，凸轮触及启动臂开启阀门、吹灰开始。吹灰过程由后端的电气控制箱控制。完成预定的吹灰圈数后，控制系统使电动机反转，喷嘴、螺纹管和凸轮同时反转，随之阀门关闭，吹灰停止。

凸轮继续转动，当凸轮的导向槽导入前棘爪和导向杆后，喷头、螺纹管和凸轮停止转动而退至后极限位置，然后凸轮脱开导向杆，拨开后棘爪继续逆时针方向旋转，直至控制系统动作，电源断开，凸轮停在起始位置。至此，吹灰器完成了一次吹灰过程。

二、烟道长伸缩式吹灰器

长伸缩式吹灰器是长吹灰管远距离悬臂伸入炉内，吹扫悬吊式受热面的一种吹灰器。若炉膛两侧墙对称装设，则吹灰管约覆盖炉宽的1/2，吹灰管停用时全部退至炉外。这种吹灰器可以用来吹扫炉膛折焰角下方和屏式受热面，也可吹扫水平烟道和后烟井的各种受热面。长伸缩式吹灰器通常使用于500～1200℃的温度范围，它是应用范围较广的吹灰器，其主要特点有：

（1）吹灰管纯悬臂伸缩，不需炉内支吊。

（2）喷嘴口径较大，吹扫能力强，配以适当的旋转速度，可以相对地节省能耗。

（3）吹灰管停用时全部退出炉外，受温度限制少，受烟气腐蚀的程度轻。

（4）构造复杂，用材和制造要求高，造价较高。

（5）没有吹扫介质进入时，吹灰管不允许伸入炉内。

（6）烟气温度高于1100℃时，吹灰介质的流量要符合冷却管材需要的最少流量。

典型的IK型长伸缩式吹灰器总体结构如图6-5所示，主要由电动机、跑车、吹灰器阀门、托架、内管、吹灰枪等组成。总体形状细长，图中阀门侧是吹灰器的末端，喷嘴侧是吹灰器的最前端（面向炉内）。图中所示的位置是吹灰器的起始位置。

1. 跑车

跑车的作用一是驱动吹灰枪进出锅炉，二是自动控制吹灰器阀门的启闭。它由驱动机构提供动力。驱动机构包括电动机、齿轮箱及吹灰枪和内管的填料密封压盖等组成，IK型吹灰器的驱动机构如图6-6所示。

当吹灰器开始工作时，电动机通过图6-6中初级正齿轮带动蜗杆旋转，而蜗杆又通过蜗轮及蜗轮轴驱动位移正齿轮，从而带动主传动轴旋转，主传动轴两端装有行走齿轮，分别与两侧的齿条啮合，这样，主传动轴的旋转运动就转变成为齿条的前后直线运动，而正是齿条的前后运动使吹灰枪可以进出锅炉。蜗轮轴在驱动主传动轴的同时还驱动旋转伞齿轮，从而使吹灰枪旋转。

跑车对吹灰阀门的自动开关功能是通过安装在跑车侧面的撞销来实现的，撞销的位置

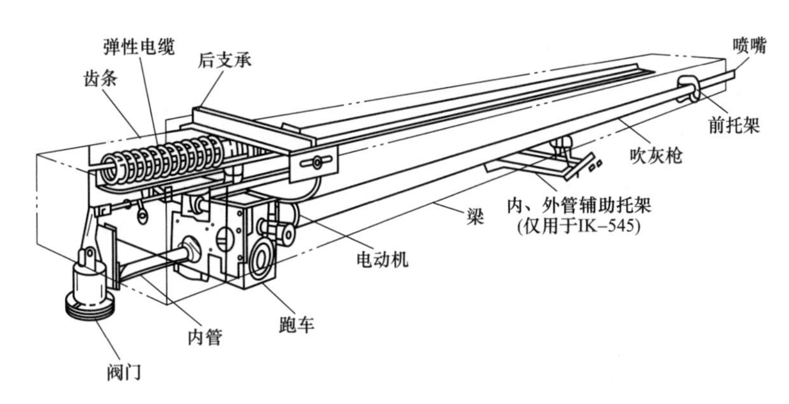

图 6-5　IK 型长伸缩式吹灰器总体结构

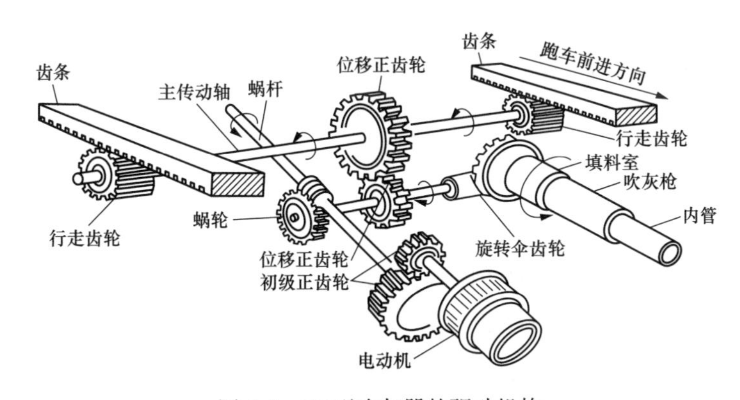

图 6-6　IK 型吹灰器的驱动机构

如图 6-7 所示。当跑车向炉内将吹灰枪推进到一定程度时，撞销将通过触及固定在梁上的凸轮机构将吹灰阀门自动开启，使吹灰介质送入吹灰枪。

跑车填料室包括吹灰枪的安装法兰和密封内管的填料压盖。

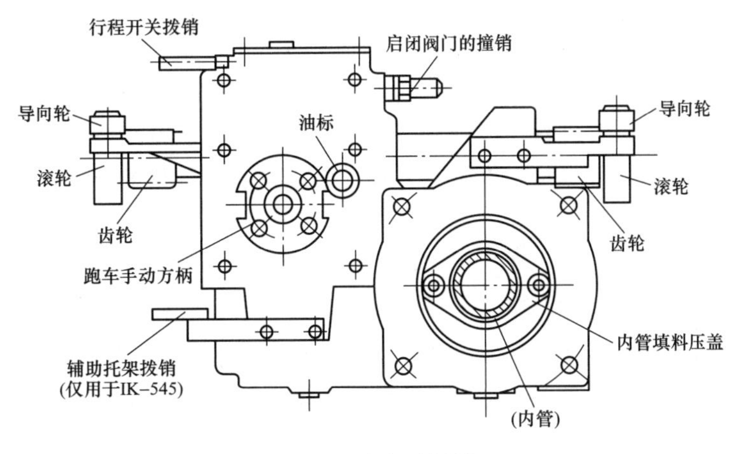

图 6-7　跑车后视图

2. 吹灰器阀门

机械操纵的吹灰器阀门是控制吹灰介质进入吹灰枪的重要部件，它位于吹灰器的最后端、固定在吹灰器本体上，如图 6-5 所示。

吹灰器阀门的启动臂由固定在梁上的凸轮机构来操纵和控制。在运行中，当跑车移动到一定的位置时，跑车上的撞销导入凸轮槽中，凸轮则通过拉杆操纵启动臂，自动启闭阀门。撞销位置可以调节，以保证在吹灰枪处于吹灰位置时（进入炉内一定距离）才开启阀门提供吹灰介质；而吹灰枪退到非吹灰位置时，阀门将自动关闭。阀门启闭机构如图 6-8 所示。

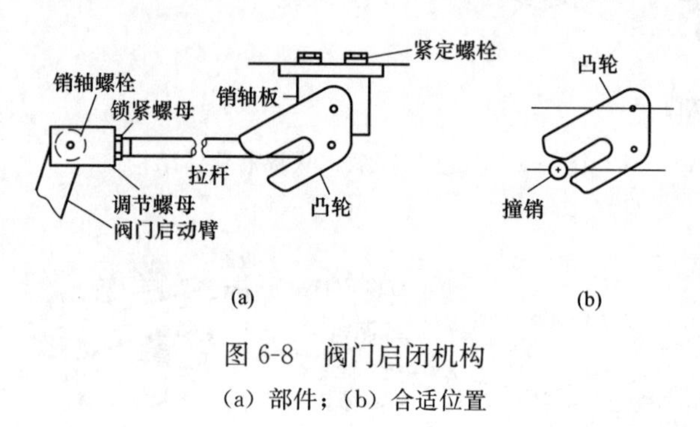

图 6-8 阀门启闭机构

(a) 部件；(b) 合适位置

3. 梁

梁为一箱盖型部件，对吹灰器的所有零部件提供支承和最大限度的保护。跑车前进、后退的齿条就装在梁的两侧。两端有端板，后端板支承阀门和内管，前端板支承吹灰枪管。梁由两点支承，前支承一般靠固定在锅炉外壳的墙箱支托，后支承位于吹灰器后部，固定在钢架上。这种支承方法可使吹灰器承受锅炉在所有三个坐标方向的膨胀与收缩。有时梁也可以完全由钢架支承。

4. 墙箱

墙箱焊接在锅炉外壳的套管上，对吹灰枪管和炉墙开孔处进行密封。墙箱上有位于同一水平线的两销孔，是吹灰器的前支承（支承一半吹灰器重量）。墙箱和弹簧压紧的密封板，在吹灰枪管周围形成环形间隙，靠大气压力密封吹灰枪管的周围。

5. 动力电缆

电源可通过下垂电缆、弹性电缆或环挂电缆输送给移动的电动机。下垂电缆在吹灰器侧面的接线盒与电动机之间形成一个环状，弹性电缆在吹灰器梁的上半部分，环挂电缆在吹灰器梁的一侧或下面。

6. 前托架

前托架在吹灰器梁的前端板下方，固定在墙箱铸件上。其作用是与跑车共同支承吹灰枪和内管。它大约支承着吹灰器一半的重量。托架底部有托轮，支托着吹灰枪管，并对枪管通过墙箱进入锅炉起导向作用。调整滚轮旋转方向与吹灰枪管运动的螺旋线方向一致十分重要。

7. 内外管辅助托架

内外管辅助托架用在行程超过 7.62m 的 IK-545 吹灰器上，安装在吹灰器梁的中点附近。由于该吹灰器行程较长，除了用前托架支托吹灰枪之外，还需要内外管辅助托架。当跑车位于辅助托架之后时，它支托吹灰枪和内管；当跑车位于辅助托架之前时，它只支托内管。辅助托架上两个托轮的旋转方向也应调节到与吹灰枪管运动的螺旋线一致。

8. 内管

内管是高度抛光的不锈钢管，用来将吹灰介质输送到吹灰枪。

9. 吹灰枪与喷头

吹灰枪可以前后移动。吹灰时，枪管伸入炉内一定距离；吹灰结束时，则退出炉外。吹灰枪管的材质有多种，它取决于每台吹灰器的安装位置。如果一台锅炉上有几种不同枪管的吹灰器，那么每一吹灰器安装时必须“对号入座”。吹灰枪由跑车和前托架支承，行程超过 7.62m 的吹灰器（IK-545）在梁的中部还有辅助托架支托吹灰枪和内管。

吹灰枪前端是一个旋压封头的喷头，喷头上钻有孔以焊装喷嘴，喷嘴是垂直还是前倾或后倾根据吹灰要求而定。喷嘴的大小和数量由不同位置吹灰器的吹灰介质流量与压力要求而定。

10. 电气箱与行程控制

电气箱是一个集中电气接线箱，里面装有就地操作按钮和接线端子排。有时，也可将整个启动系统装在里面。

电机驱动的吹灰器，在梁的前端、后端都装有限位开关以控制前进和后退的行程。这些开关由装在跑车上的拨销拨动（见图 6-6）。

长伸缩式吹灰器的工作过程大致如下：电源接通，电动机通过减速齿轮箱的若干次传动带动跑车沿梁向前移动，与它连接的吹灰枪同时前移并转动。当吹灰枪进入炉内一定距离时，位于末端的吹灰阀门自动开启，吹灰介质进入吹灰枪管，吹灰开始，蒸汽经过喷嘴以一定的方式喷入炉内。吹灰枪前后移动的行程范围由装在梁两端行程开关限制。当跑车持续前进到一定位置时，前端支承板触及前端行程开关，此时电动机反转，跑车和吹灰枪退回，枪喷头后退到距炉墙一定距离时，吹灰器阀门又将自动关闭，停止吹灰。当跑车退回到起始位置时，触及末端行程开关，则电源切除，运动停止，吹灰器完成了一次吹灰动作。

三、空气预热器吹灰器

IK-AH 型吹灰器是以蒸汽或空气作为吹灰介质，专门用于吹扫回转式空气预热器受热面积灰的吹灰器。该型吹灰器的吹灰枪管、枪管上的喷嘴口径及布置间距根据不同的空气预热器和安装要求专门设计。运行时，吹灰枪管只做伸缩运动，而回转式空气预热器做旋转运动，因此，每个喷嘴的吹灰轨迹是数圈阿基米德螺旋线，几个喷嘴一起，完成对整个空气预热器的吹扫（见图 6-9）。

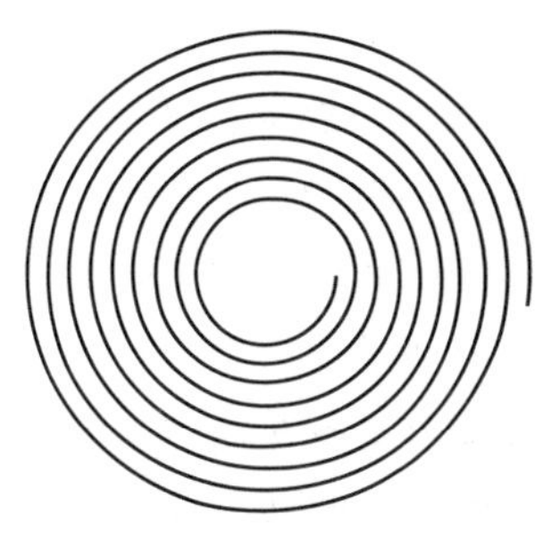

图 6-9 吹灰器喷嘴的吹灰轨迹

喷嘴喷出的气流有一定扩散角，喷射覆盖面宽度随喷嘴到空气预热器扇形板的距离不同而变化。通常，喷嘴距扇形板的距离为 200mm 时，覆盖面宽约 64mm，而当距离为 300mm 时，覆盖面可达 95mm。

在确定IK-AH吹灰器的运行速度（即吹灰枪管的运行速度）时，必须根据空气预热器的旋转速度和喷嘴到扇形受热面的距离，合理地选定吹灰器的运行速度。当空气预热器旋转一周时，喷嘴的前进距离必须小于其喷射覆盖面的宽度。例如，当喷嘴距受热面300mm时，空气预热器每旋转一周，吹灰枪管前进约75mm。这样，每圈螺旋线形吹扫覆盖面有足够的重叠量，以确保吹灰效果。

吹灰器可近操、远操和程控。按下启动按钮，电源接通、跑车前移，与之拴接的吹灰枪管也同时前移。随即跑车带动拉杆、开启吹灰蒸汽阀门，吹灰开始。当跑车前进至触及前端行程开关时，跑车退回，并使吹灰枪缩回，退至近终点时，阀门关闭，吹灰停止。在整个吹灰过程中，吹灰枪匀速前进、后退，在受热面上留下了阿基米德螺旋线形的吹灰轨迹。最后，跑车触动后端行程开关，跑车停止，吹灰器完成了一次吹灰过程。

需要单程吹灰时，可在汽源管道上装上一电动阀，吹灰器退回时，电动阀随即关闭。这样，吹灰器自身的阀门虽未关闭，但由于汽源丧失，使吹灰器在退回的过程中并未吹灰。当用压缩空气吹灰时，要有足够大的空气储罐，并要求在管道上装上压力表，以监视吹灰时的压力，防止压力过低达不到吹灰的效果。

IK-AH型吹灰器由吹灰介质供给及喷射系统（包括阀门、内管和吹灰枪）、驱动系统（跑车）、支承防护系统（梁）、控制系统（电气箱）和接墙密封系统（墙箱）组成。

1. 吹灰器阀门

机械操纵的阀门位于吹灰器的最后端，它可用蒸汽或压缩空气作为吹灰介质，内有压力调节装置。阀门的开与关均由跑车进、退自动控制。跑车上的撞销操纵凸轮机构自动启闭阀门。撞销位置可调节，以保证吹灰枪在吹灰位置时提供吹灰介质。吹灰器退到非吹灰位置时，阀门自动关闭。有些场合，也可用气动薄膜驱动阀代替机械操作的阀门。

2. 内管

内管是表面高度抛光的不锈钢管，一端与阀门连接，用来将吹灰介质输送到吹灰枪。

3. 吹灰枪与喷嘴

空气预热器的型号和安装空间不同，吹灰枪管的尺寸和结构形式也会不同，一种是带垂直分支管的枪管，另一种则是直管。枪管由两部分组成，炉外部分装在吹灰器本体上。枪管的炉内部分由炉内支承件支托导向，调整好吹灰范围后，与本体上的枪管现场焊接。不论哪种形式的枪管，炉内部分都必须提供足够的长度，以适应现场安装调整的需要。

喷嘴的数量、尺寸和间距对不同型号的空气预热器专门设计，吹灰介质通过各个喷嘴吹扫扇形板的每个区域，有时，吹灰枪管的后端布置双喷嘴，在空气预热器转动速度较快时，其吹灰效果比单喷嘴好。

4. 跑车

跑车是吹灰器的主要部件之一，它与吹灰枪管连接，带动枪管对空气预热器的受热面进行吹扫，吹灰介质由阀门通过内管穿过跑车填料送至枪管，在跑车的填料室和内管间装有填料，对吹灰介质进行动密封。

跑车为电动机驱动，由辅齿轮箱和主齿轮箱组成。由四级齿轮和一级蜗轮蜗杆减速。其中，辅齿轮箱内有三级齿轮减速，主齿轮箱内有一级蜗杆和一级齿轮减速，最大减速比接近3000，调整齿轮齿数，几乎可以得到64mm/min以上的任何速度。跑车的末级正齿轮带动主传动轴，主传动轴两端的齿轮与梁两侧的齿条啮合，完成吹灰器的伸缩运动。跑车的填料室上有吹灰枪连接法兰和填料压盖。跑车完全密封，可以有效防止脏物和腐蚀性气体的侵害。

5. 梁

梁为一箱盖型部件，对吹灰器的所有零件起连接、支承和保护作用。梁的两端有端板。后端板连接阀门和内管，前端板支托吹灰枪管。梁由两点支承。前支承一般靠与空气预热器外壳连接的墙箱支托，后支承位于吹灰器后部，通常固定在空气预热器外部的钢梁上。这种支承方式可使吹灰器承受空气预热器在所有三个坐标方向的膨胀与收缩。有时，梁也可以完全由钢架支承。

6. 电气箱与控制

电气箱是一个集中电气接线箱，上面装有就地操作按钮和接线端子排。有时，也可将整个启动系统装在里面。吹灰器行程由装在梁两端的行程开关控制。

7. 墙箱

墙箱为一密封盒，当枪管伸缩运动时，防止烟气外逸。负压墙箱不需要密封空气，墙箱内也未装密封机构。

第三节 吹灰系统运行

1. 吹灰周期

吹灰周期通常是每班一次，考虑到实际燃煤的变化及运行条件，可以根据锅炉实际积灰程度定出吹灰的最佳周期，同时可按受热面不同积灰程度采用不同的吹灰次数，如水平烟道处可适当增加吹灰次数或延长吹灰时间。必须引起注意的是，如果因一段时间疏于吹灰而导致锅炉积聚了相当可观的飞灰，再进行吹灰不但会导致吹灰困难，而且会使设备受损。吹灰时锅炉应保持足够高的燃烧率，一般要求吹灰时锅炉负荷不低于70％MCR，以便吹灰时不致将火吹熄。

2. 吹灰介质压力

试运行时的吹灰压力采用推荐压力，最终的吹灰介质压力必须按吹灰效果并经过一段时间的运行试验才能决定。运行时应首先整定需要最高压力的吹灰器，一般为屏区和折焰角上部的长伸缩式吹灰器，根据吹灰压力及管路压降来调整供汽压力（可借助调节阀开度达到，其操作步骤参照程控说明）。由于每条吹灰管路前均装一只可调节的流量孔板，可用它来达到各吹灰器所需的吹灰介质压力。

在锅炉试运行或停运时，必须观察吹灰效果及管子受损情况，以便进一步调整吹灰器的投运次数和吹灰介质压力。

3. 吹灰顺序和时间

在正常的准备工作结束后具备了吹灰条件时，吹灰顺序应按如下步骤进行：

（1）提高炉膛负压（可开大引风机的开度），使炉膛出口处的负压值大致为97.97Pa。

(2) 开启吹灰器系统中的所有疏水阀门，然后打开调节阀前的电动截止阀，并给调节阀以开启信号，开启这两只阀的时间由各阀门动作时间而定。

(3) 吹灰器系统的总管及支管的暖管、疏水所花的时间应按实际调试后定，按以往的经验为15～20min。疏水结束后关闭疏水阀门，时间间隔按疏水阀动作的时间而定。

(4) 进行空气预热器吹灰，两台吹灰器同时工作。

(5) 受热面吹灰。由于1000MW锅炉机组的受热面吹灰器数量多达上百支，如果每次投入一对吹灰器，则整个吹灰时间相当长，需要三个多小时才能把整个吹灰器投运完毕。当然不一定每次都要把各个吹灰器轮流投运一遍，但为节省吹扫时间，建议每次同时投入两对吹灰器（即每次4只吹灰器），这样整个吹灰工作可在2h内结束。

当吹灰器在全程控制情况下，它的吹灰顺序为：回转式空气预热器吹灰→炉膛短伸缩式吹灰器吹灰→水平烟道长伸缩式吹灰器吹灰→竖井烟道长伸缩式吹灰器吹灰→回转式空气预热器吹灰器吹灰。

不论以何种方式进行吹灰，都应先进行空气预热器吹灰，再进行炉膛吹灰和烟道受热面的吹灰，最后再进行一次空气预热器吹灰。

水冷壁、过热器、再热器、省煤器等区域的吹灰应按烟气的流动方向自前向后逐区进行。在同一区域则自上而下进行，这样可以避免受热面的交叉积灰。但是，当受热面积灰过分严重或燃用高灰分煤时，为了防止后部烟道上受热面在吹灰时发生堵塞，此时采用先逆烟气流动方向，再顺烟气流动方向进行吹灰。

(6) 待受热面吹灰结束后，向减压站系统发出关闭信号，先关闭减压站总门（电动截止阀）及调节阀，再打开所有疏水阀，约20min后再关闭。

按上述顺序完成对整台锅炉的吹灰过程花费时间较长，为节省总的吹灰时间，可在对空气预热器进行吹灰的同时对炉膛进行吹灰。在对后烟井吹灰到某一过程时，对空气预热器同时吹灰。也可按实际运行情况不必每班对锅炉进行全部吹灰，可分批交错进行。但对水平烟道每班应进行吹灰，以免积灰。空气预热器由于烟温低，如不及时吹灰，波形板之间极易堵塞，因此每班应进行吹灰。

4. 对吹灰程控的要求

吹灰的程序控制应满足以下的要求：

(1) 对锅炉三个部分（空气预热器、水冷壁、对流烟道）的各个区域既能进行区域内单独循环吹灰，也可连在一起进行整体循环吹灰。

(2) 当某一区域内局部积灰严重时，能进行局部循环吹灰或一台单独吹灰。

(3) 同时投入工作的吹灰器，在工作中若有一台发生故障，该台能自动停止运行，并能发出事故报警信号。同时，其他吹灰器仍可正常进行工作。

(4) 每次减压阀启动后，都要进行暖管及疏水一次。若吹扫时间太长，为防止待吹的另一部分吹灰管内积水，应考虑有吹灰前再强制疏水一次的功能。中间疏水时间可视实际情况调节，一般在10min之内，疏水时不能吹灰。

(5) 主燃料跳闸（MFT）、快速减负荷（RB）时，吹灰程控自动停止工作。

5. 注意事项

(1) 吹灰器投运时，应特别注意炉膛压力和蒸汽温度的变化。

（2）吹灰器运行中，四管泄漏检测装置必须投入，防止吹灰器吹损受热面。

（3）吹灰最好是在锅炉70%～100%MCR负荷之间进行，若吹扫时负荷过低，不仅易降低炉膛温度，同时对锅炉易造成危害。

（4）吹扫时最低压力不得低于0.78MPa，以保证有足够的能力冷却吹灰管路。

（5）无吹扫介质时，绝不允许投运吹灰器。若在吹灰过程中遇到失电、电动机故障或其他意外事故，应马上就地手动退回吹灰器，以免烧坏设备。

（6）吹灰器只能吹扫管子上的松散沉积物，而不能去除长期沉积形成的坚硬堆积物，故吹灰器需要及时地、有计划地进行吹扫。在新锅炉经调试投入正常运行前，应先确定每班一次的制度，待经过一段时期的试用，对照结灰速度、汽温和烟温的变化以及管壁冲蚀程度，来选定适宜的吹扫周期，但绝不允许吹灰器长期不用。

（7）吹灰管路上的减压阀、疏水阀、测量仪器等附件，须经调试合格后方可投入使用，使用后要经常检查和维修，以保证都处在良好的工作状态。

（8）吹灰器使用一年后应大修一次，在平常维修吹灰器时，也要维修吹灰器电动机。

6. 吹灰程控系统

吹灰系统的运行由以可编程序控制器（PLC）为核心的控制系统实施控制。该控制系统在主控制室内设置一台显示和控制机柜，控制柜的输入/输出柜与吹灰系统中的吹灰器等设备连接，这样运行人员就可以远方操作各台吹灰器，并随时通过显示柜了解各设备的运行状态。

（1）吹灰程控的功能。锅炉吹灰程控装置采用可编程序控制器作为控制主机，DCS的操作员站和触摸屏作为人机界面，实现如下功能：

1）系统具有与DCS的通信接口，DCS的操作员站和触摸屏均可实现对装置的操作及监视；

2）自动控制疏水阀以适应暖管疏水和吹灰过程中蒸汽参数要求；

3）实现锅炉各部位吹灰器的自动程控吹灰；

4）每一吹灰器均具有自动程序控制、远方软手动控制和就地电动控制三种操作方式，就地电动控制主要用于调试；

5）自动吹灰程序根据工况按可变或固定顺序执行，接受连锁与人工中断信号中断程序；

6）所有吹灰器能任意切除、跳步和选点操作，而不影响自动程序进行及远方遥控操作；

7）设有“人工中断”“重新启动”功能，在中断时发出报警信号，待故障排除后手动发出“重新启动”指令，自动程序从中断点继续执行；

8）触摸屏和DCS操作员站上设有简洁吹灰过程画面，动态显示吹灰器及阀门的动作过程和状态，在触摸屏和DCS操作员站上可完成对吹灰器及阀门的所有操作；

9）接受“吹灰器过载”“超时”“汽压低”“PLC异常”“禁止吹灰”等信号连锁；

10）装置采集有蒸汽温度、蒸汽压力、吹灰器电动机电流、阀门电动机电流等模拟信号，并在触摸屏和DCS操作员站上进行棒状图、趋势图显示。触摸屏和DCS操作员站还可提供报警记录、追忆、在线故障分析及帮助提示。

（2）吹灰程控的控制和连锁功能。程控系统对吹灰管路系统具有下列控制和连锁功能：①控制减压站上的气动调节阀暖管、投运和关闭；②连锁吹灰母管吹扫的压力过低；③控制吹灰母管蒸汽温度和减温装置内喷水量；④吹灰蒸汽流量过低的连锁；⑤疏水阀与暖管间的连锁；⑥辅助汽源站的投运和空气预热器疏水装置间的连锁。

第四节　瑞金电厂二期锅炉吹灰系统

一、吹灰系统概况

瑞金电厂二期锅炉蒸汽吹灰系统分为锅炉本体受热面吹灰和空气预热器吹灰两部分，吹灰汽源取自二次低温再热器进口集箱。如图 6-10 所示。

锅炉本体部分有 64 台墙式吹灰器布置在炉膛，64 台长伸缩式吹灰器布置在锅炉上部区域，分级省煤器区域布置 4 台半伸缩式吹灰器。空气预热器旁路省煤器区域布置 4 台半伸缩式吹灰器。每台空气预热器冷、热端均采用 1 台蒸汽吹灰器，共 4 台。

蒸汽吹灰管路中设有自动疏水点，疏水排到大气式扩容器。

吹灰器主要设计参数见表 6-1。

另外，SCR 脱硝装置蒸汽吹灰汽源取自锅炉本体吹灰蒸汽，入口管道设 1 个手动阀和 1 个电动阀。低低温省煤器蒸汽吹灰汽源取自辅助蒸汽，入口管道设 1 个手动阀和 1 个电动阀。

锅炉整套吹灰实现过程控制，并采用智能吹灰系统实现吹灰器自动投入运行。吹灰系统的设计基于具体条件进行的，包括吹灰器的数量和形式、布置位置、燃用煤种、受热面布置特性以及类似工程的运行情况等。尽管如此，由于运行中实际情况的变化，如煤质变化、负荷变化、汽温变化等都可能极大地影响吹灰的需求，因此，吹灰器的使用应由运行人员根据具体运行情况进行不断调整，以适应锅炉运行情况的变化。

二、锅炉本体吹灰系统

吹灰蒸汽自二次低再进口集箱接出，气动薄膜减压阀减压后其值为 3.0MPa。最佳使用值取决于吹灰器投运后的各种情况，再按需要调整这一压力值。减压阀前管路上布置有一只手动阀和一只电动阀作关闭汽源用。

因汽源压力较低，设置有减压阀旁路系统，旁路管路上布置手动关断阀。

减压阀后管路上设有一只安全阀以防吹灰蒸汽超压。管路上还设有压力测点，监视减压阀出口压力。

各路吹灰管路均设有流量开关，并与程控相接，流量开关触点的设定值为保持吹灰器所需的最小冷却流量。

为保证吹灰介质适当干度，吹灰管路中设有疏水系统，本体吹灰部分有 4 个疏水点，其中炉膛吹灰器及伸缩式吹灰器各 2 点。每一疏水点疏水管路上布置有一只电动截止阀，

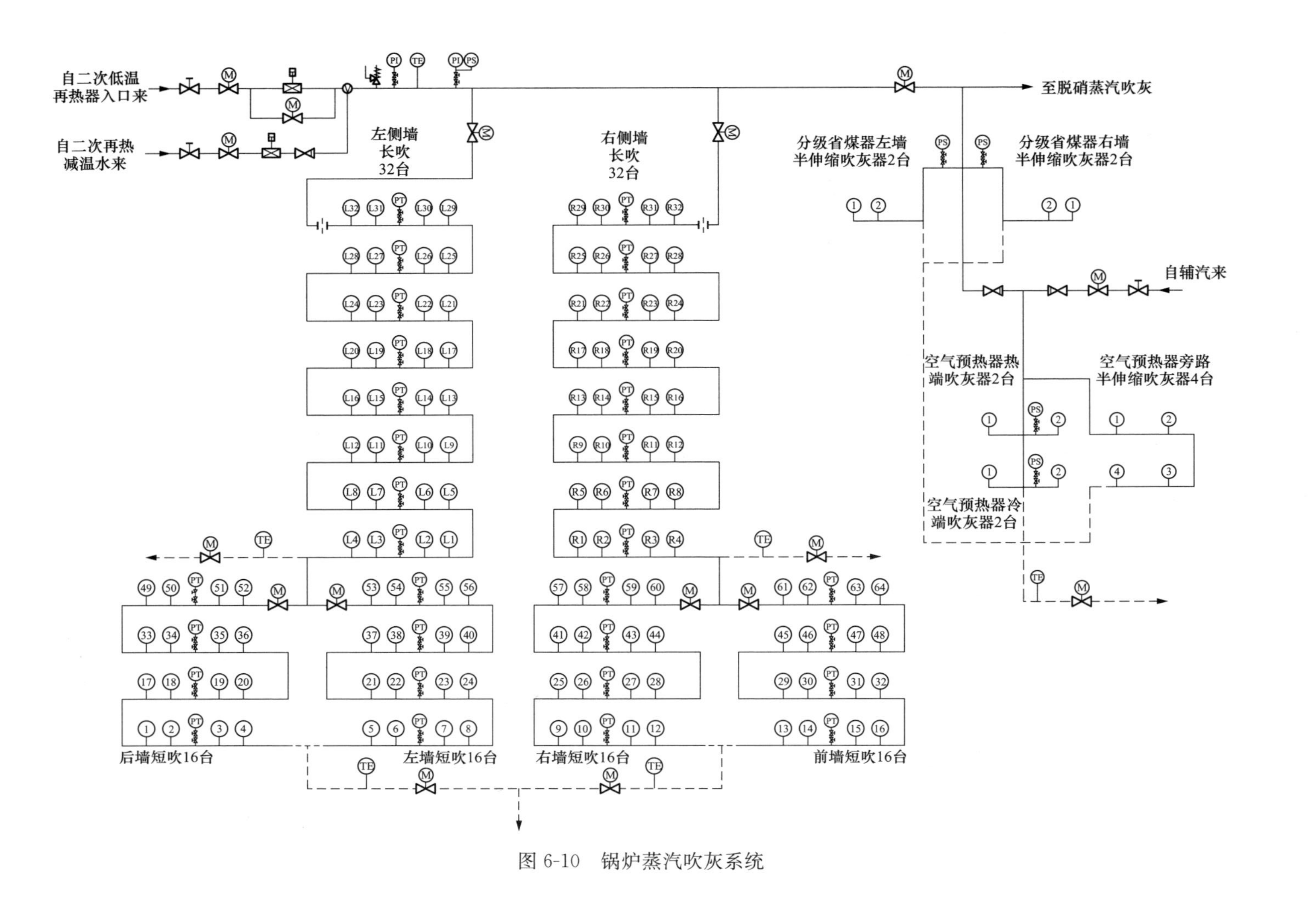

图 6-10 锅炉蒸汽吹灰系统

表 6-1 吹灰器主要设计参数

名称	型号	蒸汽温度（℃）	吹扫压力（MPa）	行程（mm）
炉膛吹灰器	HXD-5	～350	1.2	255
长伸缩吹灰器	HXC-52	～350	0.8～1.4	～10300
半伸缩吹灰器	HXC-B5	～350	～1.0	～5100
预热器蒸汽吹灰器	HXYR-5	～350	～1.0	～1600
空气预热器旁路吹灰器	HXC-B5	～350	～1.0	～3050

温控疏水，为保证彻底疏水，水平管道应至少保持 0.025m/m 的坡度。

三、空气预热器吹灰系统

空气预热器吹灰蒸汽来自二次低再进口集箱，和锅炉本体吹灰系统共用同一减压系统，减压后的蒸汽有一路进入空气预热器吹灰器。该管路中设有一个疏水点，温控疏水，疏水阀为电动截止阀，温度控制器在现场设定温度时按尽可能高的过热度定。

在进入空气预热器吹灰器总管上还设有吹灰器辅助蒸汽管路，辅助蒸汽来自辅助蒸汽母管，蒸汽压力为 0.8～1.3MPa(g)，温度为 280～380℃，经过截止阀和止回阀后进入吹灰管路。辅助蒸汽与正常汽源可以通过阀门切换。

空气预热器布置的吹灰器均为蒸汽吹灰器，不设置高压冲洗水系统。

第七章　SCR 脱硝系统

选择性催化还原法（Selective Catalytic Reduction，SCR）是一种燃烧后 NO_x 控制工艺。该工艺是将氨气（NH_3）喷入烟气中，混有氨气的烟气流经一个设有专用催化剂的反应器，在催化剂的作用下，NH_3 同烟气中的 NO_x 发生反应，生成 H_2O 和 N_2。

第一节　概　　述

SCR 的原理首先由美国 Engelhard 公司发现并于 1957 年申请专利，后来，日本在该国环保政策的驱动下成功研制出了现今被广泛使用的 V_2O_5/TiO_2 催化剂，并分别于 1977 年和 1979 年在燃油和燃煤锅炉上成功投入商业运用。目前，该项技术在全球占有率高达 98%，居世界发达国家烟气脱硝技术首位。SCR 法脱硝工艺已成为世界上应用最多、脱硝效率最高、最为成熟的脱硝技术。SCR 脱硝效率可高达 90%～95%，SCR 装置与低 NO_x 燃烧系统相结合，可将燃煤电厂锅炉 NO_x 排放控制在 $50mg/m^3$ 以内。

SCR 系统通常安装于锅炉省煤器之后、空气预热器之前的烟道上。NH_3 通过注氨格栅上的喷嘴喷入烟气中，与烟气混合均匀后一起进入填充有催化剂的脱硝反应器内。脱硝反应器通常垂直放置，反应器中的催化剂分上下多层。经过最后一层催化剂后，烟气中的 NO_x 被控制在排放限值范围以内。氨喷射器安装在反应器的上游足够远处，以保证喷入的氨与烟气充分混合。省煤器旁路用来调节烟气温度，通过调节经过省煤器旁路的烟气比例来控制反应器中的烟气温度。典型的 SCR 烟气脱硝系统如图 7-1 所示。

一、SCR 化学反应

1. 主化学反应

SCR 的反应机理比较复杂，化学过程的实质是以氨为还原剂，在一定温度和催化剂的作用下，有选择地将烟气中的 NO_x 还原成 N_2，反应式为

$$4NO + 4NH_3 + O_2 \longrightarrow 4N_2 + 6H_2O \tag{7-1}$$

$$2NO_2 + 4NH_3 + O_2 \longrightarrow 3N_2 + 6H_2O \tag{7-2}$$

一般锅炉烟气中 95%的 NO_x 以 NO 形式存在，NO_2 甚少，因此在设计计算时主要考虑对象是 NO，反应式（7-1）是主要的。

在无催化剂条件下，上列反应的温度在 980℃左右，由于采用合适的催化剂，反应温度大大降低到 400℃以下。

上述化学反应所需的 NH_3/NO_x 摩尔比约为 1。最适宜的温度范围为 300～400℃，完全可以适应锅炉烟气的实际温度条件。

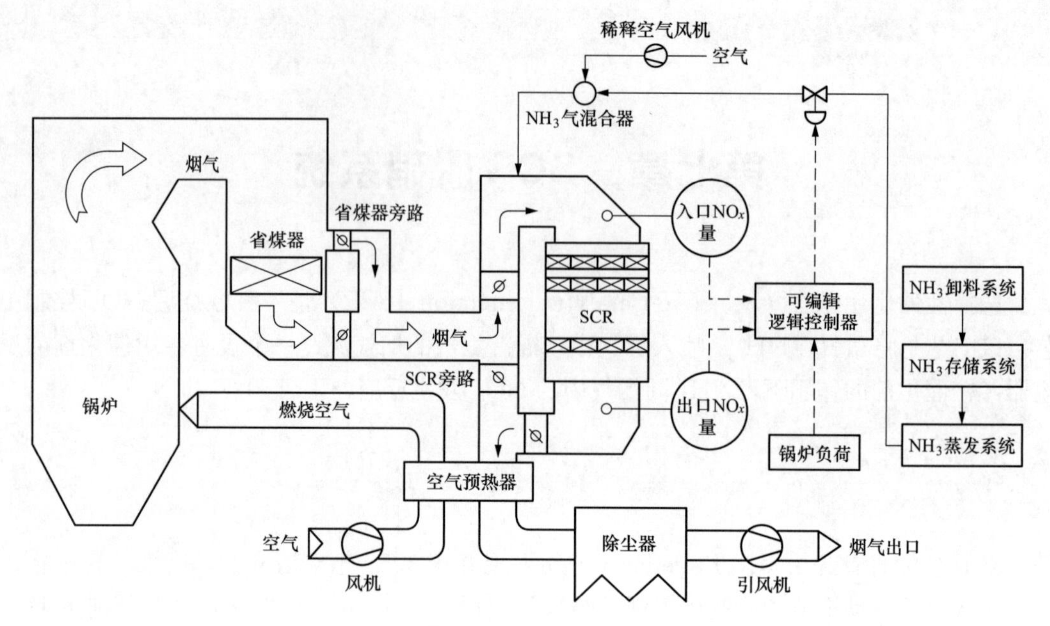

图 7-1　典型的 SCR 烟气脱硝系统图

2. 副化学反应

主化学反应进行的同时，还可能发生一系列副反应。当温度达到 350℃，便开始进行以下的放热反应

$$4NH_3 + 5O_2 \longrightarrow 4NO + 6H_2O \tag{7-3}$$

当温度低于 450℃时，NH_3 的热分解反应将激烈进行

$$2NH_3 \longrightarrow N_2 + 3H_2 \tag{7-4}$$

当温度低于 300℃时，将发生下列反应

$$4NH_3 + 3O_2 \longrightarrow 2N_2 + 6H_2O \tag{7-5}$$

$$2SO_2 + O_2 \longrightarrow 2SO_3 \tag{7-6}$$

$$3NH_3 + 2SO_3 + 2H_2O \longrightarrow NH_4HSO_4 + (NH_4)_2SO_4 \tag{7-7}$$

SO_2 转化成 SO_3，随即与过量的氨反应生成铵盐和酸式铵盐，特别是后者，对催化剂具有黏附性和腐蚀性，可能造成催化剂性能下降和下游设备堵塞。

由此可见，为了促使 SCR 化学过程以主反应式（7-1）和式（7-2）为主，尽量减少副反应发生，将反应控制在 300～400℃范围内是至关重要的。

二、脱硝效率的主要影响因素

脱硝效率定义为反应器进口前的 NO_x 浓度减去反应器出口后的 NO_x 浓度，再除以反应器进口前的 NO_x 浓度。脱硝效率定义的数学表达式为：

$$\eta = \frac{c_{NO_x}^{in} - c_{NO_x}^{out}}{c_{NO_x}^{in}} \times 100\% \tag{7-8}$$

式中 $c_{NO_x}^{in}$，$c_{NO_x}^{out}$——SCR 反应器入口、出口烟气的 NO_x 的浓度。

在 SCR 脱硝过程中，影响脱硝效率的主要因素是催化剂性能、反应温度、NH_3/NO_x 摩尔比和接触时间。

1. 催化剂的性能

催化剂的性能主要决定于其活性组分的设计和制备成型的工艺。

催化剂的活性组分一般采用 V_2O_5。在一定条件下，脱硝效率是随着催化剂中 V_2O_5 含量的增加而增加的，但是实验证明当 V_2O_5 达到 6.6%时，脱硝效率不增反降，如图 7-2 所示。

这主要是由于 V_2O_5 在 TiO_2 载体上的分布不同造成的。红外光谱分析表明，当 V_2O_5 含量在 1.4%～4.5%时，它在载体上的分布是均匀的，并以等轴聚合钒基形式存在，当 V_2O_5 含量达到 6.6%时，它在载体上会形成新的结晶区，从而使催化剂活性降低和脱硝率下降，所以工程上，催化剂中 V_2O_5 的含量不宜超过 6.6%。

2. 反应温度（T）

根据 200～400℃催化剂的实验结果获得 η-T 曲线（见图 7-3）。

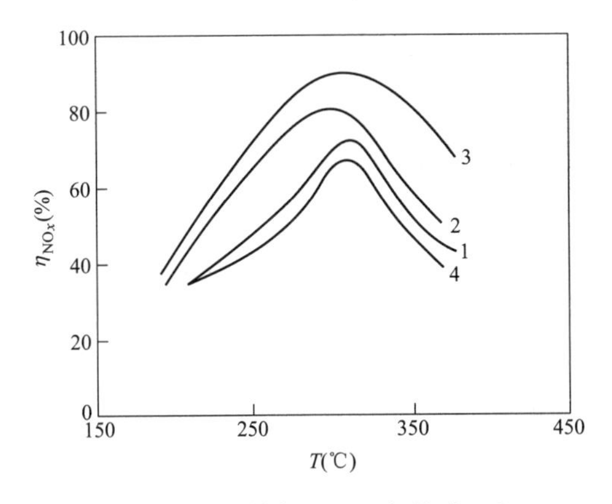

图 7-2 催化剂中 V_2O_5 含最对 NO_x 脱除率的影响

1—V_2O_5，1.4%；2—V_2O_5，3.0%；3—V_2O_5，4.5%；4—V_2O_5，6.6%

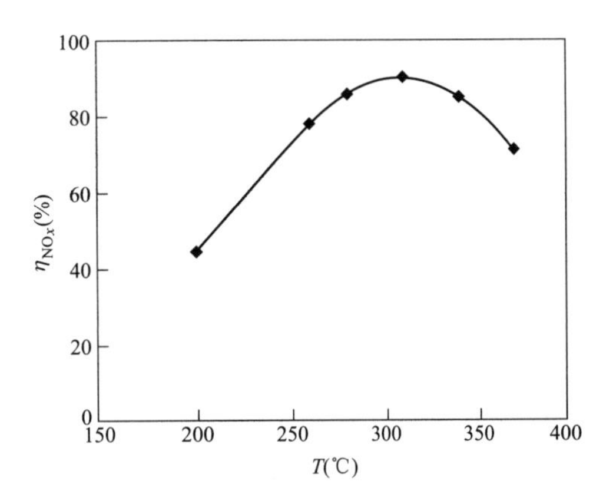

图 7-3 SCR 反应温度对 NO_x 脱除率的影响

当 T＜250℃时，效率随温度上升而迅速增加；当 T＝310℃时，脱硝效率达到最大值（约 90%），然后随温度再升高而逐渐降低。

显然，温度对效率的影响存在两种趋势。温度升高，一方面使主反应的速度增加，因而效率上升；另一方面促使副反应中的氨氧化反应和热分解反应发生，因而效率下降。此升彼降的结果，在 310℃处获最大 η 值。这便是 V_2O_5/TiO_2 催化剂的最适宜温度。

3. NH_3/NO_x 摩尔比（r）

试验证明，在上述催化剂和最适宜温度条件下，获得 η-r 曲线（见图 7-4 和图 7-5）。

当 r＜1 时，η 随 r 增加而增加，当 r 增至 1.2 时，脱硝效率达到最大值，然后便随 r 增加而下降。在这种情况下，必然会造成未反应的残氨排放。因此，在 SCR 系统中，一般要求控制 r＜1.2。

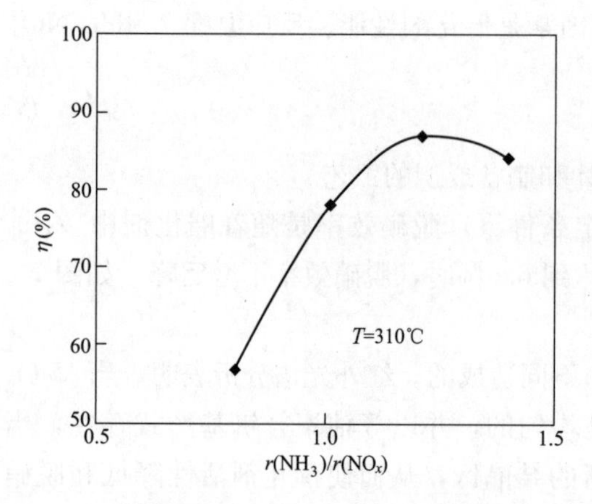

图 7-4 NH_3/NO_x 摩尔比对 NO_x 脱除率的影响

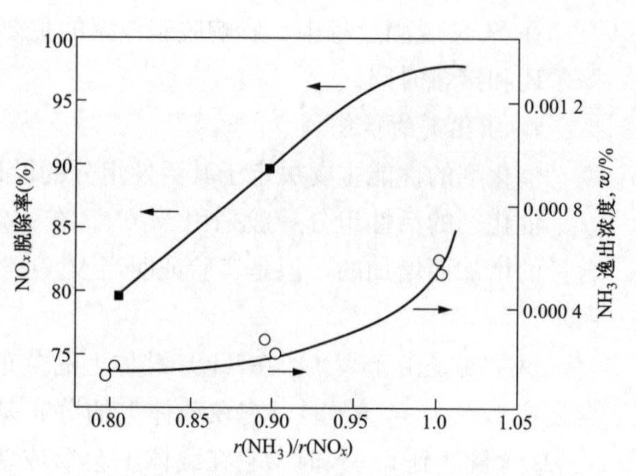

图 7-5 NH_3/NO_x 摩尔比对 NO_x 脱除率和氨的逸出的影响

理论上，化学计量比为1时，可以达到95%的脱硝效率，同时可以维持排气中残氨浓度在较低水平。实际上，随着运行时间的增加，催化剂的活性逐渐降低，氨的逃逸量逐渐增加，一旦增至允许值就必须更换催化剂。残氨浓度，从环境保护、工业卫生以及降低脱硝成本和减少铵盐生成考虑，应当是越低越好，但实际上零排放是办不到的，尽量控制在1.5～2.3mg/m^3 以下是必要而可能的。

4. 接触时间（t）

接触时间是指气流中 NH_3、NO_x 与催化剂三者共同接触的时间，与通常的均相反应有所不同，因此，这一参数所表征的物理意义相对比较复杂，仅以线速度（L_V）描述，显然是不充分的，还需要用面积速度（A_V）和空间速度（S_V）才能表达全面和真实。

线速度类似于洗涤吸收过程的“空塔速度”，表征烟气掠过反应器的断面的速度，它是决定反应器中催化剂层的断面积和高度的重要参数，是停留时间的概念。

试验证明，在催化剂表面的化学反应速度极为迅速，接触时间只需 200ms 即可完成，设计的接触时间应当大于此值，所以一般工程设计采用的接触时间在0.5～0.6s。

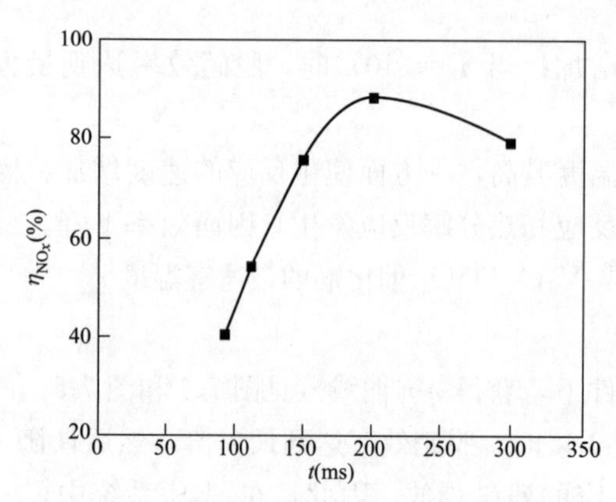

图 7-6 接触时间对 NO_x 脱除率的影响

空间速度的含义是单位体积的催化剂所承载的烟气体积流量，或者说，单位时间内通过催化剂的烟气体积与催化剂体积之比。这里，既反映烟气的流量因素，又反映催化剂的体积因素，表达了多相催化过程的特点，因此，S_V 是 SCR 系统的一个很重要的设计参数，实际上，空间速度的倒数就表征接触时间。

根据上述试验条件，当 $r=1$ 时，获得 η-t 曲线如图 7-6 所示。

当接触时间 t 不大时，η 随 t 的增加而增加；$t=200ms$ 时，η 达到最大值，然后 η 逐渐下降，这主要是因为气流与催化剂接触的时间增多有利于气体在催化剂微孔内的扩散、吸附和反应以及反应物的解吸和扩散，从而使脱硝效率提高。但如果接触时间过长，则会因发生氨的氧化副反应而使脱硝效率下降。

显然，当烟气条件一定时，S_V 和催化剂的体积主要决定于催化剂的体积，而该体积主要决定于催化剂的性能，因此，每种催化剂都有其最佳 S_V 值，由试验测知。

通常，V/Ti 催化剂的最佳 S_V 值在 $6000\sim7000h^{-1}$ 或 $1.7\sim2.0s^{-1}$，换言之，按照空间速度考虑，接触时间约为 0.5～0.6s。

工程设计时首先确定 S_V 和催化剂的体积，然后由设计的 L_V 计算催化剂层的断面尺寸和总高度。

第二节 还原剂与催化剂

一、还原剂

烟气脱硝反应所用的还原剂为氨气（分子式为 NH_3）。氨是 1754 年由英国化学家普里斯特利在加热氯化铵和石灰石时发现的；氨的工业制法是德国 F. 哈伯 1909 年发明的，氮和氢在 15.2～30.4MPa、400～500℃下直接合成氨；在自然界中，氨是动物体（特别是蛋白质）腐败后的产物，氨是含氮物质腐败的最终产物。

1. 氨的特性

氨是无色透明有刺激性臭味的气体，具有毒性。在标准状态下，其密度为 0.771kg/m³，常压下的沸点为−33.41℃，临界温度为 132.5℃，临界压力为 11.48MPa。

在常温下加压至 700～800kPa，气态氨就能液化成无色液体称为液氨，液氨常用作制冷剂。液氨（anhydrous ammonia）在《危险货物品名表》（GB 12268—2012）中规定为危险品（危险物编号为 23003），《液体无水氨》（GB 536—2017）中指出液氨是强腐蚀性有毒物质；而《重大危险源辨识》（GB 18218—2018）把氨归为有毒物质，在生产场所如果存储量大于 40t 就是重大危险源。

在常温常压下 1 体积水能溶解 900 体积氨，溶有氨的水溶液称为氨水，呈弱碱性。

氨气与空气或氧气的氨混合气是爆炸性气体，遇明火、高热能会引起燃烧爆炸，爆炸下限体积浓度为 15.7%，爆炸上限为 27.4%，引燃温度为 651℃。氨的物理及化学特性详见表 7-1。

表 7-1 氨的物理及化学特性

项目	数值	项目	数值
分子式	NH_3	分子量	17.031
熔点（101.325kPa）	−77.7℃	沸点（101.325kPa）	−33.4℃
自燃点	651℃	氨的蒸发热（−33.3℃）	5.5kcal/mol
液体密度（−73.1℃，8.6kPa）	729kg/m³	气体密度（0℃，101.325kPa）	0.7708kg/m³
空气中可燃范围（20℃，101.325kPa）	15～28%	毒性级别	2 级（液氨：3 级）
易燃性级别	1 级	易爆性级别	0 级

2. 氨散逸后的特点

液氨通常存储的方式是加压液化，液态氨变为气态氨时会膨胀 850 倍，并形成氨云；另外，液氨泄入空气中会形成液体氨滴，然后释放出氨气，虽然它的分子量比空气小，但它会和空气中的水形成云状物，所以当氨气泄漏时，氨气并不会自然地往空气中扩散，而会在地面滞留。氨泄漏时会对现场工作人员及居住附近社区的居民造成相当大危害。

3. 制氨方法的选择

制氨一般有三种方法：尿素法、纯液氨法、氨水法。

三种制氨方法中，氨水的有效成分仅为 1/4，达到同等脱硝效率所需量大，运输和储存成本高，因此从原料的消耗和运输储存方面来说，氨水是不经济的。液氨为液态纯氨，属危险品，危险品的运输需专用车辆并报批，运输和储存过程中有一定的危险性和局限性。尿素[CH_4N_2O 或 $CO(NH_2)_2$]是三种方法中成本最高的，不仅采购成本高，而且尿素必须经过复杂的反应才能生成氨，因此其氨制备系统较为复杂。但是，尿素是一种稳定、无毒的固体物料，可以被散装运输并长期储存。它不需要运输和储存方面的特殊程序，其使用不会对人员和周围居民区产生不良影响。

从目前国内应用情况来看，SCR 工艺中液氨蒸发制氨为主流技术，尿素系统相对而言比较复杂，投资和运行成本高于液氨系统，但是其最大的优势是安全性高。

二、催化剂

（一）催化反应理论基础

催化反应过程是利用催化剂在化学反应中的催化作用，使废气中的污染物转化成非污染物的过程。催化过程一般都有比较高的转化率，其化学反应发生在气流与催化剂接触过程中，操作温度降低，过程简化。

1. 催化作用

在化学反应中加入某种催化剂，仅使反应速率发生明显变化而该催化剂的量和化学性质均不变，这种作用称为催化作用。催化作用可增加反应速率（正催化），也可以降低反应速率（负催化），还可以使反应按特定途径进行。一般所说的催化作用多指正催化。

催化作用有两个重要特征。第一，催化剂只能改变化学反应速率，在可逆反应中，它对正、逆反应速率的影响是相同的，因而只能改变到达化学平衡的时间，既不能使平衡移动，也不能使热力学上不可能发生的反应发生。第二，催化作用有特殊的选择性，一种催化剂在不同的化学反应中表现出不同的活性，而对相同的反应物，选择不同的催化剂就可得到不同的产物。

根据催化剂和反应物的物相，催化过程可分为均相催化和非均相催化两类。催化剂和反应物的物相相同，其反应过程称为均相催化；催化剂和反应物的物相不同，其反应过程称为非均相催化。一般气体净化采用固体催化剂，都是非均相催化。

2. 催化过程

实际上在废气净化中，均相催化应用极少，在非均相催化过程中，首先是反应物被催化剂吸附，使得催化剂表面反应物浓度提高，这一点对于非均相催化极为重要。

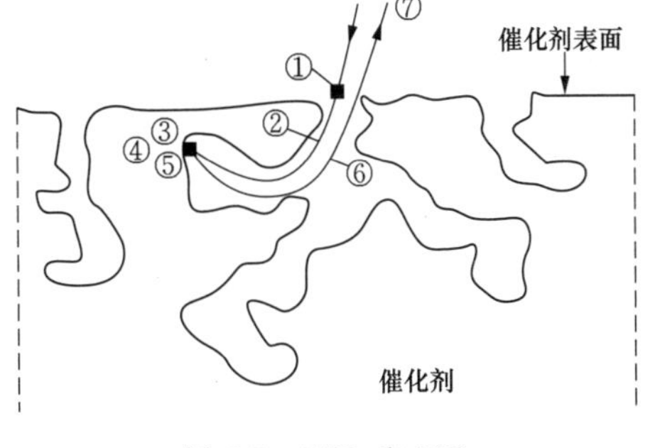

图 7-7 NH_3 和 NO_x 催化剂表面的行为示意图

如图 7-7 所示，非均相催化过程包括以下几个步骤：

①反应物由气相主体通过气膜向催化剂外表面扩散（外扩散）；

②反应物通过催化剂微孔向内表面扩散（内扩散）；

③反应物被催化剂内表面吸附（吸附）；

④反应物在催化剂内表面发生化学反应（表面化学反应）；

⑤生成物从内表面脱附（脱附）；

⑥生成物通过微孔向外表面扩散（内扩散）；

⑦生成物由催化剂外表面向气相主体扩散（外扩散）。

在上述 7 个步骤中，①和⑦为外扩散过程，主要决定于气体的流动状况；②和⑥为内扩散过程，主要受微孔结构的影响；③、④和⑤统称为表面化学动力学过程，由化学反应、催化剂性能、温度、气体压强等因素决定。

不同的催化反应过程，可能由三种不同的步骤或阶段起控制作用：①外扩散控制；②内扩散控制；③化学动力学控制。

外扩散阻力主要来自气膜，内扩散阻力主要来自催化（吸附）剂内孔道的长短和孔径的大小，而化学反应过程的阻力与气体浓度、化学反应速率有关。因此可通过改变催化反应过程的条件来改变控制过程，例如外扩散控制，可加大气速；内扩散控制可减小催化剂粒度；化学动力学控制，则可增强催化剂活性。不过改变过程的条件往往是有限度的，一般在气-固催化反应中，表面化学反应常起决定作用。

SCR 脱硝过程由于化学反应可以瞬间完成，扩散是主要的控制因素，所以氨在气流中的均匀混合和气流在催化剂断面上的均匀分布，以及催化剂的物理化学性能就成了最主要的课题。前两项通过流体相似模拟试验和优化设计可以解决。催化剂的性能决定于成分、粒度、微孔特性、单元型式和制备工艺等。

（二）催化剂的组成

催化剂的定义：凡能加速化学反应速率，本身的化学性质和质量在反应前后不发生改变的物质称为催化剂。催化剂是催化反应的关键。

实际应用的催化剂是将具有催化活性的物质附载于适当的结构载体上。催化剂通常由活性物质、助催化剂和载体组成。有的还加入成型剂和造孔物质等，制成所需要的形状和孔结构。

1. 活性物质

活性物质能单独对化学反应起催化作用，可单独用作催化剂。用于气体净化的主要是某些金属、金属盐和金属氧化物。

2. 助催化剂

助催化剂又称助剂或添加剂，本身没有催化作用，但它的少量加入能明显提高主活性质的催化性能，还可以提高主活性物质对反应的选择性和稳定性。

3. 载体

载体是赖以承载主活性物质和助催化剂的材料。其基本功能是提供大的比表面积，提高活性物质和助催化剂的分散度和催化效能；改善催化剂的传热、抗热、耐磨性和机械强度。因此，要求选用具有一定强度和导热性，化学和热稳定性俱佳的多孔材料作载体。

第三节 制 氨 系 统

前已述及，制氨一般有三种方法：尿素法、纯液氨法、氨水法。其中，尿素法根据其工艺不同，分为常规水解法、催化水解法和热解法三种。本节仅介绍与瑞金电厂二期脱硝系统相关的尿素制氨系统，即常规水解法（不添加催化剂）制氨系统。

一、常规水解法制氨工艺流程

典型的工艺流程为：罐车装尿素（或袋装尿素→斗式提升机）→尿素溶解罐→尿素溶解泵→尿素溶液储存罐→尿素溶液输送泵→水解反应器→脱硝系统。

罐车装尿素由压缩空气吹送至尿素溶解罐或袋装尿素颗粒通过斗式提升机进入尿素溶解罐，溶解罐搅拌器使尿素加快溶解，合格的尿素溶液通过溶解泵输送到尿素溶液储罐，再经输送泵将尿素溶液送到水解反应器，通过盘管加热尿素溶液，水解反应器产生出来的含氨气流被热空气稀释后，进入氨气空气混合系统，并由氨喷射系统喷入脱硝装置。尿素常规水解法制氨工艺如图 7-8 所示。

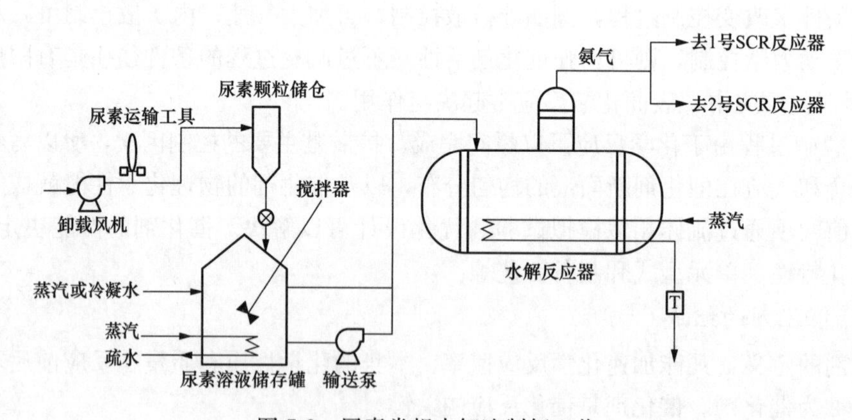

图 7-8 尿素常规水解法制氨工艺

在水解反应器中，尿素水解生成 NH_3、H_2O 和 CO_2，反应所需热量由电厂辅助蒸汽或电加热提供，其化学反应式为：

$$CO(NH_2)_2 + H_2O \longleftrightarrow NH_2\text{-}COO\text{-}NH_4 \longrightarrow 2NH_3\uparrow + CO_2\uparrow \tag{7-9}$$

尿素水解产品气的主要组成部分是 NH_3、CO_2、H_2O 蒸气，不同尿素溶液发生水解时，其产物组成比例见表 7-2。

表 7-2 两个典型尿素溶液浓度与分解气体成分比例

尿素溶液浓度（质量分数,%）		40	50
U2A 分解产物（体积分数,%）	NH_3	28.5	37.5
	CO_2	14.3	18.7
	H_2O	57.2	43.8

二、水解反应的影响因素

尿素水解是尿素合成的逆反应。影响水解反应的主要是反应温度、尿素溶液的浓度、溶液停留时间、反应的活化能等，其次是要不断地将生成物中的氨和二氧化碳移走，使反应始终向水解方向进行。

1. 温度和压力的影响

尿素水解是吸热反应，提高温度有利于化学平衡。在 60℃以下，水解速度几乎为零，至 100℃左右，水解速度开始提高。在 140℃以上，尿素水解速度急剧加快。根据水解的原理，为了保证尿素水解的连续进行，系统必须有水溶液的存在。在系统需要氨量一定的情况下，随着系统温度的提高，有必要提高系统的运行压力，否则尿素的水解氨也将增多，耗水也将增多；系统水量的减少，反过来又会影响水解反应的进行速度和效率，所以对应一定的水解系统，在某一浓度尿素溶液水解系统中，系统运行的压力和温度是对应的，升高运行温度，必须同时提高系统运行压力，以保持系统的水平衡。

2. 停留时间的影响

尿素的水解率随停留时间的增加而增大，随着停留时间的延长，水解率增大。

3. 尿素浓度的影响

尿素的水解率还与尿素溶液的浓度有关，溶液中尿素浓度低，则水解率大。实际工程中尿素溶液浓度需要根据 SCR 系统的需要经试验确定。

4. 反应溶液中氨浓度的影响

尿素的水解率与溶液中氨含量的关系也是密切相关的，氨含量高的尿素溶液水解率较低。在水解反应中，能否有效地将水解生成的氨和二氧化碳从水溶液中解吸出来（即移走生成物），是水解反应能否有效进行下去的关键。根据化工行业的经验，如果反应环境中氨和二氧化碳的含量降低为原来的 10%，即使进料中尿素含量提高 6 倍，最终废液中尿素含量将降低为原来的 5%左右。

三、典型设备和用途

1. 自动拆包机

袋装尿素储存在尿素储存间内，全自动拆包机将袋装尿素通过上料皮带自动给袋，割刀装置自动破袋，振筛自动袋料分离、卸料等步骤后尿素靠重力落进流槽进入斗式提升机完成拆袋卸料工作，袋子自动滑出拆包机。作业中产生的粉尘被携带的除尘装置滤除，使工人能在清洁的环境中工作。振筛和流槽的选型应符合尿素的特性，防止因尿素吸潮黏附在筛子和流槽上。

2. 斗式提升机

单台斗式提升机的出力与尿素溶解罐的能力匹配。斗式提升机包括壳体、牵引件（输送链）、料斗、驱动轮、改向轮、张紧装置、导向装置、加料口和卸料口、平台栏杆及直爬梯等组成。提升高度为地面到尿素溶解罐的垂直距离，料斗的选型应符合尿素的特性，防止因尿素吸潮黏附在料斗上。斗式提升机各运行机构的设计应允许在空载全速运行时，在断掉电源的情况下与缓冲器碰撞。

3. 尿素溶解罐

尿素溶解罐中用除盐水或疏水和干尿素配置制成40%～60%的尿素溶液。当尿素溶液温度过低时，蒸汽加热系统启动提供制备饱和尿素溶液所需热量，防止特定浓度下的尿素结晶。加热盘管材料采用SS316不锈钢。尿素溶解罐设有液位和温度控制系统。

4. 尿素溶液溶解泵

尿素在溶解罐中溶解时，利用溶解泵和循环管道将尿素溶液进行循环，以获得好的溶解和混合效果。溶解泵循环管道上设置密度计，尿素溶液浓度的精准配制就是通过密度计信号控制溶解罐进水自动完成的（尿素溶液密度1120～1130kg/m^3）。待尿素溶液配置成需要的浓度后，通过溶解泵将尿素溶液输送到尿素溶液储罐。

5. 尿素溶液储罐

尿素溶液经由尿素溶液溶解泵进入尿素溶液储罐。通常设置两只尿素溶液储罐，每台储罐满足2台炉SCR装置在BMCR工况下7天的系统用量（40%～60%尿素溶液）要求。储罐采用304L不锈钢制造，加热盘管材料采用SS316不锈钢。储罐为立式平底结构，装有液位计、温度显示仪、人孔、梯子、通风孔及蒸汽加热装置（保证溶液温度高于结晶温度8℃）等。设置尿素溶液管道伴热系统，尿素溶液管道由伴热电缆或蒸汽进行伴热。

6. 尿素溶液输送泵

尿素溶液输送泵用于将尿素溶液储罐里的尿素溶液输送到水解器。单台泵的出力为2台机组100%BMCR工况下气氨耗量的尿素溶液。

7. 水解反应器

浓度约50%的尿素溶液被输送到尿素水解反应器内，饱和蒸汽通过盘管的方式进入水解反应器，饱和蒸汽不与尿素溶液混合，通过盘管回流，冷凝水由疏水箱、疏水泵回收。水解反应器内的尿素溶液浓度可达到约50%，水解反应器中产生出来的含氨气体经厂区管道输送到SCR反应区。

水解反应器系统正常运行时无溶液返回。水解反应器模块须设置4级安全保护措施（包括但不限于关断加热蒸汽进口阀、泄放水解器内气相压力、泄放水解器内液相溶液、安全阀起跳、爆破片爆破等）。

8. 加热蒸汽及疏水系统

尿素车间设一台疏水箱，在运行工况下，水解反应器、溶解罐、溶液储罐的蒸发疏水回收至疏水箱。疏水箱收集疏水可用作尿素颗粒溶解用水、冲洗水。

第四节　催化反应器系统

催化反应器系统由催化反应器及其辅助设备组成。催化反应器包括催化剂框篮和模块，是烟气脱硝系统的核心。辅助设备主要包括喷氨设备、烟气均流器、烟气整流器、吹灰器、旁路烟道及附件、吊装工具等。

一、催化剂的布置方式

SCR 催化剂有三种布置方式，分别称为高尘烟气 SCR 布置（High-Dust SCR，HD-SCR），低尘烟气 SCR 布置（Low-Dust SCR，LD-SCR）和尾部烟气 SCR 布置（Tail-End SCR，TE-SCR），其布置方式如图 7-9 所示。

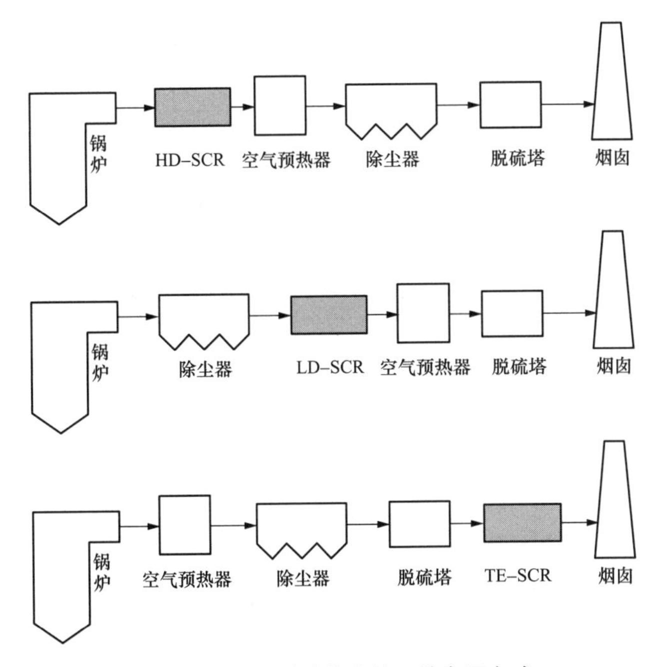

图 7-9　SCR 脱硝技术的三种布置方式

SCR 脱硝技术不同的布置方式对其前后的设备将产生不同程度的影响，一般认为，高尘 SCR（HD-SCR）是目前火电厂脱硝的最佳选择，同时也是应用最广泛和最成熟的技术。

二、催化反应器

（一）催化反应器的选型

在工程上，需要结合实际情况设计反应器或选择合适类型的反应器，不一定局限于某种结构形式，但应当遵循下列基本原则：

（1）根据催化反应热效应的大小、反应对温度的敏感程度以及催化剂的活性温度范围，选择反应器的结构类型，要保证床层温度分布适宜。

（2）在满足温度条件的前提下，应尽量增大催化剂的装填系数，以提高设备的利用率。

（3）床层阻力应尽量降低，这对减少动力消耗和运行费用很重要。

（4）在满足工艺要求的基础上，力求反应器的结构简单，便于操作，造价低廉，安全可靠。

火电厂采用的烟气脱硝装置是利用烟气在高温段的热量达到催化反应要求的温度。图 7-10 为常用的 SCR 反应装置和部分供氨系统布置。图中显示，催化剂床层共 3 层，其中预留 1 层。

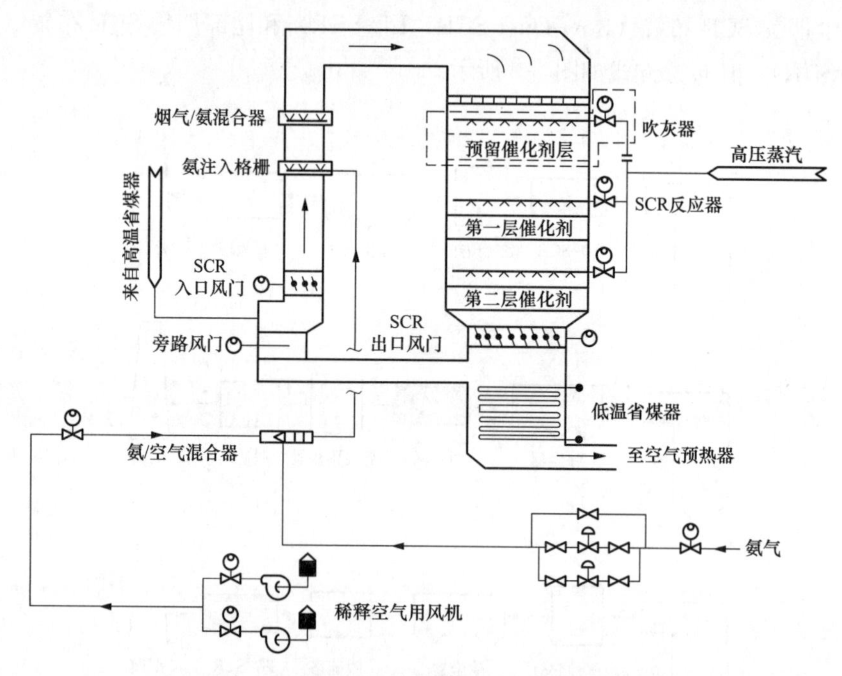

图 7-10 SCR 催化反应器及部分供氨系统

在 SCR 系统中，催化剂的体积越大，则脱硝效率越高，同时氨的逃逸量也越低，但投资费用会显著增加，所以在 SCR 系统的优化设计中，催化剂的体积是一个很重要的参数。

在给定了脱硝效率和氨逸出量的情况下，所需的催化剂体积决定于 NO_x 的入口浓度；当 NO_x 入口浓度和氨逸出量一定时，所需催化剂的体积决定于要求达到的脱硝效率。

催化剂的体积用量还取决于它的使用寿命，这是因为催化剂的寿命受制于中毒和灰垢沉积等多种不利因素的影响。

每种催化剂根据其特性都有一定范围的空间速度最佳值，由最佳空间速度值和给定的烟气参数即可计算出所需的催化剂体积用量。在计算过程中要求按照实际数据进行一系列的修正，最后得出真正的催化剂体积。设计时适当放大，留一定裕量，然后，根据这一体积值和选定反应器中气体的适宜线速度值，设计反应器的断面尺寸和催化剂床层高度。

（二）催化剂的结构形式

催化剂中的活性氧化物可以用浸渍的办法附于载体表层，也可以用它的粉末物料与载体材料均匀混合压制而成。SCR 催化剂常用后法制备。首先将 V_2O_5 和 TiO_2 研磨成微细颗粒，然后加入添加剂和黏结剂，经充分混匀，挤压成型，最后在一定温度下焙烧和切割，便制得成品催化剂单元。

催化剂的结构形式很多，采用何种形式，应视不同用途而定。工业上常用板式、波纹状和蜂窝式，它对飞灰的沉积和腐蚀具有较强的抗力，从机械强度和表面利用率来看，蜂窝式和波纹状具有优势，而且安装和更换方便，因此，大型立式 SCR 反应器常采用这种结构的催化剂，而板式催化剂多用于卧式反应器（图 7-11）。

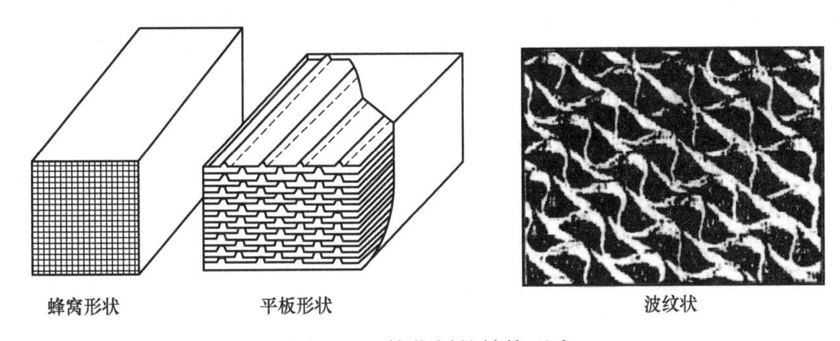

图 7-11　催化剂的结构型式

市场上，主要的催化剂形式是平板式（包括波纹状）和蜂窝式。

平板式催化剂（图 7-12）是将活性材料“镀”在金属骨架上，板与板之间的孔隙较大，阻力较小，但是单位体积的接触表面积小，需要的催化剂量大。由于板式催化剂具有金属骨架，强度较高，长度可以做到 1500mm，要达到同样的脱硝效率，催化剂的层数可以设置较少，这样，SCR 反应器可以做得更加紧凑和节省空间。

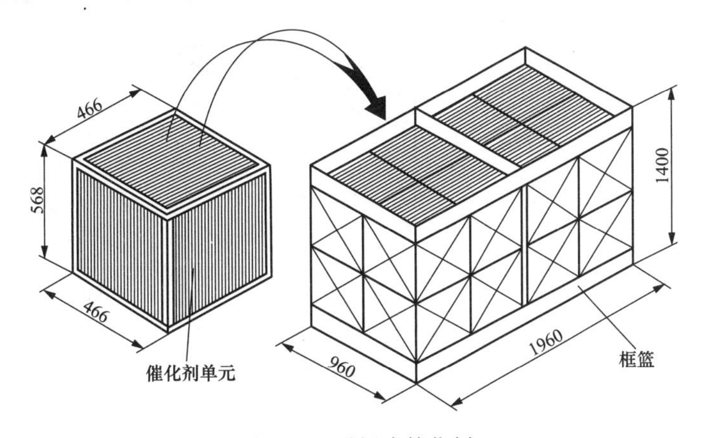

图 7-12　平板式催化剂

平板式催化剂最大的优点是不容易发生堵灰。由于 SCR 一般安装在空气预热器之前，烟气中飞灰质量浓度高达 15～20g/m³（标态），如果催化剂间隙过小，就会造成飞灰堵塞、磨损加重，系统阻力增大。

蜂窝式催化剂单元在设计上要考虑合适的“节距”和“壁厚”，并对四周边缘部位加以表面硬化处理，以增强抗冲刷磨损的能力。蜂窝式催化剂适用于烟气自上而下的流向，板式适用于烟气垂直流动，也可用于水平流动。

一般来说，在催化剂间隙内，烟气速度并不均匀，平均速度约为 8m/s。在速度低于 3m/s 的区域，飞灰就有可能附着在催化剂上，阻碍催化剂与烟气接触。根据 BHK 的一项研究表明，平板式催化剂区域中流速低于 3m/s 的约占 13%，而蜂窝式催化剂区域流速低于 3m/s 的约占 22%。所以，蜂窝式堵灰情况要比平板式严重，解决的办法是加大催化剂单元格长度。在燃煤机组上，蜂窝式催化剂的单元格长度一般应在 6mm 以上，其长度越大，催化剂比表面积越小，需要的催化剂量就越多。燃煤机组若使用蜂窝式催化剂，用量可比平板式节省 20%左右，但其单价又比平板式高约 20%，两者的总体价格差不多。但是，在燃气、燃油机组中，因飞灰含量极低，可减小蜂窝式催化剂单元格长度以增大比表面积，节省催化剂用量。此外，燃气机组快速启停性能好，升温快，“镀”在金属骨架上的板式催化剂中活性物质由于热应力的影响，易导致变形而剥落失效。所以，在燃气机组中，广泛采用蜂窝式催化剂。

一般的蜂窝式催化剂单元截面积为 150mm×150mm。由于单位体积的有效面积大，要达到相同的脱硝效果，所需的催化剂量较平板式少。但由于蜂窝式催化剂的载体 TiO_2，受整体强度的限制，一般蜂窝式催化剂的长度最多只能做到 1000mm。

蜂窝式催化剂如图 7-13 所示，实际使用时单元的断面尺寸是标准的，长度则由床层高度决定。主要性能见表 7-3。

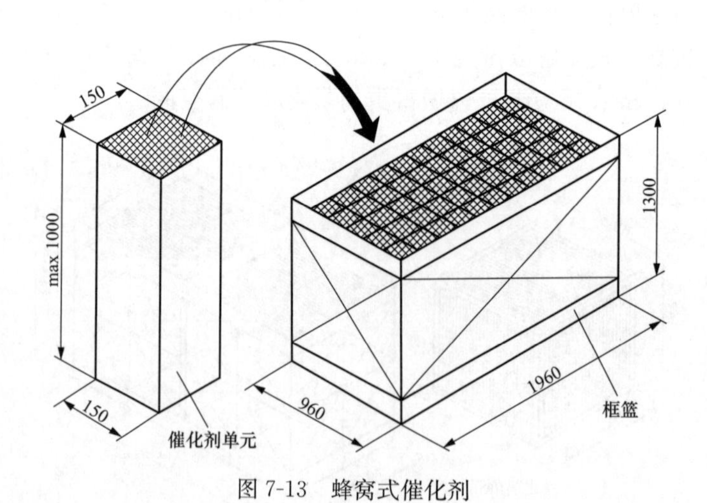

图 7-13 蜂窝式催化剂

表 7-3 蜂窝式催化剂主要性能

材料	V-W-Ti	体积（m³）	视单元长度定
单元断面尺寸（$a\times a$）（mm×mm）	150×150	密度（kg/m³）	380

续表

小室布置（个）	22×22	比表面积（m^2/m^3）	539
小室节距（mm）	7	适用温度（℃）	300～400（极限 280～410）
小室尺寸（mm ×mm）	6×6	空间速度（h^{-1}）	6890
内壁厚度（mm）	1		

注 表中数字也可根据需要设定。

由于蜂窝式催化剂间隙较小，流动阻力大，要求的烟气流速较平板式低，反应器截面面积增大。表 7-4 是对 1 台 600MW（设 1 台反应器）燃煤机组采用两种不同形式催化剂得出的反应器容积尺寸。

表 7-4　　采用不同催化剂的反应器容积尺寸

项目	平板式	蜂窝式	项目	平板式	蜂窝式
流速（m/s）	6	4～5	高度（m）	11.9	13.5
截面积（m^2）	11.1×23.7	12.1×26.6	体积（m^3）	3130	4245

（三）催化剂的更换

现代 SCR 装置大多采用 V_2O_5-TiO_2-W/Mo 系列催化剂，催化剂的活性随运行时间增加而逐渐衰减退化。导致催化剂活性衰减的原因有物理因素，也有化学因素。物理因素中，最常见的是飞灰和铵盐沉积覆盖，最不希望发生的是热烧结。因为热烧结后的催化剂是不可再生的。SCR 催化剂在使用期间由于活性表面衰减，或者孔道被遮盖，妨碍气体进入，其性能会逐渐退化，但是通过合理的设计，可以使退化延缓。在化学因素中，砷、碱金属，某些碱土金属和重金属可能导致催化剂中毒腐蚀。

一般情况下，催化剂供应商提供的燃煤烟气用催化剂使用寿命为 1 万～3 万 h 不等。当催化剂的活性降到一定程度，系统就会表现出脱硝效率下降或者氨的泄漏量上升，当这两项中的任何一项无法达到设计要求时，就必须更换催化剂。图 7-14 为典型的催化剂运行计划。图中氨泄漏体积分数的最大设计限制为 3×10^{-6}。

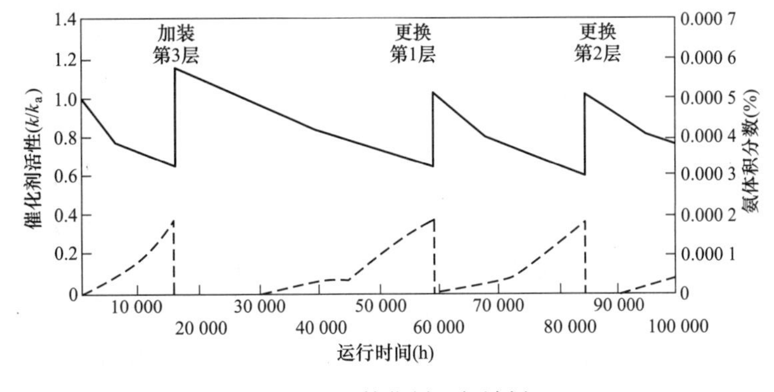

图 7-14　催化剂运行计划

蜂窝式催化剂常被制备成标准尺寸的单元体，再由若干单元组成模块，置于特制的框篮内，然后由若干模块组成催化床层，通常每台反应器内设置 3～4 层催化剂，需根据实际情况和要求保证的脱硫效率计算确定。

图 7-15 为催化剂的装填示意图。无论新装填或定期更换，都必须遵照操作程序进行，要备有专用工器具和平台场地。

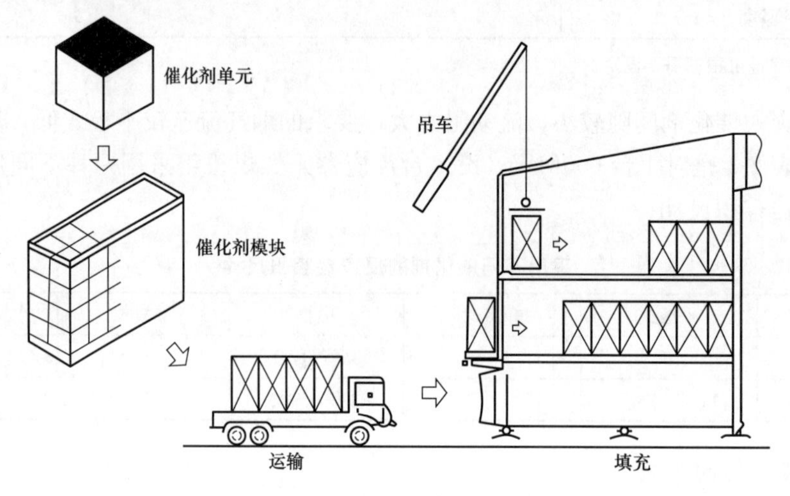

图 7-15 催化剂的装填

三、催化反应器辅助设备

（一）喷氨设备

氨空混合气进入喷氨系统内，由均匀布置在脱硝反应器入口烟道中的喷氨设备喷出，随烟气流动方向与烟气混合均匀，而进入反应器催化剂层。目前工程上常用的喷氨设备主要有喷氨格栅和涡流式混合器。

1. 喷氨格栅

氨空混合气通过均流装置送到喷氨格栅（Ammonia Injection Grid，AIG），均流装置由流量计和手动阀组成，用来调节氨喷射网格各部分的流量。喷氨格栅系统如图 7-16 所示。

氨喷射网格由管道、平行支管以及其上的小孔或喷嘴组成，支管呈网状沿烟道截面的纵向和横向布置，支管和孔的尺寸应保证氨能够均匀喷入烟气中，喷射角和速度则决定氨的喷射轨迹。喷射器能适应高温和烟气冲击引起的磨损、腐蚀以及整体修复和更换，因此，喷射器通常用不锈钢制造，并设计成可更换部件。为了把氨均匀喷射到烟气中，通常设计多个氨喷射区域。每个区域有若干个喷射孔，每个分区的流量可单独调节，以匹配烟气中的氮氧化物浓度分布。

氨与烟气的均匀扩散混合是保证反应完全，提高脱硝率和氨利用率，以及控制较低氨泄漏量的关键因素。通常在设计氨喷射网格和 SCR 系统时，应采用模拟气流模型和数值计算模型来保证烟气进入 SCR 反应器之前氨在烟气中充分扩散和均匀混合。假如烟道的长度不能保证混合均匀，或者模型实验显示混合特性较差，就应加装导流板甚至静态气体

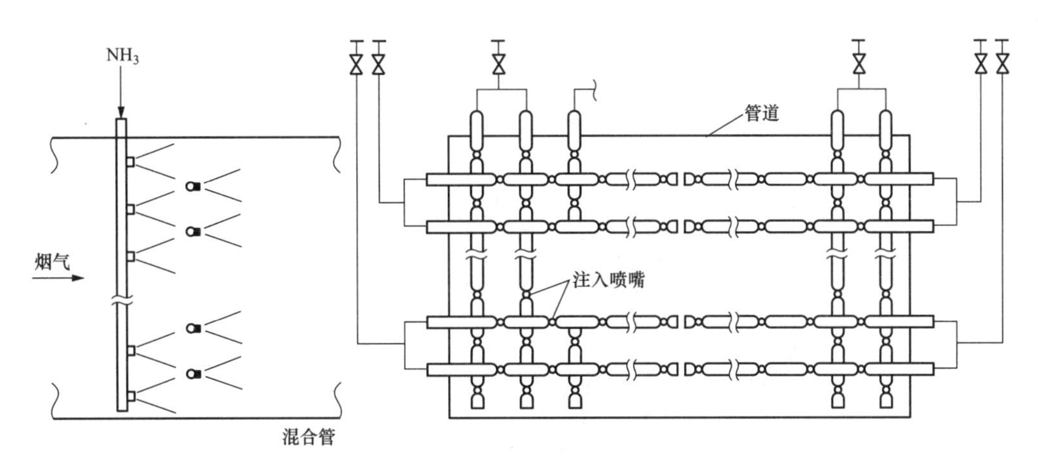

图 7-16 喷氨格栅系统

混合装置，如图 7-17 和图 7-18 所示。

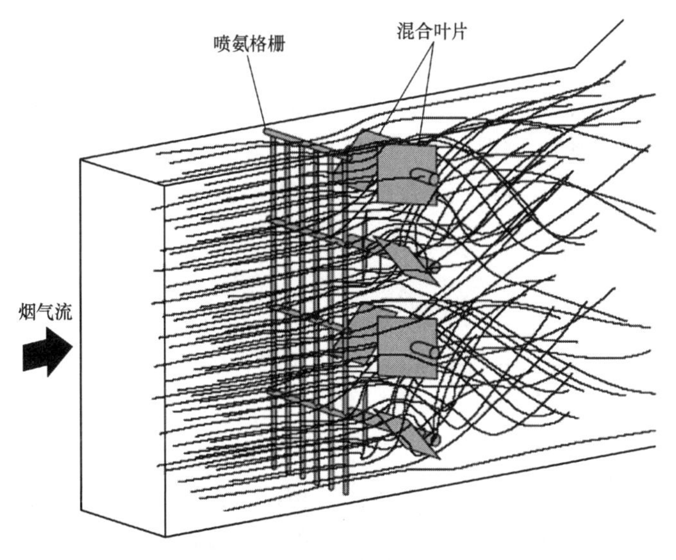

图 7-17 喷氨格栅与静态混合器的配合

2. 涡流式混合器

涡流式混合器又称 Delta Wing 混合器，它是 FBE 公司的专利技术，从 1988 年开始公测应用，已经在多个项目上得到验证，其工作原理利用了空气动力学中的驻涡理论。一般在烟道内部选择适当的直管段，布置几个圆形或其他形状的扰流板，并倾斜一定的角度，在背向烟气流动方向的适当位置安装氨气喷嘴，在烟气流动的作用下，就会在扰流板的背面形成涡流区，这个涡流区在空气动力学上称“驻涡区”。驻涡区的特点是其位置恒定不变，也就是说，无论烟气流速大小怎样变化，涡流区的位置基本不变，稀释后的氨气通过管道喷射到驻涡区内，在涡流的强制作用下充分混合，可实现 NO_x 与 NH_3 的均匀混合，达到催化剂入口混合均匀性的技术要求。

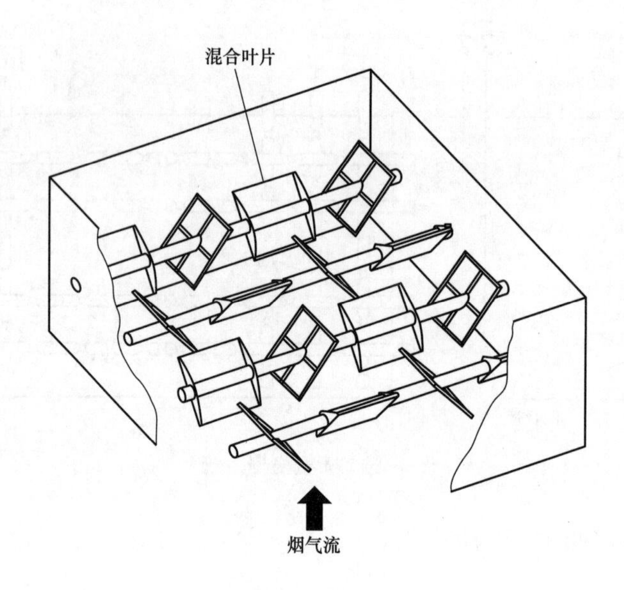

图 7-18　静态混合器

涡流式混合器的优点是：①可适应不同的烟气条件；②全断面 NO_x 与 NH_3 混合效果好；③喷射孔数量少，供氨调节门数量少，系统维护简单；④喷射孔数量少，可有效防止积灰堵塞。另外，涡流混合器的安装调试较为简单，对安装人员的要求较低。

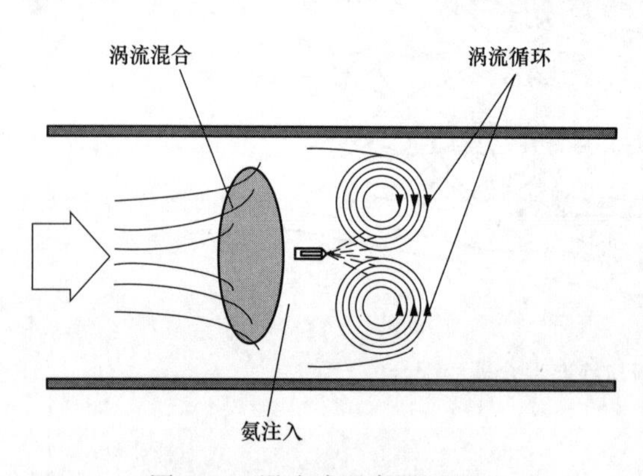

图 7-19　涡流式混合器原理图

目前，涡流式混合器的使用已经得到了大量工程的验证，实际效果较好。涡流式混合器原理如图 7-19 所示。

3. 喷氨控制系统

喷氨系统的另一个重要部分是氨喷射控制系统。以锅炉负荷、入口 NO_x 浓度和烟气温度作为前馈控制信号建立基本的氨喷射量参数；用出口 NO_x 浓度作为反馈控制信号对该参数进行修正。

（二）均流与整流装置

在大多数情况下，烟气与氨-空气混合气体汇合进入反应器前的管道长度受限，以致大大影响气流在反应器断面上分布的均匀性，这对催化还原反应过程极为不利。为此，采取了三个措施。首先用空气高度稀释氨气，采用氨与空气的体积比为 1∶20；其次，通过喷氨装置将氨-空气混合气体均匀、均衡地喷入烟道的全断面。喷氨装置是特别设计的格栅形式，由喷管和喷嘴组成；最后，为保证它们在气流中进一步充分混合，特别要避免因直管长度受限而产生的偏流，在气流的回转部位安装均流装置。均流装置有涡轮导流板等多种形式，它们的设计，通常都是通过流体相似模拟试验实现优化的。

在床层上方，还装有整流装置。整流装置实际上就是以不锈钢材料制成的筛网状结构，网孔略小于催化剂“蜂窝”尺寸，既起着分离杂物保护床层的作用，也将气流进一步加以均布。均流与整流装置如图 7-20 所示。

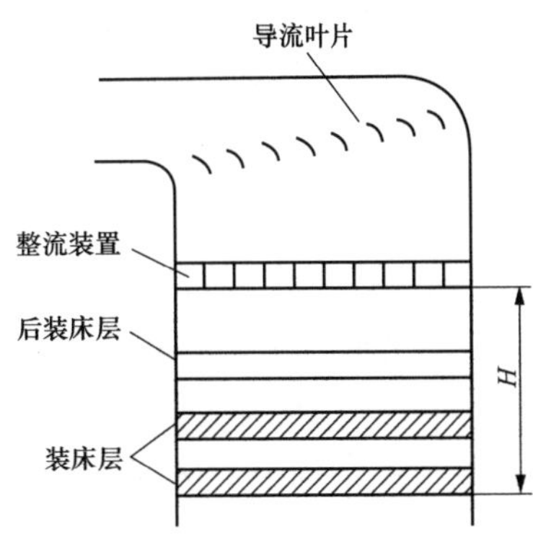

图 7-20 均流与整流装置

（三）吹灰器

燃煤烟气中飞灰含量高，通常要在 SCR 反应器上安装吹灰器，以吹除遮盖催化剂活性表面及堵塞气流通道的颗粒物，使反应器的压降保持在较低的水平。

吹灰器的形式有超声波、压缩空气和蒸汽式等。用蒸汽或空气进行吹扫的吹灰器通常为可伸缩的耙形结构，每层催化剂的上面都设有吹灰器。各层吹灰器的吹扫时间错开，吹扫频率和吹扫部位可以人为设定。吹灰器每周启动 1～2 次，完成一次对各层催化剂的吹灰过程在 0.5～2h 之间。

蜂窝式催化剂常用的吹灰器如图 7-21 所示。

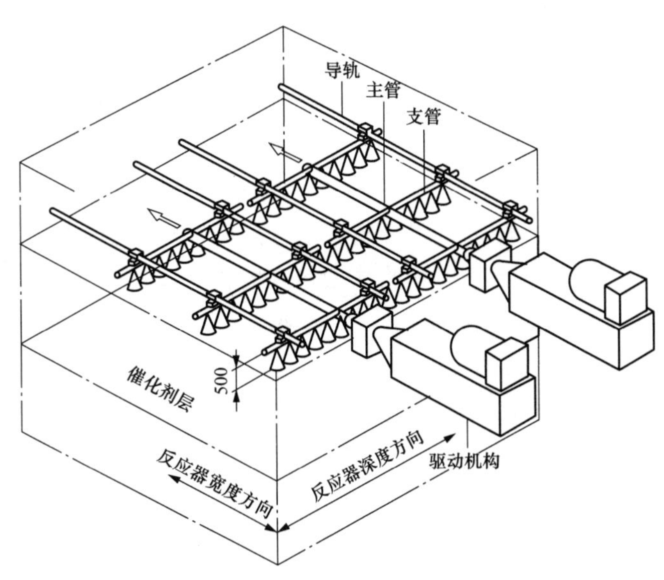

图 7-21 催化剂的吹灰器

（四）SCR 旁路和省煤器旁路

锅炉低负荷运行时 SCR 系统入口烟气温度会降低，锅炉启、停时烟气温度可能大幅度波动。在美国，大多采取 SCR 旁路措施使烟气绕过 SCR 反应器。系统停运期间，旁路可以避免催化剂中毒和灰垢沉积。旁路采用无泄漏挡板控制。美国设置旁路还考虑 SCR 装置季节性运行的需要。日本一般不采取 SCR 旁路措施，认为只要控制严格、管理到位，能克服负面影响，降低工程费用。

SCR 反应的最佳温度范围为 300～400℃，但对于某个特定的装置，催化剂的设计温度范围会窄一些，通常是按锅炉正常运行状态下的省煤器出口烟气温度进行设计的。保持烟气温度在设计温度范围内，对于优化脱硝反应是非常重要的。当锅炉低负荷运行时，省煤器出口烟气温度下降，这时可以采用省煤器旁路来提升 SCR 入口烟气温度。

省煤器旁路烟道常用一个可调挡板来调节经旁路的热烟气与经省煤器的冷烟气的比率。锅炉负荷低，则走旁路的热烟气多。省煤器出口烟道也需要安装调节挡板以确保烟气走旁路。省煤器旁路的设计要求主要是保持烟气处于最佳反应温度范围，并保证两股气流在进入 SCR 反应器之前均匀混合。

第五节　瑞金电厂二期 SCR 脱硝系统

一、烟气脱硝装置

瑞金电厂二期锅炉设置一套烟气 SCR 脱硝装置，布置在主省煤器和分级省煤器之间，满足机组全负荷脱硝要求，如图 7-22～图 7-24 所示。采用选择性催化还原反应原理，以尿素水解制备的氨气作为还原剂。烟气脱硝系统安装三层催化剂，预留一层催化剂安装空间。

三层催化剂投运时，脱硝效率≥90%，脱硝出口 NO_x≤28mg/m^3（标况下），氨逃逸率≤3mL/m^3，SO_2/SO_3 转化率<0.75%。脱硝系统压力损失≤1000Pa。

二、制氨系统

脱硝装置采用尿素作为还原剂，尿素制氨工艺采用常规水解法（不添加催化剂）。将尿素颗粒配置成约 50%的尿素溶液，再将尿素溶液加热分解成氨气。

尿素水解法制氨系统包括尿素溶解罐、溶解泵、尿素溶液储罐、尿素溶液输送泵、尿素水解制氨反应器模块、氨气流量调节模块及控制装置等。

系统设置两台尿素溶液储罐，每台有效容积为 180m^3，满足 2 台炉 SCR 装置在 BMCR 工况下 7 天的系统用量（40%～60%尿素溶液）要求。

两台水解器一用一备，每台水解器的产氨量不小于 2 台机组 100%BMCR 工况下供氨量的 110%。BMCR 工况下每台水解反应器的制氨量不小于 640kg/h。

尿素水解制氨系统设备规范见表 7-5。

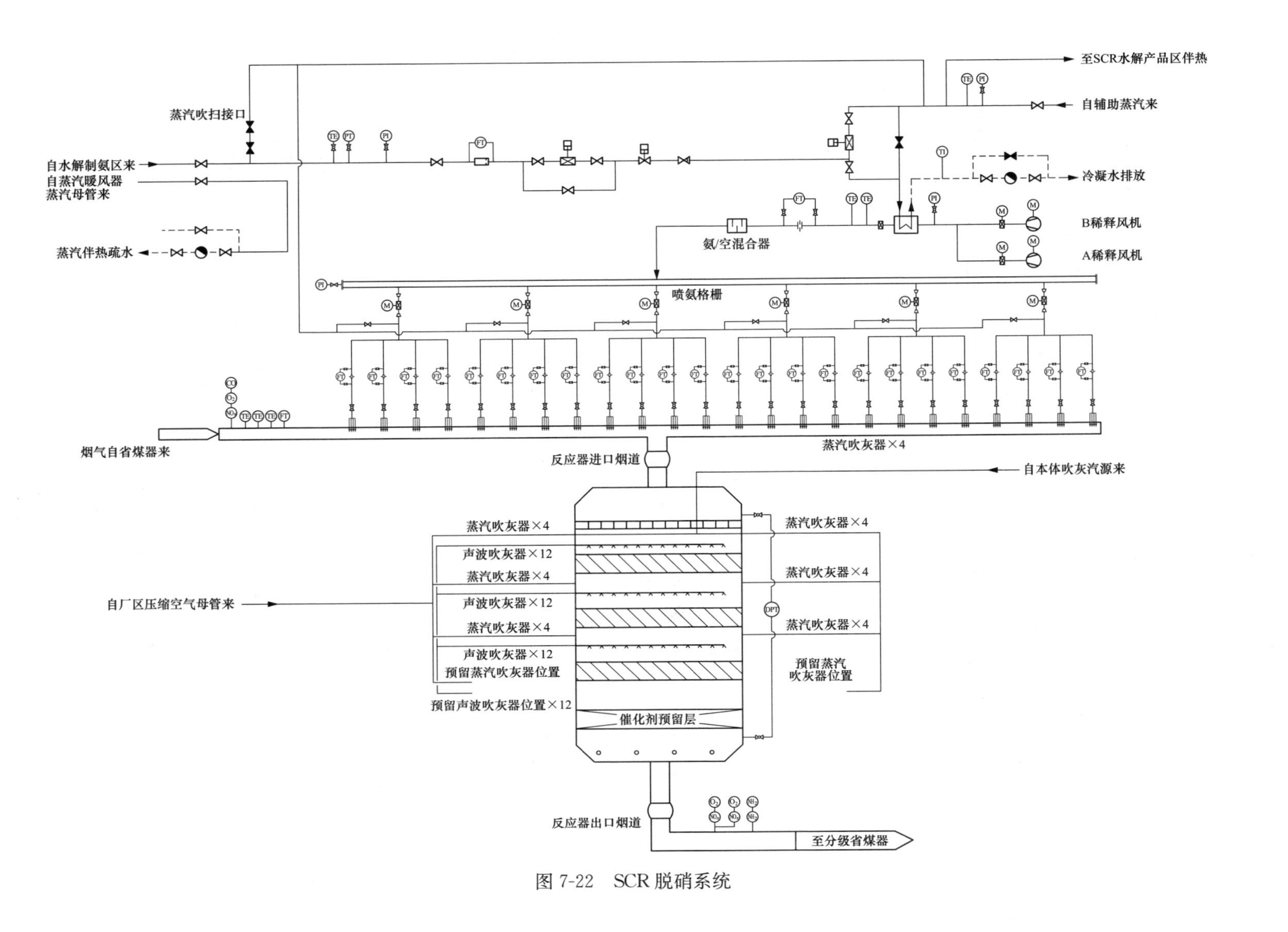

图 7-22 SCR 脱硝系统

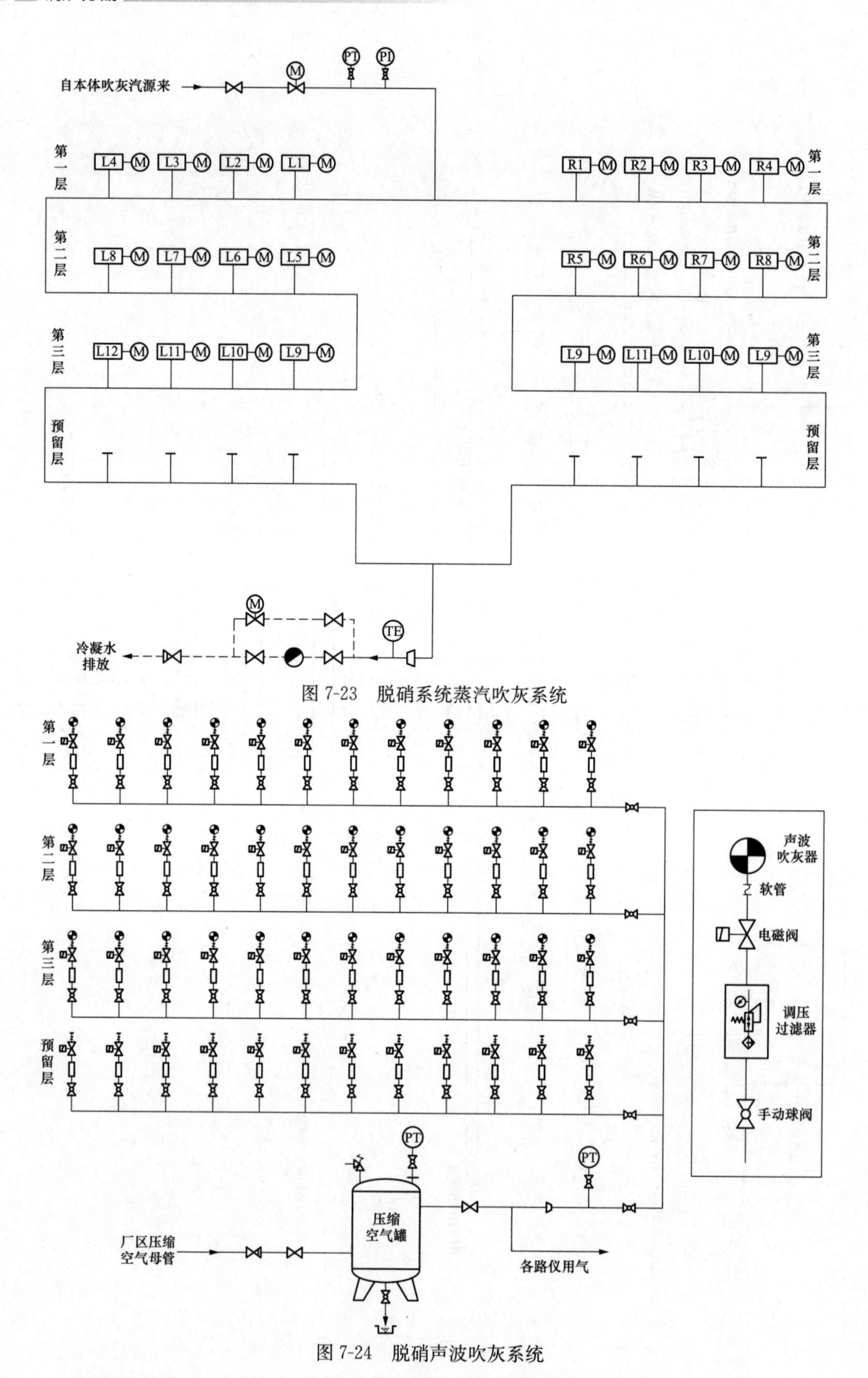

图 7-23 脱硝系统蒸汽吹灰系统

图 7-24 脱硝声波吹灰系统

表 7-5 **尿素水解制氨系统设备规范**

序号	设备名称	规格型号	单位	数量
1	尿素储存溶解系统			
1.1	尿素斗式提升机	Q=20m³/h；P=7.5kW	台	1
1.2	尿素溶解罐	50m³，316L	台	1
1.3	尿素溶解罐搅拌器	转速～100rpm，P=7.5kW，316L	个	1
1.4	尿素溶解泵	Q=50m³/h，P=11kW，H=30m 过流部件材质316L	台	2
1.5	疏水罐	20m³，304	台	1
1.6	疏水泵	Q=20m³/h，P=7.5kW H=50m，过流部件材质304	台	2
1.7	尿素溶液储罐	180m³，316L	台	2
1.8	尿素输送泵（水解）	离心泵，Q=2m³/h，P=5.5kW H=100m，316L	台	2
1.9	废水泵	自吸泵，Q=20m³/h，P=5.5kW H=40m，过流部件材质304	台	2
1.10	压缩空气罐（仪用）	1.5m³，304	台	1
1.11	压缩空气罐（杂用）	1.5m³，304	台	1
1.12	电动葫芦	1t，起吊高度～12m	个	1
2	尿素水解系统	2t/h，1.0MPa	只	2
2.1	水解蒸发器	氨蒸发量640kg/h；316L不锈钢	台	2
2.2	减温减压装置	成套供货	套	1
2.3	电动葫芦	3t，起吊高度约6m	个	1
2.4	安全淋浴器	带洗眼器的成套淋浴设施，316L	套	1

第八章　锅炉的启动

锅炉启动是指锅炉由静止状态变为运行状态，启动过程包括启动前的检查准备、上水、点火、升温升压、并列到带至额定负荷。

锅炉启动过程是一个不稳定的变化过程。在锅炉点火的一段时间内，燃料的投入量较少，炉膛的温度较低，燃烧不易控制，容易出现燃烧不稳定、不完全、炉膛热负荷不均匀等现象，甚至出现灭火和爆燃事故。在启动初期，锅炉各受热面内工质流动不正常，工质的流量、流速较小，使得受热面不能得到有效的冷却而导致金属管壁超温。

因此，锅炉启动是一个安全性和经济性都较差的过程，也是运行的一个很重要的环节。锅炉启动时应选择合理的启动方式和启动方法，一方面使锅炉在启动过程中，各部件得到均匀的加热，使其温差和热应力都维持在允许的范围以内，以保证启动的安全性和锅炉的使用寿命；另一方面是希望尽可能地缩短启动的时间，提高启动过程的经济性。

第一节　锅炉启动的分类

一、顺序启动和联合启动

按机组启动时锅炉和汽轮机的启动顺序，锅炉启动可以分为顺序启动和联合启动两种。

顺序启动是机炉分别启动的方式，即锅炉先启动，汽轮机后启动，用于母管制机组。锅炉点火后，升温、升压直到蒸汽参数达到额定参数，然后并入蒸汽母管；汽轮机启动时，取用蒸汽母管中的高参数蒸汽。由于汽轮机启动时的蒸汽参数是恒定的，所以又称为定压启动或额定参数启动。

对于单元制机组，由于汽轮机启动的持续时间远比锅炉的时间长，若采用锅炉先启动完毕达到额定蒸汽参数后，再启动汽轮机的顺序启动法，则会造成锅炉长时间的低负荷运行，锅炉安全性和经济性都较差。因此，单元制机组不采用这种启动方式。

联合启动是在启动锅炉的同时就启动汽轮机。由于汽轮机的暖机、冲转、升速、带负荷是在锅炉的蒸汽参数逐渐升高的情况下进行的，所以又称为滑参数启动。大型单元制机组都普遍采用滑参数启动的方法，其优越性如下：

（1）充分利用了锅炉在点火初期所产生的低参数蒸汽，减少了启动过程的工质损失。

（2）因为蒸汽进入汽轮机时，参数较低，所以阀门开度较大，减少了节流损失。

（3）用流量较大的低参数蒸汽对汽轮机进行暖机，减小了汽轮机的热应力，提高了启动的安全性。

机炉联合的滑参数启动方法具体可分为真空法和压力法两种：

1. 真空法启动

对于直流锅炉而言，真空法是在启动之前将汽轮机和分离器之后的锅炉受热面以及分离器均处于抽真空状态。这样使锅炉点火后产生的蒸汽随即通往汽轮机，汽轮机在很低的蒸汽压力及温度下冲转。显然，真空法启动一般只适用于冷态启动。

对于带中间再热的锅炉，采用真空法启动可能存在一定的困难。因为真空法在锅炉点火后，汽轮机自然冲转，进入汽轮机的蒸汽温度较低，不易保证必要的过热度。由于高压缸的排汽温度也相应较低，加上再热器一般布置在低烟温区，使再热器出口汽温的过热度很小，可能导致低压缸末级叶片处出现过多的水分。所以，真空法启动由于冲转参数太低，可靠性较差，目前已经很少采用。

2. 压力法启动

压力法滑参数启动简称滑压启动，是指锅炉所产生的蒸汽具有一定的压力和温度后，才开始冲转汽轮机的启动方式。其特点是，开始冲转汽轮机时的蒸汽压力较高，国内通常在 3.0～4.5MPa 范围内，并且汽温有一定的过热度（一般要求有大于 50℃的过热度）。冲转参数的提高，对汽轮机升速、通道湿度控制较好，可以消除转速波动和水冲击对汽轮机的损伤。同时，由于再热蒸汽温度升高，对高、中压缸合缸的汽轮机减少汽缸热应力也十分有利。压力法滑参数启动是单元机组广泛采用的方法。

瑞金电厂二期汽轮机组的推荐冷态冲转主蒸汽压力 8MPa，主汽温度 400℃；一次再热压力：≤2.5MPa，二次再热压力：≤0.7MPa，再热温度 380℃。

二、冷态启动和热态启动

按机组启动前的设备状态，锅炉启动分为冷态启动和热态启动两种。其中，热态启动又分为温态启动、热态启动和极热态启动三种。

冷态启动，是指锅炉蒸汽系统没有表压，其温度与环境温度相接近的情况下的启动。冷态启动通常是新装锅炉、锅炉经过检修或者经过较长时间停炉备用后的启动。

热态启动，是指锅炉蒸汽系统还保持有一定表压，温度高于环境温度情况下的启动。热态启动时，锅炉的压力和温度值比冷态启动时要高。热态启动是锅炉经过较短时间的停用后的重新启动，启动的工作内容与冷态启动大致相同。由于它们还具有一定的压力和温度，启动是以冷态启动过程中的某中间阶段作为启动的起始点，而起始点以前冷态启动的某些内容在这里可以省略或简化，因此这样的启动过程用时较短。

启动前的设备状态（温度和压力）不同，在启动过程中对升温、升压的速度等要求也是不同的，所以在机组启动之前，必须首先要确定设备所处的状态，再按照相应的启动方式进行操作，以保证启动过程中机组的安全。

瑞金电厂 1000MW 机组对启动状态的划分标准见表 8-1 和表 8-2，启动方式选择见表 8-3。

表 8-1　　锅炉状态

启动方式	停炉时间 t（小时）	分离器内壁金属温度（℃）
冷态	$t>72$	<150
温态	$10<t<72$	150～240
热态	$1<t<10$	240～290
极热态	$0<t<1$	>290

表 8-2　　汽轮机状态

启动方式	停炉时间 t（小时）	超高压转子平均温度（℃）
全冷态	$t>56$	<50
冷态	$t>56$	50～150
温态	$8<t<56$	150～400
热态	$2<t<8$	400～540
极热态	<2	>540

表 8-3　　启动方式选择

<table>
<tr><th colspan="2">启动方式</th><th>锅炉状态</th><th>汽轮机状态</th></tr>
<tr><td colspan="2">冷态</td><td>冷态</td><td>冷态</td></tr>
<tr><td colspan="2">热态</td><td>热态</td><td>热态</td></tr>
<tr><td>冷态（锅炉）</td><td>冲转前</td><td rowspan="2">冷态</td><td rowspan="2">热态</td></tr>
<tr><td>热态</td><td>冲转后</td></tr>
</table>

三、启动曲线

从锅炉点火开始，由于燃料燃烧放热而使锅炉各部分逐渐受热，受热面和其中工质的温度也逐渐升高；水开始汽化后，汽压逐渐升高。从锅炉点火直到汽压升高到工作压力的过程，称为升压过程，在此同时，工质的温度也在不断升高。由于水和蒸汽在饱和状态下温度和压力之间存在对应关系，所以蒸发受热面的升压过程也就是升温过程。通常以控制升压速度来控制升温速度的大小。

在锅炉的升压过程中，升压速度太快，将影响各部件（特别是厚壁部件）的安全；但如果升压速度太慢，将延长机组的启动时间，增加启动时的经济损失。直流锅炉由于没有汽包这个厚壁部件，因此其升压升温速度比较快。

对于不同的锅炉，应根据设备的具体条件，确定其升压各阶段的温升值或升压所需要的时间，制定出锅炉启动曲线，用以指导锅炉启动时的升压升温操作。因此，锅炉启动曲线是启动过程中锅炉出口蒸汽温度、压力、汽轮机转数和机组负荷等参数随时间变化的曲线。

SG-2983/32.14-M7054 型锅炉冷态、温态、热态和极热态启动曲线如图 8-1～图 8-4 所示。

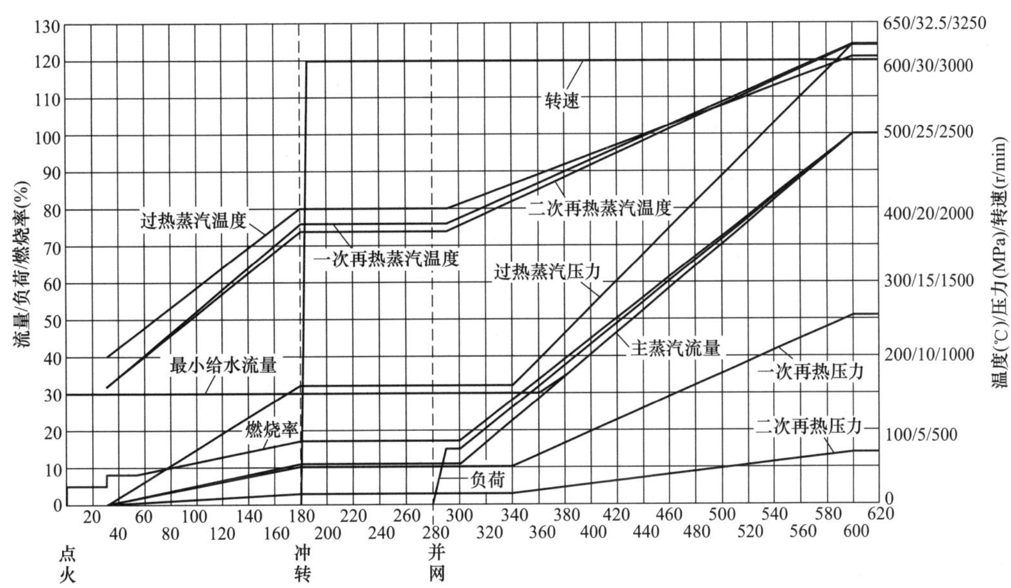

流量、负荷及燃烧率按TRL的相对百分比表示，温度、压力及流速按绝对值坐标取值，冲转至并网间隔时间依据汽轮机而定。

图 8-1 冷态启动曲线

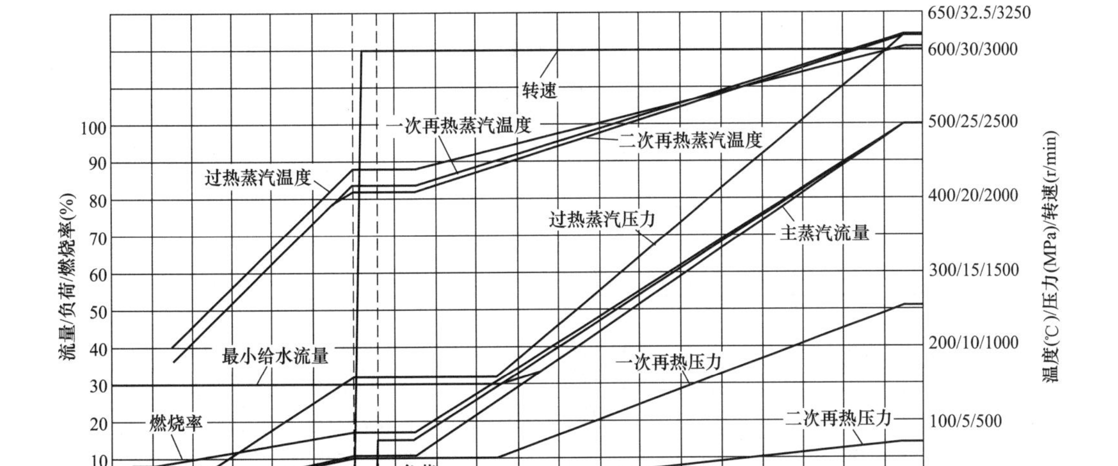

流量、负荷及燃烧率按TRL的相对百分比表示，温度、压力及流速按绝对值坐标取值，冲转至并网间隔时间依据汽轮机而定。

图 8-2 温态启动曲线

从以上启动曲线可以看出，锅炉的启动过程大致分为三个阶段。

第一阶段：从点火开始逐渐升温升压直至汽轮机冲转。在此阶段，应严格控制燃料的投入量，使得炉膛出口烟气温度低于某一规定值，以此保护过热器和再热器。同时，应严

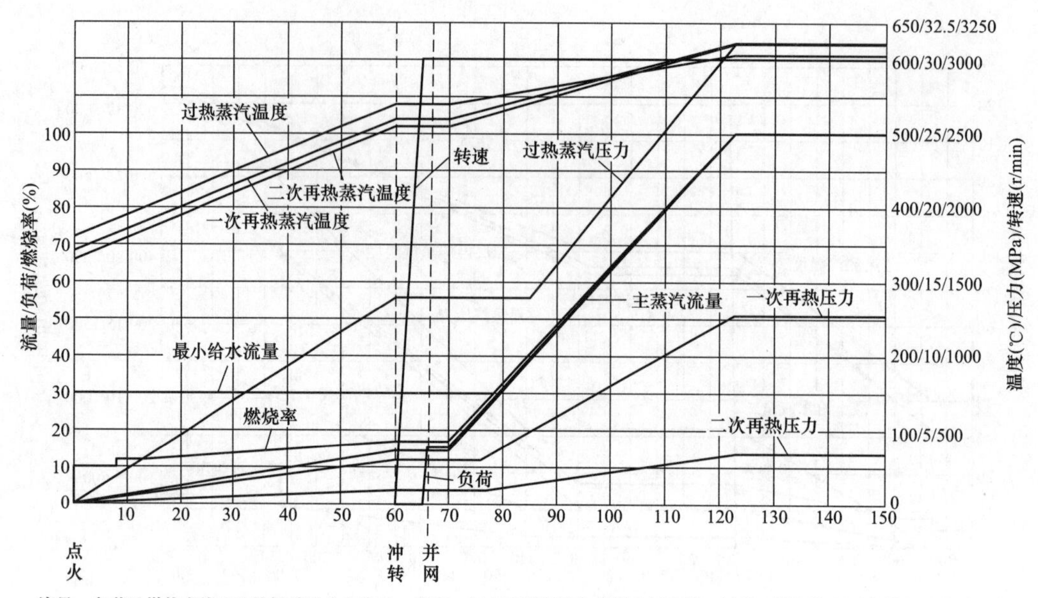

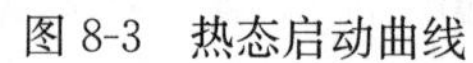
图 8-3　热态启动曲线

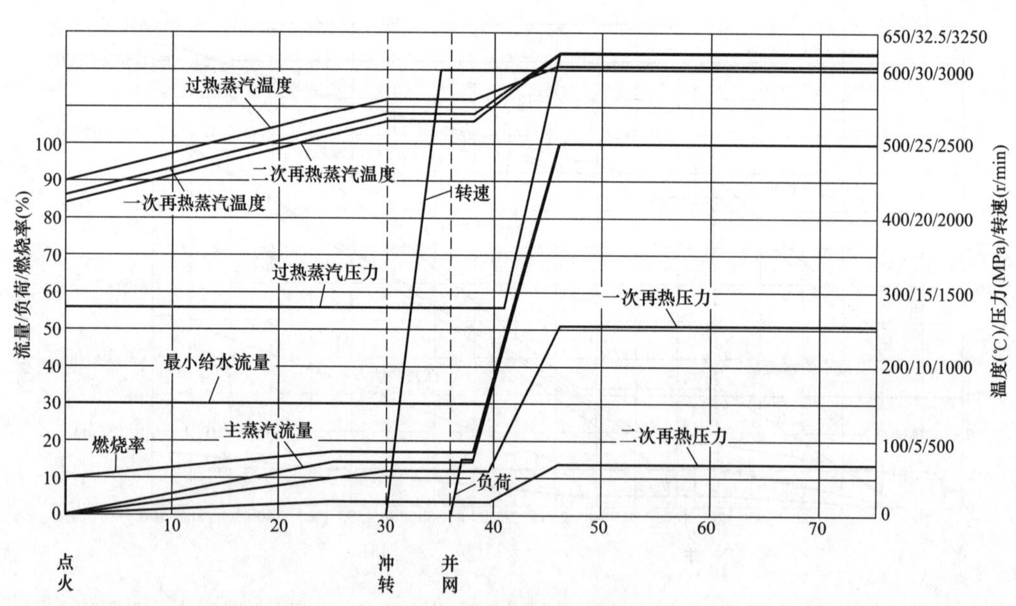

流量、负荷及燃烧率按TRL的相对百分比表示，温度、压力及流速按绝对值坐标取值，冲转至并网间隔时间依据汽轮机而定。

图 8-4　极热态启动曲线

格按要求升温升压，以免产生过高的热应力。

第二阶段：从汽轮机冲转开始到并网带初负荷及低负荷暖机。在此阶段，要求锅炉配合汽轮机提供稳定的蒸汽温度和压力。锅炉除了调整燃烧以外，还利用汽轮机高、中、低压旁路来控制汽轮机主汽门前和高、中压缸汽门前的蒸汽参数。

第三阶段：锅炉升温升压，汽轮发电机组增加负荷到额定负荷。

第二节　锅炉的冷态启动

锅炉冷态启动的主要步骤为：锅炉进水、循环清洗；建立启动流量；锅炉零压点火；升温升压，回收工质和热量；配合汽轮机冲转、升速、并网；负荷升至35%BMCR左右，分离器由湿态转为干态；直流运行，升压升负荷至额定负荷。锅炉冷态启动的基本程序框图如图8-5所示。

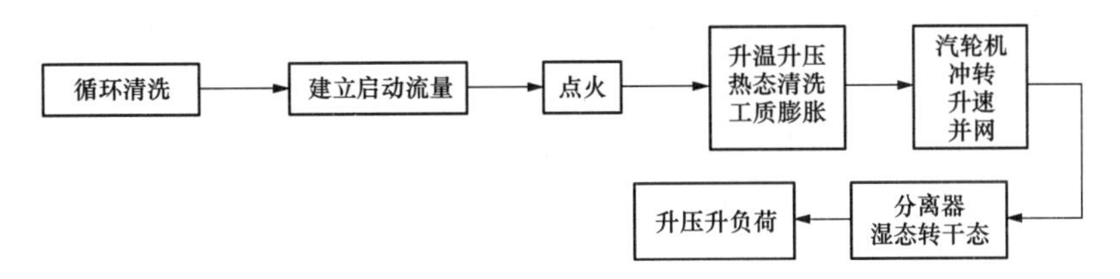

图8-5　锅炉冷态启动基本程序框图

一、锅炉启动前的准备

在启动锅炉之前，对锅炉所有系统和设备做全面的检查，以确认其符合启动的条件；有关的外围专业（除灰、脱硫、化学、燃运及公用系统）及所属设备和人员做好相应的准备；同时，汽轮机和发电机变压器组也要做好启动前的各项准备工作。

（1）全面检查确认锅炉所有系统和设备检修工作已结束，工作票已终结，符合启动条件。

（2）锅炉无杂物，平台、扶梯畅通，消防设施完备，照明充足，保温完整。

（3）锅炉各部位无影响膨胀的异物，各处膨胀指示器装设位置正确，刻度盘、指针完好清晰。

（4）锅炉各水位、温度、压力、流量等测量装置正常完好，一次阀开启。

（5）检查锅炉及其辅助设备联锁试验合格，保护联锁已投入，CCS、BSCS、FSSS、MCS等调节控制系统正常，无异常和报警。

（6）检查锅炉安全阀整定完毕，疏水畅通，试验夹紧装置和水压试验堵阀已拆除。

（7）检查锅炉本体、烟风道、燃烧室及辅机本体内无人工作，各人孔门、观火孔已关闭。

（8）检查水冷壁、过热器、再热器、省煤器、空气预热器等受热面清洁，各烟风道内无结灰和杂物，炉膛、喷燃器、受热面和冷灰斗无结焦，干渣机无灰渣堆积。

（9）锅炉各吹灰器全部退出炉外，处于备用状态。

（10）风箱二次风挡板及各角燃烧器二次风挡板开关灵活、无卡涩。

（11）炉膛红外测温装置完好、炉膛火焰监视、锅炉泄漏监测系统完好，炉膛火焰电视摄像镜头完好，冷却风投入。

（12）检查空气预热器火灾报警装置已投入，空气预热器吹灰器处于备用状态。

（13）燃油系统管道连接完好，无泄漏；所有点火油枪进出灵活、无卡涩。

（14）按启动前阀门状态检查卡对锅炉各系统全面检查，各系统阀门开关位置正确，开关灵活，DCS开度指示与实际位置一致。

（15）检查各辅机及阀门电源、气源已送上。

二、锅炉上水

1. 锅炉上水条件检查

（1）关闭主省煤器进口集箱疏水电动阀、水冷壁进口集箱至集水箱疏水电动阀、水冷壁进口集箱至地沟疏水电动阀、水冷壁中间集箱疏水电动阀；开启锅炉炉顶放气站所有排气电动阀；开启过热器、一次再热器、二次再热器疏水站放水电动阀，投入水位调门自动；开启储水箱出口溢流阀前电动阀，投入A、B溢流调门自动。

（2）关闭旁路高压省煤器6组模块的疏水门和疏水总门，开启旁路高压省煤器6组模块的排空门和排空总门，开启旁路高压省煤器出口电动门，开启给水泵出口至空气预热器旁路高压省煤器进水阀电动门、调门和手动门。

（3）记录锅炉膨胀指示计位置。

2. 锅炉上水

（1）锅炉进水水质要求含铁量小于200μg/L。

（2）开启给水泵出口电动门，调节给水旁路调门，以100～150t/h流量向锅炉上水。

（3）严格控制进水速度，一般不大于5%BMCR，夏季进水时间不小于2h，冬季进水时间不小于3h；锅炉上水温度20～90℃，且高于螺旋水冷壁外壁温20℃以上；锅炉上水过程中缓慢提升除氧器水温，以不大于20℃/h速度加热到120℃，并控制给水温度与锅炉金属温度的温差不大于111℃；当水温与分离器壁温的温差大于50℃时，适当延长进水时间。

（4）贮水箱见水后依次开启主省煤器进口集箱疏水电动门、水冷壁进口集箱至集水箱疏水电动门、水冷壁进口集箱至地沟疏水电动门、水冷壁中间集箱疏水电动门对管路冲洗，冲洗10min后关闭。

（5）贮水箱水位稳定2分钟且大气扩容器调节阀开度在80%有2min；逐渐加大给水量到30%BMCR（省煤器进口流量），控制贮水箱水位在75%最大水位，将贮水箱水位控制投自动。

（6）通知检修进行水冷壁系统查漏。

（7）充满水后，给水泵升出力至40%BMCR自动控制运行约30s，将空气排尽。

（8）关闭以下阀门：主省煤器出口集箱排气电动门、垂直水冷壁出口排气电动门、炉外吊挂管（前墙）排气电动门、炉外吊挂管（后墙）排气电动门。

（9）空气预热器旁路高压省煤器排空门见连续水流溢出时，分别关闭6组换热模块的排空门和排空总门。

（10）锅炉上水完毕，记录锅炉膨胀指示器位置。

(11) 如果锅炉上满水后不能开始冷态冲洗，停止锅炉上水。

3. 锅炉冷态冲洗

(1) 冷态开式清洗：

1) 当贮水箱出口水质 Fe 含量大于 1000μg/L，锅炉进行冷态开式清洗；

2) 检查贮水箱 A、B 溢流阀自动调节水位正常；

3) 冲洗时采用 10%BMCR～25%BMCR 变流量冲洗方式；

4) 锅炉冷态开式清洗过程中，关闭启动疏水泵至凝汽器的电动门和调门，开启启动疏水泵至循环水电动门，启动疏水泵运行，回收至循环水；

5) 贮水箱出口水质 Fe＜1000μg/L 时，冷态开式清洗结束。

(2) 冷态循环清洗：

1) 冷态开式清洗结束，水质指标符合要求，进行冷态循环清洗；

2) 启动疏水泵运行，关闭集水箱回收至循环水电动门，开启集水箱回收至凝汽器电动门及调门。回收至循环水和至凝汽器的两路电动阀禁止同时开启，注意凝汽器真空情况；

3) 维持 25%～30%BMCR 清洗流量进行循环清洗，当省煤器进口水质 Fe＜50μg/L 或贮水箱出口水质 Fe＜100μg/L，SiO_2＜50μg/L，冷态循环清洗结束。

三、锅炉辅助系统启动

1. 全厂公用系统

(1) 锅炉闭式水系统、锅炉工业水系统投入运行。

(2) 锅炉厂用气系统和仪用气系统投入运行。

2. 锅炉辅汽系统

(1) 确认辅汽联箱运行正常。

(2) 投入 B 磨暖风器、制粉系统消防蒸汽、空气预热器吹灰用汽、低低温省煤器蒸汽辅助加热器供汽与蒸汽吹灰供汽、除尘器灰斗加热供汽、稀释风暖风器用汽、脱硝尿素水解区供汽及疏水管路。

(3) 投入低低温省煤器蒸汽辅助加热器：开启辅汽至低低温省煤器系统的蒸汽辅助加热器供汽门，将暖风器入口水温加热至 95℃，投入供汽调门自动。

3. 脱硝系统

(1) 检查稀释风管道已导通，具备投运条件。

(2) 启动 1 台稀释风机，检查母管压力正常，投入备用稀释风机联锁。

(3) 脱硝系统吹扫蒸汽投入热备用。

(4) 检查脱硝系统声波吹灰用气压力正常，投入声波吹灰系统。

4. 干渣机系统

(1) 依次启动除尘风机、碎渣机、清扫链电机冷却风机、钢带冷却风机。

(2) 启动钢带运行，调整钢带转速。

(3) 启动液压油系统，检查系统油压正常，无泄漏，活动挤压头灵活无卡涩后开启。

（4）投入大渣摄像系统。

四、锅炉烟风系统启动

（1）投入CEMS烟气在线监控系统。

（2）投入锅炉四管泄漏监测系统。

（3）投入炉膛红外烟温测量系统。

（4）投入炉膛火焰监视电视，确认炉膛火焰监视电视摄像头的冷却风参数满足要求。

（5）检查脱硫系统具备通烟气条件。

（6）全开前、后烟道挡板。

（7）全开燃烧器各二次风挡板和燃尽风挡板。

（8）开启热二次风至烟气再循环烟道冷却风挡板。

（9）空气预热器启动：

1）启动回转式空气预热器支撑轴承、导向轴承润滑油系统并投自动；

2）检查空气预热器密封间隙在手动最大位，分别启动两台空气预热器主电机，检查运行正常，投入辅电机高速联锁；

3）开启空气预热器出口一次风挡板、二次风挡板和空气预热器入口烟气挡板。

（10）引、送风机启动：

1）引、送风机启动前，必须投运并确认全部引、送风机及其电动机各轴承的润滑和冷却系统正常，液压油系统正常，引风机轴承冷却风机投运、备用轴承冷却风机联锁正常；

2）开启一台引风机出口门，关闭引风机入口门和动叶，启动引风机运行；

3）关闭同侧送风机出口门和动叶，启动送风机运行；

4）调节运行风机的动叶，使风机的工况点在喘振线最低点以下；

5）启动另1台引风机和送风机；

6）检查风机运行正常，调平两侧风机出力，调节送风机动叶控制风量30%～40%BMCR，炉膛压力保持－100～－50Pa，投入引风机动叶调节自动。

（11）火检冷却风系统投运：

1）检查火检冷却风机供火检冷却风管道已导通，具备投运条件；

2）启动火检冷却风机，检查母管压力正常。

（12）等离子载体风系统及冷却水系统投运：

1）检查等离子载体风管道已导通；

2）启动1台等离子载体风机，检查母管压力正常，调整各角等离子载体风压力5～10kPa，投入备用风机联锁；

3）检查闭式水运行正常，等离子冷却水管道已导通，具备投运条件；

4）启动1台等离子冷却水泵，检查母管及各等离子冷却水压力正常，投入备用冷却水泵联锁。

五、燃油泄漏试验和炉膛吹扫

1. 燃油泄漏试验

(1) 试验目的。燃油泄漏试验是针对进油母管燃油关断阀、回油母管燃油关断阀和油角阀的严密性所做的试验，以防止锅炉启动后，燃油系统泄漏会造成炉膛爆燃和火灾等事故发生。

(2) 试验条件：

1) MFT 已动作；

2) OFT 已动作；

3) 进油母管燃油关断阀已关；

4) 回油母管燃油关断阀已关；

5) 所有油角阀关闭；

6) 总风量 30%～40%；

7) 燃油泄漏试验未旁路。

(3) 试验方法。FSSS 有两种操作方法启动该试验：一是操作员发出吹扫指令后，自动启动燃油泄漏试验；二是操作员直接在 CRT 上发出启动燃油泄漏试验指令。若试验条件满足，CRT 上指示“油泄漏试验允许”，从 CRT 上发出“启动油泄漏试验”指令进行下列步序：

1) 试验开始，开进油快关阀，对油系统的各管路、阀门进行充压，60s 时间内“燃油母管压力大于 4.0MPa（泄漏试验油充满）”信号动作，关进油快关阀，充油成功。60s 等待时间内，“回油母管油压正常（泄漏试验油充满）”信号未动作，则回油母管燃油关断阀泄漏，充油失败，切除油泄漏试验，关闭进油快关阀关。

2) 充油成功后，等待 90s。如果在 90s 内，“燃油母管压力低于 3.9MPa（泄漏试验油泄漏）”信号动作，油角阀泄试失败；反之则试验成功。

3) 油角阀泄漏试验成功，打开回油母管燃油关断阀泄压。“燃油供油母管压力＜3.0MPa”后，关闭回油母管燃油关断阀。等待 90s，等待中“燃油供油母管压力小于 3.0MPa”信号消失，则进油母管燃油关断阀泄漏；反之，进油母管燃油关断阀未泄漏，泄漏试验成功。若泄漏试验失败，通知检修和热工人员检查处理，处理后重新进行试验，直到试验合格为止。

2. 炉膛吹扫

(1) 吹扫目的。锅炉启动前或主燃料切断（MFT）动作后必须进行炉膛吹扫，否则不允许再点火。炉膛吹扫的目的在于给炉膛通入足够的风量和保证一定的吹扫时间，将炉膛内可能积存的燃料吹扫出炉膛和尾部烟道，确保锅炉在点火时不发生炉膛爆燃事故。

(2) 吹扫条件。在整个吹扫过程中，FSSS 逻辑要监视吹扫的一次条件和二次条件。

一次条件是 FSSS 进入吹扫模式所必须具备的条件，它们是：MFT 条件不存在；至少一台送风机运行且其出口挡板打开；至少一台引风机运行且其入口、出口挡板打开；至少一台空气预热器运行其入口、出口挡板打开；两台一次风机全停；所有火检探头均探测不到火焰；进油快关阀关闭，所有油角阀关闭，全部油点火枪退回；所有给煤机停；所有磨煤机停；所有磨煤机出口挡板关闭；烟气再循环风机全停；等离子全停；炉膛吹扫未完成。

二次条件是启动吹扫计时器所必须具备的条件，它们是：炉膛总风量适合（30%<总风量<40%）；所有二次风挡板均未关，油风大于30%；火检冷却风母管压力>6kPa正常；油母管泄漏试验正在进行或已经完成或泄漏试验旁路。

（3）吹扫方法。如果是MFT动作后进行的吹扫，则MFT继电器跳闸后FSSS自动发出“请求炉膛吹扫”信号显示在CRT上；如果是正常启动前的吹扫，那么当一次吹扫条件全部满足后，“吹扫准备好”指示灯点亮，此时操作员可在CRT上发出“炉膛吹扫”指令。指令发出后的步骤都是相同的。

1）炉膛吹扫启动指令发出后，FSSS将所有二次风挡板置于35%开度的吹扫位，且炉膛风量合适（30%～40%）；

2）当一次吹扫条件和二次吹扫条件全部满足后，吹扫计时器开始5min的倒计时，此时“吹扫正在进行”指示灯亮；

3）吹扫过程中如果任何二次吹扫条件被破坏，吹扫计时器停止计时，同时“吹扫中断”指示灯点亮。二次吹扫条件恢复后，5min的吹扫过程就会自动重新开始计时，无须操作员干预；而一次吹扫条件被破坏后则吹扫失败，逻辑退出吹扫模式，此时，操作员需在吹扫条件满足后重新发指令来启动炉膛吹扫程序；

4）在锅炉吹扫进行的同时，如果油母管泄漏试验也自动进行，试验成功应该在吹扫计时器结束前完成。如果5min吹扫顺利结束，同时燃油泄漏试验完成，则炉膛吹扫成功，“吹扫完成”指示灯点亮，FSSS自动将二次风门置于点火位置，即油辅助风门开度40%，燃尽风门开度5%，其他风门开度10%，锅炉具备点火条件；

5）投入炉前油系统：开启进油快关阀、回油快关阀，调节燃油母管压力4MPa，开启各层油枪油角阀前手动门，检查系统无漏油。

六、锅炉点火

1. 点火前的检查和准备

点火前要对整个机组中各系统状态做全面检查，包括汽轮机系统和设备及锅炉系统及设备。锅炉侧的检查项目主要有：

（1）确认锅炉冷态清洗结束，省煤器进口水质合格，贮水箱水位正常。

（2）调整锅炉给水流量至25%BMCR流量（745t/h）且稳定。

（3）确认过热器和再热器各排气、疏水阀门开启。

（4）锅炉总风量30%～40%BMCR。

（5）二次风挡板在点火位。

（6）高、中、低压旁路控制投自动，低旁减温水投入自动。

2. 锅炉点火（等离子点火）

（1）启动一次风机和密封风机：

1）开启B磨及其余任一台（上层磨优先）磨入口冷、热风门和磨出口门，建立一次风通道；

2）启动AB一次风机，保留B磨一次风通道，关闭其他磨入口冷热风门和磨出口门；

3）启动一台密封风机，调整密封风与一次风母管压差>5kPa，投入另一台密封风机备用；

4）调节两台一次风机动叶开度，保持风机出力平衡，并将热一次风压力升至8kPa。

（2）火检冷却风切换：

1）检查一次风母管压力正常，开启冷一次风至火检冷却风电动门；

2）停止火检冷却风机运行，关闭出口手动门，检查不倒转，母管压力正常。

（3）调节炉膛压力在－300Pa。

（4）启动B磨：

1）检查锅炉具备点火条件，调节B层燃烧器二次风门开度至点火位。

2）投入B磨暖风器，调整暖风器出口一次风门，维持升温率在5℃/min以下对B磨进行暖磨。

3）调整B磨入口一次风量大于97.11t/h，保持磨煤机出口粉管一次风速度20～23m/s。

4）启动B磨动态分离器，转速调整至500r/min。

5）将等离子点火控制方式切至“等离子模式”。

6）检查等离子点火条件满足，依次启动8个等离子发生器，调节电流300A。

7）当B磨出口温度达到65℃以上，启动B磨和B给煤机，控制煤量28t/h。

8）降磨辊，提高液压加载作用力>9MPa，观察火检系统及火焰电视着火情况。

9）着火成功，及时调整炉膛负压至－50～100Pa，着火稳定后调整给煤量30～35t/h。

10）首次点火时，注意记录从磨煤机投运至燃烧器喷口见火的时间，一般为100～120s。若投运后180s仍未着火，立即停止B磨运行，开启各层二次风挡板至最大开度，对锅炉通风5min后再点火。若锅炉MFT，对炉膛进行重新吹扫。

11）燃烧稳定后，调整B磨煤量及一次风量，使燃烧达到最佳。

12）投入空气预热器冷端连续吹灰。

3. 锅炉点火（油枪点火）

（1）油枪点火的步骤：

1）确认炉前燃油系统已投运；

2）投入空气预热器冷端连续吹灰；

3）投B层油：选择层投或单投油枪；油枪按对角投入原则进行；

4）锅炉点火后，就地检查每只油枪的着火情况，确认油枪雾化良好、配风合适、无漏油；

5）油枪投入正常，暖炉30min后可启动对应制粉系统；

6）若油枪点火失败，开启各层二次风挡板至最大开度，对锅炉通风5min后再点火；若锅炉MFT，对炉膛进行重新吹扫。

（2）采用油枪点火时第一台制粉系统的投运：

1）开启两台磨入口冷、热风挡板和磨出口门，建立一次风通道；

2）启动AB一次风机，保留B磨一次风通道，关闭其他磨入口冷热风门和磨出口门；

3）启动一台密封风机，调整密封风与一次风母管压差大于5kPa，投入另一台密封风机备用；

4）调节两台一次风机动叶开度，保持风机出力平衡，并将热一次风母管压力升至8kPa；

5）启动投运油枪对应的磨煤机、给煤机。

锅炉在启动初期，炉膛温度水平较低，不完全燃烧可燃物积聚在温度水平、烟气流速都较低的空气预热器区域，随着启动过程的进行，烟气温度逐渐升高，就可能发生二次燃烧事故。所以锅炉点火后即投入空气预热器连续除灰，将可能积聚的可燃物吹扫出炉膛，可以大大降低发生二次燃烧的可能性，提高机组设备运行的安全性。

七、锅炉升温升压

锅炉点火后就进入升温、升压阶段。在这个阶段，锅炉主要通过燃烧率调整使蒸汽的温度和压力逐渐升高，锅炉和汽轮机金属部件的温度也越来越高，而所承受的内压也越来越大。为了控制各部件金属的热应力，保证启动的安全性，应严格限制升温升压的速度。

在汽轮机冲转之前，锅炉升温、升压的方式主要是考虑自身安全的因素。在汽轮机冲转之后，则还必须考虑汽轮机升速、暖机以及升负荷对蒸汽参数的要求。任何一台机组都根据自身设备的具体特性制定了启动曲线，锅炉升温、升压过程应严格按机组启动曲线进行。

1. 汽轮机冲转前锅炉的工作内容

（1）锅炉点火起压后，逐个开启主蒸汽管道、一、二次再热蒸汽管道疏水门，注意监视凝汽器真空变化情况，真空下降较快时，采取间断疏水方式。

（2）当主蒸汽压力小于1MPa时，确认HP/MP/LP系统工作在A1（最小压力）模式，此时主汽压力设定值为1MPa，随着锅炉蒸发量增大，高旁阀门投自动后开度也由最小开度（10%）逐渐增大，直至高旁阀门开到40%为止，该阶段维持主汽压力在1MPa。

（3）锅炉点火后，逐渐增加燃料，严格按规定的启动曲线进行升温升压。

（4）启动过程中，应保证热负荷变化平稳。工质温度300℃以下任何时段金属及介质升温速率不允许大于3℃/min，工质温度300℃及以上任何时段金属及介质升温速率不允许大于1.5℃/min，压力上升速率不大于0.12MPa/min。

（5）大修后、长期停运后或新机组的首次启动，要严密监视锅炉的受热膨胀情况。若膨胀异常，应停止升压，待查明原因并处理后，继续升压。当过热器出口压力分别为0.50、1.50、15.00、32.14MPa时应记录膨胀指示。

（6）调整省煤器旁路电动一、二次门，提高脱硝入口烟气温度，注意维持总给水流量稳定。

（7）当主蒸汽压力升至0.2MPa，关闭水冷壁及贮水箱排气电动一、二次门。

(8) 当主蒸汽温度过热度超过50℃时，关闭下列阀门，并联系检修人员检查确认阀门关闭严密：

1) 低温过热器进口集箱排气一、二次门；

2) 高温过热器入口排气一、二次门（A侧）、高温过热器入口排气一、二次门（B侧）、高温过热器出口排气一、二次门。

(9) 主蒸汽管道、一、二次再热蒸汽管道暖管、疏水完成后，微开高中低旁约5%开度，对旁路暖管，注意监视凝汽器真空变化情况。

(10) 主蒸汽压力达到0.5MPa且旁路暖管充分，检查给水压力、凝结水压力、凝汽器真空、凝汽器喉部温度正常，投入高中低旁自动。

(11) 热态冲洗：

1) 当分离器入口温度140℃，单击DCS锅炉启动画面“热态冲洗”按钮，锅炉开始热态冲洗；

2) 通过调节给水温度、燃料量、高旁开度，维持分离器入口温度140～170℃（该温度区间内，Fe^{+}在水中的溶解度最大）；

3) 启动分离器出口水含铁量>1000μg/L，开启集水箱排放至机组排水槽电动门；

4) 启动分离器出口水含铁量<1000μg/L，锅炉疏水回收至凝汽器；

5) 当贮水箱出口水含铁量<100μg/L、SiO_2含量<30μg/L时，热态清洗结束，锅炉继续升温升压。

(12) 热态清洗结束后，煤量加至38t/h左右（10%BMCR），稳定20min。

(13) 当高旁阀开到40%后，检查HP/MP/LP系统进入A2（升压）模式，此时高旁压力设定值将随着锅炉升压速度而逐渐升高，维持调阀开度在40%左右，直到达到冲转设定的主汽压（8MPa）。

(14) 当主蒸汽压力达到冲转压力8MPa后，检查HP/MP/LP系统进入A3（定压）模式，此时，调阀自动维持压力设定值在冲转压力（或操作员设定压力值）。在达到冲转压力前也可退出启动模式转为定压模式。

(15) 空气预热器出口一次热风温度达到180℃，退出B磨一次风暖风器。

(16) 逐渐提高锅炉燃烧率，通过烟气调节挡板调节一、二次再热汽温度。

(17) 当蒸汽参数满足冲转要求（主汽压力：8MPa，一次再热压力：≤2.5MPa，二次再热压力：≤0.7MPa，主汽/再热汽温度：400℃/380℃/380℃），应对锅炉和汽轮机做全面检查后，准备汽轮机组冲转。

2. 汽轮机冲转至全速时锅炉的工作内容

冲转之后，汽轮机的转速逐渐升高到额定值。此时，锅炉的燃烧调整要根据汽轮机的需要进行。

(1) 汽轮机冲转后主蒸汽压力下降，应及时增加燃料量或提高油压或增投油枪来稳定主蒸汽压力。

(2) 汽轮机低速、高速暖机期间，锅炉应适当调整燃烧，维持主蒸汽及再热蒸汽压力、温度。

（3）当汽轮机转速升至 3000r/min 时，逐渐增大给水流量，将给水流量逐渐增大至30%BMCR 流量以上（>894.9t/h），并在机组并网前检查给水流量>894.9t/h 且保持稳定。

（4）当汽轮机转速升至 3000r/min 时，关闭一次再热低温再热器进口集箱放气一、二次门和二次再热低温再热器进口集箱放气一、二次门。

（5）投入脱硝喷氨：

1）检查 SCR 反应器入口烟温>305℃，稀释风暖风器出口风温>140℃，确认 SCR 投入条件满足；

2）开启供氨快关阀，手动缓慢开启氨气流量调节阀，各参数调节稳定后，投入调节阀自动，控制脱硝反应器出口 NO_x 值 35～45mg/m³。

3. 升温升压期间注意事项

（1）当炉水接近沸腾时，注意启动分离器贮水箱的汽水膨胀现象，利用启动分离器贮水箱调节阀控制水箱水位，必要时调整燃烧。

（2）为控制炉膛出口烟温，调节锅炉燃烧率，可开大停运燃烧器二次风调节挡板及 UAGP、BAGP 调节挡板，增加进入炉膛的风量，降低炉膛出口烟温。

（3）再热器无蒸汽流通时，严格控制炉膛出口烟温小于 538℃。

（4）启动过程注意凝结水、给水、蒸汽品质监视。

（5）油枪点火要注意监视省煤器、空气预热器、SCR 各参数的变化，防止发生二次燃烧。

（6）监视再热器和过热器金属管壁温度，防止超温。

（7）维持省煤器出口水温低于对应压力下的饱和温度 10℃以上，以防止工质汽化。

（8）启动过程中，控制省煤器入口给水流量大于 25%BMCR（745t/h），防止低流量保护动作。

（9）汽机冲转前维持锅炉燃烧率及蒸汽参数稳定，保持高、中、低压旁路一定开度。

八、机组并网后升负荷

汽轮机全速后，机组并网。以后进入机组负荷逐渐升高的阶段，锅炉在这一阶段的任务是加强燃烧，逐渐增加蒸发量直至额定值。

燃料启动推荐顺序是：

（1）等离子点火方式：B 层等离子→B 层煤→C 层煤→A 层煤→D 层煤→E 层煤。

（2）大油枪点火方式：AO 层油→BO 层油→CO 层油→B 层煤→C 层煤→A 层煤→D 层煤→E 层煤。

1. 机组带初负荷及低负荷暖机运行

（1）发电机并网后，确认汽轮机自动带初负荷 55MW，汽轮机进入初负荷暖机阶段，稳定运行 30min。

（2）并网后低负荷暖机：

1）增加燃料量，控制机组升负荷速率 3MW/min。B 磨煤量达到 70t/h 后，启动 C 制粉系统，将机组负荷增至150MW（15%BMCR）；

2）增加燃料量，维持主蒸汽压力稳定，控制温升率；

3）调整省煤器入口给水流量，监视贮水箱水位。

（3）检查机组一次调频投入。

2. 负荷150～200MW（20% BMCR）

（1）低负荷暖机结束，设定目标负荷200MW，负荷变化率3MW/min，控制主、再热汽升温率≤1.5℃/min。

（2）增加风量，投入送风机自动、氧量自动。

（3）二次再热冷段压力大于1MPa，二次再热冷段至辅汽联箱供汽管路疏水暖管，缓慢将辅汽联箱切至二次再热冷段接带，关闭邻机供辅汽电动门。

（4）随着机组负荷的增加，高、中、低压旁路逐渐关闭，确认DEH自动切至初压控制模式，检查旁路减温水门、减压阀全关。

3. 负荷200～500MW（50% BMCR）

（1）负荷设定值500MW，负荷变化率3MW/min。

（2）机组转干态前，开启给水主路电动门：

1）机组负荷220MW，逐步开大给水旁路调门，调节小机转速，控制省煤器入口给水流量1050t/h稳定；

2）给水旁路调门全开后，开启给水主路电动门。

（3）锅炉湿态转干态：

1）机组负荷在220MW稳定运行，给水主路已导通，高低加已投入，做好转干态准备；

2）启动第三套制粉系统，缓慢增加总燃料量至125～135t/h，保持省煤器入口给水流量960～1050t/h；

3）检查分离器出口温度逐渐升高，贮水箱水位缓慢下降；

4）检查分离器出口出现过热度后，控制水煤比7.0～7.5，调节过热度10～17℃；

5）锅炉转干态后，增加机组负荷，控制锅炉水煤比稳定；

6）转态过程中，加强水冷壁管壁温度的监视；

7）负荷避免在200～300MW之间停留，迅速平稳从湿态转换到干态。

（4）机组转干态后停止启动疏水泵运行，维持集水箱高水位，关闭A、B溢流阀，关闭溢流阀前电动阀，投入暖管阀。

（5）干态运行时，给水流量调节主汽压力，水煤比调节分离器入口过热度，过热器喷水辅助调节主汽温度，烟气挡板平衡一、二次再热汽温。

（6）机组负荷增加，检查辅汽至低低温省煤器蒸汽辅助加热器进汽调门关闭，关闭进汽电动门和手动门，退出蒸汽辅助加热器蒸汽。

（7）投运空气预热器烟气旁路：

1）检查机组负荷大于300MW且空气预热器出口排烟温度大于120℃；

2）缓慢开启空气预热器烟气旁路挡板，同时开大空气预热器旁路高压省煤器、空气预热器旁路低压省煤器进水调门，控制空气预热器出口混合排烟温度118℃。

（8）检查机组负荷大于350MW，退出“等离子模式”，退出各角等离子。

（9）机组负荷大于400MW，启动烟气再循环风机：

1）检查烟气再循环风机变频器具备启动条件；

2）检查烟气再循环系统密封风已经投入，烟气再循环烟道冷却风已经投入；

3）检查“等离子模式”已退出，投入B层等离子运行；

4）开启1台烟气再循环风机出口二次挡板；

5）启动1台烟气再循环风机，检查烟气再循环风机出口一次挡板联锁开启，开启入口烟气挡板；

6）关闭热二次风至再循环烟道冷却风挡板，关闭运行风机出口挡板密封风；

7）根据再热汽温和锅炉燃烧情况，调整烟气再循环风机出力，将另一台烟气再循环风机投入联锁备用；

8）燃烧稳定后，依次停运各角等离子。

4. 负荷500～750MW（75% BMCR）

（1）机组负荷达到500MW，投入协调控制方式CCS。

（2）负荷设定值750MW，负荷变化率3MW/min。

（3）启动第四台制粉系统。

（4）当机组负荷达到600MW时保持负荷，确认主、再热减温水控制自动且汽温调节正常，主、再热蒸汽温度逐渐升到额定值。

（5）机组负荷＞600MW，投入空气预热器密封间隙调整装置自动，检查空气预热器运行正常。

（6）机组负荷＞700MW且燃烧稳定，对锅炉受热面进行全面吹灰。

5. 负荷750～1000MW（100% BMCR）

（1）负荷设定值1000MW，负荷变化率3MW/min。

（2）启动第五台制粉系统。

（3）负荷达到1000MW，对机组进行全面检查。

（4）调整各参数至额定值，稳定机组运行。

（5）根据调度指令加减机组负荷或投入AGC。

九、锅炉冷态启动过程中的注意事项

（1）锅炉在油枪投用过程中，就地检查油枪无冒黑烟、火焰黯淡等燃烧不完全情况，无滴油、火焰脱火等油枪雾化不良情况。发现异常情况，及时调整二次风挡板开度及炉前燃油供油压力，调整无效停止油枪运行。

（2）制粉系统投运初期，密切监视燃烧器着火情况，及时调整煤量、一次风速和二次风挡板开度。发现炉膛内燃烧不稳定，及时停运制粉系统并进行锅炉吹扫。

（3）锅炉点火初期，过、再热器处于干烧状态，控制炉膛出口烟气温度＜538℃。

（4）锅炉启动期间，投入空气预热器连续吹灰，按冷端5次、热端1次的频率进行吹灰，严密监视锅炉烟道各处的烟气温度、各受热面的金属温度和空气预热器火灾报警装置，发现报警及时到现场确认，防止尾部烟道二次燃烧。

（5）在升温升压过程中，监视汽水分离器、过热器和再热器出口联箱温度不超限，当内外壁温差超限时，停止增加燃料量，延长升温升压时间。

（6）在升温升压过程中，监视各受热面金属温度，控制主蒸汽温度和再热蒸汽温度在额定范围内。

（7）低负荷增加燃料量要与锅炉蒸汽流量同步，防止低温过热器因冷却流量不足出现超温。

（8）在机组并网、带初负荷的过程中，调整锅炉燃烧稳定，控制主蒸汽压力在冲转压力范围之内。

（9）控制湿态与干态转换时间，保持给水流量稳定，严格控制升温、升压速率，防止受热面金属温度波动。

（10）锅炉转干态运行后维持大气式扩容器集水箱高水位并关闭集水箱至凝汽器管路所有阀门，防止破坏凝汽器真空。

（11）锅炉负荷＜10％BMCR 不允许投运过、再热蒸汽喷水减温，防止蒸汽带水。

第三节 锅炉的温、热态启动

一、启动前检查与准备

（1）启动前的准备工作按冷态启动规定执行。

（2）机组启动时部分辅助系统在运行状态，仍须全面检查。

（3）汽水分离器压力＜12MPa 方可向锅炉上水。若锅炉停止期间没有放水，锅炉上水时不需开启汽水分离器前的放空气门。

（4）温态、热态启动可以不进行冷态、热态冲洗，但要进行水质监测，发现水质不合格，应采取措施进行处理。

（5）根据水冷壁和汽水分离器内介质温度和金属温度控制上水流量 200t/h，以维持汽水分离器前受热面金属温度和水温降温速度≤2℃/min；若水冷壁金属温度偏差≤50℃，可适当加快上水速度，但不得高于 400t/h。

（6）启动前尽早投入除氧器加热，使给水温度达到上水要求。

二、冲转参数的选择

（1）根据汽轮机启动状态，按照相对应的机组启动曲线确定汽轮机冲转参数（表 8-4）。

（2）根据点火前主汽压力，及时调整旁路运行方式，尽快到达冲转压力。

三、锅炉点火升压

（1）各项准备工作完成后，启动引送风机进行炉膛吹扫，减少对炉膛的冷却。

（2）锅炉点火启动步骤按冷态启动进行。

（3）点火前将给水流量增加至25%BMCR以上。

（4）机组热态启动时需开启汽机旁路对锅炉泄压至12MPa以下，泄压时控制压力下降速度≤0.1MPa/min，防止氧化皮脱落。

（5）设法提高上水温度，待贮水箱溢流阀开启后逐渐增加上水流量。

（6）控制上水流量，防止大量汽水外排造成热量损失，但溢流阀不宜全部关闭，保持分离器出口压力<12MPa。

表8-4　　汽轮机冲转参数

启动状态	主汽压力（MPa）	主汽温度（℃）	一、二次再热汽温（℃）	一次再热压力（MPa）	二次再热压力（MPa）
冷态启动、全冷态启动	8	400	380	≤2.5	≤0.7
温态	8	440	420	≤2.5	≤0.7
热态	14	530～540	510～520	≤2.5	≤0.8
极热态	14	550～560	530～540	≤2.5	≤0.8

四、汽轮机冲转

（1）汽轮机冲转时，加强对汽水分离器水位控制。

（2）加强燃烧调整，控制炉膛出口烟温<538℃。

（3）机组冲转至3000r/min，经检查正常尽快并网。

五、并网带负荷

（1）并网后，尽快加负荷至启动曲线所对应的负荷点，确认汽轮机缸温不再下降，以减少汽缸及转子的冷却，然后按正常升负荷速率增加机组负荷。

（2）锅炉转干态前，负荷变化率3MW/min；锅炉转干态后，负荷变化率6MW/min。

六、机组温、热态启动注意事项

（1）控制好温度裕度，满足*X*温度准则，不使主机金属部件过度冷却，以延长汽机寿命。汽机冲转时，主、再热蒸汽温度至少有56℃以上的过热度且主、再热蒸汽温度分别比超高、高、中压缸内壁金属温度高50℃，主蒸汽和再热蒸汽温度左右侧温差不超过17℃。

（2）做好机组启动的各项准备工作，协调好各辅机启动时间，尽快地冲转、升速、并网并带负荷至与汽机转子温度相对应的负荷水平。

（3）锅炉准备点火前启动风烟系统再进行炉膛吹扫，尽量减少炉膛的冷却。

（4）协调各辅机启动时间，尽快并网升负荷，以防止汽机转子被冷却。

（5）控制各金属部件的温升率、上下缸温差不超过限值。

（6）高、中、低旁蒸汽流量未建立前，保持锅炉燃烧率小于10%，控制炉膛出口烟温小于 538℃，防止再热器干烧。

（7）锅炉跳闸后再启动时禁止利用内有存煤的磨煤机建立一次风通道。

（8）在投用内部有存煤的磨煤机时，对该磨煤机进行吹扫干净后才可投用磨煤机。

（9）为防止再热器干烧，在高、中、低旁蒸汽流量未建立前，应保持锅炉燃烧率不大于 10%，且严格控制炉膛出口烟气温度小于 538℃。

（10）锅炉跳闸后再启动的时候，如果磨煤机内有存煤，在启动一次风机时，禁止利用这些磨煤机打通一次风通道。在投用内部有存煤的磨煤机时，应先投用该层油燃烧器，对该磨煤机进行吹扫干净后才可投用磨煤机。

第四节　锅炉的极热态启动

一、启动前检查与准备

（1）启动前的准备工作按冷态启动规定执行。

（2）机组启动时部分辅助系统在运行状态，仍需全面检查。

（3）汽水分离器压力<12MPa 方可向锅炉上水。锅炉停止期间没有放水，锅炉上水时不开启汽水分离器前的放空气门。

（4）极热态启动可以不进行冷态、热态冲洗，但要进行水质监测，发现水质不合格，应采取措施进行处理。

（5）启动前尽早投入除氧器加热，使给水温度达到上水要求。

（6）启动 1 台启动疏水泵，将启动疏水泵出口至凝汽器的调门投自动。

（7）控制 30%BMCR 给水流量上水，当贮水箱水位达到 75%最大水位，贮水箱至大气式扩容器一侧调门自动开启，贮水箱水位稳定 2min 且调门开度在 80%达 2min。

（8）提高给水泵出力至 40%BMCR 给水流量，检查贮水箱至大气式扩容器另一侧调门开启，保证水系统彻底排尽空气。

（9）关闭省煤器出口放气阀。

（10）排尽空气后，将省煤器进口给水流量自动控制在 25%BMCR(745t/h) 以上。

（11）汽机同步带最小负荷之前的操作与冷态、温态启动完全相同。

二、冲转参数的选择

（1）根据极热态启动状态，按照相对应的机组启动曲线确定，汽轮机冲转参数见表 8-4。

（2）根据点火前主汽压力，及时调整旁路运行方式，尽快到达冲转压力。

三、锅炉点火升压

（1）锅炉点火前各项准备工作完成，启动引送风机进行炉膛吹扫，减少对炉膛的冷却。

(2) 锅炉点火启动步骤按冷态启动进行。

(3) 极热态启动时，将给水流量增加至25%BMCR(745t/h) 以上。

(4) 机组极热态启动时需开启旁路对锅炉泄压至15MPa以下，泄压时控制压力下降速度不超0.1MPa/min，防止氧化皮脱落。

(5) 设法提高上水温度，待贮水箱溢流阀开启后逐渐增加上水流量。

(6) 控制上水流量，防止大量汽水外排造成热量损失，但溢流阀不宜全部关闭，保持分离器出口压力小于15MPa。

(7) 极热态时需提前转态来提高汽温，提前转态时燃料量增加速度相对较快，此时需保持较大上水流量，保持溢流阀较大开度控制分离器出口压力不超15MPa，将汽温提高至满足汽机要求。

四、汽轮机冲转

(1) 汽轮机冲转时，加强对汽水分离器水位控制。

(2) 加强燃烧调整，控制炉膛出口烟温<538℃。

(3) 极热态启动汽轮机冲转，START MODE选择不带超高压缸启动模式。

(4) 机组冲转至3000r/min，经检查正常尽快并网。

五、并网带负荷

(1) 并网后，尽快加负荷至启动曲线所对应的负荷点，确认汽轮机缸温不再下降，以减少汽缸及转子的冷却，然后按正常升负荷速率增加机组负荷。

(2) 极热态启动并网后，当负荷大于150MW且X5准则满足，超高压缸自动投入。

(3) 机组并网后，负荷变化率3MW/min；当机组升负荷至170MW后，负荷变化率6MW/min。

六、机组极热态启动注意事项

(1) 锅炉在等离子或油枪投用过程中应看火检查，发现燃烧不良应及时处理，防止尾部烟道再燃烧。加强炉前油系统检查，防止漏油引起火灾事故。

(2) 在升温升压过程中，监视启动分离器、过热器和再热器出口集箱的金属温度，如发现金属温度或升温速率超限，应停止增加燃料量，延长升温升压时间。

(3) 机组启动期间，投入空气预热器冷端连续吹灰，加强对空气预热器火灾报警装置的监视，发现报警应及时到现场检查。

(4) 锅炉转干态运行后维持大气式扩容器集水箱高水位并关闭集水箱至凝汽器管路所有阀门，防止破坏凝汽器真空。

(5) 在锅炉启动过程中有汽水膨胀现象，注意贮水箱水位控制防止超限。

(6) 尽量缩短锅炉湿态与干态转换时间，保持燃料控制与贮水箱水位的稳定，严格按升压曲线控制汽压，以防止锅炉受热面金属温度波动。

(7) 将停运磨煤机对应燃烧器的二次风挡板门维持在5%开度，防止高温烟气回流。

第九章　锅炉的停运

锅炉的停运简称停炉，是指锅炉从运行状态逐步减负荷转入停止燃烧、降压和冷却的过程。锅炉的停运过程是一个冷却过程，因此，在停炉过程中应注意的主要问题是使锅炉机组缓慢冷却，防止由于冷却过快而使锅炉部件产生过大的温差热应力，造成设备损坏。

第一节　锅炉停运的分类

1. 正常停运和事故停运

根据锅炉停运的原因，可分为正常停运和事故停运。

锅炉运行的连续性是有一定限度的，当机组运行一定时间后，为恢复或提高锅炉的运行性能、预防事故的发生，必须停止运行，进行有计划的检修。另外，当外界电负荷减少时，为了整个发电厂运行比较安全经济，经过计划调度，也要求一部分机组停止运行，转入备用（热备用或冷备用）。这两种情况下的锅炉停运均为正常停运。

无论是由于锅炉外部原因还是内部原因发生事故，当锅炉机组不停运则会造成设备损坏或危及运行人员安全而必须停止锅炉机组运行时，这种停炉称为事故停运。如果事故不甚严重，但为了安全不允许锅炉机组继续长时间运行下去，必须在一定时间内停止运行时，这种停炉称为故障停运。故障停运的时间，应根据故障的大小及影响程度决定。如果事故严重，需要立即停运，则称为紧急停运。

2. 热备用停运、冷备用停运和检修停运

根据锅炉停运的最终状态，机组的停运可分为热备用停运、冷备用停运和检修停运。

热备用停运是指停止向汽轮机供热和锅炉熄火后，关闭锅炉主蒸汽阀和烟气侧的各个门孔，锅炉进入热备用状态。冷备用停运的锅炉最终状态是冷却后放尽炉水进行保养。检修停运的最终状态则是冷却后放尽炉水进行检修。检修停运包括计划检修停运和事故停运。

3. 滑参数停运和额定参数停运

单元机组在正常停运中，根据停运降负荷过程中汽轮机前的蒸汽参数，可分为滑参数停运和额定参数停运。

滑参数停运是指在机组停运过程中汽轮机的主汽门、调节汽门全开，锅炉滑压、降温、降负荷，保证蒸汽压力、温度和流量适应汽轮机滑压降负荷的要求，直至负荷至零，汽轮机打闸停机，锅炉熄火停炉。滑参数停运的特点是机—炉联合停运，滑参数停运过程中可以利用余热发电，机组冷却快而均匀。对于停运后需要检修的汽轮机，滑参数停机可缩短从停机到开缸的时间。

额定参数停运是指在机组停运过程中汽轮机采用关小调节汽门逐渐减负荷停机，而主汽门前的蒸汽的压力和温度不变或基本不变的停运。额定参数停运的特点是锅炉熄火时蒸汽的温度和压力较高，机组停运后机炉金属温度保持较高水平，以适应热态启动，缩短启动时间。如果机组是短期停运，进入调停热备用状态，采用额定参数停运。

第二节　锅炉正常停运

一、滑参数停运

在机组滑参数停运过程中，锅炉的负荷及蒸汽参数的降低是按汽轮机的要求进行的，待汽轮机负荷快减完时，蒸汽参数已经很低，锅炉即可停止燃烧，进入冷却阶段。

（一）停炉前的准备

（1）按照停机方案通知燃料运行值班人员合理控制各煤仓煤位。

（2）检查等离子装置正常备用，停炉前将B磨投入运行。

（3）启动火检冷却风机，将火检冷却风切至火检冷却风机供给。

（4）试投油枪确认燃油系统正常，对于有缺陷的油枪，通知检修人员尽快处理。

（5）在负荷＞50％时，对锅炉各受热面、脱硝系统和低低温省煤器系统进行一次全面吹灰。

（6）将贮水箱至大气扩容器的溢流调节阀进行一次开关试验。

（7）检查四管泄漏装置的历史记录值，分析受热面是否存在泄漏。

（8）做好锅炉保养各项准备工作。

（二）停炉程序

1. 负荷1000～500MW

（1）接值长停机命令，确认机组在CCS控制方式下，设定目标负荷500MW，降负荷速率5MW/min，主、再热汽温以1℃/min的速度滑降，短时最大不超1.5℃/min，主汽压下降速度≤0.1MPa/min，短时最大不超0.15MPa/min。

（2）当负荷低于800MW时，根据情况停运1套制粉系统，保留4套制粉系统运行。

（3）当负荷低于600MW时，进行以下操作：

1）根据情况停运1套制粉系统，保留3套制粉系统运行；

2）退出空气预热器密封间隙调整装置自动，手动提升空气预热器密封间隙至最大值；

3）试投高、中、低压旁路减温水调节阀，注意保持减温水隔离阀关闭。

（4）机组负荷降至500MW，保持15min，进行下列操作：

1）投入8个等离子助燃，不投“等离子模式”。

2）投入空气预热器连续吹灰。

3）停止烟气再循环风机，投入烟气再循环挡板密封风和烟道冷却风。

（5）降负荷过程中，加强对风量、中间点温度及主再热蒸汽温度的监视。

（6）降负荷过程中先降温后降压，禁止大幅开关减温水调门，确保减温后蒸汽过热度在20℃。

2. 负荷500～350MW

(1) 机组负荷500MW，确认主汽压力滑至16.9MPa，降负荷率3～5MW/min，负荷至350MW，主汽压力降至12.5MPa。

(2) 负荷降至300MW，进行以下操作：

1) 送风机切至手动，调整总风量40%～45%。

2) 辅汽汽源倒至邻机供汽，检查轴封供汽正常。

3) 检查主给水旁路调门前后电动门开启，主给水旁路调门全开，关闭主给水电动门，主给水切至旁路。若省煤器入口给水流量开始降低，提高小机转速，切换过程控制给水流量1000～1150t/h。

4) 将机组控制方式切至TF或BASE方式，并手动将DEH初压控制方式切换至限压方式。

(3) 逐渐降低锅炉热负荷，注意锅炉燃烧情况，出现燃烧不稳，及时投入油枪稳燃。机组负荷300MW，控制主再热汽温450～480℃，过热度15～30℃，转态前全关各级减温水。

(4) 辅汽汽源采用邻机汽源，空气预热器吹灰汽源、除氧器汽源切至辅汽。

(5) 空气预热器吹灰汽源、除氧器汽源分别切至辅汽，辅汽汽源采用邻机汽源，投入空气预热器冷端连续吹灰。

(6) 手动开启高中低压旁路系统疏水门，微开高中低压旁路减压阀暖管，暖管结束后投入旁路系统自动，投入停机模式。

(7) 退出低低温省煤器系统运行。

3. 负荷300～200MW

(1) 检查机组负荷＜300MW，缓慢关闭空气预热器旁路烟气挡板，同时关小空气预热器旁路高压省煤器、空气预热器旁路低压省煤器进水调门，控制空气预热器出口混合排烟温度115℃。

(2) 机组负荷200～300MW之间，机组采用定压运行方式，控制负荷变化率5MW/min，注意高、中、低压旁路系统动作正常，负荷与给水流量相匹配，防止汽温突降。

(3) 总燃料量小于130t/h，停止第3台制粉系统运行，若旁路开启注意机组负荷、旁路流通量与给水流量匹配。

(4) 锅炉干态转湿态运行：

1) 当汽水分离器出现水位，且持续上升后，锅炉转湿态运行；

2) 当分离器贮水箱水位大于15.5m，确认分离器贮水箱液位控制阀正常动作，加强对贮水箱水位的监视与调整；

3) 当机组转湿态运行，随负荷下降，逐步停运第2套制粉系统。将等离子切换至“等离子体点火模式”，停运过程中注意保持燃烧稳定，燃烧不稳时投运油枪助燃。

4. 负荷250～50MW

(1) 机组低负荷运行阶段可以视情况调节循环水的运行方式。

（2）高旁开启后DEH改为限压方式，从DEH设定机组目标负荷及负荷变化率。

（3）机组减负荷过程中，旁路系统自动调节正常。

（4）锅炉保留最后一层制粉系统运行直到汽机打闸，随着给煤量的减少，应严密监视该层燃烧器的运行情况。

（5）目标负荷设定至50MW。

（6）如果是停机不停炉，根据需要启动备用真空泵，防止低压旁路开启后影响真空。

5. 锅炉停止

（1）机组负荷降至30MW，发电机解列前10min关闭B给煤机入口插板，走空皮带，若给煤机入口插板门关闭不严则停止B给煤机运行。

（2）锅炉熄火前，回油速关阀挂禁操，关闭进油速关阀，10min后关闭回油速关阀。

（3）汽机打闸后，将B磨余粉吹扫干净后停止B磨，锅炉MFT。

（4）锅炉MFT后，打开干渣机挤压头，将炉渣放尽。

（5）MFT后的操作：

1）检查各等离子、两台一次风机和密封风机联跳，相应挡板联关；

2）关闭燃油进、回油手动总门，并关闭各油枪进油、吹扫手动门；

3）检查过热器、再热器减温水电动门、调门联锁关闭；

4）保持风量30%～40%，吹扫炉膛10min，吹扫完毕停止送、引风机运行；关闭锅炉各人孔门、看火孔及各风烟挡板焖炉；

5）关闭锅炉汽水系统各取样门，停止空气预热器吹灰；

6）空气预热器进口烟温小于150℃允许停运空气预热器；

7）螺旋水冷壁金属温度小于100℃，允许停运火检冷却风机。

（三）停炉后的冷却

1. 自然冷却

（1）锅炉熄火72h后，打开烟风系统有关挡板、风机动叶、干渣机挤压头，锅炉自然通风冷却，控制金属降温速度不超过1.5℃/min。

（2）通风时烟气温度的降低速率不高于3℃/min，启动分离器及各联箱、水冷壁壁温降低速率不高于20℃/h，受热面管壁温度偏差不大于50℃。

（3）锅炉停炉后，应保持高、中、低压旁路一定开度，对锅炉主蒸汽及再热蒸汽系统进行降压，降压速率不大于0.3MPa/min，当压力降至1.2MPa时，关闭高、中、低压旁路阀。或根据具体停炉要求决定降压值。

（4）分离器出口压力降至1.2MPa，温度小于180℃时，打开水冷壁各放水阀和省煤器各放水阀，锅炉热炉放水。

（5）分离器出口压力降至0.2MPa，打开水冷壁、省煤器、过热器、再热器的排空气门，排除系统内的水蒸气，直至锅内空气相对湿度达到60%或等于环境相对湿度；也可以待放水完毕后，关闭排空气门，打开高、中、低压旁路，依靠凝汽器抽真空系统对锅炉抽真空，直至相对湿度满足上述要求。

（6）当空气预热器入口烟温降至200℃以下，如空气预热器需要冲洗，则投入空气预热器清洗工作，冲洗时关闭烟气进口挡板和出口风门。冲洗结束后，打开烟气挡板和风门，利用烟气余热烘干空气预热器。如空气预热器不需要冲洗，待空气预热器入口烟温降至150℃以下，可停止空气预热器。

2. 快速冷却

（1）锅炉有抢修工作或其他原因需加快冷却速度时，经总工批准可采用锅炉快速冷却方法。

（2）采取滑参数运行方式，通过旁路逐渐将主再热汽温降至400℃。

（3）分离器出口压力降至1.2MPa，温度小于180℃时，打开水冷壁各放水阀和省煤器各放水阀，锅炉热炉放水。

（4）分离器出口压力降至0.2MPa，打开水冷壁、省煤器、过热器、再热器的排空气门，排除系统内的水蒸气，直至锅内空气相对湿度达到60%或等于环境相对湿度。

（5）锅炉放水后，自然通风或启动风机强制通风冷却，控制水平烟道出口烟温下降速度不大于20℃/h。自然通风冷却需焖炉72h后才能进行，原则上不允许采用强制通风冷却，需要强制通风的，则必须焖炉24h以上，热炉水放尽后，才允许启动风机。风机应在最小通风量下运行12h后再逐渐加大风量，同步做好检查管子及清理氧化皮的工作。

3. 强制冷却

（1）锅炉滑停后，保持给水泵运行、除氧器加热，换水冷却，利用贮水箱溢流调节阀控制分离器降压、降温速度，使得汽水分离器金属温度下降速率在50～60℃/h。

（2）锅炉分离器出口汽压降至0.3MPa以下，炉水温度小于130℃时，停运给水泵，锅炉热炉放水。

（3）热炉放水结束，打开干渣机挤压头，启动引、送风机，锅炉强制通风冷却，风量30%～40%BMCR，控制烟温下降速度30～40℃/h。

（四）滑参数停炉的注意事项

（1）机组停运应参照《机组正常停机曲线》控制整个进程。

（2）停机过程中，应保证主、再热蒸汽过热度≥56℃，若过热度＜56℃或主、再热汽温10min内突降50℃，应立即打闸停机。

（3）停机过程中，再热蒸汽温度的下降速度应保持与主蒸汽温度的下降速度一致，主、再热蒸汽的温度偏差小于28℃。

（4）在降负荷过程中，注意炉膛内燃烧工况，可提前投油助燃。投油期间注意油枪自动投/退正常，监视燃油母管压力，防止燃油的泄漏和着火。投空气预热器连续吹灰，防止尾部烟道再燃烧。

（5）将给煤机走空后停运给煤机，制粉系统吹扫干净后停运磨煤机，防止积粉自燃。如需烧空原煤仓，应密切监视原煤仓煤位，当原煤仓煤位降至给煤机上闸门以下时，应及时关闭给煤机上闸门，以防止磨煤机向原煤斗返风。

（6）在机组停运过程中注意炉膛负压调节正常。

（7）停运磨煤机时，注意主汽压力、温度、炉膛压力的变化。

（8）锅炉停运后，关闭油枪进油手动门，检查油枪是否泄漏。

（9）锅炉熄火后，监视空气预热器进、出口烟温，发现烟温不正常升高和炉膛压力不正常波动等再燃烧现象时，立即采取灭火措施。

二、额定参数停运

1. 额定参数停炉原则

（1）由于调峰需要或机、电设备消缺需临时停炉且不要求锅炉冷却泄压的停炉，均属调停热备用停炉，可进行额定参数停运。

（2）机组额定参数停运，遵守先降压后降温的原则，逐步将蒸汽参数下滑，并控制锅炉主、再热蒸汽的降压速率小于 0.1MPa/min，降温速率小于 1℃/min，负荷变化率不超过 5MW/min，控制主、再热蒸汽的温度偏差小于 28℃。

（3）控制主、再热蒸汽温度应缓慢均匀地下降，使金属降温幅度不超过 0.8℃/min。

（4）机组减负荷停机的其他操作及注意事项参见滑参数停运。

2. 额定参数停炉步骤

（1）机组滑停时，若机组负荷在 550MW 以上，主蒸汽压力参照机组滑压曲线，降低主蒸汽压力，开大进汽调阀，主蒸汽温度逐渐降低。

（2）当机组负荷降至 550MW 时，要求机组稳定运行 120min，将主蒸汽压力逐渐降至 15.5MPa。主蒸汽温度逐渐降至 530℃，降温率不大于 1℃/min，降压率不大于 0.1MPa/min。

（3）机组负荷降至 400MW 时，根据需要投运旁路系统，缓慢降低锅炉燃烧率。

（4）当机组负荷降至 350MW 时，控制滑压时间在 120min，主蒸汽压力降至 12.5MPa，主蒸汽温度降至 430℃，降温率不大于 1℃/min，降压率不大于 0.08MPa/min。

（5）当机组负荷降至 350MW 时，要求机组稳定运行 60min，防止主蒸汽参数回升。

（6）汽轮机超高压缸缸温降至 400℃以下时，可继续降低机组负荷。从 350MW 降至 150MW 时，控制主蒸汽压力缓慢降至 12MPa，主蒸汽温度缓慢降至 420℃。

（7）机组负荷在 150MW 左右，若超高压缸缸温到 370℃，高压缸缸温到 400℃，中压缸缸温到 400℃左右，可迅速减负荷接近为 0，汇报值长机组解列。

（8）其余各阶段未提及的操作可参考滑参数停运。

（9）额定参数停机过程中，主要控制数据见表 9-1。

表 9-1　滑停控制数据

负荷（MW）	主蒸汽压力（MPa）	主蒸汽温度（℃）	再热汽温度（℃）	温降率（℃/min）	时间（min）
1000↘550	31↘15.5	605↘530	622↘540	1.5	80
550	15.5	530↘480	540↘500	1	120
550↘350	15.5↘12.5	480↘430	500↘450	1	120
350	12.5	430	450	1	60

续表

负荷 (MW)	主蒸汽压力 (MPa)	主蒸汽温度 (℃)	再热汽温度 (℃)	温降率 (℃/min)	时间 (min)
350↘150	12.5↘12	430↘420	450↘440	1	30
150	12	420	440	1	5
150↘50	12	420	440	1	5
50	解列操作				
总的滑停时间约为 0～7h					

3. 额定参数停炉注意事项

（1）调整锅炉水煤比控制分离器出口蒸汽温度，控制一、二级减温器后汽温应高于对应压力下的饱和温度20℃以上，并注意每级受热面温升情况，防止大量喷水造成水塞；通过减少再循环烟气量、减少上层燃烧器出力、降低风量、投运减温水和调节燃烧器的二次风来降低再热汽温。

（2）监视主、再热蒸汽温度，确保有50℃以上的过热度，确保超高压缸排汽、高压缸排汽蒸汽温度有30℃以上的过热度。

（3）加强锅炉贮水箱水位监视。

（4）加强锅炉水冷壁壁温的监视，避免超温及偏差大。

（5）检查锅炉膨胀情况，避免异常情况发生。

（6）蒸汽温度在10min内下降50℃立即打闸停机。

第三节　锅炉事故停运

一、紧急停炉

1. 紧急停炉的条件

锅炉运行中，当发生重大事故时，必须立即停止锅炉机组的运行，称为紧急停炉。FSSS保护逻辑的MFT条件就是紧急停炉的条件，遇有下列情况之一时，须紧急停炉：

（1）锅炉具备跳闸条件而保护拒动作。

（2）所有引风机、送风机或回转式空气预热器停止。

（3）锅炉灭火。

（4）炉膛、烟道内发生爆燃使主要设备损坏时或尾部烟道发生二次燃烧。

（5）主给水管道、过热蒸汽管道或再热蒸汽管道发生爆管（无法维持运行）。

（6）炉管爆破，威胁人身或设备安全。

（7）再热蒸汽突然中断。

（8）锅炉热控仪表电源中断，无法监视、调整锅炉主要运行参数。

2. 紧急停炉的主要操作

紧急停炉操作步骤如下：

（1）立即按“紧急停炉”按钮，关闭磨煤机，若炉内有油枪时停止油枪运行，然后按“吹扫”按钮，维持炉膛负压 5mmH_2O 进行通风；确认空气预热器 A、B 运行正常。如果主电动机跳闸，要确保辅助电动机运行正常。

（2）报告班长、值长，并通知汽机和电气，要求迅速将机组负荷降至零。

（3）联系汽机开启高、中、低压旁路。

（4）关闭减温器喷水隔绝门，关闭再热器微量及事故喷水隔绝门。

（5）若在事故停炉后 10min，锅炉还不具备启动条件时，则应停止送、引风机运行。

（6）其他操作按正常停炉运行，事故原因及处理情况做好详细记录。

3. 紧急停炉后的操作

当锅炉 MFT 后，应做以下处理：

（1）确认所有进入炉膛的燃料切断，即确认所有磨煤机、给煤机、一次风机跳闸和来油跳闸阀、回油跳闸阀、各油角阀关闭。

（2）确认汽轮机旁路动作正常，防止主蒸汽、再热蒸汽压力过高。

（3）监视和检查炉膛压力正常，确认各二次风门在吹扫位置，调整锅炉总风量大于30%，进行炉膛吹扫。如果两组送风机、引风机都跳闸，在炉膛自然通风 10min 后才能重新启动送风机、引风机。

（4）确认过热器减温水、再热器事故喷水调节门、闭锁阀均关闭，运行中的吹灰器自动退出。通知除灰控制人员确认撤出电除尘器。

（5）辅汽汽源切至启动锅炉。

（6）加强跳闸磨煤机的巡视检查，以防磨煤机着火。

（7）从 CRT 调出跳闸画面，查明 MFT 原因。

（8）如故障可很快消除或属于误跳，立即做好再启动准备。如故障难以短时消除，按常规停炉处理。

二、故障停炉

锅炉发生危及设备和人员安全的事故不很严重，为了安全不允许锅炉机组继续长时间运行下去，必须在一定时间内停止运行时，可申请进行故障停炉。

1. 故障停炉的条件

遇有下列情况之一时，需申请故障停炉：

（1）锅炉承压部件发生泄漏，但尚能维持运行。

（2）锅炉管壁温度超限，经采用降负荷等降温措施不能恢复正常，且持续时间超过 5h。

（3）锅炉安全门启座后无法使其回座。

（4）锅炉严重结焦、堵灰，虽经处理后仍不能恢复正常。

（5）仪用压缩空气压力低于 0.4MPa，经采取措施后仍无法恢复正常压力。

（6）火焰检测装置冷却风机出口压力小于 3kPa，8min 内不能恢复。

（7）空气预热器转子停转，采取处理措施后，空气预热器转子仍盘不动，且相关挡板不能关闭或漏风严重。

(8) CRT监控画面上部分数据显示异常，或部分设备状态失去，或部分设备手动控制功能无法实现，并将危及机组设备的安全运行。

(9) 化学指标控制值大于三级处理值，经验证明腐蚀将快速进行。

2. 故障停炉的主要操作

(1) 锅炉故障停运时，先快速减负荷，同时进行厂用电切换，当机组负荷低于250MW时，即可手动MFT，立即停止向炉膛供应燃料，将全部油燃烧器解列，停止制粉系统和一次风机运行。

(2) 停止送风机，约5min后再停止引风机运行。当发生锅炉爆管事故时，为了保持一定的炉膛负压，可保持一台引风机继续运行。若在烟道内发生再燃烧事故时，则应焖炉灭火，立即停止引风机运行。

(3) 其余操作同紧急停炉的处理。

第四节 锅炉停运期间的保养

锅炉停止运行后，若在短时间内不参加运行，应将锅炉转入备用。锅炉机组由运行状态转入备用时的操作过程完全按照正常停炉程序进行。备用锅炉的所有设备都应保持在完好状态下，以便可以随时启动投入运行。

锅炉在备用期间的主要问题是防止腐蚀。运行中的锅炉实际上也存在腐蚀问题，但实践证明，除了特殊情况之外，如除氧器运行效果不好或失灵，而省煤器中水流速度又很低，水处理不佳，造成锅炉运行时严重结垢，煤的硫含量高而锅炉排烟温低等，一般在同一时期内，运行中的锅炉都比备用锅炉（即使采用了保养措施）因腐蚀而造成的损坏要小得多。同时，考虑到备用炉应保证随时都可投入运行，因此不应该将某一台锅炉长时期连续地保持备用状态，而应根据具体情况尽可能地把各台锅炉轮换做备用炉。

锅炉在备用期间所受的腐蚀主要是氧化腐蚀（此外还有二氧化碳腐蚀等）。所以，减少溶解在水中的氧和外界漏入的氧，或者减少氧气与受热面金属接触的机会就能减轻腐蚀。锅炉备用期间采用的各种保养方法就是为了达到这一目的。

当受热面清洁时，腐蚀是均匀的；而当受热面的某部分有沉积物时，则会在这些地方发生局部垢下腐蚀。局部腐蚀虽然发生在不大的区段，但发展的深度较大，严重时甚至可能形成裂缝、深凹坑等，因此，它比均匀腐蚀的危险性更大。所以，在锅炉停用后将受热面上的沉积物清除干净，可以大大减少局部腐蚀的机会，提高其安全性。

锅炉停炉保养的方法可分为湿态保养和干态保养两大类。湿态保养是锅炉本体不放水，使锅炉汽水系统和外界严密隔绝，并加药用具有保护性的水溶液充满锅炉受热面，防止空气中的氧进入锅内。湿态保养可分为压力法、联氨法和碱液法等。干态保养是将锅炉本体内的水汽全部放空并进行干燥，使锅炉内表面处于干燥状态，以达到防腐蚀的目的。干态保养可分为余热烘干法、充氮法、充氨法等。

一、湿态保养

1. 压力法

(1) 蒸汽压力法。锅炉如需短期热备用停炉时采用此方法，保持炉内蒸汽压力 0.5～0.98MPa 范围之内，定期检查炉水中的溶解氧，严密关闭各门孔烟风挡板，尽量减少压力下降，如压力低于 0.5MPa，投入邻炉蒸汽加热或重新投油枪升压。实践表明，这种方法不但能保证锅炉不会产生氧腐蚀，而且又比较经济。

(2) 给水压力法。此方法适用冷热备用锅炉，停用期限在一周左右，锅炉停用后，待压力降至零，锅炉进满水顶压保持在 0.5～0.98MPa。如果压力下降，应重新启动给水泵顶压。

2. 联氨法

长期备用的锅炉采用联氨防腐效果较好。联氨（N_2H_4）是较强的还原剂，联氨与水中的氧或氧化物反应后，生成不具腐蚀性的化合物，从而达到防腐的目的。其反应过程如下：

$$N_2H_4 + O_2 = N_2 + 2H_2O \tag{9-1}$$

$$N_2H_4 + 2CuO = N_2 + 2Cu + 2H_2O \tag{9-2}$$

$$N_2H_4 + 2FeO = N_2 + 2Fe + 2H_2O \tag{9-3}$$

在加联氨的同时，还应加氨水，以保证锅水中 pH 值保持在规定的范围内。

停炉后，待压力降至零，锅炉进满水顶压，保持压力在 0.98MPa 以上，化学人员将氨-联氨溶液加入炉水中。

联氨是剧毒品，配药必须在化学人员的监督下进行，并应做好防护工作。

联氨防护锅炉在转入启动或检修时，锅炉应将联氨排放干净，并进行清洗。只有当蒸汽中氨含量小于 $2mg/m^3$ 时，方能转入启动或检修。转入检修时，应先点火升压至锅炉额定压力，并带负荷运行一段时间，然后再将锅炉停下，放尽锅水将锅炉烘干再检修。

3. 碱液法

碱液法是采用加碱液的方法，使锅炉中充满 pH 值达到 10 以上的水，常用碱液为氢氧化钠或磷酸三钠。碱液能使金属表面生成一层保护膜，因而可减少氧气与锅炉受热面接触的机会，达到防腐目的。

在备用防腐期间，锅炉的压力应保持在 0.2～0.4MPa 范围内，并保持锅水中的药液浓度，当药液浓度低于规定范围时，应补加药液。

碱液的配制及送入锅炉以现场实际而定，一般可用三种方法：一种是在锅炉加药处理的设备处，安装临时的溶药箱配制浓碱液，然后用原有的加药泵将锅炉充满碱液；另一种方式是，安装一个溶药箱配制浓碱液，然后利用专用泵将锅炉充满碱液；也可以安装大一些的溶药箱来配制稀碱液，然后用专用泵将碱液送入锅炉。

无论锅炉采用哪一种湿法保养，都应当注意在冬季不能使锅炉内部温度低于零度，以防止锅炉冻结损坏。

二、干态保养

1. 余热烘干法

锅炉停炉后，当炉水温度降至 100～120℃时，将锅炉各部分的水彻底放空，利用余热烘烤，将金属表面烘干。清除沉积在锅炉汽水系统中的水垢和水渣，然后在锅炉中放入干燥剂并将锅炉上的阀门全部关严，以防外界空气进入。

常用干燥剂有：无水氯化钙、生石灰或硅胶等。干燥剂装在布袋内或无盖的器皿中放入锅内。由于氯化钙和生石灰用过一次后即失效，而硅胶则可定期取出经加热驱水后再用；同时在加热驱水时还可以测定其水分，从而可以知道一段时间内吸收了多少水分，便于进行比较。因此，通常使用硅胶较好。

2. 充氮法

在氮气来源比较方便的条件下，可以采用充氮防腐。

氮气（N_2）为惰性气体，本身不与金属发生化学反应。当锅炉内部充满氮气并保持适当压力时，空气就不能进入锅内，因而能防止氧气对金属的侵蚀。

充氮的方法是：先将锅炉各系统与外界隔绝，当锅内压力降到低于氮气母管压力时，开启氮气阀门，将氮气充入锅内。充氮时，锅炉可以一面放水一面充氮，称为湿式充氮；也可以将锅水放尽，然后充氮，称为干式充氮。

充氮防腐时，氮气的压力维持在 0.3MPa。当氮气的压力降到 0.1MPa 时，要开启氮气阀门进行顶压一次。应定期检测氮气纯度，氮气纯度应保持在 99.8%以上；如氮气纯度降到 98.5%，应进行排气，并充氮至合格。

3. 充氨法

当锅炉停炉放尽水并马上充入一定压力的氨气（NH_3）后，氨气即溶入金属表面的水珠内，在金属表面形成一层氨水（NH_4OH）保护层，该保护层具有极强烈的碱性反应，可以防止腐蚀。

由于空气的密度较氨气大（氨气的密度为 0.771，空气的密度是 1.293），所以，在充氨时，应将盛满氨气的容器放置在锅炉的上部，并用管子与锅炉最上部连接（如锅炉上部的空气门），这样就使氨气从锅炉最上部送入，利用氨气的压力同时排除锅内的空气，保证氨气对锅炉的充满。当氨气到达锅炉的最低点后（可以从气味来判定），即可关闭下部的阀门。充氨防腐时，锅炉内应保持的过剩氨气压力约为 1.333×10^4Pa。

当锅炉需要重新启动时，点火以前应先将氨气全部排出，并用水冲洗干净。

三、锅炉冬季停运的防冻

在冬季，锅炉停运后，应按下列要求认真做好防冻措施：

（1）投入有关设备电加热装置。

（2）锅炉人孔门、检查孔及有关风门、挡板关闭严密，防止冷风侵入。

（3）锅炉各系统和辅助设备所有管道，保持管内介质流通，对无法流通的部分应将介质彻底放尽，以防冻结。

四、大型锅炉的停炉保养措施

停炉保养方法的选择应充分考虑各种情况后进行选择，锅炉停炉时间的长短、受压件是否在停炉期间需要维修、当地的自然环境、气候条件等均应作为考虑的条件。一般而言，锅炉作为备用，电网一有要求就应立即启动的锅炉可采用湿态保养；锅炉处于计划停炉，重新启动前有足够的准备时间可采用干态保养。

大型超超临界压力锅炉推荐停炉保养方法见表 9-2。

表 9-2　　大型超超临界压力锅炉停炉保养方法

停炉时间 锅炉本体	T< 60h*	60h<T<2 周	T>2 周
省煤器至启动分离器	充满除盐水 pH 值：9.4 ~ 9.5，25℃ **	充满除盐水 pH 值：9.4 ~ 9.5，25℃ **	充氮密封 设定压力 30～60kPa・g
过热器系统	保压密封	充氮密封 设定压力 30～60kPa・g	充氮密封 设定压力 30～60kPa・g
再热器系统	保持干态（由冷凝器维持真空）		
操作	保持正常的停运状态	当锅炉压力低于 60kPa・g后，过热器充入氮气	用氮气置换省煤器以及过热器系统，如果锅炉没有充满水，应首先向锅炉注水，如果锅炉停炉后立即充氮，可在锅炉压力降至 350kPa・g时开始置换

* 对于停炉时间小于 60h 的停炉保养，使用标准方法，直至锅炉的保养压力不大于 60kPa。

** 对于化学清洗后的停炉，用联氨浓度为 100mgN_2H_4/L 的除盐水充满保养。

第十章　锅炉的运行调整

由于汽轮发电机组的功率随外界负荷的变化而变动，锅炉机组就必须相应地进行一系列的调整，以保证与外界负荷变化相适应，否则，锅炉的蒸发量和运行参数就不能在需要和规定的范围内，严重时将对锅炉乃至整个电厂的安全经济运行产生重大影响，甚至危及设备和人身安全。即使在外界负荷稳定时，锅炉内部某些因素的改变也会引起运行参数的变化，这同样要求锅炉进行必要的调整。由此可见，锅炉机组在运行时总是处在不断的调整之中。

为了保质（压力、温度和蒸汽品质）、保量（蒸发量）并适时地供给汽轮机所需要的过热蒸汽，同时保证锅炉运行的安全性和经济性，就必须随时监视其运行状况，并及时、正确地进行调整。

第一节　锅炉运行调节的任务

火力发电厂生产的电能一般是不能储存的，当发电厂生产的电能与用户消耗的电能不平衡时，就会引起电网频率和电压的波动，即供电的品质不良。电网频率变化过大，不仅影响用电设备的正常工作和经济性，还使发电设备本身的安全可靠性受到严重威胁。例如频率过低，即汽轮机在低频下工作，有可能使其末几级长叶片因振动而损坏。又如电动给水泵的电动机转速因频率下降而降低，使水泵流量迅速减少。电压的不稳定对用电设备的安全可靠性影响也是很大的：电压过高，用电设备的寿命将大大缩短；电压过低，当负载功率不变时，用电设备将因电流增加而发热，严重时会烧坏用电设备。因此应使电网的频率和电压尽可能稳定在规定值。但要求电网频率绝对稳定是很难的，一般规定不超过额定频率 50Hz 的±0.2～0.5Hz。要求电压稳定虽不如要求频率稳定那样严格，但也不允许变化太大，通常允许对用户供电电压有±7%左右的变化。

要求电网的频率和电压稳定，就应使发电机组正常和可靠地运行。要求锅炉的蒸发量和蒸汽参数保持稳定或在某一规定范围内变动。但在实际运行中，锅炉的运行工况很难保持绝对稳定，各种各样的原因将不断引起这种或那种因素的变化，最后反映到锅炉蒸发量（D）和蒸汽参数（p''_{gr}和 t''_{gr}）的变化。甚至在负荷稳定的情况下，也可能出现某些因素的微小波动，引起蒸汽参数的变化。因此锅炉运行人员必须随时进行监督和操作，使锅炉的蒸发量与汽轮机的需要相适应，并保持蒸汽参数稳定。

由于直流锅炉的结构和热工特性，使它的参数调节和自动调节系统比汽包锅炉要复杂得多。对于汽包锅炉，由于汽包水容积的存在，给水量的调节和汽温调节互不相关；由于过热器受热面是固定不变的，也使汽温调节比较方便。对于直流锅炉，加热、蒸发和过热各区段之间无固定界限，一种扰动将对各种被调参数起作用。例如给水量的变化将同时影响到锅炉蒸发量、汽压和汽温；燃料的变化将既影响汽压，又影响汽温与蒸发量，并且对汽温的影响远甚于汽包锅炉中的情况。这样就使直流锅炉的汽温、汽压和蒸发量的调节相互发生关联，例如当锅炉蒸汽负荷变化时，应随时保证给水量与燃料量在一定的比例之下变化，以保持过热汽温稳定。再则，由于直流锅炉的蓄热能力差，使工况变动时汽压和汽温变动剧烈。因此种种，均使直流锅炉的参数调节和自动调节系统要比汽包锅炉复杂得多。

在直流锅炉正常运行过程中，被调参数（蒸发量、汽压、汽温、汽水分离器水位等）多，调节参数（燃料量、给水量、喷水量、烟气再循环量等）多，扰动因素（燃料的品质和数量、给水量、机组负荷变化等）多，调节机构也多，监视和调整的主要任务是：

（1）使蒸发量满足汽轮机负荷的要求。

（2）保持蒸汽的压力和温度。

（3）保持最佳的空气工况，使锅炉具有最高的燃烧效率。

（4）保持炉膛负压一定。

（5）保持汽水行程中某些中间点的温度。

第二节　直流锅炉的调节特性

一、静态特性

（一）汽温的静态特性

对无再热器的直流锅炉，建立热平衡式（10-1）

$$G(h_{gr}-h_{gs})=BQ_{ar.net}\eta_{gl} \tag{10-1}$$

式中　G——给水流量，等于蒸汽流量 D，kg/s；

h_{gr}——主蒸汽焓，kJ/kg；

h_{gs}——给水焓，kJ/kg；

B——锅炉燃料量，kg/s；

$Q_{ar,net}$——燃料收到基低位发热量，kJ/kg；

η_{gl}——锅炉热效率，%。

式（10-1）可改写为

$$h_{gr}=\frac{B}{G}Q_{ar.net}\eta_{gl}+h_{gs} \tag{10-2}$$

从式（10-2）可以看出：

（1）如果新工况的燃料发热量、锅炉热效率、给水焓都和原工况相同，当新工况和原工况的燃料量和给水量保持比例，也就是说煤水比（B/G）保持不变，主蒸汽温度将保持不变。所以，当直流锅炉负荷变化时，在锅炉燃料发热量、锅炉热效率、给水焓不变的条件下，保持适当的煤水比，就可以保持主蒸汽温度稳定。

（2）如果新工况的燃料发热量变大，则主蒸汽温度增高；新工况锅炉热效率下降，则主蒸汽温度下降；新工况给水焓下降，则主蒸汽温度下降。

对于有再热器的直流锅炉，不同工况下，锅炉辐射吸热量与对流吸热量的份额会发生改变。因此，为维持主蒸汽温度不变，不同负荷下的煤水比应进行适当修正。

（二）汽压的静态特性

1. 燃料量变化

假设燃料量增加，汽轮机调门开度不变，新工况汽压有三种情况。

（1）给水流量随燃料量增加，保持煤水比不变，那么此时由于蒸汽流量增大使汽压上升。

（2）给水流量保持不变，煤水比增大，为维持汽温必须增加减温水量，同样由于蒸汽流量增大使汽压上升。

（3）给水流量和减温水量保持不变，则汽温升高，蒸汽容积增大，汽压也有些上升。如果汽温升高在许可的范围内，则汽压无明显变化。

2. 给水流量变化

给水流量增加，汽轮机调门开度不变，也有三种情况。

（1）燃料量随给水流量增加，保持煤水比不变，由于蒸汽流量增大使汽压上升。

（2）燃料量不变，减小减温水量来保持汽温，则汽压不变。

（3）燃料量和减温水量都不变，如汽温下降在许可范围内，则蒸汽流量增大使汽压上升。

3. 汽轮机调门变化

若汽轮机调门开大，而燃料量和给水流量均不变，由于工况稳定后，汽轮机排汽量仍等于给水流量，根据汽轮机调门的压力和流量特性，汽压降低。

二、动态特性

直流锅炉受热面可简化成省煤器、水冷壁、过热器三个受热管段串联组成（见图 10-1）。水通过省煤器进行加热，水冷壁进口为欠焓水，在水冷壁中进行加热、汽化和蒸汽微过热，蒸汽通过过热器加热。

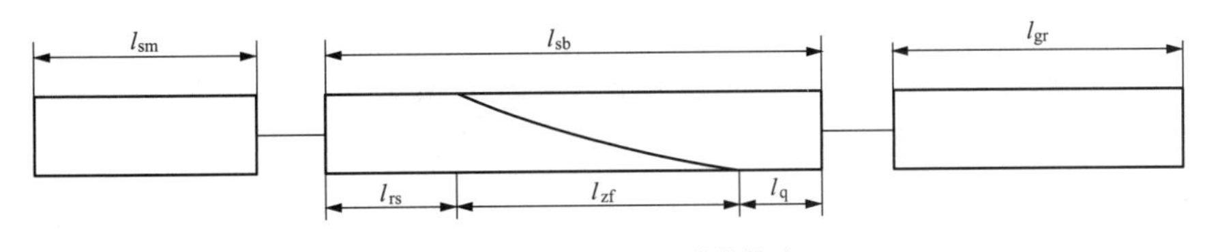

图 10-1 直流锅炉受热管段

l_{sm}—省煤器受热管段长度（m）；l_{sb}—水冷壁受热管段长度（m）；l_{rs}—热水段长度（m）；
l_{zf}—蒸发段长度（m）；l_q—蒸汽微过热段长度（m）；l_{gr}—过热器受热管段长度（m）

当燃料量、给水量或汽轮机调门开度扰动时，将使水冷壁的热水段、蒸发段和过热段三部分长度发生变化，从而使锅内工质储量发生变化。在过渡过程中，锅炉的蒸发量暂时不等于给水量，并将影响过热蒸汽出口的汽温和汽压。

直流锅炉汽温、汽压的动态特性如图 10-2 的曲线所示。

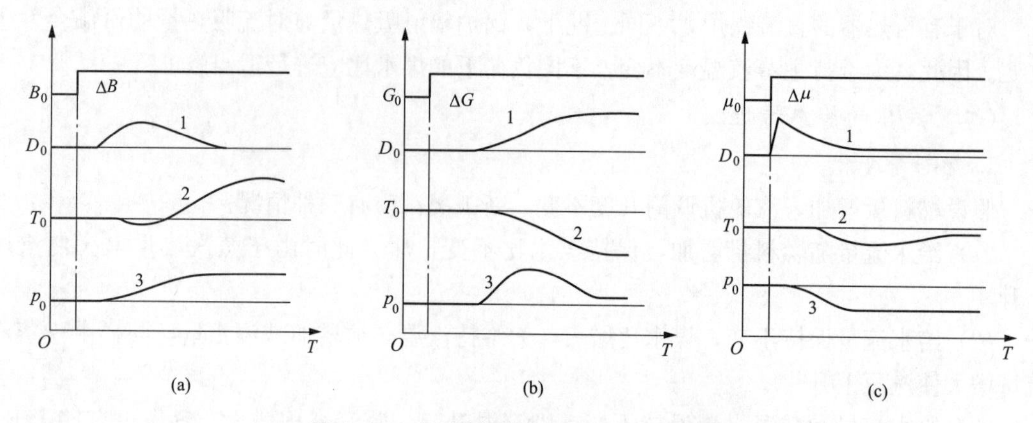

图 10-2 亚临界参数直流锅炉的动态特性

(a) 燃料量扰动；(b) 给水量扰动；(c) 汽轮机调门扰动

1—主蒸汽流量；2—主蒸汽温度；3—主蒸汽压力

1. 燃料量的变化（ΔB）

图 10-2（a）为燃料量扰动时的动态特性曲线。在其他条件不变的情况下，燃料量 B 增加 ΔB。在变化之初，由于热负荷立即变化，热水段逐步缩短；蒸发段将蒸发出更多的饱和蒸汽，使过热蒸汽流量 D 增大，其长度也逐步缩短；当热水段和蒸发段的长度减少到使过热蒸汽流量 D 重新与给水量相等时，即不再变化（曲线 1）。在这段时间内，由于蒸发量始终大于给水量，锅炉内部的工质储量不断减少（一部分水容积渐渐为蒸汽容积所取代）。显然，工质储量减少的总量 Δm 与燃料增量 ΔB 和水汽密度差有关，ΔB 越大，水汽密度差越大，则 Δm 越大。蒸发量在短暂延迟后，先上升后下降，最后稳定下来与给水量保持平衡。

燃料量增加，过热段加长，过热汽温升高。在过渡过程的初始阶段，由于蒸发量与燃烧放热量几乎按比例变化，加上管壁金属储热所起的延缓作用，故过热汽温要经过一定时滞后才逐渐变化。如果燃料量增加的速度和幅度都很急剧，有可能使锅炉瞬间排出大量蒸汽。在这种情况下，汽温将首先下降，然后再逐渐上升（曲线 2）。

蒸汽压力（曲线 3）在短暂延迟后逐渐上升，最后稳定在较高的水平。最初的上升是由于蒸发量增大，随后保持较高的数值是由于汽温升高。

2. 给水量变化（ΔG）

图 10-2（b）为给水量扰动时的动态特性曲线。在其他条件不变的情况下，给水量增加 ΔG，由于壁面热负荷未变化，故热水段和蒸发段都要延长。蒸汽流量逐渐增大到扰动后的给水流量（曲线 1）。在过渡过程中，由于蒸汽流量小于给水流量，所以工质储量不断增加。随着蒸汽流量的逐渐增大和过热段的减小，出口过热汽温逐渐降低。但在汽温降低时金属放出储热，对汽温变化有一定的减缓作用（曲线 2）。汽压先上升又逐渐下降，最后稳定在稍高的水平。最初由于蒸汽流量增大使汽压升高，但由于汽温下降，体积流量减小，故汽压又略有降低（曲线 3）。

由图可看出，当给水量扰动时，蒸发量、汽温和汽压的变化都存在时滞。这是因为自扰动开始，给水自入口流动到原热水段末端时需要一定的时间，因而蒸发量产生时滞，蒸发量时滞又引起汽压和汽温的时滞。虽然蒸汽流量增加，但由于燃料量并未增加，故稳定后工质的总吸热量并未变化，只是单位工质吸热量减小而已。

3. 汽轮机调门开度变化（$\Delta\mu$）

图 10-2（c）为汽轮机调门开度扰动时的动态特性曲线。汽轮机调门突然开大 $\Delta\mu$，蒸汽流量立即急剧增加，随后因汽压降低而逐渐减少，最终与给水量相等，保持平衡。在给水压力和给水阀门开度不变的条件下，由于汽压降低，给水流量实际上是自动增加的。这样，平衡后的给水流量和蒸汽流量有所增加（曲线 1）。汽压下降并没有像蒸汽流量那样急速变化，这是因为当汽压下降时，饱和温度下降，金属释放储热，产生附加蒸发量，抑制了汽压下降。随着蒸汽流量与给水量相等，汽压降低速度也趋缓，最后达到一个稳定值（曲线 3）。在燃料量不变的情况下，给水流量和蒸汽流量的增加意味着单位工质吸热量必定减小，或者说出口汽温必定减小。出口汽温的降低过程，同样会因金属储热的释放而变得迟缓，并且，由于金属储热的释放，稳定后的汽温降低值也并不显著（曲线 2）。

对于超临界机组在超临界区运行时，其动态特性与亚临界锅炉相似，但变化过程较为和缓。如燃料量 B 增加时，锅炉热水、过热段的边界发生移动，尽管没有蒸发段，但热水段、过热段的比体积差异也会使工质储量在动态过程中有所减小，因此出口蒸汽量稍大于入口给水量，直至稳态下建立新的平衡。由于上述特点，对于超临界机组，在燃料量、给水量和汽轮机调门扰动时的动态特性，受蒸汽量波动的影响较小，如燃料量扰动时，抑制过热汽温变化的因素主要是金属储热，而较少受蒸汽量影响，因而过热汽温变化得就快一些；而汽压的波动则基本上产生于汽温的变化，变得较为和缓。

第三节　蒸汽参数的调节

一、蒸汽参数的调节原理

锅炉的运行必须保证汽轮机所需要的蒸汽量以及过热蒸汽压力和温度的稳定不变。由动态特性分析中可知，直流锅炉蒸汽参数的稳定主要取决于两个平衡：锅炉蒸发量与汽轮机功率的平衡，以及锅炉给水与燃料的平衡。第一个平衡能稳住汽压，第二个平衡则能稳住汽温。

但是，由于直流锅炉的加热、蒸发、过热三个区段间无固定分界线，使得它的汽压、汽温和蒸发量三者之间是紧密相关的，即一个调节手段不仅仅只影响一个被调参数。因此，汽压和汽温这两个被调参数的调节实际上不能分开，它们只不过是一个调节过程的两个方面。除了被调参数的相关性，还由于直流锅炉的蓄热能力小，运行工况一旦被扰动，蒸汽参数的变化很快、很敏感。因此，要求选择一个合理的调节手段。

直流锅炉蒸汽参数的调节可以归纳为汽压的调节和汽温的调节，汽压调节实质上就是保证锅炉蒸发量与汽轮机负荷相适应。

1. 过热蒸汽压力的调节

压力调节的任务实质上就是经常保持锅炉出力和汽轮机所需蒸汽量的相等。只要时刻保持住这个平衡，过热蒸汽压力就能稳定在额定数值上。所以，压力的变动是汽轮机负荷或锅炉出力的变动所引起的，压力的变化反映了这两者之间的不相适应。

在汽包锅炉中，要调节锅炉的出力（蒸发量），先是依靠调节燃烧来达到的，与给水量无直接关系；给水量是根据汽包水位来调节的。

在直流锅炉中，炉内放热量的变化并不直接引起出力的改变（除短暂的波动外）。由于直流锅炉送出的蒸发量等于进入的给水量（严格地说还应考虑喷水量），因而只是当给水量改变时才会引起锅炉出力的变化。因此，直流锅炉的出力首先应由给水量来保证，然后燃料量相应调节以保持其他参数。在手动操作时，因为改变燃烧还牵涉到风量调节等，往往先用给水量作为调节手段稳住锅炉汽压，然后再调喷水保持汽温（当锅炉负荷不变时）。

在带基本负荷的直流锅炉上，如果采用自动调节，往往还用调节汽轮机调节汽门来稳住汽压。

2. 过热蒸汽温度的调节

在锅炉运行过程中，过热蒸汽温度不仅随着锅炉蒸发量变化，而且随着给水温度、燃料品质、炉膛过量空气系数以及受热面结渣等情况的变化而在较大范围内波动。过热汽温过高和过低对锅炉和汽轮机可靠工作产生严重不利影响，通常要求在锅炉75%～100%负荷范围内保持过热蒸汽温度在额定值，波动范围不偏离额定汽温的±5℃。

在稳定工况下，如果锅炉效率、燃料发热量、给水热焓（决定于给水温度）保持不变，则过热蒸汽温度只决定于燃料量与给水量的比例 B/G。如果比值 B/G 保持一定，则过热汽温不变。反之，比值 B/G 的变化，则是造成过热汽温波动的基本原因。

因此，在直流锅炉中汽温调节主要是通过给水量和燃料量的调节来进行。考虑到实际运行中上述其他因素对过热汽温的影响，在实际运行中要保证 B/G 比值的精确值也是不容易的。特别是在燃用固体燃料的场合，由于用给煤机电流、给粉机转速来测定和控制燃料量是十分粗糙的。这就迫使除了采用作为粗调的调节手段外，还必须采用汽水通道上设置几点喷水作为细调（校正）的调节手段。在有些锅炉上也有采用烟气再循环、分隔烟道挡板和炉膛火焰中心位置（摆动燃烧器）作为辅助调节手段，但国内把这些主要用来作为再热汽温的调节手段。

超临界直流锅炉以内置式启动分离器出口温度或水冷壁出口温度作为“中间点温度”来控制煤水比，粗调过热汽温；中间点之后各点的汽温由喷水减温来控制，细调过热汽温。

中间点温度的控制原则是保持15℃的微过热度，以避免过热器带水。中间点温度过高，水冷壁出口管段成为过热器，危及水冷壁的安全运行。根据超临界锅炉的运行经验，中间点温度每变化1℃，低负荷时对过热汽温的影响达10℃，高负荷时的影响大约为5℃。不同的超临界锅炉，这些数据的变化未必相同，但变化趋势一致。图10-3给出了两个电厂600MW超临界锅炉的中间点温度随分离器压力的变化。

图 10-4 给出了四个电厂 600MW 超临界锅炉的水煤比（煤水比 B/G 的倒数）随负荷的变化。如图所示，在低负荷时，水煤比较低，这主要是因为低负荷时给水温度较低，单位质量工质所需的吸热量较多，按能量平衡关系需要增加燃料量；高负荷时，则正好相反。

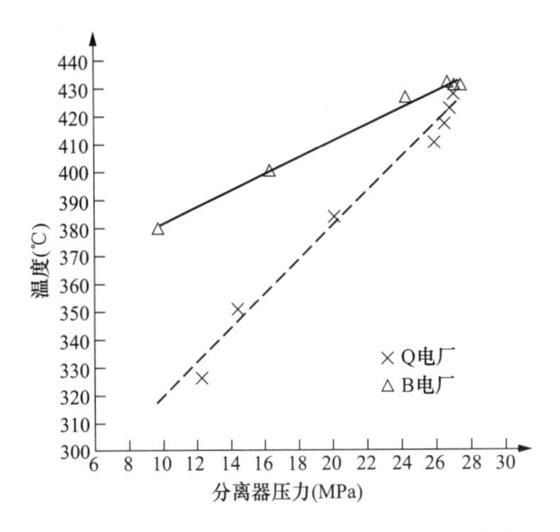

图 10-3　中间点温度随分离器压力的变化

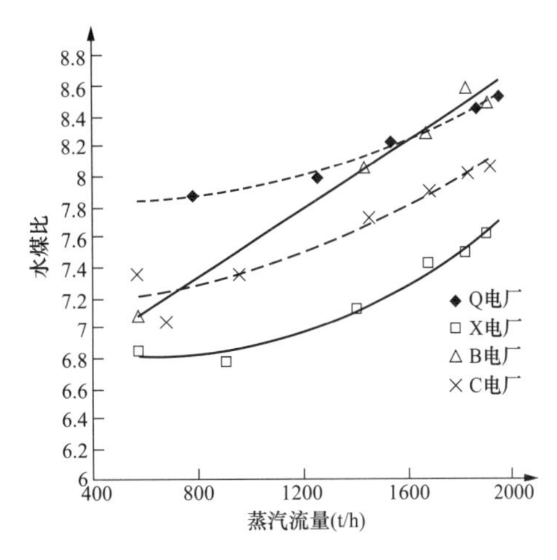

图 10-4　水煤比随负荷的变化

超临界锅炉运行中，喷水减温作为汽温调节的细调手段，正常情况下过热器总减温水量不超过总蒸发量的 5%～6%，但减温水系统的设计容量仍然要求达到 10%MCR。超临界锅炉的汽温调节不宜采用大量喷水的减温方式，因为减温水量增大时，喷水点前的受热面，尤其是水冷壁中的工质流量必然减小，使得水冷壁中工质温度升高，其结果不仅加大了汽温调节幅度，而且可能导致水冷壁和喷水点前的受热面超温。因此，超临界锅炉运行中应尽可能减少减温水的投入量。另外，温度很低的给水对于温度很高的蒸汽联箱或过热器管子会造成冷冲击，从而影响寿命。

图 10-5 给出了两个 600MW 电厂减温水量随负荷的变化关系，可以看出，不同调温方式的超临界锅炉，其减温水量变化趋势基本相同。至于减温水量的大小，则首先与减温水温度有关，其次与受热面布置、煤质变化等多种因素有关。图 10-6 给出了某电厂减温水温度随负荷的变化关系。本例中减温水取自给水泵出口。当减温水取自省煤器出口时，减温水量就会增加。

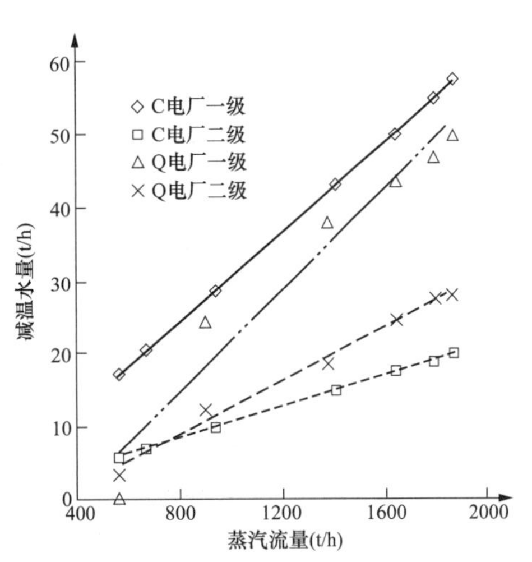

图 10-5　减温水量随负荷的变化

综合以上对汽压与汽温调节的讨论可知，在直流带固定负荷时，由于压力波动小，主要的调节任务是汽温调节；在变负荷时，则汽温与汽压的调节过程必须同时进行。例如，当汽

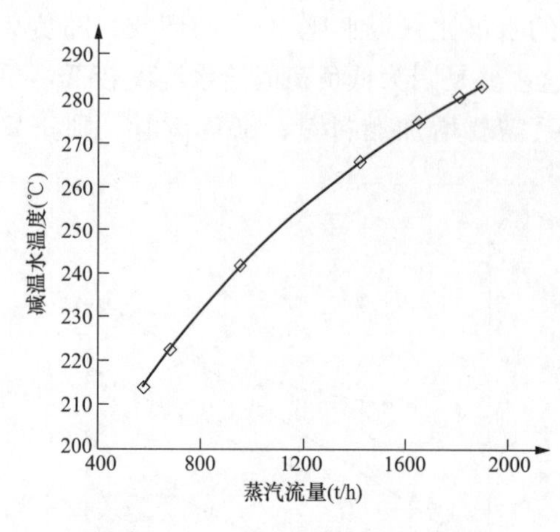

图 10-6 减温水温度随负荷的变化

轮机功率增加而引起汽压降低时，就必须加大给水量来提高压力，此时若燃料量不相应增加，则就引起汽温的下降。因此，调压的同时必须调温，即燃料量必须随给水量相应地增加，才能在调压过程中同时稳定汽温。

根据这个道理，我国直流锅炉的运行人员总结出一条行之有效的操作经验，即“给水调压，燃料配合给水调温，抓住中间点温度，喷水微调”，以这种“协调控制”的方法来达到手动操作直流锅炉蒸汽参数的稳定。

3. 再热蒸汽温度的调节

当机组采用中间再热时，再热蒸汽温度的调节也是极为重要的。再热器内的工质一般为中压或低压，由于压力低，内侧放热系数较小，再热器内蒸汽质量流速为减少阻力又不宜过大，因此再热器管壁的冷却条件较差。又根据水蒸气性质，低压蒸汽的比热较小，因此如受到同样的热力不均匀，再热蒸汽的温度偏差比高压时（过热器）要大得多。再热器的运行工况不仅受到锅炉各种因素的影响，还与汽轮机的运行工况有关。所以，再热汽温的调节既重要又较困难。

由于再热蒸汽流量与燃料量之间无直接的单值关系，不能用燃料量与蒸汽量的比值来调节汽温。用喷水量作为调节手段虽较有效，但因不经济而只能作为事故超温时的调节手段。现在常用的是把烟气再循环、分隔烟道挡板和炉膛火焰中心位置（摆动燃烧器）等作为调节手段。

二、瑞金电厂二期锅炉的汽温调节方法

锅炉正常运行时，主蒸汽温度在 30%～100%BMCR 负荷范围内应控制在（610±5)℃以内，一次再热蒸汽温度在 50%～100%BMCR 负荷范围内应控制在（625±5)℃，二次再热蒸汽温度在 50%～100%BMCR 负荷范围内应控制在（622±5)℃。同时各段工质温度、壁温不超过规定值。

1. 主汽温调节

（1）主蒸汽温度的调节是通过调节燃料与给水的比例，控制启动分离器出口工质温度（中间点温度）为基本调节，并以减温水作为辅助调节来完成的。启动分离器出口工质温度是启动分离器压力的函数，维持该点温度稳定才能保证主蒸汽温度的稳定。当启动分离器出口工质温度过热度较小时，应适当调节煤水比例，控制主蒸汽温度正常。

（2）一、二级减温水是主蒸汽温度调节的辅助手段，锅炉低负荷运行时要尽量避免使用减温水，防止减温水不能及时蒸发造成受热面积水，若投用减温水，要注意减温后的温度必须保持 20℃以上过热度；适当控制汽水分离器内蒸汽过热度，在一级过热器出口温度和主蒸汽温度在额定值的情况下，一、二级减温水调门开度在 40%～60%范围内。

（3）使用减温水时，减温水流量不可大幅度波动，防止汽温急剧波动，特别是低负荷

更加注意。

（4）锅炉正常运行中汽水分离器内蒸汽温度达到饱和值是水煤比严重失调的现象，要立即针对形成异常的根源进行果断处理，增加燃料量或减少给水量。如果是制粉系统运行方式或炉膛热负荷工况不正常引起，要对水煤比进行修正。如果炉膛工况暂时难以更正，水煤比修正不能将分离器过热度调节至正常，要解除给水自动进行手动调节。

（5）锅炉运行中进行燃烧调节，增减负荷，启停磨煤机，风机、汽动给水泵调节的波动较大，吹灰、打焦等操作，都将使主蒸汽温度发生变化，此时应加强监视并及时进行汽温的调节工作。

（6）高压加热器投停时，要严密监视给水、省煤器出口的温度变化情况；高压加热器投停在汽温调节稳定后，注意适当减增燃料来维持机组要求的负荷。

（7）调节主蒸汽温度过程中要加强受热面金属温度监视，以金属温度不超限为前提进行调节，必要时要适当降低蒸汽温度或降低机组负荷并查找原因进行处理。

2. 再热汽温调节

（1）再热汽温采用烟气再循环、烟气挡板及喷水减温进行调节。当采用烟气再循环调温时，喷水减温仅用于事故减温。

（2）当一次再热器和二次再热器出口温度偏差较大时，及时调节烟气挡板的开度，若一次再热汽温低，应开大一次再热器烟气挡板开度，关小二次再热器烟气挡板开度。

（3）考虑到再循环烟温对炉膛内燃烧的影响，烟气再循环系统在机组负荷高于40%BMCR时才允许投运。当一、二次再热汽温均低时，应适当开大再循环风机入口挡板，即通过提高烟气再循环量来整体提高再热汽温。烟气再循环系统投运时，需注意其烟气再循环量过大可能会发生省煤器出口汽化的情况，所以需结合再热汽温情况合理提高再循环烟气量，确保省煤器出口过冷度在10℃以上，防止省煤器出口汽化。当一、二次再热汽温均偏高较多时，应注意及时关小再循环风机入口挡板。对于机组80%BMCR以上负荷时，根据再热汽温的欠温程度适当调节再循环烟气量，必要时可完全退出烟气再循环系统，但需注意及时投入烟道及喷口冷却风系统。

（4）当采用烟气再循环调节再热汽温时，喷水减温仅用于事故减温；正常运行中喷水减温尽量减少使用，在使用喷水减温水时，需确保减温后蒸汽有20℃以上过热度。

（5）手动方式调节一、二次再热蒸汽温度时，不要猛开、猛关烟气挡板和烟气再循环风机的入口挡板，各级减温水的调节要注意减温器后蒸汽温度的变化，防止再热蒸汽温度大幅波动。

（6）在燃烧调节（增减负荷，启停磨煤机）、吹灰、打焦等操作，煤质变化较大或投停高压加热器等情况下，要加强对一、二次再热蒸汽温度的监视和调节。

（7）在一、二次再热蒸汽温度调节的过程中，要加强受热面金属温度监视，以金属温度不超限为前提进行调节，金属温度超限时要适当降低蒸汽温度或降低机组负荷，并积极查找原因进行处理。

3. 注意事项

（1）调节减温水维持汽温，有一定的迟滞时间，调节时减温水不可猛增、猛减，应根据减温器后温度的变化情况来确定减温水量的大小。

（2）低负荷运行时，减温水的调节尤须谨慎，为防止引起水塞，喷水减温后蒸汽温度应确保过热度20℃以上；投用再热器事故减温水时，应防止低温再热器内积水，减温后温度的过热也应大于20℃，当减负荷或机组停用时，应及时关闭事故减温水隔绝门。

（3）锅炉运行中进行燃烧调节，增减负荷，投停燃烧器，启停给水泵、风机、吹灰、打焦等操作，都将使主蒸汽温度和再热汽温发生变化，此时应特别加强监视并及时进行汽温的调节工作。

（4）高压加热器投入和停用时，给水温度变化较大，各段工作温度也相应变化，应严密监视给水温度、省煤器出口温度、螺旋水冷壁管出口工质温度的变化，待启动分离器出口工质温度开始变化时，维持燃料量不变，调节给水量，控制恰当的启动分离器出口工质温度使各段工质温度控制在规定范围内。

三、蒸汽参数的手动控制

直流锅炉的蓄热能力小，工况扰动后被调参数的变化往往快而剧烈，因此手动（人工）控制蒸汽参数一般是很困难的。但是根据实践经验，如果掌握了它的动态特性，手动控制也是可能的。下面讨论直流锅炉手动控制，不仅在于介绍具体的操作方法，并且对掌握自动调节系统也有帮助。

为了掌握直流锅炉蒸汽参数的手动控制，首先应能区别于过去已经习惯了的自然循环汽包锅炉的操作方法。直流锅炉与自然循环汽包锅炉在汽温和汽压控制方面的主要差异可概括如下：

（1）对于自然循环汽包锅炉，当燃料量发生变化而给水量不变时，只会引起蒸发量 D 和汽包水位 H 的变化；至于过热器出口汽温，由于汽包出口总是保证向过热器输送干饱和蒸汽，且送入过热器的蒸汽量 D 与燃料量 B 成正比例增加，此时虽然烟气流量增加而使传热有些加强，但总的看来，汽温变化较小，不如直流锅炉中强烈。

（2）当给水量发生变化而燃料不变时，由于自然循环锅炉汽包的存在，它也只会引起水位 H 的改变，而不致引起蒸发量 D 和过热蒸汽出口温度的改变。因此，汽包锅炉的调节中，主要用燃料调汽压（蒸发量），给水调水位，喷水等调汽温。而在直流锅炉中则应使燃料量与给水量保持比例以控制汽压和汽温，并以喷水校正汽温。

1. 锅炉负荷不变时的蒸汽参数调节

对于带固定负荷的直流锅炉，蒸汽参数调节的主要任务是调节汽温，因而在给水量与燃料量比例确定后，操作中应尽量减少燃料量的改变。

锅炉运行表盘上设有过热器后烟气温度 ϑ''_{gr} 的表计，由于它的数值大小决定于蒸发量，因而 ϑ''_{gr} 值表示了该负荷下所必需的燃料量，而这一燃料量可以保证蒸汽温度达给定值。所以在运行中可以按 ϑ''_{gr} 值初步确定出所需燃料量，然后再根据过热器区段开始部分截面处的蒸汽温度或中间点温度校正燃料量。燃料量保持的越精确，ϑ''_{gr} 值的变化范围就越小。通常带固定负荷时 ϑ''_{gr} 值可允许变化范围在±5～7℃，这时可不进行辅助调节。

调节燃料量的主调节信号中，D 和 ϑ''_{gr} 的惰性最小，可以迅速反映出它与给定值的偏差，因此按这两个信号进行调节可无明显过调而恢复到给定值。但是如果为保持ϑ''_{gr}值而作过于细致的调定，又往往会导致过调。因此，要十分严格地保证燃料量不变，实际上是难以做到的。为保持燃料量与给水量的比例还需调节给水。当然燃料量越稳定，锅炉给水量的变化就越少。

此外，燃料量的调节精度还受到燃料种类及其供应系统的限制。因此，为了进一步校正燃料量与给水量的比例，就借助于喷水调温。喷水对调温的惰性小，可无过调现象。特别是以喷水点后汽温作为调节信号而调节喷水量时，有技术资料指出，从喷水量开始变化到该喷水点后汽温开始变化只需经过5～7s，所以它很容易实现细调节。所以直流锅炉在带不变负荷时，蒸汽参数的调节是借助于喷水调节汽温而尽可能地稳定住燃料量。给水量的调节也只有喷水量已接近到达它们的限定值时才进行。喷水量不宜过大，因为这意味着喷水点前锅炉的辐射受热面中工质流量的减少，可能使喷水点前温度水平过高。喷水量也不能接近于零，因为这将使工况变动时无法再减少喷水量而失去调节能力。

2. 锅炉负荷变化时的蒸汽参数调节

在锅炉作主动变负荷运行时，调节的任务是在新的出力下确立给水量与燃料量之间必要的比例，以保证蒸汽参数。在手动控制时，正常的加、减负荷的速度是有限制的，以免调节过程发生振荡。通常每加、减一次约为10%BMCR，每次间隔5～7min(必要时可稍快一些)。

以10%BMCR均匀变动负荷为例，改变锅炉负荷应先从燃料量的变化开始。由于燃料所发出的热量大小立即反映到过热器后烟温，所以可以根据预先在变负荷试验或计算中确定的各负荷下的ϑ''_{gr}值来加、减燃料量。然后使给水量变化也在10%BMCR。如在此新工况下，过热区段开始部分的汽温与规定值之间有较大偏差，则再对给水或燃料进行少量调节。此时，还可用锅炉蒸发量作为信号调节给水量。

在变动负荷时，利用喷水量可消除汽温在主调节（粗调节）中所出现的偏差，因而此时喷水的作用非常重要。所以，应在锅炉负荷变动之前使喷水量保持在平均值，以适应加、减两方面的需要。

此外，送、引风等应调节到与负荷相对应，以得到经济的燃烧工况。

由此可见，直流锅炉蒸汽参数调节的主要调节手段是给水量、燃料量和喷水量。因此这些手段的操作机构应当有良好的工作特性和使用性能。如给水调节门、喷水调节阀、直吹式制粉系统的给煤机或中间粉仓式制粉系统的给粉机以及燃油时的油枪出力等都应在事先做好特性试验，使其工作特性符合要求，使用性能良好。

第四节 燃 烧 调 节

一、燃烧调节的任务

锅炉燃烧调节的任务可以归纳为三点：①保证燃烧供热量适应外界负荷的需要，以维持蒸汽压力、温度在正常范围内；②保证着火和燃烧稳定、火焰中心适当、分布均匀、不烧损燃烧器、不引起水冷壁及过热器等结渣和超温爆管、燃烧完全，使机组运行处于最佳经济状况；③对于平衡通风的锅炉，应当维持一定的炉膛负压。

保证锅炉安全与经济运行是锅炉燃烧调节的目的。煤粉的正常燃烧，应当具有光亮的金黄色火焰，火焰颜色稳定和均匀，火焰中心在燃烧室中部，不触及四周水冷壁；火焰下部不低于冷灰斗一半的高度；火焰中不应有煤粉分离出来，也不应有明显的星点；烟囱的排烟应呈淡灰色。如果火焰亮白刺眼，则表示风量偏大；如果火焰暗红，则表示风量过小，或煤粉太粗、漏风多；火焰发黄、无力，则是煤的水分偏高或挥发分低的反应。

二、燃烧调节控制原理

单元机组锅炉的燃烧调节控制原理如图 10-7 所示。从图中可以看出，来自锅炉主控制器的负荷指令，直接按预先设置的静态配合同时去调节燃料量和进风量，并以送风机的位置指令作为引风调节的前馈信号，使引风机同时按比例动作，达到使锅炉对机组负荷变化尽量做出快速响应的目的。

从图中还可以看出，在调节燃料量时，是在比较主控制指令与进风量后，取两者中变化幅度较小的为依据；与此相反，在调节送风量时，又在主控制指令与燃料量中选择数量较大的为依据。这样做的目的是保证在任何情况下，炉内的空气量不致过小。

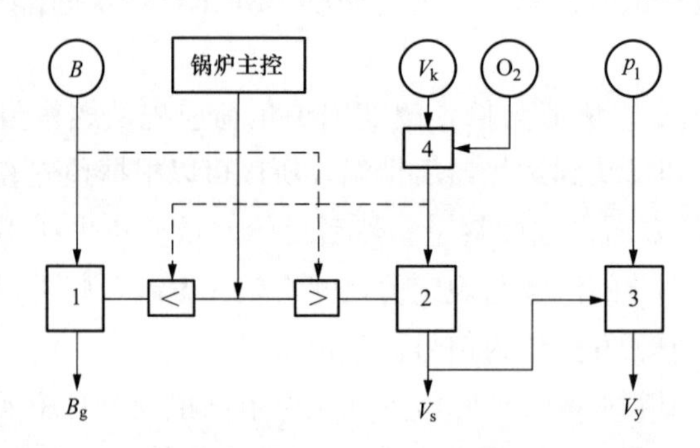

图 10-7　燃烧调节原理图

B—燃烧率（供热）；V_k—一、二次风总流量；O_2—烟气中氧量；p_1—炉膛负压信号

1—给煤 B_g；2—送风 V_s；3—引风 V_y

因为按主控制指令一次做的各种调节都不可能达到互相精确配合，所以在调节时，还要根据各被调参数的偏差反馈，分别进行精确的调节。例如在将小值选择出来的前馈信号直接送达燃煤调节机构的同时，还把当时的燃料量也反馈给燃料量调节机构，这样，燃料调节机构就根据两者差别的大小发出的燃料调节信号进行燃料调节。

在实际系统中，由于固体燃料量的测量很不准确，所以一般不用燃料量的信号，而用所谓的热量信号反映燃料量。

燃烧过程是否正常，直接关系到锅炉运行的可靠性。例如燃烧不稳，将引起蒸汽参数的波动；火焰偏斜会造成炉内温度场和热负荷不均匀，如果数值过大，可能引起水冷壁局部区域温度过高、出现结渣甚至爆管、引起过热器热偏差过大，产生超温坏损；炉膛温度过低，则着火困难、燃烧不稳，容易造成炉膛灭火、放炮等。

燃烧过程的经济性要求保持：合理的风、粉配合；一、二次风配合；送、引风配合；同时还要保持较高的炉膛温度。这样才能实现着火迅速、燃烧完全、减少损失、提高机组的效率。为此，在煤粉炉燃烧调节的运行操作中，应使：一、二次风的出口风速、风率配合恰当；燃料量与外界负荷相适应；煤粉为经济细度；炉膛出口过量空气系数为最佳值；调节送、引风，使炉膛保持适当的负压，减少漏风等。

三、煤粉量的调节

煤粉量调节的目的是使进入锅炉的煤粉量随时与外界负荷要求相适应。因为汽压是锅炉燃烧率是否与汽轮机能量需求相平衡的标志，因此燃烧自动控制系统常根据汽压来调节锅炉的煤粉量。制粉系统的种类不同，煤粉量的调节方法则不同；锅炉的负荷变动幅度不同，煤粉量的调节方法也有所不同。

1. 配中仓式制粉系统的锅炉煤粉量调节

对于配有中间储仓式制粉系统的锅炉，因为制粉系统的出力变化与锅炉没有直接关系，所以当锅炉负荷改变而需要调节进入炉内煤粉量时，只要通过改变给粉机转数和燃烧器投入的只数即可，不必涉及制粉系统负荷变化。

当负荷变化较小时，改变给粉机转数就可以达到调节的目的；当负荷变化较大时，改变给粉机转数不能满足调节的需要，此时，应先采用投入或停止数只燃烧器做粗调，然后再用改变给粉机的转数做细调。在投、停燃烧器时，要对称进行，以免破坏炉内动力工况。

在投入备用燃烧器和给粉机时，应先开启一次风门至所需开度，并对一次风管进行吹扫，待风压指示正常后，方可启动给粉机送粉，并开启二次风门；相反，在停用燃烧器时，应先停给粉机并关闭二次风，而一次风应再继续吹扫数分钟后再关闭，防止一次风管内出现煤粉沉积。为防止停用的燃烧器被烧坏，可把一、二次风门保持一个微小的开度，来冷却燃烧器的喷口。

给粉机转数的正常调节范围不宜过大。如果调得过高，不但煤粉浓度过大容易引起不完全燃烧，而且也容易使给粉机过负荷发生事故；如果转数调得太低，在炉膛温度不高的情况下，因为煤粉浓度低，着火不稳，容易发生炉膛灭火。此外，各台给粉机事先都应做好转数-出力特性试验，运行人员应根据出力特性平衡操作，保持给粉均匀，避免大幅度调节。任何短时间的过量给粉或中断给粉，都会使火焰不稳，甚至引起灭火。

2. 配直吹式制粉系统的锅炉煤粉量调节

配有直吹式制粉系统的锅炉，一般配有 5～6 台中速磨或高速磨，相应地具有 5～6 个独立的制粉系统。由于直吹式制粉系统出力的大小直接与锅炉蒸发量相匹配，所以当锅炉负荷有较大变动时，需要启动或停止一套制粉系统。在制定制粉系统启、停方案时，必须考虑到燃烧工况的合理性，如投用的燃烧器应均衡、保证炉膛四角都有燃烧器在运行。

如果锅炉负荷变化不大，可以通过调节运行中制粉系统的出力来解决。当锅炉负荷增加，要求制粉系统出力增加时，应先开大磨煤机和进口风量挡板，增加磨煤机的通风量，利用磨煤机内的少量存粉作为增负荷开始时的缓冲调节，然后再增加磨煤机的给煤量，同时开大相应的二次风门，使煤粉量适应负荷；与此相反，当锅炉降负荷时，则减少给煤量和磨煤机的通风量以及二次风量。由此可知，对于带直吹式制粉系统煤粉炉，其煤粉量的调节是用改变给煤量来实现的。

在调节给煤量及风门挡板的开度时，应注意辅机的电流变化、挡板开度的指示、风压的变化以及表计指示的变化，防止电流超限和堵管等异常现象的发生。

四、送风量的调节

（一）送风量的调节依据

送风量调节的基本任务是保证燃料在炉内燃烧所需要的氧量，总风量的大小用过量空气系数来衡量。

锅炉的燃料量变化后，一方面，风量必须相应变化，才能保证燃烧所需要的氧量；另一方面，进入炉膛的总风量过大或过小都将降低锅炉的热经济性。最合适（锅炉效率最高）的空气量所对应的过量空气系数称为最佳过量空气系数。在不同负荷下运行时，锅炉有不同的最佳过量空气系数。

运行中调节入炉总风量的原则就是保持最佳过量空气系数，以达到最经济的燃烧工况。能够反映过量空气系数大小的是氧量表的指示值，在正常情况下，应按照锅炉负荷和氧量值来调节入炉总风量。

（二）送风量的调节方法

入炉总风量包括一次风和二次风以及少量的漏风。大型单元制机组通常配有一、二次风机各两台。一次风机负责将煤粉送入炉内，故运行中一次风量按照一定的风煤比来控制；送风机（即二次风机）负责将燃烧所需要的助燃空气送入炉膛。所以，入炉总风量主要是通过调节二次风量来调节的，而调节的目标就是在不同负荷下维持相应的氧量设定值（锅炉氧量定值设为锅炉负荷的函数）。

超（超）临界锅炉运行中的二次风由两台轴流式送风机供给。当锅炉的负荷增大时，一方面，燃料量相应增加；另一方面，氧量设定值减小。自动调节系统将自动按新的燃料量信号和氧量定值信号确定出一个新的风量定值信号（即新负荷下所要的风量请求）q_V，送风量调节器将q_V与当前的实际送风量q'_V进行比较，以该偏差信号为依据改变送风机动叶的位置，从而增大送风量，满足新负荷下的总风量需求。

经过以上的调节后，由送风机送入炉膛四角二次风箱的总二次风量即发生了变化。至于二次风经喷口进入炉膛时的风量和风速，则由每个喷口入口处的调节挡板来控制，这一点将在下面的配风调节中叙述。

另外，锅炉运行中，除了用氧量监视供风情况外，还要注意分析飞灰、灰渣中的可燃物含量、排烟中的CO含量，观察炉内火焰的颜色、位置、形状等，依此来分析判断送风量的调节是否适宜以及炉内工况是否正常。

一般情况下，增负荷时应先增加送风量，再增加燃料量；减负荷时应先减少燃料量再减少送风量。这样，在调节的动态过程中，始终保持入炉总风量大于总燃料量，确保锅炉燃烧安全，并避免燃烧损失过大。

现代大容量锅炉都装有两台送风机，当两台送风机都在运行状态，又需要调节送风量时，一般应同时改变两台送风机的风量，以使烟道两侧的烟气流动工况均匀。如果风量调节时出现风机的“喘振”（喘振值报警），应立即关小动叶，降低负荷运行。如果喘振是由于出口风门误关闭引起的，则应立即开启风门。

（三）配风的调节

配风是指当总风量一定时，一次风与二次风的比例以及不同二次风喷口之间的风量分配等。配风的方式与燃烧器的种类和布置有密切的关系。我国自 20 世纪 70 年代末引进 CE 型锅炉技术以来，大机组都普遍采用均等配风的直流煤粉燃烧器，这类燃烧器在运行中的配风调节的主要内容有：①一次风的调节；②二次风（燃料风、辅助风和燃尽风）的调节。

配风的合理调节，对于建立良好的燃烧工况有着重要的意义。现以瑞金电厂二期 1000MW 机组超超临界二次再热锅炉的直流燃烧器为例，说明该燃烧器的配风特点。

1. 一次风的调节

（1）一次风对锅炉工作的影响。一次风率是指一次风量占入炉总风量的比例，它代表了一次风量的大小。一次风率与煤粉气流的着火有着密切关系，一次风率大时，由于着火热的增多，使着火推迟。反之，一次风率小，则着火的稳定性好，但燃烧初期容易缺氧，降低燃烧的经济性；并且，一次风量太少，煤粉容易在一次风管中沉积甚至发生堵塞。另外，锅炉的一次风，同时也是制粉系统的磨煤通风和干燥剂，承担着输送煤粉和干燥煤粉的任务。所以在确定一次风率时，除了考虑以上因素以外，还要考虑制粉的经济性等因素。

一次风速影响燃烧器出口的烟温和气流的刚性。一次风速过高，则着火点距离喷口较远，着火区的温度水平低，不利于煤粉点燃；一次风速过小，则气流刚性太差，容易偏斜或贴墙。

（2）一次风量的调节方法。对于直吹式制粉系统，当中速磨煤机的给煤量减少时，为保证风环速度和防止一次风管堵煤，一次风量并不按比例减小，而是相对变大。图 10-8 为某工程 600MW 机组超超临界锅炉的一次风控制曲线，从中可以看出，当给煤量降低为额定值的 33%左右时，一次风量只降低到额定值的 64%左右。因此，随着负荷的降低，一次风率是相对增大的，此时，一次风中的煤粉浓度降低，这也是锅炉在低负荷下运行燃烧不稳定的一个重要原因。

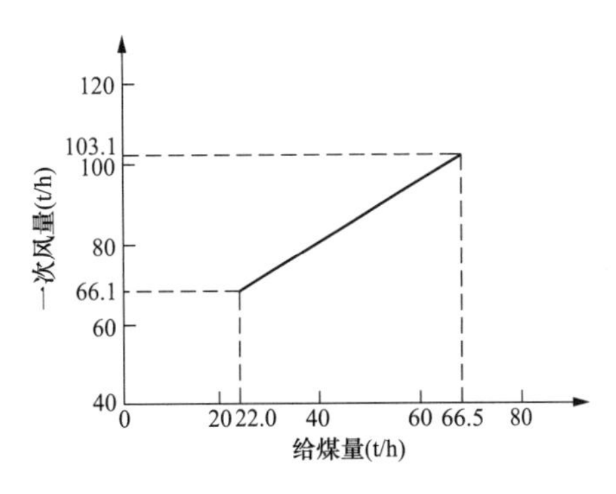

图 10-8 一次风量与给煤量的关系

锅炉负荷变化时，一次风率和风速相应变化，其调节的方法根据制粉系统的型式不同而不同。正压冷一次风机直吹式制粉系统配有两台高压一次风机，一次风机增压后的风分为两路：一路经预热器加热后送到热一次风母管，然后引到磨煤机入口；另一路送到冷一次风母管，然后也引到磨煤机入口，作为调温风。运行中可将热一次风热母管压力作为被调量，来改变一次风机动叶的位置，以改变总一次风量。例如：当锅炉负荷增大时，给煤量指令和锅炉负荷指令将使一次风热母管压力的设定值增大，从而一次风机调节器将开大风机动叶，一次风量增加。同时，磨煤机前总一次风量调门也按照给煤机转速信号和锅炉负荷信号增大开度。这样，进入单台磨煤机的一次风量就增大了。

2. 二次风的调节

前面已经提到，总二次风的调节依据是维持最佳过量空气系数，即一定的氧量值。在自动控制系统中，以锅炉的燃料总量信号和氧量修正信号来控制送风机的动叶位置，从而改变总的二次风量。

二次风包括燃料风、辅助风和燃尽风三部分，分别从不同的喷口进入炉膛。在总二次风量一定时，各层喷口的风量和风速要适当调节。

(1) 燃料风的调节。燃料风是在一次风周圈补入的纯空气，又叫周界风。燃料风是二次风的一部分。

在一次风口的周围布置一圈周界风，可以增大一次风的刚性；可以托浮煤粉、防止煤粉离析、避免一次风贴墙；还可以及时补充一次风着火初期所需要的氧气。

一般说来，对于挥发分较大的煤，周界风的挡板可以稍开大些，这样有利于阻碍高挥发分的煤粉与炉内烟气混合，以推迟着火，防止喷口过热和结渣。同时由于挥发分高而着火快，周界风可以及时补氧。但对于挥发分较低的煤而言，最好减少周界风的份额，因为过多的周界风会影响一次风着火的稳定性。

在调节投自动的情况下，周界风门的开度与燃料量按比例变化，每层燃料风挡板的开度都是相应层给煤机转速的函数（自动状态下）。当负荷降低时，周界风也相应减少，有利于稳定着火。当喷口停用时，周界风则保持在最小开度上以冷却喷口（即它的最小开度不一定是0%）。自动调节的结果相当于使燃料风在二次风中所占的比例为设定值。改变燃料风门的偏置值可以改变燃料风在二次风中的比例。

当发生MFT或本层给煤机转速测量信号故障时，本层燃料风挡板控制转为手动。

(2) 辅助风的调节。

1) 辅助风的作用。辅助风是二次风中最主要的部分。它是通过调节二次风箱与炉膛之间的压差，从而保持进入炉膛的二次风有合适的流速，以便入炉后对煤粉气流造成很好的扰动和混合，使燃烧工况良好。

辅助风的风量和风速较一次风要大得多，是形成各角燃烧器出口气流总动量的主要部分。辅助风动量与一次风动量之比是影响炉内空气动力结构的重要指标。二次风/一次风动量比过大，一方面容易导致下游一次风气流的偏斜，引起结渣。另一方面，由于气流的偏斜使炉膛中心的实际切圆直径变大，有利于相邻气流的相互点燃。二次风/一次风动量比过小，则气流的贯穿能力较弱，则一次风和二次风不能很好扰动混合。对于挥发分低的难燃煤，着火稳定是主要矛盾，应适当增大辅助风量，使火球边缘贴近各燃烧器出口（切圆变大），尤其对于设计中选取了较小假想切圆直径的锅炉，气流偏转较为不易，增大辅助风率二次风/一次风动量比的作用可能更为明显。对于挥发分大的易燃煤，防止结焦和提高燃烧经济性是主要的，燃烧调节时要注意不可使辅助风过大。

此外，当锅炉在低负荷运行时，有部分停用的燃烧器喷口。为了防止这些喷口被烧坏，必须投入一定量的冷却风，冷却风占据了一部分二次风，所以此时的辅助风率将降低；相反，高负荷时的辅助风率较高。

布置在不同位置的辅助风，其作用也不同。上层辅助风能压住火焰，不使其过分上飘，是控制火焰位置和煤粉燃尽的主要风源；中部辅助风则为煤粉旺盛燃烧提供主要的空气量；下部辅助风可防止煤粉离析，托住火焰不致下冲冷灰斗而增大固体不完全燃烧热损失。

2）辅助风的调节方法。在总二次风量一定的情况下，辅助风的调节主要是指对辅助风挡板开度的控制，从而控制各层的辅助风量和风速。

锅炉辅助风的调节采用风箱/炉膛压差控制方式。该方式控制的原则是：总二次风量按照燃料量和氧量值进行调节（前面已经叙述过）；煤辅助风的风门开度按所设定的风箱/炉膛压差进行调节；油辅助风的风门开度则有两种控制方式：当油枪投入运行后，该油枪的油辅助风挡板会根据燃油压力来调节辅助风挡板开度；当油枪停用时，则与煤辅助风一样，按风箱/炉膛压差进行调节。

风箱/炉膛压差的设定值是锅炉负荷的函数，其关系如图 10-9 所示。该曲线分为三段：

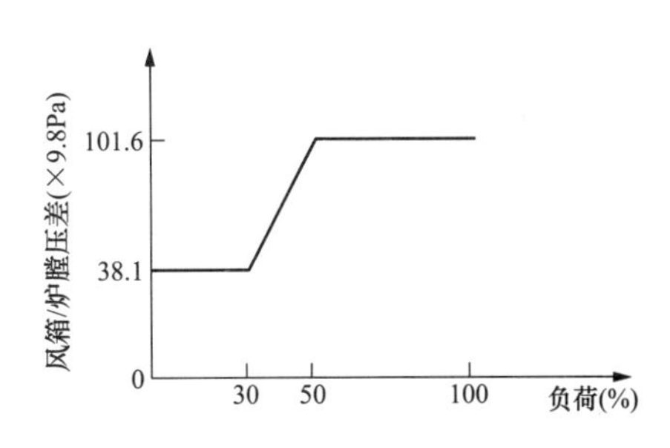

图 10-9　锅炉风箱/炉膛压差与负荷的关系

①50%～100%负荷：锅炉在这一阶段运行时，负荷较高，所以需要保持较高的二次风速，以便在燃烧中心区产生强烈的扰动。因此需将风箱/炉膛压差维持在较高水平（1.016kPa）。

在这一负荷范围内运行时，随着锅炉负荷的升高，进入风箱的风量相应增加，此时辅助风挡板开度将自动增大，从而使风箱/炉膛压差维持在 1.016kPa。减负荷时则相反，即风门挡板自动关小，而风箱/炉膛压差仍维持在 1.016kPa。

通过上述调节，使锅炉在此范围内任一负荷下运行时，都能保持合理的风量和风速，满足燃烧的需要。

②在 30%～50%负荷之间：当锅炉的负荷降低到 50%以下时，风箱/炉膛压差设定值将不再维持在较高水平，而是随着负荷的减小而减小。

该阶段由于锅炉负荷较低，进入风箱的总风量较少，如果依然保持较高风箱/炉膛压差，势必将风门挡板关得过小；另外，由于此时燃料量较少，所需的二次风速也不是很高，所以，在这一阶段，辅助风挡板开度不做大的调节。随着风箱/炉膛压差的减小，入炉的二次风风速和风量也相应减少。

③30%负荷以下：锅炉的负荷降为 30%负荷时，风箱/炉膛压差减小至 0.381kPa，如果负荷继续降低，风箱/炉膛压差（0.381kPa）将维持不变。因为锅炉在这一阶段工作时，只有少数的燃烧器喷口在运行，总风量也相应较少，而停用的喷口还需通一定的风进行冷却。为了维持这些运行喷口在该工况下所必需的二次风量和风速，以保证低负荷下较好的燃烧，就必须维持一定的风箱/炉膛压差。

在运行时各层燃烧器所对应的磨煤机负荷可能各不相同，所以，同一角的不同辅助风喷口就需要不同的配风，因此，每层辅助风门都设有一个操作员偏置站，可以在总辅助风量不变（风箱/炉膛压差不变）的情况下，改变各层辅助风的分配，如果关小某一层辅助风挡板，该层风量减少，而其余各辅助风量挡板将自动开大，以维持风箱/炉膛压差不变。

（3）燃尽风的调节。

锅炉设计燃尽风的目的是为了遏制 NO_x 的生成量。国内电厂在对这类燃烧器的使用过程中也同时关心它们的低负荷稳燃性能及调节性能。

从理论上讲，燃尽风的使用相当于采用了分段燃烧。在燃尽风未混合前，燃料在空气相对不足的情况下燃烧，由于缺氧及燃烧温度相对较低，抑制了火焰中心 NO_x 的产率；当燃烧过程移至燃尽风区域时，虽然氧浓度有所增加，但火焰温度却因大量辐射放热而进一步降低，使这一阶段的 NO_x 生成量也不太大。这样，由于避免了高的温度与高的氧浓度这两个条件的同时出现，因而实现了对 NO_x 生成量的控制。

燃尽风的风量调节与锅炉负荷和燃料品质有关。

锅炉在低负荷下运行时，炉内温度水平不高，NO_x 的产生量较少，是否采用分段燃烧影响不大。因为各停运的喷嘴都保持一定的风量（5%～10%），燃尽风的投入会使正在燃烧的喷嘴区域供风不足，影响燃烧的稳定。因此，燃尽风的挡板开度应随负荷的降低而逐步关小。

锅炉燃用较差煤种时，燃尽风的风率也应减小。否则，大的燃尽风量会使主燃烧区相对缺风，燃烧器区域炉膛温度降低，不利于燃料着火。另外，燃用低灰熔点的易结焦煤时，燃尽风量的影响是双重的：随着燃尽风率的增加，主燃烧器区域的温度降低，这对减轻炉膛结焦是有利的；但由于火焰区域呈较高的还原气氛，又会使灰熔点下降，这对减轻炉膛结焦是不利的。因此，应通过燃烧调整确定较适宜的燃尽风门开度。

适当增加燃尽风量还可使燃烧过程推迟，火焰中心位置提高，有利于保持额定汽温。反之，则可使汽温下降。因此，燃尽风量的调节必要时也可作为调节过热汽温、再热汽温的一种辅助手段。

顶部燃尽风设计为可以水平摆动，所以通过适当的调节可以实现让顶部燃尽风与假想切圆反切（消旋风），因而具备消除炉膛出口的残余旋转、减少过热器、再热器壁温偏差的作用。与此同时，对燃烧工况必然产生不利影响。因为对于直流燃烧器而言，维持足够尺寸和旋转强度的切圆是保证煤粉着火和良好燃烧的基础，而反切的结果无疑削弱了这一基础，所以在增大顶部消旋风的同时，飞灰可燃物含量必定增大。所以，在运行中应谨慎调节。

燃尽风的调节方法有两种，一种是将燃尽风的挡板开度设为锅炉负荷的函数，运行中则根据负荷自动调节其风门挡板开度，这种方法叫作负荷调节方法；另一种是独立手动调节，即根据调试结果，确定一个适合的燃尽风调门开度，手动调节其开度，运行中不再改变开度，而运行中的燃尽风量只随着大风箱的压差而自然改变。这种调节方式的特点是燃尽风的开度与锅炉负荷无关。

五、引风量的调节

1. 炉膛负压监督

炉膛负压是反映炉内燃烧工况是否正常的重要运行参数之一。正常运行时，炉膛负压一般维持在规定的范围内；当锅炉吹灰或者周围有人工作时，应适当增大炉膛负压。

如果炉膛负压过大，将会增大炉膛和烟道的漏风。如果冷风从炉膛底部漏入，会影响着火稳定性并抬高火焰中心，尤其是低负荷运行时极易造成锅炉灭火。如果冷风从炉膛上部或氧量测点之前的烟道漏入，会使炉膛的主燃烧区相对缺风，使燃烧损失增大，同时汽温降低。反之，炉膛负压过小，炉内的高温烟火就要外冒，这不但会影响环境、烧毁设备，还会威胁人身安全。

除此之外，炉膛负压还直接反映了炉内燃烧的状况。经验表明，炉膛负压的不正常波动往往是灭火的征兆，所以运行中应严格监视和控制炉膛的负压。

2. 引风量的调节方法

当锅炉增、减负荷时，随着进入炉内的燃料量和风量的改变，燃烧后产生的烟气量也随之改变，从而导致炉内负压的波动。此时，必须对引风量进行相应的调节，才能将炉膛负压控制在合理的范围之内。所以，运行中锅炉引风量的调节应以保证合理的炉膛负压为依据。

当锅炉负荷变化需要进行风量调节时，为避免炉膛出现正压，在增加负荷时应先增加引风量，然后再增加送风量和燃料量；在减少负荷时，则应先减少燃料量和送风量，然后再减少引风量。

引风量的调节方法与送风量的调节方法基本相同。对于轴流式风机采用改变风机动叶（或静叶）安装角的方法进行调节。大型锅炉装有两台引风机，与送风机一样，调节引风量时需根据负荷大小和风机的工作特性来考虑引风机运行方式的合理性。

六、燃烧器的运行方式

燃烧工况的好坏，不仅受到配风工况的影响，而且还与燃烧器的负荷分配及投停方式有关。

为了保证正确的火焰中心位置，一般应使投入运行的各个燃烧器的负荷分配尽量均匀、对称，即将各燃烧器的风量和给煤机调整一致。但实际上，各喷嘴的给煤量不可能做到完全相同，此外由于结构、安装、制造以及布置方式的不同，各燃烧器的燃烧特性也不完全相同。适应高负荷的燃烧器未必适应低负荷；各燃烧器对煤种的适应性及对汽温、火焰分布、结渣的影响也不一样。如距离过热器较近的喷嘴或燃烧工况较差的喷嘴运行时，汽温容易偏高；在高负荷运行时，四周容易结渣的燃烧器在低负荷运行时，燃烧工况都比较好。

根据实际经验，锅炉在较低负荷运行时，只要能维持着火和燃烧的稳定，应采用减少每个喷嘴的燃料量，尽可能实施多喷嘴对称投入运行的燃烧方式。同时，也应当相应地减少风量，以保证在最佳的风粉比下工作。这样，不但有利于火焰间的相互引燃，便于调节，容易适应负荷变化，而且对风粉混合，火焰充满度也有好处，可以使燃烧稳定和安全。当燃料挥发分较低，不能维持着火和燃烧的稳定时，除了保证风粉比最佳关系外，还应考虑采用集中火嘴，并改变配风率，增加煤粉浓度的运行方式，这样可以使炉膛热负荷集中，有利于新燃料的着火和燃烧。

四角布置的摆动式直流燃烧器，对调节火焰中心位置、改变汽温以及保证煤粉完全燃烧是有重要作用的，所以应注意充分利用这种燃烧器倾角可调的特点。一般在保证正常汽温的条件下，尽可能增加其下倾角，以取得较高的燃烧经济性，此时要注意避免冷灰斗因温度过高而结渣。

高负荷时，由于炉膛热负荷高，着火和燃烧比较稳定，这时的主要问题是汽温高、容易结渣等。锅炉在低负荷运行时，炉膛热负荷低，容易灭火。这时，首先要考虑的是保持燃烧的稳定性及对汽温的影响，其次才是经济性。为了防止灭火，可适当减小炉膛负压，均匀地给粉和给风，避免风速波动过大。对燃烧不好的喷嘴，要加强监视。

除了被迫停用的情况外，有时锅炉在低负荷运行时，为了保持燃烧器一、二次风速的合理性，需要停用一部分燃烧器。在正常工况下，停用哪些燃烧器较好，需要根据设备特性通过试验分析对比确定。燃烧器的投停一般考虑下述原则。

(1) 为了稳定燃烧以适应锅炉负荷需要和保证锅炉蒸汽参数的情况下停用燃烧器，这时经济性方面的考虑是次要的。

(2) 停上、投下，可以降低火焰中心，有利于燃料燃尽和降低汽温。

(3) 对于四角布置燃烧方式，应分层停用或对角停用，不允许缺角运行。

(4) 需要对燃烧器进行切换操作时，应先投入备用燃烧器，待运行正常以后才能停用运行的燃烧器，防止火焰中断或减弱。

(5) 在投、停或切换燃烧器时，必须考虑对燃烧、汽温的影响，不可随意进行。

(6) 在投、停燃烧器或改变燃烧器负荷过程中，应同时注意其风量与煤量的配合。运行中对停用的燃烧器，要给少量的风以冷却喷口。

(7) 当煤粉燃烧器中心管装有油枪时，应尽量避免在同一燃烧器进行煤油混烧。因为煤油混烧时，油滴很容易黏附在煤粉上，影响煤粉燃烧，同时也容易引起结渣和过热器区域或尾部烟道的再燃烧。

第五节 滑 压 运 行

随着电力事业的发展，电网容量和负荷峰谷差不断加大，参加调峰机组的数量和容量也相应增加。目前，国内电厂 300～1000MW 机组都要参加调峰运行。锅炉机组参加调峰有启停和变负荷运行两种方式。

根据国内火电厂目前的情况，采用两班制运行即启停调峰问题较多，因为频繁启停，由于循环应力的影响，使设备遭受疲劳损伤，缩短使用寿命。因此，锅炉机组多采用变负荷方式参加调峰。变负荷运行方式目前存在两种基本形式：定压运行（又叫等压运行）和滑压运行（又叫变压运行）。

所谓定压运行，是指汽轮机在不同工况运行时，依靠改变调节汽门（即调门）的开度来改变机组的功率，而汽机前的新汽压力则是维持不变的，新汽温度也是维持不变的。本节前面关于锅炉参数调节的讨论都是以定压运行方式为前提的。

所谓滑压运行，是指汽轮机在不同工况运行时，不仅主汽门是全开的，而且调节汽门也总是全开的，这时机组功率的变动是靠汽轮机前主蒸汽压力的改变来实现。也就是说，主蒸汽压力（由锅炉保持）应随机组工况的变动而变动，但此时主蒸汽温度仍保持不变。更具体地说，机组在额定功率时按额定压力运行；在低负荷时则以某一低于额定数值的压力运行，而在工况变动范围内，汽温并不变化，仍保持在额定值。

需要指出的是，滑参数压力法启动（滑压启动）和滑参数停运是为了缩短机组启停时间，不仅主蒸汽压力可以变化，而且主蒸汽温度也按要求在滑动，所以它只适用于启停工况，是滑压运行的一种特殊形式。

一、滑压运行的提出

（一）定压运行的特点

汽轮机的进汽量必须和发电机的功率相适应，以保持其一定的转速（决定了电网频率）。如果发电机功率增加而进汽量不变，汽轮机转速就要降低，因此必须通过调速机构，使控制进汽的调节汽门开大，进汽量增加，汽轮机的转速就能保持在一定水平上。

汽轮机的调节（配汽）方法，在定压运行时基本上有两种，一种叫节流调节，另一种叫喷嘴调节。图 10-10 示出了这两种调节方法的示意图。

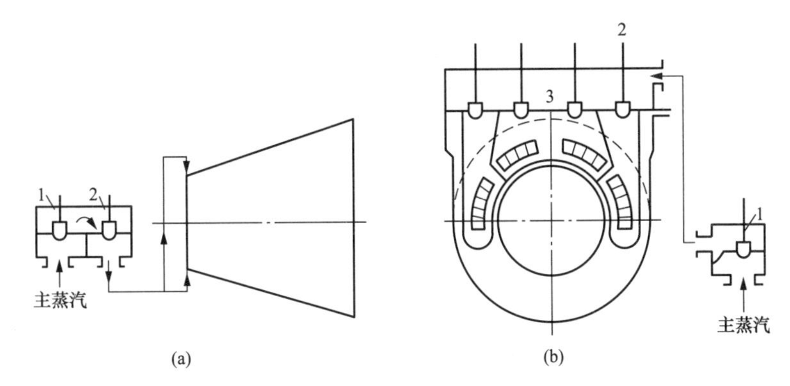

图 10-10 汽轮机等压调节方法示意图

（a）节流调节；（b）喷嘴调节

1—主汽门；2—调节汽门；3—调节门汽室

图 10-10（a）所示为节流调节，所有进入汽轮机的蒸汽都由一个调节汽门来控制。当负荷降低时，调节汽门不全开启，负荷增加时，开大调节汽门。所以在节流调节中，负荷降低时所有蒸汽都受到节流，节流过程将使蒸汽温度和压力都降低，所以节流调节既改变进汽量，也改变了进汽参数。节流过程虽是一个等焓过程，但是因有节流损失，降低了蒸汽做功的能力。节流调节一般用于小功率汽轮机，因其结构简单；或带基本负荷的大功率汽轮机，因只在设计负荷下运行，调节汽门全开，节流损失少，且蒸汽为沿汽轮机全圆周进汽，效率可比喷嘴调节（非全周进汽）高。

图 10-10（b）所示为喷嘴调节，它是把调节级的喷嘴分成几组（图例为四组），每组都设一个调节汽门控制进汽量。当汽机运行时自动主汽门全开，而各调节门的开启程度决定于其轴上负荷的大小，并且各门按照规定次序开启。在喷嘴调节中，主要是变更进汽

量。当负荷较低时，只有部分蒸汽量受到节流，经过全开调节汽门的蒸汽未受到节流。

现时大功率机组往往从适应变工况能力考虑而采用混合调节法，即在高负荷时用喷嘴调节而低负荷时用节流调节。这一点要从汽轮机在变工况时各部件，尤其是高压缸调节级附近部件的热应力和热变形状态来说明。

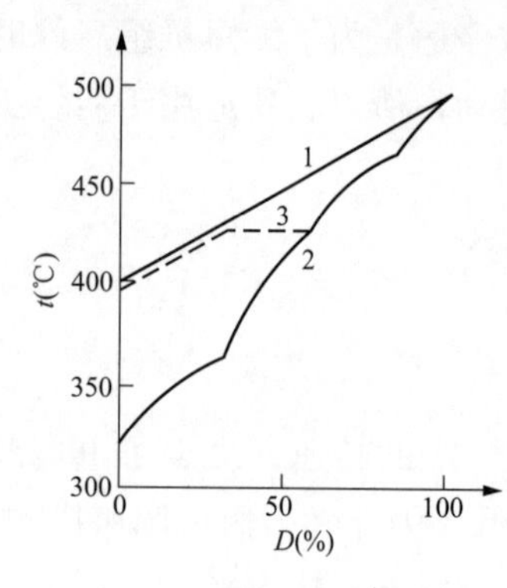

图 10-11　汽轮机第一级后汽室温度变化（定压运行时）
1—节流调节；2—嘴喷调节；3—混合调节

图 10-11 所示为三种调节法（节流调节，嘴喷调节和混合调节）的第一级后汽温变化曲线。对于节流调节，包括第一级在内，各级的通流面积是不随工况而变的。随着汽轮机负荷的降低，蒸汽流量随调节汽门的关小而减少，各级前压力正比地降低，因此第一级后压力也降低。随着压力降低，汽温也降低，如图中曲线 1 所示。对于喷嘴调节，当汽轮机负荷降低时，依次关小和关闭各组调节汽门，因此第一级即调节级的通流面积是随工况而变的。这样不仅第一级后压力是随负荷的降低而降低，而且因为是部分进汽以及有的调节汽门关闭或关小，使这个压力降低更陡。压力降低较剧烈，当然汽温降低也较剧烈，如图中曲线 2 所示。所以喷嘴调节在工况变动时，调节级后汽温变化比节流调节要大得多，尤其在低负荷区变化更剧烈。因此，为了改善汽轮机在变工况时高压部件的热应力和热变形，往往采用混合调节以提高汽轮机对变工况的适应性，如图中曲线 3 所示。高负荷时用喷嘴调节，而低负荷时用节流调节，这样汽轮机在高负荷下变工况时效率变化少，而在低负荷下变工况时机件的热应力和热变形状态好。

（二）滑压运行的特点

滑压运行即为自动主汽门和调节汽门都全开，在汽轮机负荷变化时，不仅蒸汽流量由锅炉来调整，蒸汽压力也随着负荷降低由锅炉来调整降低，而汽温则不随负荷变化。滑压运行的优点列于图 10-12 中。

从图 10-12 的概括中，可以看到滑压运行的主要优越性是从汽轮机方面体现出来的。下面对其主要方面加以阐明。

滑压运行可以改善汽轮机部件的热应力和热变形。因为在定压运行下，即使是节流调节，在第一级后的温度也随工况变动而有较大的变化幅度。当汽轮机负荷降低时，第一级后压力和温度都和蒸汽流量成比例地下降。由于调节汽门的节流作用，在低负荷时进入第一级的蒸汽压力也是下降的。虽然如此，如果能使蒸汽温度保持不变，则可使第一级出口蒸汽温度维持几乎不变（在同样的焓降和做功情况下），以改变汽轮机部件中热应力和热变形。采用滑压运行正好可以满足这个要求，因为滑压运行中锅炉送来的蒸汽温度不随负荷而变化，进汽轮机第一级前又无节流作用。图 10-13 示出了汽轮机第一级后蒸汽温度在不同调节方法中的变化情况。

从图可见，定压运行时，不论是喷嘴调节还是节流调节，汽轮机第一级后蒸汽温度随工况变化而变动的幅度较大；而滑压运行时该处温度基本上无变化。高压缸第一级后的汽

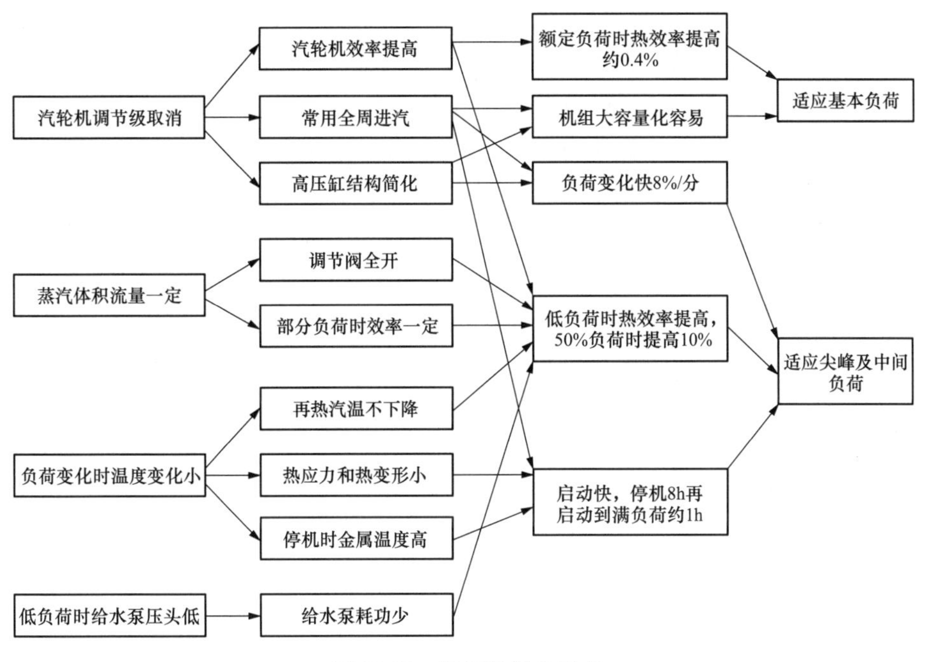

图 10-12　滑压运行的优点

温变化的大小，在一定程度上代表了整个高压缸中汽温变化的大小。当工况变化时，如第一级后汽温变化较大，则汽轮机各级的汽温也将变化较大，这对整个高压缸的热应力和热变形都是不利的。

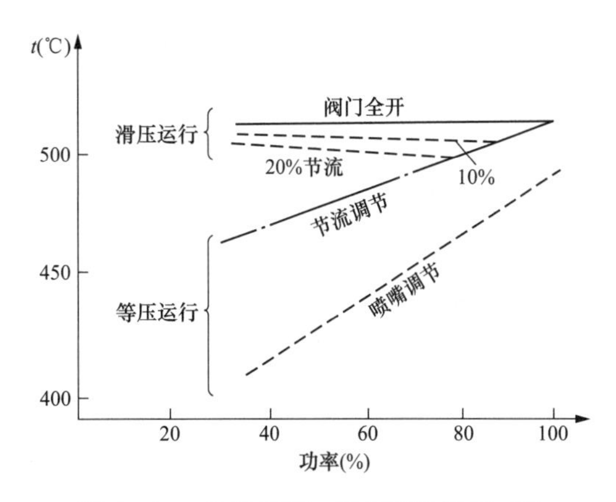

图 10-13　汽轮机第一级后蒸汽温度变化
（滑压运行与定压运行的比较）

在定压运行中，当负荷降低时高压缸排汽温度降低，也即降低了再热器的进口汽温，这就使再热蒸汽出口温度难以维持不变，使中、低压缸中汽温都降低，不仅影响机组效率，也对热应力和热变形不利。要维持再热汽温，除非加大再热器的受热面，这影响了锅炉的合理设计和布置。尤其现时锅炉的构造中，再热器大部分用对流式，即使进口汽温不变，在锅炉低负荷时已使出口汽温难以维持，何况进口温度降低，问题就更为突出。在滑压运行中，由于蒸汽压力随负荷减少而降低，蒸汽比热减小。因此过热蒸汽、再热蒸汽都易于提高到规定温度，使过热汽温和再热汽温能在较大工况变化范围内维持不变。再热蒸汽温度的稳定，使中、低压缸的运行条件得到改善，对减少热应力和热变形都有利。

滑压运行时，由于锅炉的汽温和汽轮机各级温度变化均较小，因此有利于机组的快速启停和变工况。汽轮机变工况主要受到温度变化的限制。理论与实践表明，如温度变化的数值小，则允许的升（降）温速度也可较大；反之，温度变化的数值大，则允许的升（降）温速度就较小。因此，如汽轮机的设计及材料已定，要想增加机组允许的升（降）温速度以改善机组的变工况性能，就应减小温度变化数值。滑压运行就能达到这个目的。这一优点，对于大功率机组更为突出。

低负荷滑压运行时给水泵耗功少。滑压运行均采用变速给水泵，考虑到在滑压运行下（例如25％～100％负荷），给水泵需要很大的速度变动范围，就不宜采用液力驱动（水力扭矩转换器）或多相感应电动机，因为它们在部分负荷时损失都较大。为了具备一个损失较小的速度控制，常用小汽轮机（汽源为汽轮机的抽汽）来带动给水泵，即汽动给水泵。通过控制小汽轮机的转速来改变给水泵的转速，使给水泵的出力与锅炉负荷相适应。

图10-14示出了一台300MW亚临界压力直流锅炉等压和滑压运行时给水泵出口压头和输入功率同蒸汽流量的关系曲线。定压运行时，由于锅炉出口压力在整个负荷范围内要求不变，所以给水泵的出口压头在部分负荷时，要比滑压运行时高得多（曲线1）。定压运行时，部分负荷下给水泵输入功率只是由于流量的减少而降低；滑压运行时，给水泵功率还由于出口压头的降低而进一步降低（曲线5）。以图中50％锅炉负荷为例，滑压运行下给水泵输入功率仅仅是定压运行下输入功率的55％。可见，如采用滑压运行，其部分负荷时的给水泵功率消耗可大大减少。给水泵是现代火力发电机组中最大的辅机，在一般高压与亚临界压力机组中，其功率约占主机容量的2％～3％；在超临界参数机组中则可占3％～5％。因此，给水泵耗功的节约对发电厂的热耗和效率有相当的影响。如果锅炉为直流锅炉，则给水泵功率消耗更大，因此滑压运行使给水泵功率节约更为突出，也使滑压运行的优点更显著。

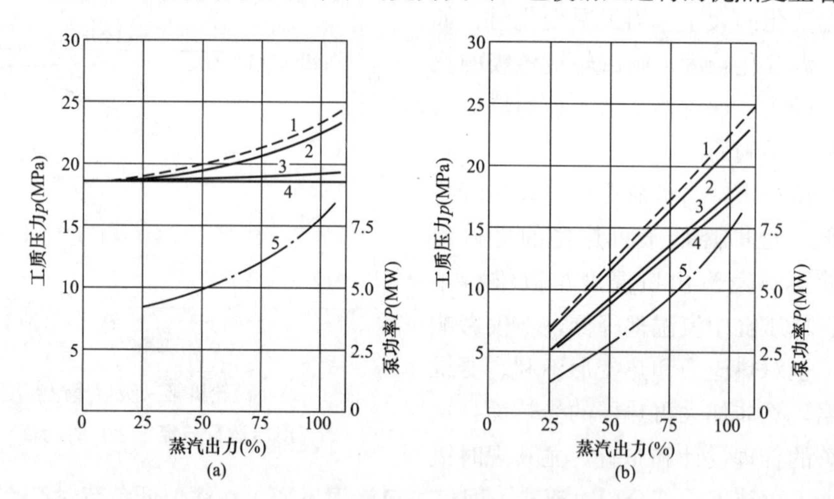

图10-14　等压和滑压运行时给水泵出力和功率曲线

（a）定压运行；（b）滑压运行

1—泵出口压头；2—锅炉进口压力；3—锅炉出口出力；4—汽机进口压力；5—给水泵所需功率

由上可见，滑压运行能改善汽轮机部件在变工况时的热应力和热变形，并使机组的启、停过程缩短，适应变工况性能好。虽然滑压运行下，在低负荷时相当于降低了蒸汽的初参数（压力），使机组热效率有所降低，但由于给水泵功率的降低以及节流损失的减少等仍使机组效率可以提高。此外，对于主蒸汽管道系统等，由于压力降低，应力状态等都可改善，可延长使用期限。

二、滑压运行对直流锅炉的影响

原则上，如果水冷壁系统经过正确的设计，滑压运行对于各种参数和形式锅炉（自然循环、强制循环和直流锅炉）均可运用。

直流锅炉滑压运行时，系统压力和锅炉与蒸汽管道中的压降大致随着机组负荷成比例地变化（即一次方关系，$p \propto D$，$\Delta p \propto D$）。在定压运行中，汽轮机进汽阀前压力保持不变，锅炉和蒸汽管道中的压降是随负荷的平方变化（$\Delta p \propto D^2$）。这一点从图 10-14 中也可得到明确的认识。图中曲线 2、3、4 分别代表锅炉进口、出口压力和汽轮机前压力。曲线 2、3 之间的差值即为锅炉各负荷下的压降；曲线 3、4 之间的差值则为蒸汽管道的阻力（压降）。定压运行[图 10-14(a)]时，压力曲线 2、3 与负荷成二次方关系，而压力曲线 4 为定值；滑压运行[图 10-14(b)]时，压力曲线 2、3、4 均与负荷成一次方关系，这是滑压运行在锅炉的热力学上的一个特性。

定压运行与滑压运行对于锅炉在热力学上的另一个差别是变负荷时的热量分配。在定压运行下，负荷增大时，在不同的负荷下相应加热、蒸发和过热区段的焓增相差很小，这主要是锅炉本身的压降所引起的。但在滑压运行时，由于汽轮机功率降低时，主蒸汽压力也降低，各区段的焓增相差就较大，蒸发区段焓增加，即要求蒸发吸热量增加，而加热、过热吸热量减少。这一变负荷时的热量分配关系在设计和运行锅炉时都应予以考虑。

对于滑压运行，在低负荷运行时锅炉压力下降，低压力时的蒸汽比容大，因而水冷壁管圈中压力降的减少要比定压运行时的减少来得少。这一点对滑压运行下锅炉的水动力稳定性是有利的。

对于超临界压力锅炉的滑压运行问题，应考虑到工质在滑压到亚临界区时将由单相变为双相，因此应注意水冷壁汽水系统中可能出现分配不均匀等问题，此外还应注意可能发生亚临界膜态沸腾和水平管圈中的汽水分层流动等问题。

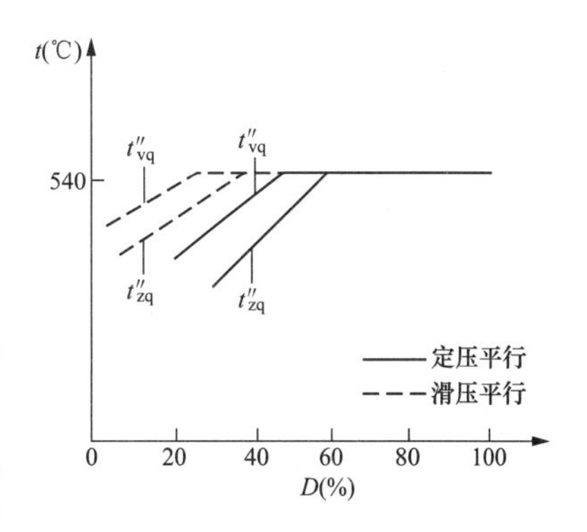

图 10-15 滑压和定压运行下，蒸汽温度工况

滑压运行下，由于主蒸汽温度和再热蒸汽温度在工况变动时容易维持稳定（见图 10-15），不仅减轻了汽温调节的困难，还使过热及再热系统的管道应力处于较有利的条件。尤其在低负荷时由于压力低，更改善了应力条件。因此如锅炉经常处于低负荷运行，则采用滑压运行，可使整个锅炉受压系统的使用寿命比定压运行时更长些。同时，滑压运行的这种汽温特性无疑将改善机组低负荷工况下的循环热效率。

三、滑压调节方式

1. 纯滑压调节

纯滑压运行时汽轮机的调节阀是全开的，靠锅炉改变压力来适应机组功率的变化。因此纯滑压运行的单元机组的调节系统，类似汽轮机跟随的方式。

滑压运行时，目前燃煤锅炉变负荷的速度可为5%～8%/min，因此当机组按负荷曲线运行时，一般能满足负荷变化的要求。从适应负荷性来看，直流锅炉由于升、降负荷速度快，对滑压调节是有利的。但即使如此，滑压运行机组尚难参加电网的一次调频。因为当机组功率突增时，锅炉燃烧率的加强有迟延，锅炉的蓄热能力不但不能利用，还要因压力的提高而储蓄一部分能量，从而又增加了一个迟延。因此滑压运行的机组对负荷的反应速度总比定压运行的机组的反应速度要低。这可以说是滑压运行的一个缺点。

2. 节流滑压调节

在滑压调节系统中，也能做到与定压运行同样的对负荷变化的反应速度。例如，可将在正常情况下全开的调节汽门节流到某一程度，比方说5%～10%，以备负荷突然增加时开启，利用锅炉的储热量来暂时满足负荷增加的需要；待锅炉出力增加，汽压升高后，调节汽门恢复到原位，再进行滑压运行。即当负荷波动或急剧变化时，由调节汽门开度变化予以吸收。这种方式有节流损失，不如纯滑压运行经济，但能吸收负荷波动，调峰能力强。

3. 复合滑压调节

复合滑压调节是滑压运行与定压运行的结合。

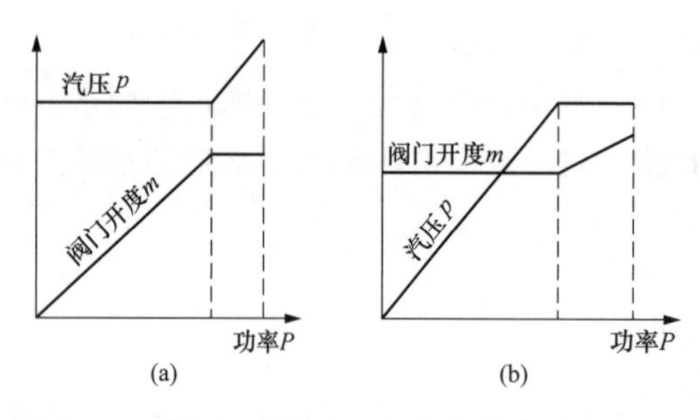

图10-16　滑压运行与定压运行相结合的运行方式
(a) 高负荷滑压；(b) 低负荷滑压

图10-16示出了等压和滑压相结合的两种运行方式，图10-16中（a）是高负荷滑压、低负荷定压运行方式；图10-16（b）是低负荷滑压、高负荷定压运行方式。

对于高负荷滑压方式，在低负荷时是定压运行，即当机组功率增加时，为使汽压p不变，汽轮机调节汽门开度m逐渐增加；到m开足后，高负荷功率的继续增加靠锅炉升高汽压，即滑压运行。这种方式对锅炉低负荷工作有一定的好处，因为系统压力可保持在一定水平，增加了锅炉水动力稳定性。

对于低负荷滑压方式，在低负荷时保持汽轮机调节汽门开度m不变滑压运行，高负荷时最后一个调节阀开启转入定压运行，靠这只阀门的开度来保持等压和调节机组功率，其他的调节阀则是全开的。这种方式在低负荷时既显示出滑压运行对汽轮机的优越性，又可和滑参数启、停相配合；而在功率较高时又保证了机组有一定的参加调频的能力，因此从汽轮机的滑压运行要求来看，这种方式是较适宜的。

综合上述两种运行方式的优点，在高负荷区（75%～100%MCR）保持定压运行，用增减喷嘴的开度来调节负荷；在中低负荷区（30%～75%MCR）全开部分调节汽门进行滑压运行；在极低负荷区（30%以下）又回复到定压运行（在低汽压下运行），这种复合运行方式使汽轮机在全负荷范围内均保持较高的效率，同时还有较好的负荷响应性能，所以得到普遍采用。

图10-17是一台滑压运行单元机组的自动调节系统示意图。由图可见，在滑压运行机

组中，电功率信号通过与功率给定值比较后送入锅炉负荷调节器，然后送到燃料调节器去。功率给定值的调整可直接通过 PD 作用送到燃料调节器，以加速功率变动。给水调节器的输入信号来自过热汽温偏差和蒸发区后温度，此外，电功率扰动量也可作用到给水调节。在滑压调节中，汽轮机进口压力调节并不重要，它与机组功率成比例地变化，因此汽轮机进汽阀全开。转速调节在正常运行时不动作，只有在电网中有机组停用时才起作用。显然，这个滑压调节系统由于机组功率由锅炉燃烧率来保持，功率变化迟延较大。

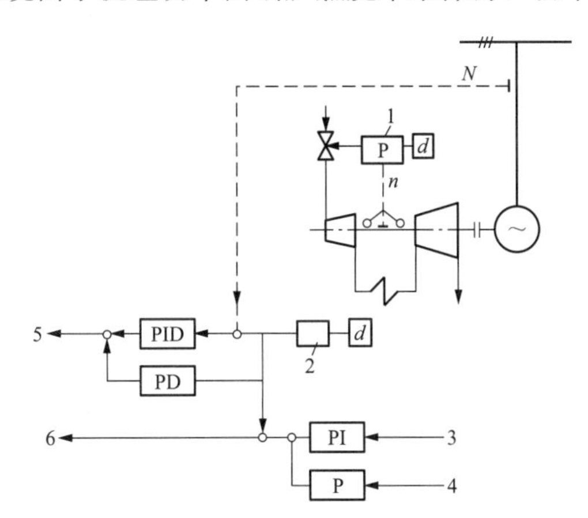

图 10-17 单元机组的滑压调节系统示意图

1—转速限定器；2—功率给定器；3—汽温偏差信号；
4—蒸发区段后温度信号；5—去燃料调节器；6—去给水调节器
d—给定值；n—转速；N—功率；P—比例调节器；
PI—比例积分调节器；PD—比例微分调节器；PID—比例积分微分调节器

因此，滑压运行的单元机组，当外界负荷变动时，在汽轮机跟随的控制方式中，负荷变动指令直接下达给锅炉的燃烧调节系统和给水调节系统，锅炉就按指令要求改变燃烧工况和给水量，使出口主蒸汽的压力和流量适应外界负荷变动后的需要。而在定压运行时，该负荷指令是送给汽轮机调节系统改变调节汽门的开度。

参 考 文 献

[1] 叶勇健．超超临界二次再热燃煤发电机组设计与运行．北京：中国电力出版社，2018.
[2] 樊泉桂．超超临界及亚临界参数锅炉．北京：中国电力出版社，2007.
[3] 辛洪祥．锅炉运行及事故处理．南京：东南大学出版社，2004.
[4] 张磊．锅炉设备与运行．北京：中国电力出版社，2007.
[5] 冯俊凯．锅炉原理及计算（第三版）．北京：中国电力出版社，2003.
[6] 叶江明．电厂锅炉原理及设备．北京：中国电力出版社，2017.
[7] 容銮恩．电站锅炉原理．北京：中国电力出版社，2007.
[8] 林宗虎．锅内过程．西安：西安交通大学出版社，1990.
[9] 沈维道．工程热力学（第三版）．北京：高等教育出版社，2001.
[10] 杨飏．氮氧化物减排技术与烟气脱硝工程．北京：冶金工业出版社，2007.
[11] 王文宗．火电厂烟气脱硫及脱硝实用技术．北京：中国水利水电出版社，2009.
[12] 章明富．燃煤电厂烟气脱硝设备运行维护与改造．北京：机械工业出版社，2017.
[13] 西安电力高等专科学校．锅炉分册（600MW 火电机组培训教材）．北京：中国电力出版社，2006.
[14] 托克托发电公司．环保分册（大型火电厂新员工培训教材）．北京：中国电力出版社，2020.
[15] 王月明，等．二次再热技术发展与应用现状．热力发电，2017，46（8）：1-15.
[16] 姚丹花，等．1000MW 二次再热超超临界塔式锅炉设计特点．锅炉技术，2017，48（5）：1-6.